服装工业常用标准汇编

（第八版）

下

中国标准出版社 编

中国标准出版社

北 京

图书在版编目（CIP）数据

服装工业常用标准汇编.下/中国标准出版社编.
—8版.—北京：中国标准出版社，2014.8
ISBN 978-7-5066-7603-8

Ⅰ.①服…　Ⅱ.①中…　Ⅲ.①服装工业-标准-汇编-中国　Ⅳ.①TS941.79

中国版本图书馆 CIP 数据核字(2014)第 176027 号

中国标准出版社出版发行
北京市朝阳区和平里西街甲 2 号(100029)
北京市西城区三里河北街 16 号(100045)
网址 www.spc.net.cn
总编室:(010)64275323　发行中心:(010)51780235
读者服务部:(010)68523946
中国标准出版社秦皇岛印刷厂印刷
各地新华书店经销

*

开本 880×1230 1/16　印张 44.5　字数 1 373 千字
2014 年 8 月第八版　2014 年 8 月第八次印刷

*

定价 220.00 元

第八版出版说明

　　本汇编第七版自 2011 年 4 月出版以来,所收录的标准已有部分标准被新标准所代替,还有一部分新的服装国家标准和行业标准陆续发布实施,企业和检测部门急需掌握新的标准以指导企业生产,提高产品质量。为更好地满足读者需求,本汇编第八版收录了截至 2014 年 6 月底由国家标准化行政主管部门和相关行业标准主管部门批准发布的现行服装工业常用的国家标准、行业标准 139 项,与第七版相比,更新了 43 项标准,供服装行业生产、贸易、监督检验、科研及标准部门使用。

　　由于篇幅较大,本汇编分上、中、下三册出版,上册内容涉及服装综合;中册内容涉及服装产品;下册内容涉及针织服装综合和针织服装产品。

　　本汇编收集的国家标准和行业标准的属性已在目录上标明,年号用四位数表示。鉴于部分国家标准和行业标准是在标准清理整顿前出版的,现尚未修订,故正文部分仍保留原样;读者在使用这些标准时,其属性以本书目录上标明的为准(标准正文"引用标准"中的标准属性请读者注意查对)。

　　本汇编由中国标准出版社选编。

编　者

2014 年 7 月

目　　录

针织服装综合

GB/T 4856—1993　针棉织品包装 ……………………………………………………… 3
GB/T 6411—2008　针织内衣规格尺寸系列 ………………………………………… 13
GB/T 24117—2009　针织物　疵点的描述　术语 ………………………………… 29
GB/T 29867—2013　纺织品　针织物　结构表示方法 …………………………… 49
GB/T 29868—2013　运动防护用品　针织类基本技术要求 ……………………… 61
GB/T 29869—2013　针织专业运动服装通用技术要求 …………………………… 67
FZ/T 24020—2013　毛针织服装面料 ………………………………………………… 77
FZ/T 43004—2013　桑蚕丝纬编针织绸 ……………………………………………… 89
FZ/T 43029—2014　高弹桑蚕丝针织绸 …………………………………………… 101
FZ/T 64032—2012　纬编针织粘合衬 ……………………………………………… 113
FZ/T 70008—2012　毛针织物编织密度系数试验方法 …………………………… 121
FZ/T 70011—2006　针织保暖内衣标志 …………………………………………… 127
FZ/T 70012—2010　一次成型束身无缝内衣号型 ………………………………… 131
FZ/T 70013—2010　天然彩色棉针织制品标志 …………………………………… 141
FZ/T 70014—2012　针织T恤衫规格尺寸系列 …………………………………… 145
FZ/T 72014—2012　针织色织提花天鹅绒面料 …………………………………… 161
FZ/T 72015—2012　液氨整理针织面料 …………………………………………… 171
FZ/T 72016—2012　针织复合服用面料 …………………………………………… 179
FZ/T 72017—2013　针织呢绒面料 ………………………………………………… 187

针织服装产品

GB/T 8878—2009　棉针织内衣 ……………………………………………………… 197
GB/T 22583—2009　防辐射针织品 ………………………………………………… 209
GB/T 22849—2009　针织T恤衫 …………………………………………………… 221
GB/T 22853—2009　针织运动服 …………………………………………………… 233
GB/T 22854—2009　针织学生服 …………………………………………………… 247
FZ/T 24012—2010　拒水、拒油、抗污羊绒针织品 ……………………………… 261
FZ/T 24013—2010　耐久型抗静电羊绒针织品 …………………………………… 267
FZ/T 43015—2011　桑蚕丝针织服装 ……………………………………………… 271
FZ/T 73001—2008　袜子 …………………………………………………………… 283
　　FZ/T 73001—2008《袜子》第1号修改单 …………………………………… 299
FZ/T 73002—2006　针织帽 ………………………………………………………… 301
FZ/T 73005—2012　低含毛混纺及仿毛针织品 …………………………………… 311
FZ/T 73006—1995　腈纶针织内衣 ………………………………………………… 318
FZ/T 73009—2009　羊绒针织品 …………………………………………………… 323

FZ/T 73010—2008　针织工艺衫 ································ 333

FZ/T 73011—2013　针织腹带 ·································· 343

FZ/T 73012—2008　文胸 ····································· 353

FZ/T 73013—2010　针织泳装 ·································· 361

FZ/T 73014—1999　粗梳牦牛绒针织品 ························· 372

FZ/T 73015—2009　亚麻针织品 ································· 377

FZ/T 73016—2013　针织保暖内衣　絮片型 ····················· 393

FZ/T 73017—2008　针织家居服 ································· 403

FZ/T 73018—2012　毛针织品 ·································· 416

FZ/T 73019.1—2010　针织塑身内衣　弹力型 ··················· 433

FZ/T 73019.2—2013　针织塑身内衣　调整型 ··················· 443

FZ/T 73020—2012　针织休闲服装 ······························ 455

FZ/T 73022—2012　针织保暖内衣 ······························ 471

FZ/T 73023—2006　抗菌针织品 ································· 481

FZ/T 73024—2006　化纤针织内衣 ······························ 499

FZ/T 73025—2013　婴幼儿针织服饰 ···························· 505

FZ/T 73026—2006　针织裙套 ·································· 519

FZ/T 73027—2008　针织经编花边 ······························ 529

FZ/T 73028—2009　针织人造革服装 ···························· 537

FZ/T 73029—2009　针织裤 ····································· 549

　　FZ/T 73029—2009《针织裤》第1号修改单 ················· 560

FZ/T 73030—2009　针织袜套 ·································· 561

FZ/T 73031—2009　压力袜 ····································· 571

FZ/T 73032—2009　针织牛仔服装 ······························ 585

FZ/T 73033—2009　大豆蛋白复合纤维针织内衣 ················· 597

FZ/T 73034—2009　半精纺毛针织品 ···························· 609

FZ/T 73035—2010　针织彩棉内衣 ······························ 621

FZ/T 73036—2010　吸湿发热针织内衣 ························· 633

FZ/T 73037—2010　针织运动袜 ································· 639

FZ/T 73045—2013　针织儿童服装 ······························ 655

FZ/T 73047—2013　针织民用手套 ······························ 671

FZ/T 73048—2013　针织五趾袜 ································· 681

PZ/T 74001—2013　纺织品　针织运动护具 ····················· 695

针织服装综合

中华人民共和国国家标准

GB/T 4856—93

代替 GB 4856—84

针 棉 织 品 包 装

Package of cotton goods and knitwear

1 主题内容与适用范围

本标准规定了针棉织品包装用纸箱箱型、规格、包装含量、技术要求、装箱要求、包装标志、运输和储存要求、试验方法、检验规则。

本标准适用于各种原料制成的针棉织品和有关纺织复制品的包装。

2 引用标准

GB 462 纸与纸板水分的测定法

GB 2679.7 纸板戳穿强度测定法

GB 4122 包装通用术语

GB 4456 包装用聚乙烯吹塑薄膜

GB 4857.4 运输包装件基本试验 压力试验方法

GB 6543 瓦楞纸箱

GB 6544 瓦楞纸板

GB 6545 瓦楞纸板耐破度的测定方法

GB 6547 瓦楞纸板 厚度的测定方法

ZB Y31 004 白板纸

ZB Y32 014 牛皮纸

SG 234 塑料打包带

SG 354 聚丙烯吹塑薄膜

QB 325 黄板纸

3 纸箱箱型和规格

3.1 箱型 采用 GB 6543 标准 0201 型,见图 1。

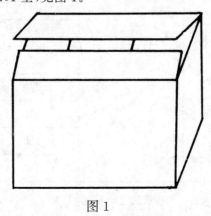

图 1

3.2 规格见表1。

表1

箱号	箱长×箱宽,mm		箱高,mm		箱外体积 m³
	内尺寸	外尺寸	内尺寸	外尺寸	
1-52			520	540	0.110
1-48			480	500	0.101
1-44			440	460	0.093
1-40			400	420	0.085
1-36	510×380	520×390	360	380	0.077
1-32			320	340	0.069
1-28			280	300	0.061
1-24			240	260	0.053
2-48			480	500	0.081
2-44			440	460	0.074
2-40			400	420	0.068
2-36			360	380	0.061
2-32	450×340	460×350	320	340	0.055
2-28			280	300	0.048
2-24			240	260	0.042
2-20			200	220	0.035
2-18			180	200	0.032
3-42			420	440	0.055
3-39			390	410	0.051
3-36			360	380	0.047
3-33			330	350	0.044
3-30	380×310	390×320	300	320	0.040
3-27			270	290	0.036
3-24			240	260	0.032
3-21			210	230	0.029
3-18			180	200	0.025
3-15			150	170	0.021

注:内外贸对纸箱规格有特殊要求的可按协议规定。

4 包装含量

4.1 针织内衣类见表2。

表2

品　名	规　格 cm	包　装　含　量			备　注
		单位	内包装	每箱装	
绒衣裤	50～60		5	40	
	65～110		5	20	
双面衣裤	50～60	件	10	100	—
	65～110		5	50	
汗衫背心	50～60		20	200	
	65～110		10	100	

4.2 袜子类见表3。

表3

品　名	规　格	包　装　含　量			备　注
		单位	内包装	每箱装	
锦丝袜					10双1盒
无跟袜					
连裤袜					
毛线袜					
毛巾袜					
锦棉袜					
运动袜	各号	双	10	200	厚度大的品种5双1盒,100双
线套袜					1箱,用塑料袋时1双1袋
弹力袜					
厚线平口袜					
薄线平口袜					
童袜					

4.3 毛巾类见表4。

表4

品　名	规　格 g/条	包　装　含　量			备　注
		单位	内包装	每箱装	
毛巾				200	—
枕巾			10	100	每10条重量超过1200g的提花枕巾5条1包,50条1箱,2条1纸盒或塑料袋
汗巾	各种	条	50	500	—
被头巾				100	
浴巾	≥250			20	沙发巾可参照执行
	<250		5	50	
成人毛巾被	各种			10	233cm的5条1箱,用塑料提袋时1条1袋
儿童毛巾被				20	

4.4 床单类见表5。

表 5

品　名	规　格 cm	包　装　含　量			备　　注
		单位	内包装	每箱装	
床单	＜117	条	5	40	包括褥单
	133～217			20	被里、床罩、被罩1条1袋
	＞233			10	

4.5 线类见表6。

表 6

品　名	规　格 m	包　装　含　量			备　　注
		单位	内包装	每箱装	
木纱团	＜183	个	10	100	包括各种芯子蜡芯线
				500	
	300～500		20	600	
	501～1000		10	300	
				500	
纸芯线	＜183		20	600	包括化纤丝光、无光等
				1000	
	300～500		10	500	
			20	600	
	501～1000		10	200	
线球	91		20	1000	
	183		10	500	
宝塔线	各种		4	40	要求立装
			5	50	
			6	60	
绣花线		支	50	5000	50支1盒
蜡筒线			5	100	

4.6 带、绳类见表7。

表 7

品　名	规　格 mm	包　装　含　量			备　　注
		单位	内包装	每箱装	
皮鞋带	各种	副	100	5000	—
球鞋带				2000	短的4000副1箱
裹腿			10	50	—
腿带			50	500	窄的1000副1箱

续表 7

品 名	规 格 mm	包 装 含 量			备 注
		单位	内包装	每箱装	
帆布腰带	25、32	条	10	300	
	38			200	
	<20			400	
便腰带			100	1000	
纽扣带			500	5000	
藏靴带	—		50	500	
行李带			500	2000	
扁花带				3000	
白纱带	10、13		1000	5000	—
鞋口带					
斜纹线带	—	m			
旗杆带			200	4000	
花线绳				4000	
花边	10～12		500	6000	
	13～21			4000	
	>22			2000	
蜈蚣边				10000	
爱丽纱	各种		1000	20000	
			300	6000	
排须			100	500	

4.7 橡筋织品类见表 8。

表 8

品 名	规 格 mm	包 装 含 量			备 注
		单位	内包装	每箱装	
松紧带	55、64		50	200	
罗纹带			100	500	—
袜带	各种			1000	
松紧绳		m	300	3000	细的 5000m 1 箱
宽紧带	3～9		400	5000	
	10～14			3000	
	15～16		200	2000	
	23～32		100	1000	

4.8 毛针织品类见表9。

表 9

品 名	包 装 含 量			备 注
	单位	内包装	每箱装	
线衣裤	件	5	20	1件1袋或1盒
毛线衫裤				
化纤衫裤				
羊绒衫				
羊毛衫				
女游泳衣		10	50	
男游泳裤			100	
毛风雪帽	顶	10	100	—
化纤风雪帽				
线风雪帽				
童帽			200	
头、线围巾	条	5	100	长的50条1箱
毛围巾				
羊绒围巾				
粘纤围巾				
腈纶围巾				
拉毛大围巾			40	长的20条1箱
毛领圈	个	50	500	—

4.9 手套类见表10。

表 10

品 名	包 装 含 量			备 注
	单位	内包装	每箱装	
色线手套	件	10	200	粗线的100副1箱
弹力手套				—
薄绒手套				
厚绒手套			100	
汗布手套			500	

4.10 手帕类见表11。

表 11

品 名	包 装 含 量			备 注
	单位	内包装	每箱装	
织造手帕	条	100	1000	—
印花手帕				

4.11 毯类见表12。

表12

品 名	规 格 cm	包 装 含 量			备 注
		单位	内包装	每箱装	
线毯	<233		5	20	—
	>233			10	包括床罩
大绒毯	150×200			10	
中绒毯	112×100	条		20	
小绒毯	75×100		1	40	用塑料提袋时1条1袋
毛粘混纺毯	各种			5	
毛毯腈纶毯					

注:各类产品对包装含量有特殊要求的按协议规定,其他产品包装含量可参照采用。

5 纸箱技术要求

5.1 使用机制纸板双瓦楞结构纸箱,箱内外要保持干燥洁净,箱外按产品需要涂防潮油。

5.2 纸板材料和技术要求应符合GB 6544瓦楞纸板标准中1.3规定。

5.3 成型纸箱技术要求见表13。

表13

序号	指标名称	技 术 要 求
1	纸箱成型	纸箱各折叠部位互成直角,箱型方正,箱面纸板不允许拼接
2	规格尺寸	以纸箱内尺寸为准,允许公差$^{+5}_{-3}$mm
3	箱盖合拢参差	箱盖对口不重叠,不错位,参差误差±3mm
4	成型压线	深浅适宜,线条位置居中,明显凸起,不爆破、无重线
5	纸箱壁厚	不小于6mm
6	裁切刀口	光洁,无毛刺,不碎裂
7	钉距	头、尾钉距纸箱横线条15±4mm,单钉钉距50~60mm,双钉钉距60~70mm,钉透,钉牢,无重钉,无断钉
8	箱角漏洞	不大于4mm
9	裱层粘合	完整牢固,不缺材,不露楞,无明显透胶,不起泡,不经外力作用开胶面积总和不大于250mm^2
10	图案文字	图案、文字清晰,套印对正
11	防潮油	涂印均匀,不粘连
12	抗压力	空箱不低于4900N
13	戳穿强度	不低于7.84J
14	耐破度	不低于1372kPa
15	耐折度	箱盖经开合180°,往复5次面层和里层不得有裂缝
16	含水率	不大于15%

5.4 内包装材料技术要求见表14。

表14

包 装 类 别	材 料 技 术 要 求
纸包	按 ZB Y32 014 牛皮纸中 60～80g/m² 的 A 级纸规定
衬板	按 ZB Y31 004 白板纸中 290～350g/m² 的 A 级纸规定
白板纸盒	
黄板纸盒	按 QB325 黄板纸中 530～860g/m² 1 号纸规定
塑料薄膜袋	按 GB4456 包装用聚乙烯吹塑薄膜和 SG354 包装用聚丙烯吹塑薄膜规定
塑料捆扎带	按 SG234 塑料打包带规定

6 装箱要求

6.1 各种产品装箱必须丰满、平整,并具备合格证。

6.2 同一地区的同一品种,用箱规格要相同。

6.3 同类产品中有两个包装含量的,根据产品的大、小、厚、薄,由企业选定其中一个含量。

6.4 衬垫

漂白、浅色的汗布产品,纸包内加衬中性 pH 值白纸或用塑料袋,并加衬白板纸。

6.5 封口

第一种:纸箱上下口各衬防潮纸或牛皮纸 1 张或纸板,纸箱的各个箱盖之间要用粘合剂粘合,箱外上下口用宽度为 8～10cm 的 80g 牛皮纸或纸胶带封合;纸条长度超过纸箱两端下垂 5cm,不得覆盖包装标志。

第二种:纸箱内上下口各衬瓦楞纸板 1 张,先与两端的箱盖粘合,然后再粘合两侧的箱盖。

6.6 捆扎

根据产品特点和重量、流通过程和用户要求,纸箱外使用塑料捆扎带,捆扎 2 道或 I 字、井字型。当地市场销售产品的捆扎由供需双方协议。

7 包装标志

7.1 每个单一产品必须有商标或标志、规格、等级、厂名,并按需要注明品名、货号、纱支、制造日期。

7.2 每个内包装(纸包、纸盒、纸袋等)标明商标或标志、品名、规格、数量、花色、等级、厂名、包装日期等项目。

7.3 纸箱外两端小面的包装标志见图 2。各等级品均应在纸箱左上角标明等级。

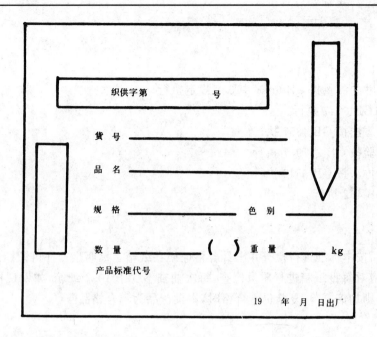

图 2

7.4 纸箱外两侧大面的包装标志、项目、部位见图3。

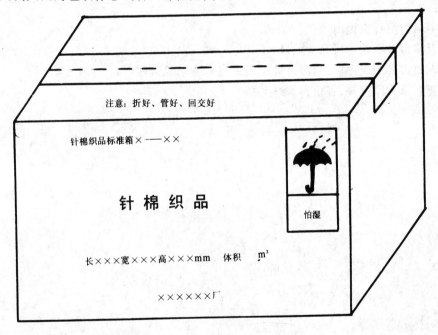

图 3

8 运输和储存要求

8.1 运输装载要将包装件平面堆码整齐,不准侧码和立码。

8.2 运输时,必须有防雨雪、防曝晒设备。刹车绳索与纸箱接触部位之间必须衬垫护角,防止刹破包装。

8.3 堆码或装卸包装件时必须轻搬轻放,不准抛摔,不得使用有损包装件的工具。

8.4 针棉织品要在库房内堆码,压力不得超4900N,堆码要安全整齐。

8.5 库房内按规定的温湿度做好通风散潮工作。并要远离火源,保持库房经常清洁。

8.6 由于运输或储存方面的原因而造成的包装破损或产品丢失时,由承办运输或储存的单位负责赔偿损失。

9 试验方法

9.1 纸箱规格尺寸的测量按 GB 6543 中 6.2 规定执行。

9.2 纸箱壁厚按 GB 6547 执行。

9.3 抗压力试验方法按 GB 4857 执行。

9.4 戳穿强度试验按 GB 2679.7 执行。

9.5 耐破度试验方法按 GB 6545 执行。

9.6 含水率按 GB 462 执行。

10 检验规则

10.1 纸箱生产厂按本标准进行检查并出具合格证或在纸箱上标明生产许可证标志、编号和有效期。

10.2 各用箱厂应对每批纸箱进行质量检查,每次抽查不少于 10 个纸箱,如发现检测结果与本标准规定有一项不符时,则加倍复验,复验仍不合格时,本批产品为不合格品。

附加说明:

本标准由中国纺织总会提出。

本标准由天津市针织技术研究所归口。

本标准由天津市针织研究所、天津市针织品供应采购站负责起草。

本标准主要起草人段瀛波、谷松秀、徐桂兰。

ICS 61.020
W 63

中华人民共和国国家标准

GB/T 6411—2008
代替 GB/T 6411—1997

针织内衣规格尺寸系列

A series of size of knitted underwear

2008-06-18 发布

2009-03-01 实施

中华人民共和国国家质量监督检验检疫总局
中国国家标准化管理委员会　发布

前　言

本标准代替 GB/T 6411—1997《棉针织内衣规格尺寸系列》。本标准在修订中参考了 GB/T 1335.1～GB/T 1335.3 服装号型标准,并结合针织产品的特点而制定。

本标准与 GB/T 6411—1997 相比主要变化如下:

——变更标准名称"棉针织内衣规格尺寸系列"为"针织内衣规格尺寸系列";

——重新定义号型定义中型的定义。"型"是以厘米表示人体的胸围或臀围(1997 年版的 3.1;本版的 3.2);

——依据针织面料横向的拉伸伸长率的情况,将针织内衣规格尺寸系列分为三类:

A 类:在 14.7 N 定负荷力的作用下,面料横向的伸长率小于等于 80%的产品;

B 类:在 14.7 N 定负荷力的作用下,面料横向的伸长率大于 80%且小于等于 120%的产品;

C 类:在 14.7 N 定负荷力的作用下,面料横向的伸长率大于 120%且小于等于 180%的产品。

本标准由中国纺织工业协会提出。

本标准由全国纺织品标准化技术委员会针织品分技术委员会(SAC/TC 209/SC 6)归口。

本标准主要起草单位:国家针织产品质量监督检验中心、上海三枪(集团)有限公司、红豆集团有限公司、江苏 AB 集团、济南元首针织股份有限公司、北京铜牛集团有限公司、国家纺织服装产品质量监督检验中心(浙江)、江苏省纤维检验所、青岛大统纺织开发有限公司。

本标准主要起草人:邢志贵、薛继凤、漆小瑾、周平、吴鸿烈、葛东瑛、徐勤、唐祖根、刘永贵、许壬申。

本标准所代替标准的历次版本发布情况为:

——GB/T 6411—1986,GB/T 6411—1997。

针织内衣规格尺寸系列

1 范围

本标准规定了针织内衣的规格尺寸。

本标准适用于针织面料制作的内衣产品。

2 规范性引用文件

下列文件中的条款通过本标准的引用而成为本标准的条款。凡是注日期的引用文件,其随后所有的修改单(不包括勘误的内容)或修订版均不适用于本标准,然而,鼓励根据本标准达成协议的各方研究是否可使用这些文件的最新版本。凡是不注日期的引用文件,其最新版本适用于本标准。

FZ/T 70006—2004 针织物拉伸弹性回复率试验方法

3 术语和定义

下列术语和定义适用于本标准。

3.1

号 size

号是以厘米表示的人体的总高度,是设计内衣长短的依据。

3.2

型 style

型是以厘米表示人体的胸围或臀围,是设计内衣肥瘦的依据。

4 要求

4.1 号型系列的设置

4.1.1 成人:男子以总体高 170 cm、围度 95 cm;女子以总体高 160 cm、围度 90 cm 为中心两边依次递增或递减组成。号型均以 5 cm 分档组成系列。

4.1.2 儿童:总体高在 160 cm 及以下,号以 50 cm 为起点;型以 45 cm 为起点依次递增组成系列。

4.1.3 成人(男子)5·5 系列号型见表 1。

表 1 成人(男子)5·5 系列号型　　　　　　　　单位为厘米

号	型						
155	75	80					
160		80	85				
165			85	90	95		
170			85	90	95		
175				90	95	100	
180					95	100	105
185						100	105	110

4.1.4 成人(女子)5·5 系列号型见表 2。

GB/T 6411—2008

表2 成人(女子)5·5系列号型   单位为厘米

号	型						
145	70	75					
150		75	80				
155			80	85	90		
160			80	85	90		
165				85	90	95	
170					90	95	100
175						95	100	105

4.1.5 儿童5·5系列号型见表3。

表3 儿童5·5系列号型   单位为厘米

号	型
50	45
60	45
70	50
80	50
90	55
100	55
110	60
120	60
130	65
135	65
140	70
145	70
150	75
155	75
160	80

4.2 号型的表示方法

号型之间用斜线分开。例如:170/95。

4.3 产品的分类

4.3.1 A类:在14 N定负荷力的作用下,面料横向的伸长率小于等于80%的产品。例:不含氨纶纤维的文化衫、背心、棉毛秋衣秋裤等。

4.3.2 B类:在14 N定负荷力的作用下,面料横向的伸长率大于80%且小于等于120%的产品。例:含氨纶纤维的文化衫、背心、棉毛秋衣秋裤等。

4.3.3 C类:在14 N定负荷力的作用下,面料横向的伸长率大于120%且小于等于180%的产品。例:罗纹背心、罗纹秋衣秋裤等。

4.3.4 伸长率的测试方法按FZ/T 70006—2004中8.2.2执行。

4.3.5 童装产品不分类。

4.4 主要部位规格尺寸测量及测量方法

4.4.1 主要部位规格尺寸的测量见图1～图3。

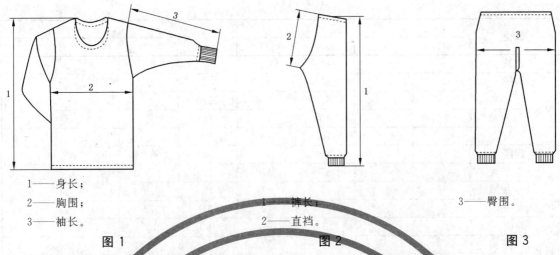

1——身长；
2——胸围；
3——袖长。

1——裤长；
2——直裆。

3——臀围。

图1   图2   图3

4.4.2 主要部位规格尺寸的测量方法见表4。

表4 主要部位规格尺寸的测量方法

类别	序号	部位	测 量 方 法
上衣类	1	衣长	连肩的由肩中间量到底边，合肩的由肩缝最高处量到底边。
	2	胸围	由挂肩缝与肋缝交叉处向下2 cm处横量一周。
	3	袖长	平肩式由挂肩缝外端量到袖口边，插肩式由后领中间量到袖口边。
裤类	1	裤长	后腰宽1/4处向下直量到裤口边。
	2	直裆	裤身相对折，由腰边向下斜量到裆角处。
	3	臀围	由腰边向下至裆底2/3处横量一周。

4.5 分档方法

4.5.1 成人上衣 衣长按2 cm分档；胸围按5 cm分档；长袖按1.5 cm分档；短袖按1 cm分档。

4.5.2 成人裤子 裤长按3 cm分档；臀围按5 cm分档；直裆按1 cm分档。

4.5.3 儿童上衣 衣长：号50 cm~80 cm按2 cm分档；号80 cm~130 cm按4 cm分档；号130 cm~160 cm按2 cm分档。长袖：号50 cm~80 cm按2 cm分档；号80 cm~130 cm按3 cm分档；号130 cm~160 cm按1.5 cm分档。短袖：按1 cm分档。

4.5.4 儿童裤子 裤长：号50 cm~80 cm按3 cm分档；号80 cm~130 cm按7 cm分档；号130 cm~160 cm按3 cm分档。直裆：按1 cm分档。

5 针织内衣规格尺寸系列

5.1 A类

5.1.1 成人（男子）上衣类主要部位规格尺寸见表5。

表5 成人（男子）上衣类主要部位规格尺寸   单位为厘米

号	部位		型							
			75	80	85	90	95	100	105	110
155	衣长		64	64						
	胸围		80	85						
	袖长	长袖	52.5	52.5						
		短袖	15	15						
160	衣长			66	66					
	胸围			85	90					
	袖长	长袖		54	54					
		短袖		16	16					

表 5（续） 单位为厘米

号	部位		型							
			75	80	85	90	95	100	105	110
165	衣长				68	68	68			
	胸围				90	95	100			
	袖长	长袖			55.5	55.5	55.5			
		短袖			16	16	16			
170	衣长				70	70	70			
	胸围				90	95	100			
	袖长	长袖			57	57	57			
		短袖			17	17	17			
175	衣长					72	72	72		
	胸围					95	100	105		
	袖长	长袖				58.5	58.5	58.5		
		短袖				17	17	17		
180	衣长						74	74	74	
	胸围						100	105	110	
	袖长	长袖					60	60	60	
		短袖					18	18	18	
185	衣长							76	76	76
	胸围							105	110	115
	袖长	长袖						61.5	61.5	61.5
		短袖						18	18	18

5.1.2 成人（男子）裤类主要部位规格尺寸见表6。

表6 成人（男子）裤类主要部位规格尺寸 单位为厘米

号	部位	型							
		75	80	85	90	95	100	105	110
155	裤长	90	90						
	臀围	80	85						
	直裆	31	31						
160	裤长		93	93	93				
	臀围		85	90	95				
	直裆		32	32	32				
165	裤长			96	96	96			
	臀围			90	95	100			
	直裆			33	33	33			
170	裤长			99	99	99			
	臀围			90	95	100			
	直裆			34	34	34			
175	裤长				102	102	102		
	臀围				95	100	105		
	直裆				35	35	35		
180	裤长					105	105	105	
	臀围					100	105	110	
	直裆					36	36	36	
185	裤长						108	108	108
	臀围						105	110	115
	直裆						37	37	37

5.1.3 成人(女子)上衣类主要部位规格尺寸见表7。

表7 成人(女子)上衣类主要部位规格尺寸 单位为厘米

号	部位		型							
			70	75	80	85	90	95	100	105
145	衣长		54	54						
	胸围		75	80						
	袖长	长袖	47.5	47.5						
		短袖	12	12						
150	衣长			56	56					
	胸围			80	85					
	袖长	长袖		49	49					
		短袖		13	13					
155	衣长				58	58	58			
	胸围				85	90	95			
	袖长	长袖			50.5	50.5	50.5			
		短袖			13	13	13			
160	衣长				60	60	60			
	胸围				85	90	95			
	袖长	长袖			52	52	52			
		短袖			14	14	14			
165	衣长					62	62	62		
	胸围					90	95	100		
	袖长	长袖				53.5	53.5	53.5		
		短袖				14	14	14		
170	衣长						64	64	64	
	胸围						95	100	105	
	袖长	长袖					55	55	55	
		短袖					15	15	15	
175	衣长							66	66	66
	胸围							100	105	110
	袖长	长袖						56.5	56.5	56.5
		短袖						15	15	15

5.1.4 成人(女子)裤类主要部位规格尺寸见表8。

表8 成人(女子)裤类主要部位规格尺寸 单位为厘米

号	部位	型							
		70	75	80	85	90	95	100	105
145	裤长	85	85						
	臀围	75	80						
	直裆	29	29						
150	裤长		88	88					
	臀围		80	85					
	直裆		30	30					
155	裤长		91	91	91				
	臀围		80	85	90				
	直裆		31	31	31				
160	裤长			94	94	94			
	臀围			85	90	95			
	直裆			32	32	32			

表 8（续）　　　　　　　　　　　　　　　单位为厘米

号	部位	型							
		70	75	80	85	90	95	100	105
165	裤长				97	97	97		
	臀围				90	95	100		
	直裆				33	33	33		
170	裤长					100	100	100	
	臀围					95	100	105	
	直裆				34	34	34		
175	裤长						103	103	103
	臀围						100	105	110
	直裆						35	35	35

5.1.5　儿童针织内衣主要部位规格尺寸见表9。

表 9　儿童针织内衣主要部位规格尺寸　　　　　　单位为厘米

号	部位		型							
			45	50	55	60	65	70	75	80
50	衣长		24							
	胸围		50							
	袖长	长袖	19							
		短袖	6							
	裤长		33							
	臀围		50							
	直裆		19							
60	衣长		26							
	胸围		50							
	袖长	长袖	21							
		短袖	6							
	裤长		36							
	臀围		50							
	直裆		20							
70	衣长			28						
	胸围			55						
	袖长	长袖		23						
		短袖		6						
	裤长			39						
	臀围			55						
	直裆			21						
80	衣长			30						
	胸围			55						
	袖长	长袖		25						
		短袖		7						
	裤长			42						
	臀围			55						
	直裆			22						
90	衣长				34					
	胸围				60					
	袖长	长袖			28					
		短袖			7					
	裤长				49					

表 9（续）

单位为厘米

号	部位		型							
			45	50	55	60	65	70	75	80
90	臀围				60					
	直裆				23					
100	衣长				38					
	胸围				60					
	袖长	长袖			31					
		短袖			8					
	裤长				56					
	臀围				60					
	直裆				24					
110	衣长					42				
	胸围					65				
	袖长	长袖				34				
		短袖				8				
	裤长					63				
	臀围					65				
	直裆					25				
120	衣长					46				
	胸围					65				
	袖长	长袖				37				
		短袖				9				
	裤长					71				
	臀围					65				
	直裆					26				
130	衣长						50			
	胸围						70			
	袖长	长袖					40			
		短袖					9			
	裤长						77			
	臀围						70			
	直裆						27			
135	衣长						52			
	胸围						70			
	袖长	长袖					41.5			
		短袖					10			
	裤长						80			
	臀围						70			
	直裆						28			
140	衣长							54		
	胸围							75		
	袖长	长袖						43		
		短袖						10		
	裤长							83		
	臀围							75		
	直裆							29		
145	衣长							56		
	胸围							75		

表 9（续）　　　　　　　　　　　　　　　　　　　　　　　　　单位为厘米

号	部位		型							
			45	50	55	60	65	70	75	80
145	袖长	长袖						44.5		
		短袖						11		
	裤长							86		
	臀围							75		
	直裆							30		
150	衣长								58	
	胸围								80	
	袖长	长袖							46	
		短袖							11	
	裤长								89	
	臀围								80	
	直裆								31	
155	衣长								60	
	胸围								80	
	袖长	长袖							47.5	
		短袖							12	
	裤长								92	
	臀围								80	
	直裆								32	
160	衣长									62
	胸围									85
	袖长	长袖								49
		短袖								12
	裤长									95
	臀围									85
	直裆									33

5.2　B类

5.2.1　成人（男子）上衣类主要部位规格尺寸见表10。

表 10　成人（男子）上衣类主要部位规格尺寸　　　　　　　　单位为厘米

号	部位		型							
			75	80	85	90	95	100	105	110
155	衣长		61	61						
	胸围		70	75						
	袖长	长袖	50	50						
		短袖	15	15						
160	衣长			63	63					
	胸围			75	80					
	袖长	长袖		51.5	51.5					
		短袖		16	16					
165	衣长				65	65	65			
	胸围				80	85	90			
	袖长	长袖			53	53	53			
		短袖			16	16	16			
170	衣长				67	67	67			
	胸围				80	85	90			

表 10（续）

单位为厘米

号	部位		型							
			75	80	85	90	95	100	105	110
170	袖长	长袖			54.5	54.5	54.5			
		短袖			17	17	17			
175	衣长					69	69	69		
	胸围					85	90	95		
	袖长	长袖				56	56	56		
		短袖				17	17	17		
180	衣长						71	71	71	
	胸围						90	95	100	
	袖长	长袖					57.5	57.5	57.5	
		短袖					18	18	18	
185	衣长							73	73	73
	胸围							95	100	105
	袖长	长袖						59	59	59
		短袖						18	18	18

5.2.2 成人（男子）裤类主要部位规格尺寸见表11。

表 11 成人（男子）裤类主要部位规格尺寸

单位为厘米

号	部位	型							
		75	80	85	90	95	100	105	110
155	裤长	87	87						
	臀围	70	75						
	直裆	29	29						
160	裤长		90	90	90				
	臀围		75	80	85				
	直裆		30	30	30				
165	裤长			93	93	93			
	臀围			80	85	90			
	直裆			31	31	31			
170	裤长			96	96	96			
	臀围			80	85	90			
	直裆			32	32	32			
175	裤长				99	99	99		
	臀围				85	90	95		
	直裆				33	33	33		
180	裤长					102	102	102	
	臀围					90	95	100	
	直裆					34	34	34	
185	裤长						105	105	105
	臀围						100	105	110
	直裆						35	35	35

5.2.3 成人（女子）上衣类主要部位规格尺寸见表12。

表12 成人（女子）上衣类主要部位规格尺寸   单位为厘米

号	部位		型							
			70	75	80	85	90	95	100	105
145	衣长		51	51						
	胸围		65	70						
	袖长	长袖	45.5	45.5						
		短袖	12	12						
150	衣长			53	53					
	胸围			70	75					
	袖长	长袖		47	47					
		短袖		13	13					
155	衣长				55	55	55			
	胸围				75	80	85			
	袖长	长袖			48.5	48.5	48.5			
		短袖			13	13	13			
160	衣长				57	57	57			
	胸围				75	80	85			
	袖长	长袖			50	50	50			
		短袖			14	14	14			
165	衣长					59	59	59		
	胸围					80	85	90		
	袖长	长袖				51.5	51.5	51.5		
		短袖				14	14	14		
170	衣长						61	61	61	
	胸围						85	90	95	
	袖长	长袖					53	53	53	
		短袖					15	15	15	
175	衣长							63	63	63
	胸围							90	95	100
	袖长	长袖						54.5	54.5	54.5
		短袖						15	15	15

5.2.4 成人（女子）裤类主要部位规格尺寸见表13。

表13 成人（女子）裤类主要部位规格尺寸   单位为厘米

号	部位	型							
		70	75	80	85	90	95	100	105
145	裤长	82	82						
	臀围	65	70						
	直裆	27	27						
150	裤长		85	85					
	臀围		70	75					
	直裆		28	28					
155	裤长		88	88	88				
	臀围		70	75	80				
	直裆		29	29	29				
160	裤长			91	91	91			
	臀围			75	80	85			
	直裆			30	30	30			

表 13（续） 单位为厘米

号	部位	型							
		70	75	80	85	90	95	100	105
165	裤长				94	94	94		
	臀围				80	85	90		
	直裆				31	31	31		
170	裤长					97	97	97	
	臀围					85	90	95	
	直裆					32	32	32	
175	裤长						100	100	100
	臀围						90	95	100
	直裆						33	33	35

5.3 C类

5.3.1 成人（男子）上衣类主要部位规格尺寸见表14。

表 14 成人（男子）上衣类主要部位规格尺寸 单位为厘米

号	部位		型							
			75	80	85	90	95	100	105	110
155	衣长		63	63						
	胸围		65	70						
	袖长	长袖	52.5	52.5						
		短袖	15	15						
160	衣长			65	65					
	胸围			70	75					
	袖长	长袖		54	54					
		短袖		16	16					
165	衣长				67	67	67			
	胸围				75	80	85			
	袖长	长袖			55.5	55.5	55.5			
		短袖			16	16	16			
170	衣长				69	69	69			
	胸围				75	80	85			
	袖长	长袖			57	57	57			
		短袖			17	17	17			
175	衣长					71	71	71		
	胸围					80	85	90		
	袖长	长袖				58.5	58.5	58.5		
		短袖				17	17	17		
180	衣长						73	73	73	
	胸围						85	90	95	
	袖长	长袖					60	60	60	
		短袖					18	18	18	
185	衣长							75	75	75
	胸围							90	95	100
	袖长	长袖						61.5	61.5	61.5
		短袖						18	18	18

5.3.2 成人（男子）裤类主要部位规格尺寸见表15。

表 15 成人(男子)裤类主要部位规格尺寸　　　　　　　　　　单位为厘米

号	部位	型							
		75	80	85	90	95	100	105	110
155	裤长	89	89						
	臀围	65	70						
	直裆	30	30						
160	裤长		92	92	92				
	臀围		70	75	80				
	直裆		31	31	31				
165	裤长			95	95	95			
	臀围			75	80	85			
	直裆			32	32	32			
170	裤长			98	98	98			
	臀围			75	80	85			
	直裆			33	33	33			
175	裤长				101	101	101		
	臀围				80	85	90		
	直裆				34	34	34		
180	裤长					104	104	104	
	臀围					85	90	95	
	直裆					35	35	35	
185	裤长						107	107	107
	臀围						90	95	100
	直裆						36	36	35

5.3.3 成人(女子)上衣类主要部位规格尺寸见表16。

表 16 成人(女子)上衣类主要部位规格尺寸　　　　　　　　　　单位为厘米

号	部位		型							
			70	75	80	85	90	95	100	105
145	衣长		53	53						
	胸围		60	65						
	袖长	长袖	47.5	47.5						
		短袖	12	12						
150	衣长			55	55					
	胸围			65	70					
	袖长	长袖		49	49					
		短袖		13	13					
155	衣长				57	57	57			
	胸围				70	75	80			
	袖长	长袖			50.5	50.5	50.5			
		短袖			13	13	13			
160	衣长				59	59	59			
	胸围				70	75	80			
	袖长	长袖			52	52	52			
		短袖			14	14	14			
165	衣长					61	61	61		
	胸围					75	80	85		
	袖长	长袖				53.5	53.5	53.5		
		短袖				14	14	14		

表 16（续）   单位为厘米

号	部位		型							
			70	75	80	85	90	95	100	105
170	衣长						63	63	63	
	胸围						80	85	90	
	袖长	长袖					55	55	55	
		短袖					15	15	15	
175	衣长							65	65	65
	胸围							85	90	95
	袖长	长袖						56.5	56.5	56.5
		短袖						15	15	15

5.3.4 成人（女子）裤类主要部位规格尺寸见表17。

表 17　成人（女子）裤类主要部位规格尺寸   单位为厘米

号	部位	型							
		70	75	80	85	90	95	100	105
145	裤长	84	84						
	臀围	60	65						
	直裆	28	28						
150	裤长		87	87					
	臀围		65	70					
	直裆		29	29					
155	裤长			90	90	90			
	臀围			70	75	80			
	直裆			30	30	30			
160	裤长			93	93	93			
	臀围			70	75	80			
	直裆			31	31	31			
165	裤长				96	96	96		
	臀围				75	80	85		
	直裆				32	32	32		
170	裤长					99	99	99	
	臀围					80	85	90	
	直裆					33	33	33	
175	裤长						102	102	102
	臀围						85	90	95
	直裆						34	34	34

ICS 59.080.30
W 04

中华人民共和国国家标准

GB/T 24117—2009/ISO 8499:2003(E)

针织物　疵点的描述　术语

Knitted fabrics—Description of defects—Vocabulary

(ISO 8499:2003(E),IDT)

2009-06-15 发布　　　　　　　　　　　　　　　　2010-02-01 实施

中华人民共和国国家质量监督检验检疫总局
中国国家标准化管理委员会　发 布

前　言

本标准等同采用 ISO 8499:2003(E)《针织物　疵点的描述　术语》。

本标准与 ISO 8499:2003(E)相比,有如下编辑性修改:

——删除了国际标准中的目录和前言;

——删除了国际标准范围中的"注";

——将国际标准中的简介纳入第一章范围中的"注";

——增加了中文索引。

本标准由中国纺织工业协会提出。

本标准由全国纺织品标准化技术委员会基础分会(SAC/TC 209/SC 1)归口。

本标准主要起草单位:天津工业大学、北京雪莲毛纺服装集团公司、上海三枪(集团)有限公司、北京铜牛集团有限公司、浪莎针织有限公司、杭州洪业服饰有限公司、纺织工业标准化研究所。

本标准主要起草人:李津、宋广礼、王卫民、陈东军、刘爱莲、漆小瑾、廖忠华、李亚滨、章辉。

针织物 疵点的描述 术语

1 范围

本标准描述了针织物检测中一般出现的疵点。

疵点可能会降低织物的性能,若疵点出现在由该织物制成的产品的明显部位,可能被用户发现并拒绝购买。

除了特别指出之外,本标准所描述的疵点对经编和纬编都是适用的。

注:本标准用于界定针织物的疵点,即针织物上并非人为有意生成的某些外观特征。这些外观特征并不一定意味着织物是低于标准的。买卖双方需要在认识上对某一外观是否确认为疵点取得一致。如果双方认为存在某一疵点,则需要在考虑产品最终用途的前提下,就疵点的允许范围达成协议。

2 纱线疵点

2.1

亮丝　bright yarn

光泽比邻近(横行或纵列)纱线亮的纱线。

注:疵点的成因是纱线加工中的不规则工艺,例如消光剂使用不均匀,含有不同消光剂(全消光,半消光)的纱线混淆在一起。

2.2

毛丝　broken filaments

(由无捻或低捻的多孔的长丝纱编织的针织物)表面呈现局部的或分散的毛茸状外观的纱线。

注:疵点的成因是在络纱或编织过程中,部分单丝断裂。

2.3

粗纱　coarse yarn

明显比邻近纱线粗的一段纱线。

注:疵点的成因是纱线线密度不匀。

2.4

皱缩纱　cockled yarn

纱线中外观形似小粗节易拉伸、易形成环状的扭曲的纱段。

注:疵点的成因是在牵伸过程中纤维被过度拉伸,当纤维松弛后,会形成纱线的屈曲和纱圈。

2.5

变形不良纱　faulty texturing

卷曲程度和变形特征不同于正常变形纱的一段纱线。

注:疵点的成因是在纱线变形中工艺控制不当。

2.6

细纱　fine yarn；thin end

明显比邻近纱线细的一段纱线。

注:疵点的成因是纱线线密度不匀。

2.7

废纤维纺入　gout

针织物的短纤维纱线中的不规则膨大粗结。

注:疵点的成因是在纺纱过程中,积聚的废纤维被纺入了纱线。

2.8

大肚纱　slub

枣核纱

织物上呈现的两端较细、中部较粗的枣核状纱线片段,其中部直径可能数倍于邻近正常的纱线。

注:该疵点是纱线中含有牵伸失效的粗纱段,或络纱时没有清除的粗节造成的。

2.9

污渍纱　soiled yarn

因尘污、油污或其他污染物的沾染而使颜色发生变化的单独一根纱线。

注:疵点的成因是织物编织前或编织中纱线受到污染。

2.10

裂纱　split yarn

在针织物中明显偏细的一段纱线。

注:疵点的成因是在络纱或编织或过程中的过度摩擦和拉伸,这会导致纱线的部分断裂(例如长丝中的单丝断裂或股线中的一股断裂),断裂的部分会在纱线中保留下来。

2.11

错纱　wrong end;mixed end

纱线的组分、线密度、长丝类型、捻度、光泽、色泽或颜色等明显不同于正常纱线的一根纱线。

注:疵点的成因是材料的选用不当。

3　横列疵点

3.1

横条　band

沿织物的宽度方向出现的与织物的其他地方不同的条状区域。

注:疵点的区域可能和横列平行,也可能不平行;可能有明显的边界,也可能没有明显的边界。

3.2

横路　barré;stripiness

多路纬编针织物中的一个或多个横列的色泽不同于正常区域的疵点。

注1:疵点的成因是原纱光泽差异,纱线上染率不同,纱线的不均匀染色,纱线线密度不匀,线圈长度控制不一致(例如针盘偏心),织物不正确的折叠。

注2:该疵点如果仅在织物上出现一次,则可称为"横道"。

3.3

弓状横列　bowing

针织物中的横列有明显的弓形,弓形可能跨过整个织物宽度上,也可能小于织物宽度。

注:疵点的成因是编织过程中牵拉不当或整理过程中拉伸不当。

3.4

喂纱异常　feeder variation

多路编织的织物中出现与正常外观不同的横列,这些横列可能过松或过紧。

注:疵点的成因是该系统供给的纱线长度与其他系统不同。

3.5

缺纱　missing yarn

单纱

在纬编织物中,双纱编织时,由于一根纱线断纱产生的疵点。

注:疵点的成因是在双纱编织时,某一路只剩一根纱线在编织,机器却没有按要求停车。

32

3.6

脱套 press off;drop-out

掉套

线圈意外从针上脱出的疵点。

注：疵点的成因是在编织时没有喂入纱线。

3.7

停车痕 stop line;stopping line;stark-up mark;stop mark

与正常织物不一致的数个线圈横列形成的条痕。

注：疵点的成因是当停车时由于机器的减速和停止使纱线的张力发生变化。

3.8

厚段 thick place

密路

某些横列的线圈长度比正常织物的线圈长度短，在针织物上形成明显的条痕。

注：疵点的成因是机器启动不正常，给纱不均匀，织物牵拉不良。

3.9

薄段 thin place

稀路

某些横列线圈长度比正常织物的线圈长度长，在针织物上形成明显的条痕。

注：疵点的成因是给纱不均匀或织物牵拉不良。

4 纵行疵点

4.1

紧经 dragging end

在经编织物中一个或多个纵行的垫纱量比正常垫纱量小而形成的条痕。

注：疵点的成因是一根或多根经纱的张力过大。

4.2

断经 end out

沿经编织物的纵向没有垫纱而出现条痕。

注：疵点的成因是经纱断头或经纱用完。

4.3

长漏针 ladder;run

纵行脱散

部分线圈沿纵行方向依次脱散的现象。

注：疵点的成因是漏针或线圈断裂，当织物受到拉伸时，疵点会变得明显。

4.4

稀密路针 needle line;line

针织物中某个线圈纵行与其他纵行稀密不同。

注：疵点的成因是由坏针造成线圈不良。

4.5

线圈扭斜 spirality

纵行扭斜 wale spirality

纬编织物上纵行与横列不垂直的现象。

注：疵点的成因是由于纱线定型不充分而捻度不稳定。

4.6

纱头织入 straying end

针织物中被不正常地编织进了一段纱线。

注：疵点的成因是纱线断头后被随机编织到邻近的纵行中。

4.7

大线圈纵行 upward ladder

纬编织物中线圈跨过两个针的纵行。

注：由于电子针织机的选针错误，纱线不是垫在相对针床上的相邻针上，而是垫在了同一针床的相邻针上。

4.8

梳栉错穿 wrong threading；wrong threading of the guide bars

在经编织物中经纱穿纱错乱所造成的疵点。

注：疵点的成因是经纱在穿入梳栉的导纱针时次序错乱。

5 染整，印花，整理后的疵点

5.1

横档印 barriness

在平型针织物上沿织物整个宽度、或在筒状织物上呈螺旋状有横档印，横档印与正常织物相比存在颜色、或纱线性能、或织物组织结构的不同。

注：疵点的成因是横档印中的纱线性能或织物组织结构不同而引起的染色差异。

5.2

渗色 bleeding；colour bleeding

在与液体接触时，印染织物上的染料流失，导致接触的液体、织物本身的相邻部位或接触的其他织物发生明显着色。

注：疵点的成因是染色或印花中使用的染料湿牢度太差。

5.3

失光 blinding；dull

在织物湿整理过程中纤维光泽减弱。

注：疵点的成因是在纤维表面或纤维当中的孔隙或其他颗粒使纤维光泽减弱。

5.4

印染污斑 blotch

在印花织物上出现不应有的色泽均匀的点状颜色。

注：疵点的成因是色浆从印花滚筒或筛网滴落到了织物上。

5.5

铜翳 bronzing

铜光疵

针织物的表面呈现铜一样的光泽。

注：疵点的成因是在染色过程中染料使用过多，或染料的沉淀。

5.6

挤压痕 bruise；bruised place

针织物中局部受挤压的区域。

注：疵点的成因是织物受到过度的挤压或重压。

5.7

布铗痕 clip mark

靠近并平行织物布边处呈现有擦伤、亮光、异色的长方形痕迹。

注：疵点的成因是拉幅布铗的调整不当。

5.8

脱浆 colour out

干版露底

在印花织物上局部没有预期的颜色。

注：疵点的成因是印花筛网堵网或给浆不当。

5.9

拖浆 colour smear

沾浆

色浆被拖沾在印花织物花型以外区域。

注：疵点的成因是色浆黏度不合适，机器调节不当，印花刮刀调节不良或刮刀损坏。

5.10

皱痕 crack marks

针织物上任意方向的永久性皱折或褶痕。

注：疵点的成因是在织物的湿整理过程中不正确的褶皱。

5.11

折痕 crease

针织物上的很难用常规方法去除的严重折皱。

注：疵点的成因是在湿加工过程中纱线出现了扭曲、变形。

例如：裁缝用正常的方法(例如 蒸汽熨烫)不能轻易地去除的衣服上的某些折痕。

5.12

折痕印 crease mark

在针织物加工过程中除去折皱后留在织物上的痕迹。

注：疵点的成因是在折幅过程中，纱线受到永久变形或纤维受到损伤。

5.13

折皱色条 crease streak

在织物的折皱处，通常沿着针织物纵向，出现与相邻织物不同的颜色色条，折皱色条的中部颜色较浅，边部颜色较深。

注：疵点的成因是织物在有褶皱的状态下进行了轧染。

5.14

鸡爪印 crow's feet

织物上呈现程度和大小不等的皱纹，其总体效应如同鸡爪的印迹。

注：疵点是由于湿整理的工艺不当或织物的折叠不当造成的。

5.15

深针痕 deep pinning

在布身出现的明显的拉幅针痕，使织物的有效幅宽变少。

注：疵点的成因是在拉幅机上织物喂入不正确。

5.16

刮刀条花 doctor(blade)streak

刮刀痕

针织物沿长度方向出现色浆过多或涂层过厚的条纹。

注：疵点的成因是刮刀损坏或刮刀安装不当。

5.17

染料迹 dye mark;dye spot;dye stain

色斑

针织物上局部边界明显且色泽不正常的疵点。

注:疵点是由于浓度偏高的染料或印染助剂,或冷凝水污染造成的。

5.18

布端色差 ending;dyeing fault

匹布的一端与其主体的颜色有差异。

注:疵点是由于在连续染色过程中染液过早被耗尽造成的。

5.19

晕疵 halo

印染后的织物在较厚的局部周围呈现的浅色区域。

注:疵点的成因是在轧染过程中,染液渗透到接头、粗节、杂物织入处较少;或在烘干过程中染料的泳移。

5.20

深色档 heavy colour;heavy colour due to machine stop

色档

停车色档

在织物上出现颜色过深的横条。

注:疵点的成因是印花机停车时,过多的色浆渗入了织物。

5.21

边中色差 listing;listing defect

针织物的布边与其门幅中部的颜色差异。

注:疵点的成因是织物在染整过程中堆置不均匀,或织物边部与中部温度或压力有差异。

5.22

对花不准 misregister;out of register

印花错位

在印花针织物表面不同花色的相对位置不准确。

注:疵点的成因是印花滚筒或筛网不同步。

5.23

色花 mottled appearance

斑纹外观

局部或散布的颜色或表面效应不均匀。该疵点不是特定地沿纵向或横向。

注:疵点的成因是染料使用不均匀,染料渗透不均匀,或织物表面受损变形。

5.24

起球 pilling

针织物的表面呈现的由纤维聚积形成的小球。

注:疵点的成因是过长的整理工艺导致的对织物过度的摩擦。

5.25

针洞眼 pin marks

针孔疵

距离织物边部较近且与边部平行的一系列小孔或受损断开的纱线。

注:疵点的成因是拉幅针的弯曲,变钝或调节不当。

5.26

压痕　pressure mark

与邻近正常织物比较,其光泽较亮或厚度较薄的区域。

注:疵点的成因是在织物整理过程中压力不均匀。

5.27

绳状擦伤痕　rope marks;running marks

绳状痕

在经过绳状染色或整理的针织物表面,出现沿长度方向不定位置的长条痕迹。

注:疵点的成因是在绳状湿加工过程中机械超载,导致整理液渗透不匀,形成皱折,并沿折皱磨损或起毛。

5.28

翻边　turned-down selvedge

折边痕

靠近布边处,沿织物的纵向出现条痕色差或表面受损。

注:疵点的成因是织物在加工过程中,由于布边折叠,使相应织物没有得到应有的处理。

5.29

横向色差　shaded;shading

沿针织物的宽度方向颜色出现差异。

注:疵点的成因是染整过程中染料浓度或染色温度不均匀,或在轧染过程中真空吸水不均匀。

5.30

染色斑点　skitteriness

针织物表面或织物中的纱线上中呈现的非预期的颜色斑点。

注:疵点的成因是相邻纤维之间或同一纤维不同部位间的染色深浅不一致。

5.31

经向色条　stripiness

经编织物上有几个纵行宽度的色泽深暗的条状疵点。

注:疵点的成因是在编织的过程中织物宽度方向张力不匀引起了几个纵行的凸起(这会在随后的染整过程中被加剧),或在平幅加工中宽度方向控制不当引起了一些纵行的凸起。

5.32

纵向色差　tailing;tailing dyeing fault

头尾连续色差

沿针织物的长度方向颜色的连续变化。

注:疵点的成因是染浴中染料浓度或温度逐渐发生了变化。

5.33

缺色折皱　undyed crease

印花织物纵向呈现的一条边界清晰未上色的条状疵点。

注:疵点的成因是织物在有皱折状态下通过了印花机。

5.34

水渍　water spot

匹染针织物上一块不正常的浅色区域。

注:疵点的成因是织物染前或染整过程中局部受水污染,使得轧染时局部染液吸收减少。

6 一般疵点

6.1

不良气味 bad odour

织物具有令人不悦的气味。

注：疵点的成因是整理树脂的分解，淀粉及霉菌的发酵，或含有其他污染物。

6.2

磨损痕 chafe mark；abrasion mark

针织物上一局部磨损的区域，其特征为纱线发毛或纤维裸露。

注：疵点的成因是织物与坚硬的或粗糙的表面接触受到摩擦所致。

6.3

凹凸不平 cockling

针织物表面不规则的凹凸，使织物不平整。

注：疵点的成因是线圈的歪斜，纱线的不均匀松弛或回缩，或弹性纱线添纱不当。

6.4

纱线割伤 cutting；bursting

在成圈的过程中受到意外损伤的纱线。

注：疵点是由编织元件造成的，该疵点在整理过程中施加张力之前可能会不明显。

6.5

反丝 defective plating
翻纱

添纱针织物的地纱线圈出现在织物的正面。

注：疵点的成因是面纱和地纱线的导纱器调节不当或张力不当。

6.6

衬垫纱错位 displaced inlay yarn

在针织织物中，衬垫纱不符合织物组织的要求。

注1：疵点的成因是控制衬垫纱位置的编织机件出现错误。

注2：该疵点可能在衬垫织物中产生。

6.7

错花 disturbed place
组织结构错乱

在织物的某个区域织物结构出现错误，但纱线没有损坏。

注：疵点原因很多，比如，花纹机构或提花控制机构出现错误。

6.8

漏针 dropped stitch

线圈意外的脱套。

注：疵点的成因是编织针没有垫上纱线。

6.9

接头压痕 emboss mark；impression mark

针织物上的小凹痕。

注：疵点的成因是过大的辊子压力使一些残疵（如粗节）在织物表面产生凹痕。

6.10

跳丝 float；float defect

织物表面出现的横跨几个纵行的没有按要求参与编织的长浮线。

注：疵点的成因是针未能钩住纱线或线圈提前脱圈。

6.11

雾状斑 fogmarking

针织物表面的局部污迹,通常污迹处于折叠处或布边处,有时外观呈条状。

注:疵点的成因是在等待整理或贮存的过程中,大气污物的聚积,通常静电会使污迹加重。

6.12

异物织入 foreign bodies

针织物中含有非纺织纤维材料。

注:疵点的成因是针织机械和针织车间的不清洁。

6.13

异纤维织入 foreign fibres;coloured flecks;coloured fly;coloured lint

针织物中织入了不该织入的纤维。

注:疵点的成因是少量的异色废纤维被纺入纱中;或由于防护不当,使附近的异色或异种纤维被织入织物中。

6.14

破洞 hole

由于一个或几个相邻线圈被纱线断裂而在针织物中出现的孔洞。

注:疵点的成因是纱线接头,织物搬运时不小心,机件损坏,化学损伤,虫蛀,或整理时的损坏(例如烧毛,剪毛时控制不当)。

6.15

漏毛圈 missing terry loops

毛圈织物表面该形成毛圈的地方没有毛圈。

注:疵点的成因是编织机件功能失效。

6.16

多粒结疵点 neppy fabric

在针织物的表面出现的大量纤维小球或结子。

注:疵点的成因是粗梳或精梳的质量较差,或在纺纱准备过程中原料受到污染。

6.17

起绒过度 over-raised

织物表面过度的起毛,地组织可能被破坏,也可能没被破坏。

注:疵点的成因是起毛机械的调试不正确或织物的喂入量不当。

6.18

荷叶边 scallops
木耳边

在平整的织物边缘出现了波纹状的外观。

注:疵点的成因是织物的宽度方向受到过度的拉伸,或在拉幅过程中织物超喂。

6.19

纬斜 skew

针织物中横列与纵行不垂直的现象。

注:疵点的成因是纱线的捻度不稳定,编织过程中牵拉不均匀,或在开幅整理过程中织物的布边对位不准。

6.20

钩丝 snag

在纬编织物的横列方向或经编织物的纵行方向上被勾出来的一段纱线。

注1:在纬编织物中小的钩丝也称为"鱼眼"。

注2:疵点的成因是纱线、纤维或长丝被尖锐的突出物从织物中钩了出来。

6.21

纱线扭结 snarl

小辫纱

织物上出现的较短的扭结在一起的纱圈。

注：疵点的成因是在编织前或编织中，纱线因张力不足或捻度不稳定产生自捻引起的。

6.22

裂纱线圈 split stitch；split stitch defect

纱线被针钩刺穿，使得纱线的一部分位于针钩的里面，另一部分位于针钩的外面的线圈。

注：疵点的成因是纱线没有正确地喂入针钩。

6.23

污迹 stain

针织物上不连续的异色区域。

注：疵点的成因是织物受到污物，油或锈斑的污染。

6.24

条痕 streaks

织物表面形成在颜色上或结构上与其他部位有反差的不规则条状区域，其可能与织物的纵向或横向平行，也可能与织物的纵向或横向不平行。

6.25

花针 tucking；tucking defect；random tacking；bird's eye；bird's eye defect；pin holes

针织物中出现不应有的集圈线圈。

注：疵点的成因是机器没有正确地把旧线圈退到针舌下，或旧线圈没有完全从针头上脱下来，或在双罗纹织物中脱出的线圈又进入针钩里。

6.26

绒面露底 under-raised

起绒针织物的底布覆盖不完全。

注：疵点的成因是起毛机械设定不正确，或织物起毛处理的次数不够。

6.27

外观不匀 uneven appearance

整体外观不够均匀一致、不能被接受的针织物。

注：疵点的成因是众多小缺陷组成的，例如纱线不均匀，小粗节等，在这些小缺陷单独出现时不会对织物的质量构成影响。

6.28

起绒不匀 uneven raising

在起绒织物中，有的地方起绒不足，有的地方起绒过度。

注：疵点的成因是由于起绒前织物在加工中所引起的结构变化，或起绒机件磨损或损坏。

6.29

水损迹 water damage

水印

边界为直线或曲线状、边缘清晰的污渍。

注：该疵点是带有染料、尘土或整理剂的水渗入织物造成的，它表示了水的所抵达的位置。

6.30

水纹印 water mark

不规则的、类似水波纹状的明暗横条疵点。

注：疵点的成因是织物承受了过高的温度和过大的压力，常发生在双面织物中。

中　文　索　引

B

斑纹外观 ·················· 5.23
边中色差 ·················· 5.21
变形不良纱 ·················· 2.5
薄段 ·················· 3.9
不良气味 ·················· 6.1
布端色差 ·················· 5.18
布铗痕 ·················· 5.7

C

长漏针 ·················· 4.3
衬垫纱错位 ·················· 6.6
粗纱 ·················· 2.3
错花 ·················· 6.7
错纱 ·················· 2.11

D

大肚纱 ·················· 2.8
大线圈纵行 ·················· 4.7
单纱 ·················· 3.5
掉套 ·················· 3.6
断经 ·················· 4.2
对花不准 ·················· 5.22
多粒结疵点 ·················· 6.16

F

翻边 ·················· 5.28
翻纱 ·················· 6.5
反丝 ·················· 6.5
废纤维纺入 ·················· 2.7

G

干版露底 ·················· 5.8
弓状横列 ·················· 3.3
钩丝 ·················· 6.20
刮刀痕 ·················· 5.16
刮刀条花 ·················· 5.16

H

荷叶边 ·················· 6.18

横档印 ·················· 5.1
横路 ·················· 3.2
横条 ·················· 3.1
横向色差 ·················· 5.29
厚段 ·················· 3.8
花针 ·················· 6.25

J

鸡爪印 ·················· 5.14
挤压痕 ·················· 5.6
接头压痕 ·················· 6.9
紧经 ·················· 4.1
经向色条 ·················· 5.31

L

亮丝 ·················· 2.1
裂纱 ·················· 2.10
裂纱线圈 ·················· 6.22
漏毛圈 ·················· 6.15
漏针 ·················· 6.8

M

毛丝 ·················· 2.2
密路 ·················· 3.8
磨损痕 ·················· 6.2
木耳边 ·················· 6.18

O

凹凸不平 ·················· 6.3

P

破洞 ·················· 6.14

Q

起球 ·················· 5.24
起绒不匀 ·················· 6.28
起绒过度 ·················· 6.17
缺色折皱 ·················· 5.33
缺纱 ·················· 3.5

R

染料迹 ·················· 5.17

染色斑点 ……………………… 5.30
绒面露底 ……………………… 6.26

S

色斑 …………………………… 5.17
色档 …………………………… 5.20
色花 …………………………… 5.23
纱头织入 ……………………… 4.6
纱线割伤 ……………………… 6.4
纱线扭结 ……………………… 6.21
深色档 ………………………… 5.20
深针痕 ………………………… 5.15
渗色 …………………………… 5.2
绳状擦伤痕 …………………… 5.27
绳状痕 ………………………… 5.27
失光 …………………………… 5.3
梳栉错穿 ……………………… 4.8
水损迹 ………………………… 6.29
水纹印 ………………………… 6.30
水印 …………………………… 6.29
水渍 …………………………… 5.34

T

条痕 …………………………… 6.24
跳丝 …………………………… 6.10
停车痕 ………………………… 3.7
停车色档 ……………………… 5.20
铜光疵 ………………………… 5.5
铜罴 …………………………… 5.5
头尾连续色差 ………………… 5.32
脱浆 …………………………… 5.8
拖浆 …………………………… 5.9
脱套 …………………………… 3.6

W

外观不匀 ……………………… 6.27

纬斜 …………………………… 6.19
喂纱异常 ……………………… 3.4
污迹 …………………………… 6.23
污渍纱 ………………………… 2.9
雾状斑 ………………………… 6.11

X

稀路 …………………………… 3.9
稀密路针 ……………………… 4.4
细纱 …………………………… 2.6
线圈扭斜 ……………………… 4.5
小辫纱 ………………………… 6.21

Y

压痕 …………………………… 5.26
异物织入 ……………………… 6.12
异纤维织入 …………………… 6.13
印花错位 ……………………… 5.22
印染污斑 ……………………… 5.4
晕疵 …………………………… 5.19

Z

枣核纱 ………………………… 2.8
沾浆 …………………………… 5.9
折边痕 ………………………… 5.28
折痕 …………………………… 5.11
折痕印 ………………………… 5.12
折皱色条 ……………………… 5.13
针洞眼 ………………………… 5.25
针孔疵 ………………………… 5.25
皱痕 …………………………… 5.10
皱缩纱 ………………………… 2.4
纵向色差 ……………………… 5.32
纵行扭斜 ……………………… 4.5
纵行脱散 ……………………… 4.3
组织结构错乱 ………………… 6.7

英 文 索 引

A

abrasion mark ……………………………………………………………………………………………… 6.2

B

bad odour ………………………………………………………………………………………………… 6.1
band ……………………………………………………………………………………………………… 3.1
barré ……………………………………………………………………………………………………… 3.2
barriness ………………………………………………………………………………………………… 5.1
bird's eye ………………………………………………………………………………………………… 6.25
bird's eye defect ………………………………………………………………………………………… 6.25
bleeding ………………………………………………………………………………………………… 5.2
blinding ………………………………………………………………………………………………… 5.3
blotch …………………………………………………………………………………………………… 5.4
bowing …………………………………………………………………………………………………… 3.3
bright yarn ……………………………………………………………………………………………… 2.1
broken filaments ………………………………………………………………………………………… 2.2
bronzing ………………………………………………………………………………………………… 5.5
bruise …………………………………………………………………………………………………… 5.6
bruised place …………………………………………………………………………………………… 5.6
bursting ………………………………………………………………………………………………… 6.4

C

chafe mark ……………………………………………………………………………………………… 6.2
clip mark ………………………………………………………………………………………………… 5.7
coarse yarn ……………………………………………………………………………………………… 2.3
cockled yarn …………………………………………………………………………………………… 2.4
cockling ………………………………………………………………………………………………… 6.3
colour bleeding ………………………………………………………………………………………… 5.2
colour out ……………………………………………………………………………………………… 5.8
colour smear …………………………………………………………………………………………… 5.9
coloured flecks ………………………………………………………………………………………… 6.13
coloured fly ……………………………………………………………………………………………… 6.13
coloured lint …………………………………………………………………………………………… 6.13
crack marks …………………………………………………………………………………………… 5.10
crease …………………………………………………………………………………………………… 5.11
crease mark …………………………………………………………………………………………… 5.12
crease streak …………………………………………………………………………………………… 5.13

crow's feet 5.14

cutting 6.4

D

deep pinning 5.15

defective plating 6.5

displaced inlay yarn 6.6

disturbed place 6.7

doctor (blade) streak 5.16

dragging end 4.1

drop-out 3.6

dropped stitch 6.8

dull 5.3

dye mark 5.17

dye spot 5.17

dye stain 5.17

dyeing fault 5.18

E

emboss mark 6.9

end out 4.2

ending 5.18

F

faulty texturing 2.5

feeder variation 3.4

fine yarn 2.6

float 6.10

float defect 6.10

fogmarking 6.11

foreign bodies 6.12

foreign fibres 6.13

G

gout 2.7

H

halo 5.19

heavy colour 5.20

heavy colour due to machine stop 5.20

hole 6.14

I

impression mark ·· 6.9

L

ladder ·· 4.3
line ·· 4.4
listing ·· 5.21
listing defect ·· 5.21

M

misregister ·· 5.22
missing terry loops ·· 6.15
missing yarn ·· 3.5
mixed end ·· 2.11
mottled appearance ·· 5.23

N

needle line ·· 4.4
neppy fabric ·· 6.16

O

out of register ·· 5.22
over-raised ·· 6.17

P

pilling ·· 5.24
pin holes ·· 6.25
pin marks ·· 5.25
press off ·· 3.6
pressure mark ·· 5.26

R

random tucking ·· 6.25
rope marks ·· 5.27
run ·· 4.3
running marks ·· 5.27

S

scallops ·· 6.18
shaded ·· 5.29

shading ··· 5.29

skew ·· 6.19

skitteriness ·· 5.30

slub ·· 2.8

snag ··· 6.20

snarl ·· 6.21

soiled yarn ··· 2.9

spirality ··· 4.5

split stitch ·· 6.22

split stitch defect ·· 6.22

split yarn ·· 2.10

stain ·· 6.23

stark-up mark ··· 3.7

stop line ··· 3.7

stop mark ··· 3.7

stopping line ·· 3.7

straying end ·· 4.6

streaks ·· 6.24

stripiness (warp knitting) ·· 5.31

stripiness (weft knitting) ··· 3.2

T

tailing ··· 5.32

tailing dyeing fault ·· 5.32

thick place ·· 3.8

thin end ··· 2.6

thin place ··· 3.9

tucking ·· 6.25

tucking defect ··· 6.25

turned-down selvedge ··· 5.28

U

under-raised ··· 6.26

undyed crease ··· 5.33

uneven appearance ··· 6.27

uneven raising ·· 6.28

upward ladder ··· 4.7

W

wale spirality ·· 4.5

water damage ··· 6.29

water mark ··· 6.30

water spot ··· 5.34

wrong end ··· 2.11

wrong threading ·· 4.8

wrong threading of the guide bars ·· 4.8

ICS 59.080.30
W 04

中华人民共和国国家标准

GB/T 29867—2013

纺织品 针织物 结构表示方法

Textiles—Knitted fabrics—Representation and pattern design

(ISO 23606:2009，MOD)

2013-11-12 发布

2014-05-01 实施

中华人民共和国国家质量监督检验检疫总局
中国国家标准化管理委员会 发布

前　言

本标准按照 GB/T 1.1—2009 给出的规则起草。

本标准使用重新起草法修改采用 ISO 23606:2009《纺织品　针织物　结构表示方法》。本标准与 ISO 23606:2009 相比有如下差异：

——在 3.3.2 编织图的定义及示例中，增加了符号"|"形成的线阵表示。

——在 3.4 符号说明的编织图中，增加了"线阵"一列。

——对 3.4.14 的意匠图和 3.4.15 的线圈结构图、编织图和意匠图进行了修改。

本标准由中国纺织工业联合会提出。

本标准由全国纺织品标准化技术委员会基础标准分技术委员会(SAC/TC 209/SC 1)归口。

本标准起草单位：天津工业大学、浪莎针织有限公司、坚持我的服饰(杭州)有限公司、常熟市金龙机械有限公司、北京铜牛集团有限公司、吉林省东北袜业纺织工业园发展有限公司、天津开发区金衫包装制品有限公司、纺织工业标准化研究所。

本标准主要起草人：李津、宋广礼、王晓云、刘爱莲、李锡伯、漆小瑾、金永良、田中君、廖忠华、王欢。

纺织品　针织物　结构表示方法

1　范围

本标准规定了采用不同类型符号或图形表示针织物结构的方法。
本标准规定的表示方法并不是唯一的表示方法。

2　术语和定义

下列术语和定义适用于本文件。

2.1

针织物　knitted fabrics
至少一组纱线系统形成线圈,且彼此相互串套形成的一类织物的总称。
［GB/T 5708—2001,定义 2.1］
注:针织机分类参见 GB/T 6002.9。

2.2

纬编针织物　weft-knitted fabrics
纱线沿纬向喂入编织形成线圈的针织物。
［GB/T 5708—2001,定义 2.2］
注 1:纬编针织物的特点是,喂入的每根纬向纱线基本与织物生产的方向垂直。
注 2:纬编针织物在平型或圆型纬编针织机上进行编织,纬编机分类参见 GB/T 6002.9。

2.3

经编针织物　warp-knitted fabrics
纱线沿经向喂入编织形成线圈的针织物。
［GB/T 5708—2001,定义 2.3］
注 1:经编针织物的特点是,喂入的每根经向纱线基本与织物生产方向平行。
注 2:经编针织物在平型或圆型经编针织机上进行编织,经编机分类参见 GB/T 6002.9。
注 3:缝编织物属于特殊变化的经编针织物,可在配置缝编复合针的平型经编机上进行编织,平型经编机参见
ISO 8640-4。

3　纬编针织物

3.1　表示方法

编号	术语	定义和示例
3.1.1	线圈结构图	用二维线条表示针织物结构中的纱线路径图。 示例:单面织物(工艺反面)

编号	术语	定义和示例
3.1.2	织物结构示意图	用特定的图示或符号在意匠纸上表示针织物的一种图示法。 注：它可分为意匠图(3.1.2.1)和工艺图(3.1.2.2)。
3.1.2.1	意匠图	用图形表示针织物结构和花型的一种方法。
3.1.2.2	工艺图	针织物组织的符号表示方法，按照从下到上的编织顺序绘制。 注1：工艺图可以是在意匠纸上的二维表示方法，也可以是在点纸上的线型表示方法。 注2：工艺图又可分为结构图(3.1.2.2.1)和编织图(3.1.2.2.2)。
3.1.2.2.1	结构图	用符号表示针织物结构的方法。
3.1.2.2.2	编织图	用符号表示针织物编织过程的方法。

3.2 表示方法的基本原则

3.2.1 针织物的表示方法可以同时或分别使用。其织物结构可根据针织物组织或生产方法用结构图或编织图来表示。

3.2.2 根据织物自下到上的纱线编织顺序绘制织物结构示意图。编织图可从前针床的左边织针开始到后针床的右边织针结束。对于带有长短针的针织机，由前针床或下针的第一枚长针开始。

3.2.3 工艺图为每种组织及其变化提供了表示方法。通过将基本花型单元放在意匠图区域的左下角，在意匠图的其他区域只画上由基本花型变化而来的组织，可以简化意匠图（即简略表示方法）。如果这样不能确定，则应采用完整表示方法。

3.2.4 工艺图的每一横行等同于织物的一个横列。

3.2.5 有些织物，如衬垫织物的编织图需要多行来表示织物的一个横列。

3.2.6 在移圈组织的意匠图中，在移圈线圈的旁边用一个相应的符号来表示织物的工艺正面和工艺反面。

3.2.7 织物结构示意图中，某一横列的辅助说明应标在右边；某一纵行的辅助说明应该标在下面。某个符号的辅助说明应标注在图中该符号的下面。

3.2.8 织物结构示意图中至少应包含一个完整花宽和花高的花型单元，且这个花型单元需标注出来。

3.3 织物结构示意图

3.3.1 意匠图网格的表示方法

编号	术语	定义和示例[a]
3.3.1.1	正方形网格	规则的正方形网格。

编号	术语	定义和示例[a]
3.3.1.2	横向网格	用长短矩形表示,长短矩形沿横向交替排列,沿纵向平行排列,适用于罗纹类织物。 注:长的矩形用来表示前针床的编织单元或编织过程,短的矩形用来表示后针床的编织单元或编织过程。
3.3.1.3	纵向网格	同3.3.1.2,但将其旋转90°。用于双罗纹类织物的表示。 注:长的矩形用来表示前针床的编织单元或编织过程,短的矩形用来表示后针床的编织单元或编织过程。

[a] 以上列举的是三种常用的意匠图网格。根据要求,不同意匠图的线段长度也可不同。

3.3.2 编织图织针的表示方法

编号	术语	定义及示例[a]
3.3.2.1	直线排针图	根据针床上织针的配置情况用平行的符号"·"形成的点阵或平行的符号"丨"形成的线阵表示。适用于单面织物、双反面织物和双罗纹类织物。

编号	术语	定义及示例[a]
3.3.2.2	交错排针图	根据针床上织针的配置情况用在横向交错的符号"·"形成的点阵或横向交错的符号"|"形成的线阵表示。适用于罗纹类织物。

[a] 以上示例是两种常用的编织图的表示方法。根据要求,不同编织图的点距或线距也不同。

3.4 符号说明

编号	术语	线圈结构图	编织图 点阵	编织图 线阵	意匠图
3.4.1	空针或休止状态的织针	—	×	×	
3.4.2	成圈 —工艺正面 —工艺反面				
3.4.3	集圈 —工艺正面 —工艺反面				
3.4.4	浮线				
3.4.5	衬纬				
3.4.6	衬经				

编号	术语	线圈结构图	编织图		意匠图
			点阵	线阵	
3.4.7	移圈				
3.4.8	分针移圈				
3.4.9	扩圈组织				
3.4.10	菠萝组织				
3.4.11	添纱组织				
3.4.12	闭口毛圈				
3.4.13	长线圈 —工艺正面 —工艺反面				

编号	术语	线圈结构图	编织图		意匠图
			点阵	线阵	
3.4.14	罗纹 1+1				
3.4.15	双罗纹		2 1	2 1	或

3.5 辅助符号

3.5.1 针床横移

在交错排针图中,用一个带箭头的线段表示,箭头指向针床横移的方向。线段长度所跨过的针距数表示针床移动所跨过的针距数。垂线表示所移线圈与横移针床的关系(见图1)。

图 1 后针床向右横移 2 个针距

3.5.2 织针位置和状态

竖线代表工作状态的织针。交叉线代表空针或休止状态的织针(见图2)。

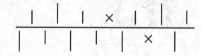

其中： | 长针

| 短针

× 空针或休止状态的织针

图 2 织针位置和状态

4 经编针织物

4.1 表示方法

编号	术语	定义和示例
4.1.1	线圈结构图	用二维线条表示针织物结构中的纱线路径图。 示例:单面经平绒(闭口组织,反向垫纱)。
4.1.2	意匠图	经编织物组织的二维表示方法。通常是在规则的方格上用标记(颜色、符号)表示,特别适用于提花组织。
4.1.3	垫纱意匠图	自下而上表示花梳纱线的垫纱运动,地组织多为网眼结构。 注:意匠格只能粗略地表示地组织的结构。 示例1:四角网眼的垫纱意匠图(如窗帘)。 示例2:六角网眼的垫纱意匠图(如绢网)。

编号	术语	定义和示例
4.1.4	垫纱运动图	在平行点阵排针图上,根据导纱针的垫纱运动规律自下而上画出逐个横列的垫纱运动轨迹。 示例: 1+1单面经平　　　双面经缎 3 2 1 0　　　3 2 1 0 其中:· 前针床(F) 　　　· 后针床(B) 注1:通常是在点阵垫纱图下面的间隙(相当于针间)编号。编号的类型由用于生产的机器决定。按 ISO 8640-3 中的说明,根据梳栉横移机构的位置来决定从左还是从右开始编号。 注2:对于很多单面结构,当从织物工艺反面观察时,这种表示方法与纱线的运动轨迹大体一致。
4.1.5	垫纱数码	表示一个循环中导纱针围绕织针运动的一列数字,从上往下看,当表示连续运动时,从左向右看。 注:平型经编机的导纱梳栉编号在 FZ/T 90101 中有规定。 示例1:导纱梳栉 GB1 的垫纱记录 GB1　　　　　　　　　　　GB1 单面经平　1　双面经缎　F 1　F 2 　　　　　2　　　　　　　2　　1 　　　　　1　　　　　　B 2　B 1 　　　　　0　　　　　　　3　　0 　　　　　=　　　　　　　　= 通常每一横列用两个数字表示,在每一横列后有一单横线,每个循环的末尾有一双横线。 根据机器和垫纱情况,垫纱数码可以每横列只用一个数字表示(如衬垫组织结构),也可以用两个以上的数字表示(如花盘的工作模式为多行程时)。 垫纱数码同样可以从左到右横向书写。在这种情况下,每横列后加一个斜线,每个循环的末尾加双斜线。 示例2:横向表示的垫纱数码。 1+1 单面经平　　　GB1:1—2/1—0// 双面经缎　　　　　GB2:F 1—2—B 2—3/F 2—1—B 1—0//

编号	术语	定义和示例
4.1.6	穿纱图	每把梳栉导纱针中是否穿纱的示意图。 注1：根据穿纱的不同，穿纱图可以从右或从左开始。 注2：在每次穿纱动作变换后加斜线，在每次穿纱循环后加双斜线。 示例1：从右边开始的满穿与空穿示意图。 GB1：满穿　　　　　| | | | | | | | GB2：3空/3穿/1空/1穿//　　| · | | | · · · 其中：|　穿纱 　　　　·　空穿 示例2：使用三种不同的纱线 A B C,从左边开始表示穿纱形式。 GB1：10A/28B/18C//

4.2 表示方法和命名的基本原则

4.2.1 根据结构和加工方法,应选择能够清晰表示织物组织结构的方式。为此,几种表示方法可单独或同时使用。

4.2.2 对于多梳栉结构,最好采用垫纱运动图、垫纱数码和穿纱图表示。每把梳栉的垫纱运动图(至少一根纱线)应从下向上画。

4.2.3 组织的命名或缩写应以基本结构-组织结构的顺序。

　对于复合组织织物,从织物工艺反面观察时,表示方法应按从上层结构到下层结构的顺序。

示例：

单面经平(1+1)

单面经绒(2+1)-经平(1+1)

单面衬纬编链织物

单面四针经平(4+1)-经平(1+1)-两针经平(2+1)

4.2.4 关于含有针背垫纱的方向(同向/反向垫纱)、开口或闭口组织(开/闭)、经缎或变化编链组织(n行)以及网孔结构(网眼)这些结构的组织,可按照结构进行命名。

4.2.5 命名仅给出了基本的组织结构特征,可使用4.1中的表示方法作为补充。

参 考 文 献

[1] GB/T 5708 纺织品 针织物 术语
[2] GB/T 6002.9 纺织机械术语 第 9 部分:针织机分类和术语
[3] FZ/T 90101 平型经编机 梳栉编号
[4] ISO 8640-3 纺织机械与附附 平型经编机 第 3 部分:提花装置词汇
[5] ISO 8640-4 纺织机械与附附 平型经编机 词汇 第 4 部分:缝编机和缝编设备

ICS 59.080.30
W 63

中华人民共和国国家标准

GB/T 29868—2013

运动防护用品 针织类基本技术要求

General technical criterion for knitted sports protection article

2013-11-12 发布

2014-05-01 实施

中华人民共和国国家质量监督检验检疫总局
中国国家标准化管理委员会 发布

GB/T 29868—2013

前　言

本标准按照 GB/T 1.1—2009 给出的规则起草。

本标准由中国纺织工业联合会提出。

本标准由全国体育用品标准化技术委员会运动服装分技术委员会(SAC/TC 291/SC 1)归口。

本标准主要起草单位:安踏(中国)有限公司、李宁(中国)体育用品有限公司、特步(中国)有限公司、海宁耐尔袜业有限公司、国辉(中国)有限公司、国家针织产品质量监督检验中心。

本标准主要起草人:李苏、徐明明、张宝春、史吉刚、胡浩、丁国斯、谭万昌。

运动防护用品 针织类基本技术要求

1 范围

本标准规定了运动防护用品的基本性能要求、检验(测试)方法、抽样规则。运动防护用品的其他要求按相关标准执行。

本标准适用于纺织纤维采用针织加工工艺生产的运动防护用品,包括护腕、护臂、护肘、护腰、护膝、护腿、护踝、头套等产品。

2 规范性引用文件

下列文件对于本文件的应用是必不可少的。凡是注日期的引用文件,仅注日期的版本适用于本文件。凡是不注日期的引用文件,其最新版本(包括所有的修改单)适用于本文件。

GB/T 2912.1 纺织品 甲醛的测定 第1部分:游离和水解的甲醛(水萃取法)

GB/T 3920 纺织品 色牢度试验 耐摩擦色牢度

GB/T 3922 纺织品耐汗渍色牢度试验方法

GB/T 5713 纺织品 色牢度试验 耐水色牢度

GB/T 7573 纺织品 水萃取液 pH 值的测定

GB/T 8170 数值修约规则与极限数值的表示和判定

GB/T 17592 纺织品 禁用偶氮染料的测定

GB/T 17593.1 纺织品 重金属的测定 第1部分:原子吸收分光光度法

GB/T 17593.2 纺织品 重金属的测定 第2部分:电感耦合等离子体原子发射光谱法

GB/T 17593.4 纺织品 重金属的测定 第4部分:砷、汞原子荧光分光光度法

GB 18401 国家纺织产品基本安全技术规范

GB/T 23344 纺织品 4-氨基偶氮苯的测定

GB/T 24121 纺织制品 断针类残留物的检测方法

GB/T 24153 橡胶及弹性体材料 N-亚硝基胺的测定

FZ/T 70006 针织物拉伸弹性回复率试验方法

3 基本性能要求

3.1 基本性能技术要求按表1规定。

表 1 基本性能技术要求

项目		技术要求
耐汗渍色牢度/级 ≥	变色	3
	沾色	3
耐水色牢度/级 ≥	变色	3
	沾色	3

表 1（续）

项目		技术要求
耐摩擦色牢度/级 ≥	干摩	3
甲醛含量/(mg/kg)		按 GB 18401 规定执行
pH 值		
异味		
可分解致癌芳香胺染料/(mg/kg)		
拉伸弹性回复率/% ≥	横向	85
可萃取的重金属/(mg/kg) ≤	铅(Pb)	1.0
	镉(Cd)	0.1
	砷(As)	1.0
金属危害物		不得检出
N-亚硝基胺		禁用

3.2 N-亚硝基胺项目仅对护具使用的橡筋进行测试。不得检出的 N-亚硝基胺清单见附录 A，限量值 ≤0.5 mg/kg。

3.3 拉伸弹性回复率只考核含氨纶、橡筋等弹性材料的筒状产品。

4 检验（测试）方法

4.1 耐汗渍色牢度试验

按 GB/T 3922 规定执行。

4.2 耐水色牢度试验

按 GB/T 5713 规定执行。

4.3 耐摩擦色牢度试验

按 GB/T 3920 规定执行。一般做直向,当直向长度无法满足试验时可做横向。

4.4 甲醛含量试验

按 GB/T 2912.1 规定执行。

4.5 pH 值试验

按 GB/T 7573 规定执行。

4.6 可分解致癌芳香胺染料试验

按 GB/T 17592 和 GB/T 23344 规定执行。一般先按 GB/T 17592 检测,当检出苯胺和/或 1,4-苯二胺时,再按 GB/T 23344 检测。

4.7 异味试验

按 GB18401 规定执行。

4.8 拉伸弹性回复率试验

4.8.1 按 FZ/T 70006 中"定力反复拉伸时弹性回复率和塑性形变率的测定"规定执行。夹持器移动的恒定速度为 300 mm/min,回程速度为 50 mm/min,预加张力为 0.1 N,定力为 35 N,反复拉伸次数为 3次,试验只做横向。结果取 3 块试样的平均值,结果按 GB/T 8170 修约至整数。

4.8.2 根据产品的大小选择 50 mm、100 mm 两种夹距。

4.9 可萃取重金属铅(Pb)、镉(Cd)、砷(As)

可萃取重金属铅(Pb)、镉(Cd)的试验按 GB/T 17593.1 规定执行,重金属砷(As)的试验按 GB/T 17593.4 规定执行。或按 GB/T 17593.2 测重金属铅(Pb)、镉(Cd)、砷(As)。

4.10 金属危害物试验

按 GB/T 24121 规定执行。

4.11 *N*-亚硝基胺的测定

按 GB/T 24153 规定执行。

5 抽样规则

按交货批随机抽样,数量应能保证每项试验做一次。

附 录 A

（规范性附录）

防护用品使用的橡筋中不应检出的 N-亚硝基胺清单

A.1 防护用品使用的橡筋中不应检出的 N-亚硝基胺见表 A.1。

表 A.1 防护用品使用的橡筋中不应检出的 N-亚硝基胺清单

序号	中文名称	英文名称	化学文摘编号	化学分子式
1	N-亚硝基二甲胺	N-nitrosodimethylamine	62-75-9	$C_2H_6N_2O$
2	N-亚硝基二乙胺	N-nitrosodiethylamine	55-18-5	$C_4H_{10}N_2O$
3	N-亚硝基二丙基胺	N-nitrosodipropylamine	621-64-7	$C_6H_{14}N_2O$
4	N-亚硝基二丁基胺	N-nitrosodibutylamine	924-16-3	$C_8H_{18}N_2O$
5	N-亚硝基哌啶	N-nitrosopiperidine	100-75-4	$C_5H_{10}N_2O$
6	N-亚硝基吡咯烷	N-nitrosopyrrolidine	930-55-2	$C_4H_8N_2O$
7	N-亚硝基吗啉	N-nitrosomorpholine	59-89-2	$C_4H_8N_2O_2$
8	N-亚硝基-N-甲基苯胺	N-nitroso-N-methylaniline	614-00-6	$C_7H_8N_2O$
9	N-亚硝基-N-乙基苯胺	N-nitroso-N-ethylaniline	612-64-6	$C_8H_{10}N_2O$

ICS 59.080.30
W 63

中华人民共和国国家标准

GB/T 29869—2013

针织专业运动服装通用技术要求

General technical requirements for professional knitted sportswear

2013-11-12 发布

2014-05-01 实施

中华人民共和国国家质量监督检验检疫总局
中国国家标准化管理委员会 发布

前　言

本标准按照 GB/T 1.1—2009 给出的规则起草。

本标准由中国纺织工业联合会提出。

本标准由全国体育用品标准化技术委员会运动服装分技术委员会(SAC/TC 291/SC 1)归口。

本标准主要起草单位:李宁(中国)体育用品有限公司、安踏(厦门)体育用品有限公司、特步(中国)有限公司、北京探路者户外用品股份有限公司、国家针织产品质量监督检验中心、耐克体育(中国)有限公司、福建泉州匹克体育用品有限公司、福建哥仑步户外用品有限公司、武汉爱帝高级服饰有限公司。

本标准主要起草人:徐明明、李苏、张宝春、陈百顺、于建军、高志方、戴建辉、吴迁平、胡萍。

针织专业运动服装通用技术要求

1 范围

本标准规定了针织专业运动服装通用的技术要求、试验方法、检验规则。

本标准适用于以纺织针织物为主要面料生产的针织专业运动服装。其他专业运动服装可参照执行。

2 规范性引用文件

下列文件对于本文件的应用是必不可少的。凡是注日期的引用文件,仅注日期的版本适用于本文件。凡是不注日期的引用文件,其最新版本(包括所有的修改单)适用于本文件。

GB/T 251　纺织品　色牢度试验　评定沾色用灰色样卡

GB/T 2910(所有部分)　纺织品　定量化学分析

GB/T 2912.1　纺织品　甲醛的测定　第1部分:游离和水解的甲醛(水萃取法)

GB/T 3920　纺织品　色牢度试验　耐摩擦色牢度

GB/T 3921—2008　纺织品　色牢度试验　耐皂洗色牢度

GB/T 3922　纺织品　耐汗渍色牢度试验方法

GB/T 4744　纺织织物　抗渗水性测定　静水压试验

GB/T 4802.1—2008　纺织品　织物起毛起球性能的测定　第一部分:圆轨迹法

GB/T 5453　纺织品　织物透气性的测定

GB/T 5713　纺织品　色牢度试验　耐水色牢度

GB/T 5714　纺织品　色牢度试验　耐海水色牢度

GB/T 7573　纺织品　水萃取液pH值的测定

GB/T 8170　数值修约规则与极限数值的表示与判定

GB/T 8427—2008　纺织品　色牢度试验　耐人造光色牢度:氙弧

GB/T 8433　纺织品　色牢度试验　耐氯化水色牢度(游泳池水)

GB/T 8629—2001　纺织品　试验用家庭洗涤和干燥程序

GB/T 11047　纺织品　织物勾丝性能评定　钉锤法

GB/T 12703.3　纺织品　静电性能的评定　第3部分:电荷量

GB/T 12704.2—2009　纺织品　织物透湿性试验方法　第2部分:蒸发法

GB/T 14576　纺织品　色牢度试验　耐光、汗复合色牢度

GB/T 17592　纺织品　禁用偶氮染料的测定

GB 18401　国家纺织产品基本安全技术规范

GB/T 18830　纺织品　防紫外线性能的评定

GB/T 19976—2005　纺织品　顶破强力的测定　钢球法

GB/T 21655.1　纺织品　吸湿速干性的评定　第1部分:单项组合试验法

GB/T 23344　纺织品　4-氨基偶氮苯的测定

FZ/T 01026　纺织品　定量化学分析　四组分纤维混合物

FZ/T 01031　针织物和弹性机织物接缝强力和伸长率的测定　抓样拉伸法

GB/T 29862 纺织品 纤维含量的标识

FZ/T 01057(所有部分) 纺织纤维鉴别试验方法

FZ/T 01095 纺织品 氨纶产品纤维含量的试验方法

FZ/T 70006 针织物拉伸弹性回复率试验方法

FZ/T 73023 抗菌针织品

GSB 16—1523 针织物起毛起球样照

GSB 16—2159 针织产品标准深度样卡(1/12)

3 要求

3.1 专业运动服装理化性能要求见表1。

表 1 理化性能要求

项目		技术要求
甲醛含量/(mg/kg)		按 GB 18401 规定执行
pH 值		
异味		
可分解致癌芳香胺染料/(mg/kg)		
纤维含量(净干含量)/%		按 GB/T 29862 规定执行
顶破强力ª/N ≥	上衣	280
	裤子	300
接缝强力/N ≥	裤后裆缝	140
水洗尺寸变化率ᵇ/%	直向	±4.0
	横向	±4.0
水洗后互染程度ᶜ/级 ≥	沾色	4
起球/级	≥	3-4
勾丝ᵈ/级 ≥	直向	3-4
	横向	3-4
耐皂洗色牢度ᵉ/级 ≥	变色	4
	沾色	3-4
耐水色牢度/级 ≥	变色	4
	沾色	3-4
耐汗渍色牢度/级 ≥	变色	4
	沾色	3-4
耐摩擦色牢度/级 ≥	干摩	3-4
	湿摩	3(深色 2-3)
耐光色牢度ᵈ/级 ≥	变色	4(浅色 3)
耐光、汗复合色牢度(碱性)ᵈ,ᶠ/级 ≥		3

表 1（续）

项目	技术要求
色别分档按 GSB 16-2159，＞1/12 标准深度为深色，≤1/12 标准深度为浅色。	

a   镂空织物、含弹性纤维织物不考核顶破强力。

b   短裤和罗纹织物不考核横向水洗尺寸变化率，含弹性纤维织物不考核弹性方向的水洗尺寸变化率。

c   水洗后互染程度仅考核深色与浅色相拼的产品。

d   里料不考核勾丝、耐光色牢度和耐光、汗复合色牢度。

e   印（烫）花部位的耐皂洗色牢度可降低半级。

f   泳装产品不考核耐光、汗复合色牢度。

3.2 水上运动产品特殊要求见表 2。

表 2　水上运动产品特殊要求

项目		技术要求
耐海水色牢度[a]/级 ≥	变色	4
	沾色	3—4
耐氯化水（游泳池水）色牢度[b]/级 ≥	变色	4
拉伸弹性伸长率[c]/% ≥	直向	120
	横向	100
耐氯化水（游泳池水）拉伸弹性回复率[b,c]/% ≥	直向	70
	横向	70

a   耐海水色牢度仅考核与海水有接触的运动项目专业服装。

b   耐氯化水（游泳池水）色牢度和耐氯化水（游泳池水）拉伸弹性回复率仅考核泳装。

c   分体式泳装不考核直向拉伸弹性伸长率和耐氯化水（游泳池水）拉伸弹性回复率。

3.3 专业运动服装功能性要求见表 3。

表 3　专业运动服装功能性要求

性能		项目			技术要求
吸湿速干性能	吸湿性	吸水率/%	≥	洗前/洗后	200
		滴水扩散时间/s	≤	洗前/洗后	3
		芯吸高度[a]/mm	≥	洗前/洗后	100
	速干性	蒸发速率/(g/h)	≥	洗前/洗后	0.18
防风透湿性能		透气率/(mm/s)	≤	洗前/洗后	50
		透湿率/[g/(m² · d)]	≥	洗前/洗后	3 500
防水透湿性能		抗渗水性/kPa	≥	洗前/洗后	10
		透湿率/[g/(m² · d)]	≥	洗前/洗后	5 000
防紫外线性能		紫外线防护系数 UPF	≥	洗前/洗后	40
		透射比平均值 T(UVA)AV/%	＜	洗前/洗后	5

GB/T 29869—2013

表 3（续）

性能	项目			技术要求
抗静电性能	带电电荷量/(uC/件)	<	洗前/洗后	0.6
抗菌性能	抑菌率/%	≥		按 FZ/T 73023 规定执行
洗涤方法按 GB/T 8629—2001 中的 5A 程序,连续洗涤 10 次后取出,悬挂晾干。				
ᵃ 芯吸高度仅考核纵向或横向中较大者。				

4 试验方法

4.1 甲醛含量试验

按 GB/T 2912.1 规定执行。

4.2 pH 值试验

按 GB/T 7573 规定执行。

4.3 异味试验

按 GB 18401 规定执行。

4.4 可分解致癌芳香胺染料试验

按 GB/T 17592 及 GB/T 23344 规定执行。一般先按 GB/T 17592 检测,当检出苯胺和/或 1,4-苯二胺时,再按 GB/T 23344 检测。

4.5 纤维含量试验

按 FZ/T 01057(所有部分)、GB/T 2910(所有部分)、FZ/T 01026、FZ/T 01095 规定执行。

4.6 顶破强力试验

按 GB/T 19976—2005 规定执行。钢球直径采用为(38±0.02)mm。

4.7 接缝强力试验

按 FZ/T 01031 规定执行,取样部位按本标准附录 A 规定,取样一条。

4.8 水洗尺寸变化率试验

4.8.1 测量部位:上衣取衣长与胸围作为直向和横向的测量部位,衣长以前后左右 4 处的平均值作为计算依据,胸围以腋下 5cm 处作为测量部位。裤子取裤长与横裆线向下 10 cm 处横量作为直向和横向的测量部位,直向以左右侧裤长的平均值作为计算依据,横向以左右裆宽的平均值作为计算依据。在测量时做出标记,以便水洗后测量。

4.8.2 洗涤程序:按 GB/T 8629—2001 中 5A 规定执行,洗涤件数为 3 件。

4.8.3 干燥方法:采用悬挂晾干。上衣采用竿穿过两袖。使胸围挂肩处保持平直,并从下端用手将前后身分开理平。裤子采用对折搭晾,使横裆部位在晾竿上,并轻轻理平。将晾干后的试样放置在温度为(20±2)℃,相对湿度为(65±4)%环境的平台上。停放 4 h 后,轻轻拍平折痕,再进行测量。

4.8.4 结果计算:按式(1)分别计算直向和横向的水洗尺寸变化率,以负号(一)表示尺寸收缩,以正号(十)表示尺寸伸长。按3件试样的算术平均值作为检验结果,若同时存在收缩与倒涨的试验结果,以收缩(或倒涨)的两件试样的算术平均值作为检验结果。最终结果按 GB/T 8170 修约到 0.1。

$$A=\frac{L_1-L_0}{L_0}\times100\%\qquad\cdots\cdots\cdots\cdots\cdots(1)$$

式中:

A——直向或横向水洗尺寸变化率,%;

L_1——直向或横向水洗后尺寸的平均值,单位为厘米(cm);

L_0——直向或横向水洗前尺寸的平均值,单位为厘米(cm)。

4.9 水洗后互染程度试验

按 GB/T 8629—2001 中 5A 规定执行,洗涤程序中最后一次漂洗后不进行脱水直接悬挂滴干,按 GB/T 251 评定试样中浅色面料与原样的沾色程度,试验件数1件。

4.10 起球试验

按 GB/T 4802.1—2008 中 E 法规定执行,评级按 GSB 16-1523 针织物起毛起球样照评定。

4.11 勾丝试验

按 GB/T 11047 规定执行,其中转动次数设定为 100 r。

4.12 耐皂洗色牢度试验

按 GB/T 3921—2008 试验方法 A(1)规定执行。

4.13 耐水色牢度试验

按 GB/T 5713 规定执行。

4.14 耐汗渍色牢度试验

按 GB/T 3922 规定执行。

4.15 耐摩擦色牢度试验

按 GB/T 3920 规定执行,只做直向。

4.16 耐光色牢度试验

按 GB/T 8427—2008 方法 3 规定执行。

4.17 耐光、汗复合色牢度试验

按 GB/T 14576 规定执行。

4.18 耐海水色牢度试验

按 GB/T 5714 规定执行。

4.19 耐氯化水(游泳池水)色牢度试验

按 GB/T 8433 规定执行。有效氯浓度为 50 mg/L。

4.20 拉伸弹性伸长率试验

按 FZ/T 70006 中"定力伸长率的测定"执行,夹持器移动的恒定速度为 300 mm/min,回程速度为 50 mm/min,预加张力为 0.1 N,定力为 15 N。随机取直向、横向各 3 块试样,试样的有效工作尺寸为 100 mm×50 mm。第一次拉伸到定力为破坏织物表面整理剂,第二次拉伸到定力时的伸长率即为测试值。

4.21 耐氯化水(游泳池水)拉伸弹性回复率试验

4.21.1 试样的准备:随机取直向、横向各 3 块试样,试样的有效工作尺寸为 100 mm×50 mm,试样处理按 GB/T 8433 执行,其中有效氯浓度采用 50 mg/L,在容器中搅拌 4 h。

4.21.2 试样的检测:将处理后的试样按 FZ/T 70006 中"定力反复拉伸时弹性回复和塑性变形率的测定"执行,夹持器移动的恒定速度为 300 mm/min,回程速度为 50 mm/min,预加张力为 0.1 N,定力为 15 N。反复拉伸次数为 3 次。

4.22 吸水率、滴水扩散时间、芯吸高度、蒸发速率试验

按 GB/T 21655.1 规定执行。

4.23 透气率试验

按 GB/T 5453 规定执行,试样两侧压降为 100 Pa,试验面积为 20 mm^2。

4.24 抗渗水性试验

按 GB/T 4744 规定执行。

4.25 透湿性试验

按 GB/T 12704.2—2009 方法 A 规定执行。

4.26 紫外线防护系数 UPF、透射比平均值 T(UVA)AV 试验

按 GB/T 18830 规定执行。

4.27 带电电荷量试验

按 GB/T 12703.3 规定执行。

4.28 抑菌率试验

按 FZ/T 73023 规定执行。

5 检验规则

5.1 抽样

按批分品种、色别、规格尺寸随机抽样 6 件,如果检验用量不够可以增加件数。

5.2 判定

检验结果应符合表 1 要求,水上运动产品或功能性运动产品还需符合表 2 或表 3 中相对应的要求。检验合格者判定该批产品合格,有一项不合格者则判定该批产品不合格。

附　录　A
（规范性附录）
裤子后裆接缝强力试验取样部位示意图

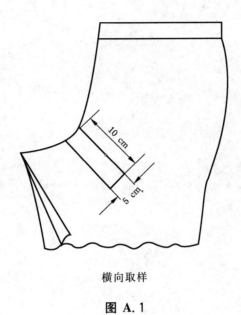

横向取样

图 A.1

ICS 59.080.30
W 63

中华人民共和国纺织行业标准

FZ/T 24020—2013

毛针织服装面料

Wool knitted fabrics for garments

2013-07-22 发布　　　　　　　　　　　　　　　　2013-12-01 实施

中华人民共和国工业和信息化部　　发　布

前　言

本标准按照 GB/T 1.1—2009 给出的规则起草。

本标准由中国纺织工业联合会提出。

本标准由全国纺织品标准化技术委员会毛纺织品分技术委员会(SAC/TC 209/SC 3)归口。

本标准起草单位:浙江三德纺织服饰有限公司、江阴芗菲服饰有限公司、上海市毛麻纺织科学技术研究所、国家毛纺织产品质量监督检验中心(上海)。

本标准主要起草人:朱婕、沈君良、周婉、王致远、钟俊杰、诸亦成、曹宪华。

毛针织服装面料

1　范围

本标准规定了毛针织服装面料的术语和定义、分类、技术要求、试验方法、检验及验收规则和包装、标志。

本标准适用于鉴定 100％羊毛针织服装面料和含羊毛 30％及以上的毛混纺针织服装面料的品质，其他动物毛纤维针织服装面料亦可参照执行。

2　规范性引用文件

下列文件对于本文件的应用是必不可少的。凡是注日期的引用文件，仅注日期的版本适用于本文件。凡是不注日期的引用文件，其最新版本（包括所有的修改单）适用于本文件。

GB/T 250　纺织品　色牢度试验　评定变色用灰色样卡

GB/T 2910（所有部分）　纺织品　定量化学分析

GB/T 3920　纺织品　色牢度试验　耐摩擦色牢度

GB/T 3922　纺织品耐汗渍色牢度试验方法

GB/T 4666　纺织品　织物长度和幅宽的测定

GB/T 4802.3　纺织品　织物起毛起球性能的测定　第 3 部分：起球箱法

GB/T 4841.3　染料染色标准深度色卡　2/1、1/3、1/6、1/12、1/25

GB 5296.4　消费品使用说明　纺织品和服装使用说明

GB/T 5711　纺织品　色牢度试验　耐干洗色牢度

GB/T 5713　纺织品　色牢度试验　耐水色牢度

GB/T 7742.1　纺织品　织物胀破性能　第 1 部分：胀破强力和胀破扩张度的测定　液压法

GB/T 8427—2008　纺织品　色牢度试验　耐人造光色牢度：氙弧

GB/T 8628　纺织品　测定尺寸变化的试验中织物试样和服装的准备、标记及测量

GB/T 8629　纺织品　试验用家庭洗涤和干燥程序

GB/T 8630　纺织品　洗涤和干燥后尺寸变化的测定

GB/T 12490—2007　纺织品　色牢度试验　耐家庭和商业洗涤色牢度

GB/T 14801　机织物与针织物纬斜和弓斜试验方法

GB/T 16988　特种动物纤维与绵羊毛混合物含量的测定

GB 18401　国家纺织产品基本安全技术规范

FZ/T 01026　纺织品　定量化学分析　四组分纤维混合物

FZ/T 01053　纺织品　纤维含量的标识

FZ/T 01101　纺织品　纤维含量的测定　物理法

FZ/T 20008　毛织物单位面积质量的测定

FZ/T 20021　织物经汽蒸后尺寸变化试验方法

FZ/T 30003　麻棉混纺产品定量分析方法　显微投影法

FZ/T 80007.3　使用粘合衬服装耐干洗测试方法

3　术语和定义

下列术语和定义适用于本文件。

3.1

毛针织服装面料 wool knitted fabrics for garments

采用毛纺纺纱工艺,经针织织造,制成的针织服装面料。

4 技术要求

4.1 安全性要求

毛针织服装面料的基本安全技术要求应符合 GB 18401 的规定。

4.2 分等规定

4.2.1 毛针织服装面料的质量等级分为优等品、一等品和二等品,低于二等品的降为等外品。

4.2.2 毛针织服装面料的品等以匹为单位。按内在质量和外观质量两项检验结果评定,并以其中最低一项定等。两项中最低品等同时降为二等品的,则直接降为等外品。

> 注:面料净长每匹不短于 20 m,净长 25 m 及以上的可由两段组成,但最短一段不短于 5 m。拼匹时,两段织物应品等相同,色泽一致。

4.3 内在质量的评等

4.3.1 内在质量的评等按物理指标和染色牢度的检验结果中最低一项定等。

4.3.2 物理指标按表 1 规定评等。

表 1 物理指标评等

项目		单位	限度	优等品	一等品	二等品
幅宽偏差		cm	≥	—2.0	—3.0	—5.0
纤维含量允差		%	—	按 FZ/T 01053 标准执行		
顶破强度	轻薄类面料[a] ≥	kPa		150		
	其他面料 ≥			196		
起球	绒面产品≥	级		3	2-3	2-3
	光面产品≥			3-4	3	2-3
平方米重量允差		%	—	—4.0～+4.0	—5.0～+5.0	—8.0～+8.0
干洗尺寸变化率	直向	%	—	—3.0～+1.0		
	横向					
汽蒸尺寸变化率	直向	%		—5.0～+2.0		
	横向					
水洗尺寸变化率	直向	%	—	—4.0～+1.0	—5.0～+2.0	—7.0～+3.0
	横向					
注1:水洗尺寸变化率仅考核水洗类产品。						
注2:干洗尺寸变化率仅考核干洗类产品。						
[a] 轻薄类面料指平方米重量为≤120 g/m² 的面料。						

4.3.3 染色牢度指标按表 2 规定评等。

表 2 染色牢度指标评等

单位为级

项　目		限度	优等品	一等品	二等品
耐光色牢度	≤1/12 标准深度（中浅色）	不低于	4	3	2
	＞1/12 标准深度（深色）		4	4	3
耐水色牢度	色泽变化	不低于	4	3-4	3
	毛布沾色		4	3-4	3
	其他贴衬沾色		4	3-4	3
耐汗渍色牢度	色泽变化	不低于	4	3-4	3
	毛布沾色		4	3-4	3
	其他贴衬沾色		4	3-4	3
耐摩擦色牢度	干摩擦	不低于	4	3-4	3
	湿摩擦		3-4（深色 3）	3（深色 2-3）	2-3（深色 2）
耐洗色牢度	色泽变化	不低于	4	3-4	3-4
	毛布沾色		4	3-4	3
	其他贴衬沾色		4	3-4	3
耐干洗色牢度	色泽变化	不低于	4	4	3-4
	溶剂变化		4	4	3-4

注 1：根据 GB/T 4841.3，＞1/12 标准深度为深色，≤1/12 标准深度为浅色，并使用 1/12 深度卡判断面料的"中浅色"或"深色"。

注 2：耐洗色牢度和耐湿摩擦色牢度仅考核水洗类产品。

注 3："可水洗"类产品可不考核耐干洗色牢度。

4.4 外观质量的评等

4.4.1 外观疵点按其对服用的影响程度与出现状态不同，分局部性外观疵点和散布性外观疵点两种，分别予以结辫和评等。

4.4.2 局部性外观疵点，每 100 m² 面料允许结辫 6 个，超过规定结辫个数，每辫放尺 40 cm，在直向 20 cm 范围内不论疵点多少仅结辫一只。

4.4.3 散布性外观疵点中有两项及以上最低品等同时为二等品时，则降为等外品。

4.4.4 降等品结辫规定：

a） 二等品中除严重的色花、色档、严重粗节、严重细节、破洞、毛针、油针、严重漏针、针圈不匀、修补痕、鸡爪印、刮伤印、折痕、水印、中央痕按规定范围结辫外，其余疵点不结辫。

b） 等外品中除严重厚薄档、花纹错乱、破洞按规定范围结辫，其余疵点不结辫。

4.4.5 距布头 30 cm 以内不计疵点，局部性外观疵点基本上不开剪，严重影响服用的净长 3 m 的连续性疵点应在工厂内剪除。

4.4.6 平均净长 2 m 结辫 1 只时，按散布性外观疵点规定降等。

4.4.7 外观疵点评等按表 3 规定。

表 3 外观疵点评等

序号	疵点名称	疵点程度	局部性结辫	散布性降等	备注
1	厚薄档、条干不匀	直向 20 cm 以内	1		
		大于 20 cm,每 50 cm	1		
		明显散布于全匹		等外	
2	色花、色档	明显直向 20 cm 以内	1		
		大于 20 cm,每 50 cm	1		
		明显散布全匹		二等	
		严重散布全匹		等外	
3	多股、缺股、粗节、细节、紧捻、弱捻	明显直向 40 cm 以内	1		
		大于 40 cm,每 50 cm	1		
		明显散布全匹		二等	
		严重散布全匹		等外	
4	纱线接头、草屑、毛粒、毛片	明显散布全匹		二等	
		严重散布全匹		等外	
5	花纹错乱	直向 20 cm 以内	1		
		大于 20 cm,每 50 cm	1		
		明显散布全匹		等外	
6	破洞	20 cm 以内	1		优等品不允许
		散布全匹		等外	
7	毛针、油针、漏针	直向 20 cm 以内	1		
		大于 20 cm,每 50 cm	1		
		明显散布全匹		等外	
8	针圈不匀	明显直向 40 cm	1		
		大于 40 cm,每 50 cm	1		
		明显散布全匹		二等	
		严重散布全匹		等外	
9	油斑、色斑、污斑、锈斑、修补痕	直向 20 cm 以内	1		
		大于 20 cm,每 50 cm	1		
		明显散布全匹		等外	
10	鸡爪印、刮伤印、折痕、中央痕、水印	明显直向 40 cm	1		
		大于 40 cm,每 50 cm	1		
		明显散布全匹		二等	
		严重散布全匹		等外	

表 3（续）

序号	疵点名称	疵点程度	局部性结辫	散布性降等	备注
11	破边/坏边	明显直向 20 cm～100 cm	1		
		大于 100 cm，每 100 cm	1		
		明显散布全匹		二等	
		严重散布全匹		等外	

注 1：外观疵点中，如遇到超出上述规定的特殊情况，可按其对服用的影响程度参考类似疵点的结辫评等规定酌情处理。

注 2：散布性外观疵点中，特别严重影响服用性能者，按质论价。

注 3：优等品补充规定及外观疵点说明见附录 A。

4.4.8 面料的呢面、手感和光泽质量由生产方根据来样方要求协商确定封样。

4.4.9 色差：同批同色号匹与匹之间色差不得低于 4 级。优等品同一匹面料头与尾色差不得低于 4-5 级，边与中央色差不得低于 4-5 级；一等品同一匹面料头与尾色差不得低于 4 级，边与中央色差不得低于 4 级。封样与大货的色差宜在合约中规定。

4.4.10 纹路歪斜：优等品纹路歪斜≤3％，一等品纹路歪斜≤4％，二等品纹路歪斜≤5％，纹路歪斜超过 5％的为等外品。

5 试验方法

5.1 物理试验采样

5.1.1 在同一品种、原料和工艺生产的总匹数中按表 4 规定随机取出相应的匹数。凡采样在两匹以上者，各项物理性能的试验结果，以算术平均数，作为该批的评等依据。

表 4 采样数量

一批或一次交货的数量/匹	批量样品的采样数量/匹
9 及以下	1
10～49	2
50～300	3
300 以上	总匹数的 1％

5.1.2 试样应在距大匹两端 1.5 m 以上部位（或 1.5 m 以上开匹处）裁取。裁取时不应歪斜，不应有分等规定中所列举的严重表面疵点。

5.1.3 色牢度试样以同一原料、品种、加工过程、染色工艺配方及色号为一批，或按每一品种每一万米抽一次（包括全部色号），不到一万米也抽一次，每份试样裁取 0.2 m 全幅。

每份试样应加注标签，并记录下列资料：

厂名、品名、匹号、色号、批号、试样长度、采样日期、采样者等。

5.2 各单项试验方法

5.2.1 幅宽试验

按 GB/T 4666 执行。

5.2.2 纤维含量试验

按 GB/T 2910、GB/T 16988、FZ/T 01026、FZ/T 01101、FZ/T 30003 执行。

5.2.3 顶破强度试验

按 GB/T 7742.1 执行,试验面积采用 7.3 cm²(直径 30.5 mm)。

5.2.4 起球试验

按 GB/T 4802.3 执行,产品翻动转数按 7 200 r 执行。

5.2.5 平方米重量允差

平方米重量允差按 FZ/T 20008 执行。

5.2.6 耐光色牢度试验

按 GB/T 8427—2008 方法 3 执行。

5.2.7 耐水色牢度试验

按 GB/T 5713 执行。

5.2.8 耐汗渍色牢度试验

按 GB/T 3922 执行。

5.2.9 耐摩擦色牢度试验

按 GB/T 3920 执行。

5.2.10 耐洗色牢度试验

可水洗类产品按 GB/T 12490—2007(试验条件 A1S,不加钢珠)执行。

5.2.11 耐干洗色牢度试验

按 GB/T 5711 执行。

5.2.12 干洗尺寸变化率试验

按 FZ/T 80007.3 规定执行,采用缓和干洗法。

5.2.13 水洗尺寸变化率试验

按 GB/T 8628、GB/T 8629、GB/T 8630 执行,洗涤程序采用"仿手洗",干燥程序采用 A 法。

5.2.14 汽蒸尺寸变化率试验

按 FZ/T 20021 执行。

5.3 外观质量检验

5.3.1 检验织品外观疵点时,应将其正面放在与垂直线成 15°～45°角的检验机台面上。在北光下,检验者在检验机的前方进行检验,织品应穿过检验机的下导辊,以保证检验幅面和角度。在检验机上应逐匹量计幅宽,每匹不得少于三处。

注:检验织品外观疵点也可在 600 lx 及以上的等效光源下进行。

5.3.2 检验机规格如下:

——车速:14 m/min~18 m/min;

——带有测量长度的装置;

——验布台:宽度大于布幅,长度大于 1m,台面平整;

——灯罩内装日光灯:40 W×(4 只~8 只)。

5.3.3 色差测定:样品被测部位应纹路方向一致,采用北光照射,或用 600 lx 及以上等效光源。入射光与样品表面约成 45°角,检验人员的视线大致垂直于样品表面,距离约 60 cm 目测,与 GB/T 250 标准样卡对比评定色差等级。

5.3.4 纹路歪斜测定:按 GB/T 14801 执行。

5.3.5 如因检验光线影响外观疵点的程度而发生争议时,以白昼正常北光下,在检验机前方检验为准。

5.3.6 面料的呢面、手感、光泽,可根据双方建立的封样逐批比照判定合格与否。

5.3.7 收方按本品质标准进行验收。

5.4 外观检验抽样要求及判定

面料的呢面、手感、光泽、外观疵点的抽验按同品种交货匹数的 4% 进行检验,但不少于 3 匹。批量在 300 匹以上时,每增加 50 匹,加抽 1 匹(不足 50 匹的按 50 匹计)。抽验数量中,如发现面料的呢面、手感、光泽、散布性外观疵点有 30% 等级不符,外观质量判定为不合格。局部性外观疵点百米漏验超过 2 只时,每个漏验放尺 50 cm。

5.5 综合判定

各品等产品如不符合 GB 18401 的要求,均判定为不合格。

按标注品等,内在质量和外观质量均合格,则该批产品合格,内在质量和外观质量有一项不合格,则该批产品不合格。

5.6 复试要求

物理指标复试规定原则上不复试,但有下列情况之一者,可进行复试:

3 匹平均合格,其中有 2 匹不合格,或 3 匹平均不合格,其中有 2 匹合格,可复试一次。

复试结果,3 匹平均合格,其中 2 匹不合格,或其中 2 匹合格,3 匹平均不合格,为不合格。

6 包装、标志

6.1 包装

包装方法和使用材料,以防水、防污,以及坚固和适于运输为原则。每匹织品应正面向里对折成双幅或平幅,卷在纸板或纸管上加防蛀剂,用防潮材料或牛皮纸包好,纸外用绳扎紧。每匹一包。每包用布包装,缝头处加盖布,刷麦头。

6.2 标志

6.2.1 每匹织品应在反面里端加盖厂名梢印(形式可由工厂自订)。外端加注织品的匹号、长度、等级标志。拼段组成时,拼段处加烫骑缝印。

6.2.2 织品因局部性疵点结辫时,应在疵点左边结上线标,并在右布边对准线标用不褪色笔作一箭头。如疵点范围大于放尺范围时,则在右边对疵点上下端用不褪色笔划两个相对的箭头。

6.2.3 织品出厂时的标志除需符合 GB 5296.4 的要求外,每包包外应印刷以下内容:

制造厂名、批号、品名、品号、幅宽、毛长、净长、段数、等级、色号、匹号、净重。

7 其他

供需双方另有要求,可按合约规定执行。

附　录　A

（规范性附录）

几项补充规定

A.1　优等品补充规定

优等品不得复染。

A.2　外观疵点说明

A.2.1　厚薄档：纱线条干长片段不匀,粗细差异过大,使成品出现明显的厚薄片段。

A.2.2　条干不匀：因纱线条干短片段粗细不匀,致使成品呈现深浅不一的云斑。

A.2.3　色花：染色时吸色不匀,使成品上呈现颜色深浅不一的差异。

A.2.4　色档：面料由于颜色深浅不一,形成界限者。

A.2.5　多股：多纱织物中部分纱线多出后形成的疵点。

A.2.6　缺股：多纱织物中部分纱线短缺后形成的疵点。

A.2.7　粗细节：纱线粗细不匀,在成品上形成针圈大而突出的横条为粗节,形成针圈小而凹进的横条为细节。

A.2.8　紧捻、弱捻：因机器或操作原因形成的捻度偏大或偏小的纱线。

A.2.9　纱线接头：在编织、修补等工序中产生的露于产品表面的纱线接头,长度超过一厘米者。

A.2.10　草屑、毛粒、毛片：纱线上附有草屑、毛粒、毛片等杂质,影响产品外观者。

A.2.11　花纹错乱：板花、拨花、提花等花型错误或花位不正。

A.2.12　破洞：编织过程中由于接头松开或纱线断开而形成的小洞。

A.2.13　毛针：因针舌或针舌轴等损坏或有毛刺,在编织过程中使部分线圈起毛。

A.2.14　油针：在编织过程中加油或换针时在针上沾油污造成的织物呈现纵向黄黑条。

A.2.15　漏针：编织过程中针圈没有套上,形成小洞或多针脱散成较大的洞。

A.2.16　针圈不匀：因编织不良使成品出现针圈大小和松紧不一的针圈横档、紧针、稀路或密路状等。

A.2.17　油斑、污斑、色斑、锈斑：织物表面局部沾有污渍,包括锈渍、污渍、油污渍、色污等。

A.2.18　修补痕：织物经修补后留下的痕迹。

A.2.19　鸡爪印、刮伤痕：在加工过程中织物表面产生的疏密不匀的类似鸡爪或者刮伤的不匀纹路。

A.2.20　折痕、中央痕：由于编织或者后整理等原因,织物上留下不易去掉的痕迹。

A.2.21　水印：由于煮呢等加工不良,造成面料局部呈现花纹印迹。

A.2.22　破边/坏边：在加工过程中布边被撕豁的现象。

ICS 59.080.30
W 43

中华人民共和国纺织行业标准

FZ/T 43004—2013
代替 FZ/T 43004—2004

桑蚕丝纬编针织绸

Mulberry silk weft knitted fabrics

2013-07-22 发布

2013-12-01 实施

中华人民共和国工业和信息化部   发 布

前　言

本标准按照 GB/T 1.1—2009 给出的规则起草。

本标准代替 FZ/T 43004—2004《桑蚕丝纬编针织绸》。本标准与 FZ/T 43004—2004 相比主要变化如下：

——将等级由优等品、一等品、合格品改为优等品、一等品、二等品；

——弹子顶破强力由按平方米克重考核改为设最低下限值考核；

——调整了部分色牢度的指标值；

——增加了色差检验的试验方法。

本标准由中国纺织工业联合会提出。

本标准由全国丝绸标准化技术委员会(SAC/TC 401)归口。

本标准起草单位：浙江丝绸科技有限公司、南通那芙尔服饰有限公司、江苏华佳丝绸有限公司、达利丝绸(浙江)有限公司、浙江嘉欣金三塔丝针织有限公司、浙江米赛丝绸有限公司、国家丝绸及服装产品质量监督检验中心、万事利集团有限公司。

本标准主要起草人：周颖、石继钧、王春花、梅德祥、顾虎、俞丹、孙巨、俞永达、杭志伟、张祖琴。

本标准所代替标准的历次版本发布情况为：

——FZ/T 43004—1992、FZ/T 43004—2004。

桑蚕丝纬编针织绸

1 范围

本标准规定了桑蚕丝纬编针织绸的分类、规格、要求、试验方法、检验规则、包装和标志。

本标准适用于评定练白、染色、印花和色织的桑蚕丝纬编针织绸的品质。

桑蚕绢丝纬编针织绸及桑蚕丝与其他纤维交织或混纺（桑蚕丝含量在30%以上）纬编针织绸可参照执行。

2 规范性引用文件

下列文件对于本文件的应用是必不可少的。凡是注日期的引用文件，仅注日期的版本适用于本文件。凡是不注日期的引用文件，其最新版本（包括所有的修改单）适用于本文件。

GB/T 250　纺织品　色牢度试验　评定变色用灰色样卡

GB/T 2828.1　计数抽样检验程序　第1部分:按接收质量限（AQL）检索的逐批检验抽样计划

GB/T 2910（所有部分）　纺织品　定量化学分析方法

GB/T 3920　纺织品　色牢度试验　耐摩擦色牢度

GB/T 3921—2008　纺织品　色牢度试验　耐皂洗色牢度

GB/T 3922　纺织品耐汗渍色牢度试验方法

GB/T 4666　纺织品　织物长度和幅宽的测定

GB 5296.4　消费品使用说明　纺织品和服装使用说明

GB/T 5713　纺织品　色牢度试验　耐水色牢度

GB/T 8170　数值修约规则与极限数值的表示和判定

GB/T 8427—2008　纺织品　色牢度试验　耐人造光色牢度:氙弧

GB/T 8628　纺织品　测定尺寸变化的试验中织物试样和服装的准备、标记及测量

GB/T 8629—2001　纺织品　试验时采用的家庭洗涤和干燥程序

GB/T 8630　纺织品　洗涤和干燥后尺寸变化的测定

GB/T 14801　机织物和针织物纬斜和弓纬试验方法

GB 18401　国家纺织产品基本安全技术规范

GB/T 19976　纺织品　顶破强力的测定　钢球法

FZ/T 01026　纺织品　定量化学分析　四组分纤维混合物

FZ/T 01048　蚕丝/羊绒混纺产品混纺比的测定

FZ/T 01053　纺织品　纤维含量的标识

FZ/T 01057（所有部分）　纺织纤维鉴别试验方法

FZ/T 01095　纺织品　氨纶产品纤维含量的试验方法

3 分类

桑蚕丝纬编针织绸按织物组织结构分为单面织物、双面织物、罗纹织物、提花织物、绉类织物、毛圈织物、起绒织物等。

4 规格

桑蚕丝纬编针织绸的规格标示为:纤维含量×组织结构×质量(g/m²)×幅宽(cm)。交织或混纺产品按其纤维含量的比例从大到小排列,中间用"/"相连。

示例1:100 桑蚕丝×双面×160×50。

示例2:70/30 桑蚕丝/棉×单面×160×75。

5 要求

5.1 桑蚕丝纬编针织绸的要求分为内在质量、外观质量。内在质量要求包括纤维含量允差、质量偏差率、弹子顶破强力、水洗尺寸变化率、色牢度等五项。外观质量要求包括幅宽偏差率、色差、外观疵点等三项。

5.2 桑蚕丝纬编针织绸评等以匹为单位,其等级按各项要求的最低等级评定。分为优等品、一等品、二等品,低于二等品的为等外品。

5.3 桑蚕丝纬编针织绸内在质量(同批色差)按批评等,外观质量按匹评等。

5.4 桑蚕丝纬编针织绸基本安全性能按 GB 18401 执行。

5.5 桑蚕丝纬编针织绸内在质量分等规定见表1。

表 1 内在质量分等规定

项　　目			优等品	一等品	二等品
纤维含量允差/%			按 FZ/T 01053 执行		
质量偏差率/%	80 g/m² 及以下		±7		±9
	80 g/m²~120 g/m²		±6		±8
	120 g/m² 及以上		±5		±7
弹子顶破强力ᵃ/N ≥	纯桑蚕长丝织物		380		
	其他		200		
水洗尺寸变化率ᵇ/%	直向		−5.0~+1.0	−7.0~+2.0	−8.0~+3.0
	横向		−4.0~+1.0	−6.0~+2.0	−8.0~+3.0
色牢度/级 ≥	耐洗、耐水、耐汗渍	变色	4	3-4	3
		沾色	3		
	耐摩擦	干摩	3-4	3	
		湿摩	3	2-3	2
	耐光		3-4	3	2-3
注:练白纬编针织绸色牢度不考核。					
ᵃ 抽条、烂花、镂空提花类织物及含氨纶织物不考核。					
ᵇ 弹性织物、罗纹织物、提花织物、绉类织物不考核。					

5.6 桑蚕丝纬编针织绸外观质量分等规定见表2。

表 2　外观质量分等规定

项　　　目		优等品	一等品	二等品
幅宽偏差率/%		−1.0～+2.0	−2.0～+2.0	−3.0～+4.0
色差/级　≥	与标样	4	3-4	
	同匹	4-5	4	
	同批	4	3-4	
外观疵点/(分/5 m)　≤		1.0	1.5	3.0

5.7　根据产品的不同规格,其外观疵点每 5 m 允许评分数为表 2 中所列数值乘上折算系数之积(保留小数点后一位),折算系数见表 3。

表 3　折算系数表

质量 g/m²	幅宽 cm		
	88 以下	88～112	112 以上
80 及以下	0.8	0.9	1.0
80～120	0.9	1.0	1.2
120 以上	1.0	1.2	1.3

5.8　桑蚕丝纬编针织绸外观疵点见表 4。

表 4　外观疵点评分规定

序号	疵点类别	疵点程度		疵点评定分	说　　明
1	粗丝	横向 5 cm 及以内		0.5	
2	漏针	纵向 15 cm 及以内		1	
3	花针	纵向 15 cm 及以内		1	
4	稀路针	纵向 100 cm 及以内	普通	0.5	
			明显	1	
5	横路	纵向 100 cm 及以内	普通	0.5	
			明显	1	
6	豁子	横向 15 cm 及以内		1	大于 15 cm 开剪
7	勾丝	横向 2 cm 及以内		0.2	
8	破洞	直径 5 cm 及以内		0.5	大于 10 cm 开剪
9	错纹	每处		0.5	同一行列作一处计
10	擦伤	横向 2 cm 及以内		0.2	
11	纹路歪斜	纵向	100 cm 及以内,超过 2%	1	100 cm 及以内为一处
		横向 弓纬 纬斜	100 cm 及以内,超过 3%	1	100 cm 及以内为一处

表 4（续）

序号	疵点类别		疵点程度		疵点评定分	说　明
12	渍	普通	0.2 cm～2.0 cm 每处		0.5	GB/T 250 3-4 级及以上
		明显	50 cm 及以内		1	GB/T 250 3-4 级以下
		线状渍	30 cm 及以内		1	
13	皱印		50 cm 及以内		1	
14	灰伤		50 cm 及以内		1	
15	色不匀		50 cm 及以内	普通	0.5	GB/T 250 4 级及以上
				明显	1	GB/T 250 4 级以下
16	印花疵		每版及以内		1	
注：外观疵点归类参见附录 A。						

5.9　外观疵点的评分说明

5.9.1　桑蚕丝纬编针织绸外观疵点采用累计评分的方法评定。纵向 10 cm 以内同时出现数只疵点时以评分最多的 1 只评定。

5.9.2　距匹端 20 cm 以内的疵点不评分。

5.9.3　全匹连续性疵点出现时，普通程度定等限度为二等品，明显程度定为等外品。

5.10　拼匹的规定

5.10.1　拼匹各段的等级、色泽、幅宽、平方米质量、组织结构和花型应一致。

5.10.2　优等品不允许开剪拼匹。一匹中允许 2 段拼匹，每段不得短于 5 m。

6　试验方法

6.1　试样准备和试验条件

6.1.1　从同批面料中取样，距匹端至少 1.5 m 上，所取样应没有影响试验效果的疵点。

6.1.2　试验前需将试样放在常温下展开平放 24 h，然后在实验室温度为（20±2）℃，相对湿度为（65±4）%标准大气条件下，预调湿平衡 4 h 后进行试验。

6.1.3　划样时，将试样平整地放在平台上，抚平折痕及不整齐处，但不可拉伸。

6.2　内在质量试验方法

6.2.1　纤维含量试验方法

纤维含量试验方法按 GB/T 2910、FZ/T 01026、FZ/T 01048、FZ/T 01057、FZ/T 01095 执行。

6.2.2　质量试验方法

6.2.2.1　设备和工具：

　　a)　烘箱、圆刀划样器（直径为 11.28 cm）；

　　b)　软木垫板；

　　c)　天平（量程 1 000 g，最小分度值为 0.01 g）。

6.2.2.2　试样数量：全幅取试样 5 块。

6.2.2.3 试验程序:将试样平放在软木垫板上,在试样距布边 2 cm 以上放好圆刀划样器,用手压下圆刀柄旋转 90 ℃ 以上,沿纵横向均匀分布划取试样(每块面积为 100 cm²),并将试样放入 105 ℃～110 ℃ 烘箱内,烘至恒重后称量,若无箱内称量条件者,应将试样从烘箱中取出,放在干燥器中,冷却 30 min 以上,然后放在天平上称干燥质量。试验结果取 5 块试样的平均值。

6.2.2.4 平方米质量按式(1)计算,计算结果按 GB/T 8170 修约至小数点后一位。

$$m_a = \frac{m_b}{S} \times (1+R) \quad\cdots\cdots\cdots\cdots\cdots\cdots\cdots\cdots (1)$$

式中:

m_a ——平方米质量,单位为克每平方米(g/m²);

m_b ——试样干燥质量,单位为克(g);

S ——试样面积,单位为平方米(m²);

R ——公定回潮率,%。

6.2.3 弹子顶破强力试验方法

按 GB/T 19976 执行,试验条件采用调湿,钢球直径(38±0.02)mm。试验结果以 5 块试样的平均值,并按 GB/T 8170 修约至整数。

6.2.4 色牢度试验

6.2.4.1 耐洗色牢度试验方法按 GB/T 3921—2008 执行,采用试验条件 A(1)。

6.2.4.2 耐水色牢度试验方法按 GB/T 5713 执行。

6.2.4.3 耐汗渍色牢度试验方法按 GB/T 3922 执行。

6.2.4.4 耐摩擦色牢度试验方法按 GB/T 3920 执行。

6.2.4.5 耐光色牢度试验方法按 GB/T 8427—2008 执行,采用方法 3。

6.2.5 水洗尺寸变化率试验方法

按 GB/T 8628、GB/T 8629—2001、GB/T 8630 执行。洗涤程序采用"仿手洗",干燥程序采用 A 法(悬挂晾干),取 3 块试样,以 3 块试样的算术平均值作为试验结果。

6.3 外观质量检验

6.3.1 外观质量检验条件

6.3.1.1 检验台以乳白色磨砂玻璃为台面,台面下装日光灯,台面平均照度 1 200 lx。

6.3.1.2 检验台面与水平面夹角为 55°～75°。

6.3.1.3 正面光源采用日光灯或自然北光,平均光照度为 550 lx～650 lx。

6.3.2 外观疵点检验方法

6.3.2.1 检验速度为(15±2)m/min,检验员眼睛距绸面 60 cm～80 cm。

6.3.2.2 外观疵点的检验以正面为主,反面主要检验绸面擦伤、勾丝,疵点大小按经向或纬向的最大长度方向量计。

6.3.3 幅宽试验方法

按 GB/T 4666 执行。非仲裁检验,可将单幅或双幅展开,在每匹中间和距离两端至少 3 m 处,测量三处宽度(精确至 mm),求其算术平均值,按 GB/T 8170 修约至小数点后一位。

6.3.4　色差试验方法

采用 D65 标准光源或北向自然光,照度不低于 600 lx,试样被测部位应经纬向一致,入射光与试样表面约成 45°角,检验人员的视线大致垂直于试样表面,距离约 60 cm 目测,与 GB/T 250 标准样卡对比评级。

6.3.5　纬斜、弓纬试验方法

按 GB/T 14801 执行。

6.3.6　纹路纵向歪斜试验方法

按附录 B 执行。

7　检验规则

7.1　检验分类

桑蚕丝纬编针织绸的品质检验分为出厂检验与型式检验。

7.2　检验项目

出厂检验项目为第 5 章中除弹子顶破强力、耐光色牢度外的其他项目。型式检验项目为第 5 章中的全部项目。

7.3　组批

同一任务单号或同一合同号为同一检验批。当同一检验批数量很大时,须分期分批交货时,可适当分批,分别检验。

7.4　抽样

7.4.1　出厂检验抽样应从工厂已定等的产品中抽取。外观质量检验抽样数量按照 GB/T 2828.1 一次抽样方案一般检查水平 Ⅱ 规定;基本安全性能、纤维含量允差、质量偏差率、弹子顶破强力、水洗尺寸变化率、色牢度等内在质量检验,按批抽样,抽样数量按照 GB/T 2828.1 一次抽样方案,特殊检验水平 S-2 规定。

7.4.2　型式检验抽样从出厂检验合格批产品中随机抽取。外观质量检验抽样数量按照 GB/T 2828.1 一次抽样方案一般检查水平 Ⅱ 规定;内在质量检验按批抽样,抽样数量按照 GB/T 2828.1 一次抽样方案,特殊检查水平 S-2 规定。

7.5　检验结果判定

7.5.1　出厂检验结果判定

7.5.1.1　外观质量(除同批色差外)按本标准规定的抽样数量按匹评等。
7.5.1.2　同批色差、内在质量按本标准规定按批评等。
7.5.1.3　同批产品的最终等级按以上两项检验结果的最低等级评定。

7.5.2　型式检验结果判定

批合格或不合格的判定按 GB/T 2828.1 一次抽样方案中 AQL 为 4.0 时的规定执行。

7.6 复验

如交收双方对检验结果判定有异议时,双方均有权要求复验。复验以一次为准。复验按本标准规定执行。

8 包装与标志

8.1 包装

8.1.1 桑蚕丝纬编针织绸的包装应保证成品品质不受损伤、便于储运。

8.1.2 匹绸采用卷装形式。分无芯手工卷装和有芯机械卷装两种方法。

8.1.3 卷装的内外层边的相对位移不大于 2 cm。

8.1.4 匹绸包装用牛皮纸。内垫 pH 值为中性的白衬纸或塑料纸,用塑料带按比例腰封 2 道~3 道。

8.1.5 外包装采用 5 层瓦楞纸箱,加衬牛皮纸或防潮纸,胶带封口,"艹"字型打箱。

8.1.6 同一箱内产品应同等级、同品号、同花色。在特殊情况下需混装时,应在包装箱外及装箱单上注明。

8.2 标志

8.2.1 标志要求明确、清晰、耐久、便于识别。

8.2.2 成品标志内容应按 GB 5296.4 的规定执行。

8.2.3 每匹或每段产品两端需加盖品号章、等级章,并有明显的数量标志。

8.2.4 每件(箱)内应附装箱单,纸箱刷唛要正确、整齐、清晰。内容为生产企业名称、品名、品号、花色号、等级、幅宽、毛重、净重等。封口处贴有产品合格标志。

8.2.5 每批产品出厂应附品质检验结果单。

9 其他

对桑蚕丝纬编针织绸的规格、品质、包装、标志有特殊要求者,供需双方可另订协议或合同,并按其执行。

附　录　A

（资料性附录）

外观疵点归类表

表 A.1　外观疵点归类表

序　号	疵点类别	疵　点　名　称
1	粗丝	糙丝、细丝、色丝、油丝、结
2	漏针	单丝、缺丝
3	花针	散花针、长花针、编链小漏针
4	稀路针	直条、色泽条、三角眼
5	横路	丝拉紧、影横路
6	豁子	脱套
7	勾丝	松丝、修疤
8	破洞	坏针
9	错纹	
10	擦伤	拉毛
11	渍	色渍、油渍、锈渍、水渍、污渍、土污渍、油针
12	皱印	轧印、极光、色皱印
13	灰伤	
14	色不匀	色柳、色花、生块、色差
15	印花疵	缺花、露白、沙痕、搭色、套歪、重版、渗色
注：未列入的疵点按类似疵点归类。		

附　录　B
（规范性附录）
线圈纵向歪斜试验方法

B.1　范围

本附录规定了测定桑蚕丝纬编针织绸线圈纵向歪斜试验方法。

B.2　调湿和试验用标准大气

调湿和试验应在温度（20±2）℃、相对湿度（65±4）%的标准大气条件下进行。

B.3　检验程序

B.3.1　将试样平摊在光滑的水平台上，不受任何张力。

B.3.2　如图 B.1，作两条间隔为 1 m 并与针织绸的两边垂直的水平线。取上面一条线的中点 A，从 A 点沿线圈纵行作一线圈纵行线与另一水平线得交点 C，再从 A 点作垂线与另一水平线相交得交点 B。BC 间距离为 d。根据式（A.1）算出线圈纵行歪斜。并按 GB/T 8170 修约至小数点后一位。

$$H = \frac{d}{100} \times 100 \qquad \cdots\cdots\cdots\cdots\cdots\cdots\cdots（B.1）$$

式中：

H ——线圈纵向歪斜，%；

d ——线圈纵行歪斜距离，单位为厘米（cm）。

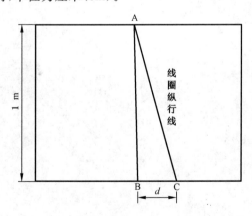

图 B.1

ICS 59.080.30
W 43

中华人民共和国纺织行业标准

FZ/T 43029—2014

高弹桑蚕丝针织绸

Highly flexible silk knitted fabric

2014-05-06 发布

2014-10-01 实施

中华人民共和国工业和信息化部　　发 布

前　言

本标准按照 GB/T 1.1—2009 给出的规则起草。

本标准由中国纺织工业联合会提出。

本标准由全国丝绸标准化技术委员会(SAC/TC 401)归口。

本标准起草单位:浙江嘉欣金三塔丝针织有限公司、浙江丝绸科技有限公司、达利丝绸(浙江)有限公司、浙江丝绸科技有限公司德清服饰分公司。

本标准主要起草人:孙巨、周颖、沈红卫、俞丹、陈有江。

高弹桑蚕丝针织绸

1 范围

本标准规定了高弹桑蚕丝针织绸的术语与定义、规格、要求、试验方法、检验规则、包装和标志。

本标准适用于评定练白、染色、色织的高弹桑蚕丝(桑蚕丝含量在30%及以上)针织绸的品质。

2 规范性引用文件

下列文件对于本文件的应用是必不可少的。凡是注日期的引用文件,仅注日期的版本适用于本文件。凡是不注日期的引用文件,其最新版本(包括所有的修改单)适用于本文件。

GB/T 250 纺织品 色牢度试验 评定变色用灰色样卡

GB/T 2828.1—2012 计数抽样检验程序 第1部分:按接收质量限(AQL)检索的逐批检验抽样计划

GB/T 2910(所有部分) 纺织品 定量化学分析

GB/T 3920 纺织品 色牢度试验 耐摩擦色牢度

GB/T 3921—2008 纺织品 色牢度试验 耐皂洗色牢度

GB/T 3922 纺织品耐汗渍色牢度试验方法

GB/T 4666 纺织品 织物长度和幅宽的测定

GB 5296.4 消费品使用说明 第4部分:纺织品和服装

GB/T 5713 纺织品 色牢度试验 耐水色牢度

GB/T 6529 纺织品 调湿和试验用标准大气

GB/T 8427—2008 纺织品 色牢度试验 耐人造光色牢度:氙弧

GB/T 8628—2001 纺织品 测定尺寸变化的试验中织物试样和服装的准备、标记及测量

GB/T 8629—2001 纺织品 试验用家庭洗涤和干燥程序

GB/T 8630 纺织品 洗涤和干燥后尺寸变化的测定

GB 18401 国家纺织产品基本安全技术规范

GB/T 19976 纺织品 顶破强力的测定 钢球法

FZ/T 01026 纺织品 定量化学分析 四组分纤维混合物

FZ/T 01048 蚕丝/羊绒混纺产品混纺比的测定

FZ/T 01053 纺织品 纤维含量的标识

FZ/T 01057(所有部分) 纺织纤维鉴别试验方法

FZ/T 70006 针织物拉伸弹性回复率试验

3 术语和定义

下列术语和定义适用于本文件。

3.1

高弹桑蚕丝针织绸 highly flexible silk knitted fabric

以纯桑蚕丝或桑蚕丝含量30%及以上的纱线为原料,在不织入氨纶等弹性纤维的情况下,采用罗纹组织和(或)特殊工艺织造而成的弹性较高的针织物。

4 规格

4.1 高弹桑蚕丝针织绸的规格标示为：组织循环数/幅宽/质量。

注1：组织循环指全幅中包含的织物组织循环个数。

注2：幅宽指针织绸对折宽度，单位为 cm。

注3：质量指针织绸在公定回潮率条件下的每米重量克数，单位为 g/m。

4.2 高弹桑蚕丝针织绸主要产品规格参见附录 A。

5 要求

5.1 要求内容

高弹桑蚕丝针织绸的要求分为内在质量和外观质量。

5.2 考核项目

高弹桑蚕丝针织绸内在质量考核项目包括纤维含量允差、质量偏差率、弹子顶破强力、色牢度、水洗尺寸变化率、定力伸长率、弹性回复率七项，外观质量考核项目包括幅宽偏差、色差、外观疵点三项。

5.3 分等规定

5.3.1 高弹桑蚕丝针织绸以匹为单位，其等级按各项考核项目的最低等级评定。分为优等品、一等品、二等品，低于二等品的为等外品。

5.3.2 高弹桑蚕丝针织绸的内在质量、同批色差按批评等，外观质量按匹评等。

5.4 基本安全性能

高弹桑蚕丝针织绸基本安全性能应符合 GB 18401 的要求。

5.5 内在质量分等规定

高弹桑蚕丝针织绸内在质量分等规定见表1。

表 1 内在质量分等规定

项 目			等 级		
			优等品	一等品	二等品
纤维含量允差/%			按 FZ/T 01053 执行		
质量偏差率/%			±5		±7
弹子顶破强力/N ≥	纯桑蚕长丝织物		380		
	其他		200		
色牢度/级 ≥	耐洗、耐水、耐汗渍	变色	4	3-4	3
		沾色	3		
	耐摩擦	干摩擦	3-4	3	
		湿摩擦	3	2-3	2
	耐光		3		

表 1（续）

项 目		等 级		
		优等品	一等品	二等品
水洗尺寸变化率/%	直向	−3.0～+2.0	−5.0～+2.0	
定力伸长率/% ≥	横向	150	120	
弹性回复率/% ≥	横向	50	40	

5.6 外观质量要求

5.6.1 高弹桑蚕丝针织绸的外观质量分等规定见表2。

表 2 外观质量分等规定

项 目		等 级		
		优等品	一等品	二等品
幅宽偏差/cm		−2.0～+2.0		
色差/级 ≥	与标样	4		3-4
	同匹	4-5	4	3-4
	同批	4		3-4
外观疵点/(分/5 m) ≤		1.0	1.5	2.0

5.6.2 根据产品的不同规格,其外观疵点每5 m允许评分数为表2中所列数值乘以折算系数之积(精确至小数点后一位),折算系数见表3。

表 3 折算系数表

质量/(g/m)	80 及以下	80～120	120 及以上
折算系数	1.2	1.0	0.8

5.6.3 高弹桑蚕丝针织绸的外观疵点见表4。

表 4 外观疵点评分

序号	疵 点	疵点程度	疵点评分 分
1	漏针、花针、坏针、毛针	50 cm 及以内	1
2	横路、单丝、缺丝、丝拉紧	50 cm 及以内	1
3	错花	50 cm 及以内	1
4	豁子、脱套	10 cm 及以内	0.5
5	粗丝、油丝、接头、色丝、勾丝、污渍	10 cm 及以内	0.5
6	破洞	0.2 cm～2 cm 以内	0.5
7	皱印、灰伤、色不匀、轧印、色花、生块、色差、色柳	50 cm 及以内	1
8	稀路针、直条	100 cm 及以内	1

5.6.4 高弹桑蚕丝针织绸的外观疵点采用累计评分的方法评定,纵向 10 cm 以内同时出现数只疵点时以评分最多的 1 只评定。全匹连续性疵点,轻微程度限度一等品,普通程度限度二等品,明显程度限度等外品。

5.6.5 距匹端 20 cm 以内的疵点不计。

5.7 拼匹的规定

5.7.1 拼匹的各段等级、色泽、质量应一致。

5.7.2 一匹中允许 2 段拼匹,每段不得短于 5 m。优等品不允许开剪拼匹。

6 试验方法

6.1 试样的准备和试验条件

6.1.1 试样的准备

从同一批产品中取样,距匹端至少 1.5 m 以上,所取样应不存在影响试验效果的疵点。试样的预处理按相应方法标准规定进行。

6.1.2 试样条件

试验前需将试样放在常温下平放 24 h,然后在符合 GB/T 6529 要求的条件下,调湿平衡 24 h 后进行试验。

6.2 内在质量试验

6.2.1 纤维含量试验

纤维含量试验方法按 GB/T 2910、FZ/T 01026、FZ/T 01048、FZ/T 01057 等执行。

6.2.2 质量试验方法

6.2.2.1 设备和工具:
a) 烘箱(105 ℃±3 ℃);
b) 钢尺(最小分度值 1 mm);
c) 剪刀;
d) 天平(量程 1 000 g,最小分度值 0.01 g)。

6.2.2.2 剪取全幅 50 cm 长试样 3 块,放入烘箱烘至恒重,分别称量其干燥质量。若无箱内称重条件时,应将试样从烘箱中取出,置于干燥器内冷却 30 min 以上再称重。

6.2.2.3 按式(1)计算试样的质量偏差率,计算结果精确至小数点后一位。

$$\sigma = \frac{m_0 - 2m_1(1+R)}{m_0} \times 100\% \quad\quad\cdots\cdots\cdots\cdots\cdots(1)$$

式中:

σ ——质量偏差率,%;

m_0 ——规格质量,单位为米每克(g/m);

m_1 ——试样干燥质量,单位为克(g);

R ——公定回潮率,%。

6.2.2.4 取 3 块试样试验结果的平均值作为最终结果。

6.2.3 弹子顶破强力试验

弹子顶破强力试验方法按 GB/T 19976 执行,试验条件采用调湿,钢球直径(38±0.02)mm。

6.2.4 色牢度试验

6.2.4.1 耐洗色牢度试验方法按 GB/T 3921—2008 执行,采用试验条件 A(1)。

6.2.4.2 耐汗渍色牢度试验方法按 GB/T 3922 执行。

6.2.4.3 耐摩擦色牢度试验方法按 GB/T 3920 执行。

6.2.4.4 耐水洗色牢度试验方法按 GB/T 5713 执行。

6.2.4.5 耐光色牢度试验方法按 GB/T 8427—2008 执行,采用方法 3。

6.2.5 水洗尺寸变化率试验

水洗尺寸变化率试验方法按 GB/T 8628、GB/T 8629—2001、GB/T 8630 执行。其中试样为筒状织物,标记方法按 GB/T 8628—2001 附录 A 执行。洗涤程序采用"仿手洗",干燥程序采用 A 法(悬挂晾干),取 3 块试样,以 3 块试样的算术平均值作为试验结果。当 3 块试样的结果正负号不同时取 2 块正负号相同的数据的平均值作为试验结果。

6.2.6 定力伸长率和弹性回复率的试验

定力伸长率和弹性回复率的试验方法按 FZ/T 70006 执行。试验条件为 5 N、拉伸 3 次。

6.3 外观质量检验

6.3.1 外观质量检验条件

6.3.1.1 检验台以乳白色磨砂玻璃为台面,台面下装日光灯,台面平均照度 1 200 lx。

6.3.1.2 检验台面与水平面夹角为 55°~75°。

6.3.1.3 正面光源采用日光灯或自然北光,平均光照度为 550 lx~650 lx。

6.3.2 幅宽试验方法

幅宽试验方法按 GB/T 4666 执行。

6.3.3 色差试验方法

采用 D65 标准光源或北向自然光,照度不低于 600 lx,试样被测部位应经纬向一致,入射光与试样表面约成 45°角,检验人员的视线大致垂直于试样表面,距离约 60 cm 目测,与 GB/T 250 标准样卡对比评级。

6.3.4 外观疵点检验方法

6.3.4.1 检验速度为(15±2)m/min,检验员眼睛距绸面 60 cm~80 cm。

6.3.4.2 外观疵点的检验要求正面圆周检验,反面疵点影响正面时应双手撑开正面 1 倍以上(以看清反面线圈为准),疵点大小按直向或横向的最大长度方向量计。

7 检验规则

7.1 检验分类

高弹桑蚕丝针织绸的品质检验分为出厂检验和型式检验。

7.2 检验项目

型式检验项目为本标准第 5 章中的全部检验项目。出厂检验项目为本标准第 5 章中的内在质量（除弹子顶破强力、耐光色牢度外）、基本安全性能、外观质量。

7.3 组批

型式检验以同一品种、花色为同一检验批。出厂检验以同一合同或生产批号为同一检验批。

7.4 抽样

7.4.1 出厂检验抽样应从经工厂检验的合格批产品中随机抽取，外观质量抽样数量按 GB/T 2828.1—2012 一次抽样方案，一般检验水平Ⅱ规定。内在质量检验抽样数量按 GB/T 2828.1—2012 一次抽样方案，特殊检查水平 S-2 规定。批量较大，生产正常可以采用检验一次方案，放宽检查水平的规定。

7.4.2 内在质量检验用试样在样品中随机抽取各 1 份，但色牢度试样应按花色各抽取 1 份。每份试样的尺寸和取样部位根据方法标准的规定，一般取试样量为 2 m。

7.5 检验结果的判定

试样内在质量检验结果所有项目符合标准要求时判定该试样所代表的检验批内在质量合格。批外观质量的判定按 GB/T 2828.1—2012 中一般检验水平Ⅱ规定进行，接收质量限 AQL 为 4.0 不合格品百分数。批内在质量和外观质量均合格时判定为合格批。否则判定为不合格批。

7.6 复验

如交收双方对检验结果有异议时，可进行一次复验。复验按首次检验的规定进行，以复验结果为准。按 GB/T 2828.1—2012 一次抽样方案，一般检验水平Ⅱ，一次抽样方案，放宽检验水平、一次抽样方案，加严检查水平 S-2 参见附录 B。

8 包装与标志

8.1 包装

8.1.1 高弹桑蚕丝针织绸的包装应保证成品品质不受损伤、便于储运。

8.1.2 同一箱内产品应同等级、同品号、同花色，在特殊情况下需混装时，应在包装箱外及装箱单上注明。

8.2 标志

8.2.1 标志要求明确、清晰、耐久，便于识别。

8.2.2 成品标志内容应按 GB 5296.4 的规定执行。

8.2.3 每匹或每段产品两端需加盖检验章，并有明显的数量标志。

8.2.4 每件（箱）内应附装箱单，纸箱刷唛要正确、整齐、清晰，内容为生产厂名、品名、等级、幅宽等。

8.2.5 每批产品出厂应附品质检验结果单。

9 其他

用户对高弹桑蚕丝针织绸的特殊品种及品质、试验方法、包装和标志另有要求，供需双方可另订协议或合同，并按其执行。

附　录　A

（资料性附录）

部分高弹桑蚕丝针织绸规格

部分高弹桑蚕丝针织绸规格见表 A.1。

表 A.1　部分高弹桑蚕丝针织绸规格

序号	分类	原料	参数	组织循环数					原料备注
				180	196	208	218	228	
1	长丝类	桑蚕丝	幅宽/cm	12.7	14.0	15.2	16.5	17.8	20/22.0den×2×3
			质量/(g/m)	65	75	83	88	95	
2		桑蚕丝	幅宽/cm	14.0	15.2	16.5	17.8	19.1	20/22.0den×3×3
			质量/(g/m)	100	110	118	125	135	
3		桑蚕丝	幅宽/cm	14.0	15.2	16.5	17.8	19.1	20/22.0den×4×3
			质量/(g/m)	145	155	165	175	185	
4		桑蚕丝 AB 纱	幅宽/cm	14.0	15.2	16.5	17.8	19.1	20/22.0den×4×2
			质量/(g/m)	90	100	105	113	118	
5	短纤及交织类	桑蚕丝/锦纶 70/30	幅宽/cm	16.5	17.8	19.1	20.3	21.6	40/44.0den×2+30.0den/12f
			质量/(g/m)	63	68	73	78	83	
6		绢丝	幅宽/cm	14.0	15.2	16.5	17.8	19.1	210.0Nm/2 绢丝生坯染色
			质量/(g/m)	52	57	60	63	66	
7		绢丝、绢棉类 70/30 和 55/45	幅宽/cm	14.0	15.2	16.5	17.8	19.1	120.0Nm/2
			质量/(g/m)	95	105	113	118	125	
8		绢丝/金银丝	幅宽/cm	16.5	17.8	19.1	20.3	21.6	80.0Nm/2+108.0den
			质量/(g/m)	108	123	128	130	136	
注：AB 纱指不同颜色的单纱加捻形成的股线。									

附　录　B
（资料性附录）
检验抽样方案

B.1 根据 GB/T 2828.1—2012,采用一般检验水平Ⅱ,AQL 为 4.0 的正常检验一次抽样方案,如表 B.1 所示。

表 B.1　AQL 为 4.0 的正常检验一次抽样方案

批量 N	样本量字码	样本量 n	接收数 Ac	拒收数 Re
2～8	A	2	0	1
9～15	B	3	0	1
16～25	C	5	0	1
26～50	D	8	1	2
51～90	E	13	1	2
91～150	F	20	2	3
151～280	G	32	3	4
281～500	H	50	5	6
501～1 200	J	80	7	8
1 201～3 200	K	125	10	11
3 201～10 000	L	200	14	15

B.2 根据 GB/T 2828.1—2012,采用放宽检验水平,AQL 为 4.0 的放宽检验一次抽样方案,如表 B.2 所示。

表 B.2　AQL 为 4.0 的放宽检验一次抽样方案

批量 N	样本量字码	样本量 n	接收数 Ac	拒收数 Re
2～8	A	2	0	1
9～15	B	2	0	1
16～25	C	2	0	1
26～50	D	3	1	2
51～90	E	5	1	2
91～150	F	8	1	2
151～280	G	13	2	3
281～500	H	20	3	4
501～1 200	J	32	5	6
1 201～3 200	K	50	6	7
3 201～10 000	L	80	8	9

B.3 根据 GB/T 2828.1—2012,采用加严检验水平 S-2,AQL 为 4.0 的加严检验一次抽样方案,如表B.3 所示。

表 B.3 AQL 为 4.0 的加严检验一次抽样方案

批量 N	样本量字码	样本量 n	接收数 Ac	拒收数 Re
2～8	A	2	0	1
9～15	A	2	0	1
16～25	A	2	0	1
26～50	B	3	0	1
51～90	B	3	0	1
91～150	B	3	0	1
151～280	C	5	0	1
281～500	C	5	0	1
501～1 200	C	5	0	1
1 201～3 200	D	8	1	2
3 201～10 000	D	8	1	2

ICS 59.080.30
W 13

中华人民共和国纺织行业标准

FZ/T 64032—2012

纬 编 针 织 粘 合 衬

Adhesive-bonded weft-knitted interlinings

2012-12-28 发布　　　　　　　　　　　　　　2013-06-01 实施

中华人民共和国工业和信息化部　　发 布

前　言

本标准按照 GB/T 1.1—2009 给出的规则起草。

本标准由中国纺织工业联合会提出。

本标准由全国纺织品标准化技术委员会棉纺织印染分技术委员会(SAC/TC 209/SC 2)归口。

本标准起草单位:维柏思特衬布(南通)有限公司、南通江淮衬布有限公司、上海市纺织工业技术监督所、中国产业用纺织品行业协会、上海市服装研究所。

本标准主要起草人:沈荣、刘建、张宝庆、李桂梅、张俭、赵鲁江、许鉴。

纬 编 针 织 粘 合 衬

1 范围

本标准规定了纬编针织粘合衬的术语和定义、产品分类、技术要求、试验方法、检验规则、标志和包装。

本标准适用于鉴定以涤纶弹力丝为原料,本白、漂白和有色纬编针织粘合衬的品质。

2 规范性引用文件

下列文件对于本文件的应用是必不可少的。凡是注日期的引用文件,仅注日期的版本适用于本文件。凡是不注日期的引用文件,其最新版本(包括所有的修改单)适用于本文件。

GB/T 250　纺织品　色牢度试验　评定变色用灰色样卡

GB/T 4666　纺织品　织物长度和幅宽的测定

GB/T 5708　纺织品　针织物　术语

GB/T 6529　纺织品　调湿和试验用标准大气

GB/T 8170　数值修约规则与极限数值的表示和判定

GB/T 8629—2001　纺织品　试验用家庭洗涤和干燥程序

GB 18401　国家纺织产品基本安全技术规范

GB/T 24117　针织物　疵点的描述　术语

GB/T 28465　服装衬布检验规则

FZ/T 01074　服装衬产品标识

FZ/T 01075　服装衬外观疵点检验方法

FZ/T 01082　热熔粘合衬干热尺寸变化试验方法

FZ/T 01083　热熔粘合衬干洗后的外观及尺寸变化试验方法

FZ/T 01084　热熔粘合衬水洗后的外观及尺寸变化试验方法

FZ/T 01085　热熔粘合衬剥离强力试验方法

FZ/T 01110　粘合衬粘合压烫后的渗胶试验方法

FZ/T 60034　粘合衬掉粉试验方法

FZ/T 70010　针织物平方米干燥重量的测定

3 术语和定义

GB/T 5708、GB/T 24117界定的以及下列术语和定义适用于本文件。

3.1

纬编针织粘合衬 adhesive-bonded weft-knitted interlinings

以涤纶弹力丝为原料,用纬编机织造,适用于针织面料或弹性面料的粘合衬。

3.2

卷边不良 uneven edge roll

由于编织工艺原因或定型温度不够剥边不良,造成织物纵向卷边卷曲现象。

3.3

切边不良 uneven edge trimming

成品切边包装过程中,由于切边造成的布边不平整现象。

3.4

同类布样 original type sampie

与生产实物样相同纤维原料及相同织物组织的布样。

3.5

参考样 reference sample

与生产实物样不同纤维原料或(和)不同织物组织的布样。

4 产品分类

4.1 纬编针织粘合衬按漂染加工工艺分为本白衬、漂白衬和有色衬。

4.2 纬编针织粘合衬按类型可分为衬衫衬、外衣衬。

4.3 纬编针织粘合衬按用途分为用在针织衫或弹性服装的前身衬、领衬、袖头衬等。

5 技术要求

5.1 分等规定

5.1.1 产品的品等分为优等品、一等品、合格品,低于合格品的为不合格品。

5.1.2 产品的评等分为理化性能和外观质量两个方面。理化性能包括平方米干燥质量偏差率、剥离强力、组合试样干热尺寸变化率、组合试样水洗尺寸变化率、水洗后扭曲率、组合试样洗涤外观变化、组合试样热熔胶渗胶、安全性能。外观质量包括局部性疵点和散布性疵点、每卷允许段数和段长。

5.1.3 纬编针织粘合衬以 100 m 为一卷,理化性能按批评等,外观质量按卷评等,综合评等以其中低的等级评定。

5.1.4 在同一卷衬内,有两项及以上理化性能同时降等时,以最低一项评等;有两项及以上外观质量同时存在时,按严重一项评等。

5.1.5 在同一卷衬内,同时存在局部性和散布性疵点时,先计算局部性疵点的结辫数评定等级,再结合散布性疵点逐级降等,作为该卷布的外观质量的等级。

5.2 理化性能

5.2.1 产品的安全性能应符合 GB 18401 的规定。

5.2.2 纬编针织粘合衬的理化性能分等规定见表1。

表 1 理化性能分等规定

项　　　目			优 等 品	一 等 品	合 格 品
平方米干燥质量偏差率/%			±4.0	±5.0	±5.0
剥离强力/N	洗涤前	衬衫衬	≥10.0	≥8.0	≥8.0
		外衣衬	≥8.0	≥6.0	≥6.0
	洗涤后	衬衫衬	≥8.0	≥6.0	≥6.0
		外衣衬	≥6.0	≥4.0	≥4.0

表 1（续）

项　　　目		优 等 品	一 等 品	合 格 品
组合试样干热尺寸变化率/%	纵　向	−1.5～+1.0	−2.0～+1.0	−2.0～+1.0
	横　向	−1.0～+1.0	−1.5～+1.0	−1.5～+1.0
组合试样水洗尺寸变化率/%	纵　向	−2.0～+1.0	−2.5～+1.0	−3.0～+1.0
	横　向	−1.5～+1.0	−1.5～+1.0	−1.5～+1.0
水洗后扭曲率/%		≤3.0	≤4.0	≤5.0
组合试样洗涤外观变化/级		≥4	≥4	≥3
组合试样热熔胶渗胶		正面渗胶不允许	正面渗胶不允许	正面渗胶不允许

注1：衬衫衬考核组合试样水洗外观变化；干洗型外衣衬考核组合试样干洗外观变化，耐洗型外衣衬考核组合试样水洗、干洗外观变化。

注2：组合试样试验用的标准面料：符合 GB/T 22848,平方米干燥质量为 150 g/m² 的全棉纬平针织物。

5.3 外观质量

5.3.1 散布性疵点采用以疵点程度不同逐级降等的办法。

5.3.2 在距离布面 60 cm 可见的疵点为明显疵点。

5.3.3 外观质量分等规定见表2。

表 2　外观质量分等规定

项　　　目			单位	优 等 品	一 等 品	合 格 品
局部性疵点（结辫或标记）	漏针,破洞(小于1 cm),钩丝		个/100 m	0	≤1	≤2
	油污,虫迹,浆斑(小于2 cm)		个/100 m	0	≤1	≤2
	毛丝(不连片)		个/100 m	≤3	≤5	≤10
	卷边不良		m/100 m	≤6	≤8	≤10
	切边不良		cm/100 m	≤10	≤20	≤40
	缺纱		cm/100 m	≤5	≤10	≤20
	竖稀路			不允许	轻微	明显
	横条			不允许	不允许	不允许
	搭色			不允许	不允许	不允许
	掉粉			按FZ/T 60034要求考核		
散布性疵点	幅宽公差		cm	±1.0	±1.5	±2.0
	色差	同类布样	级	≥3	≥3	≥2
		参考样	级	≥3	≥3	≥2
		箱内卷与卷	级	≥4	≥3-4	≥3
		箱与箱	级	≥3-4	≥3	≥2
每卷允许段数、段长				一剪两段 每段不低于10 m	二剪三段 每段不低于10 m	三剪四段 每段不低于5 m

注：衬布反面有明显通匹瑕疵时，需顺降一个等级。

6 试验方法

6.1 平方米干燥质量试验方法

按 FZ/T 70010 执行。纬编针织粘合衬的平方米干燥质量标称值由供需双方协议商定,平方米干燥质量偏差率计算按式(1),计算结果按 GB/T 8170 修约至小数点后一位。

$$G = \frac{m_1 - m_0}{m_0} \times 100\% \qquad\qquad\cdots\cdots\cdots\cdots\cdots (1)$$

式中:

G ——纬编针织粘合衬的平方米干燥质量偏差率,(%);

m_1——纬编针织粘合衬的平方米干燥质量实测值,单位为克每平方米(g/m²);

m_0——纬编针织粘合衬的平方米干燥质量标称值,单位为克每平方米(g/m²)。

6.2 洗涤前后剥离强力试验方法

按 FZ/T 01085 执行。

6.3 组合试样干热尺寸变化率试验方法

按 FZ/T 01082 执行。

6.4 组合试样洗涤后外观及水洗尺寸变化率试验方法

按 FZ/T 01083、FZ/T 01084 执行。

6.5 水洗后扭曲率试验方法

6.5.1 距布端 1 m 以上,剪取全幅粘合衬三块(每块长度为 70 cm),将粘合衬对折成 1/2 幅宽并缝合成筒状,将筒状试样的上端缝合,下端锁边,并在上端的两侧剪开 5 cm 穿杆口(见图 1),按照 GB/T 6529 规定的标准大气中平衡 4 h。

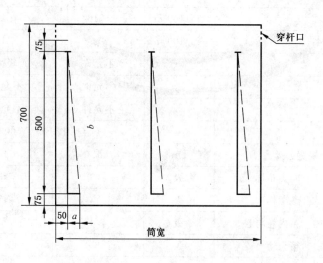

图 1 测量标记

6.5.2 按图 1 打上测量标记,纵向各自 3 个标记在一条直线上且互相垂直。水洗按 GB/T 8629—2001 (5 A 程序)执行,试样洗后穿在直径为 2 cm~3 cm 的圆形直杆上晾干。

6.5.3 测出试样水洗后纵向标记线与横向标记线垂直的偏离距离 a 和对应的经向距离 b,水洗后扭曲率计算按式(2),计算结果按 GB/T 8170 修约至小数点后一位。以三块试样的平均值作为试验结果,当三块试样结果正负号不同时,以两块相同符合的结果平均值作为试验结果。

$$T = \frac{a}{b} \times 100\% \qquad\qquad \cdots\cdots\cdots\cdots\cdots\cdots\cdots (2)$$

式中:

T ——水洗后扭曲率,(%);

a ——图 1 中偏离距离,单位为毫米(mm);

b ——图 1 中偏离距离对应的直向距离,单位为毫米(mm)。

6.6 组合试样热熔胶渗胶试验方法

按 FZ/T 01110 执行。

6.7 幅宽检验方法

按 GB/T 4666 执行。

6.8 色差检验方法

按 GB/T 250 执行。

6.9 外观质量局部性疵点检验方法

按 FZ/T 01075 执行。

6.10 掉粉

按 FZ/T 60034 执行。

7 检验规则

检验规则按 GB/T 28465 执行。

8 标志和包装

8.1 标志

8.1.1 每卷成品的产品标识,应符合 FZ/T 01074 规定。

8.1.2 在外包装的两个侧面上,应标明制造者的名称和地址、产品名称,产品型号、产品色泽、生产日期、批号、包装数量、质量或体积、产品质量等级。字号大小适宜,字迹清楚牢固。

8.2 包装

8.2.1 成品采用中心加硬纸芯平幅卷装,每卷长度为 100 m,外面用厚度不低于 0.04 mm 聚乙烯薄膜包装。

8.2.2 外包装材料为塑料编织袋、瓦楞纸箱、布袋等。

8.2.3 编织袋缝制应牢固,搭接处不小于 50 mm,针码不低于 1 针/20 mm,首尾回针打结。

8.2.4 瓦楞纸箱外面用胶带封口,塑料打包带打包加固。

9 其他

特殊品种或用户有特殊要求,由供求双方协议商定。

_____

ICS 59.080
W 63

中华人民共和国纺织行业标准

FZ/T 70008—2012
代替 FZ/T 70008—1999

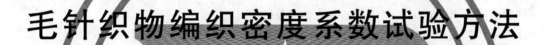

毛针织物编织密度系数试验方法

Test method for cover factor of wool knitted fabrics

2012-12-28 发布

2013-06-01 实施

中华人民共和国工业和信息化部 发布

前　言

本标准按照 GB/T 1.1—2009 给出的规则起草。

本标准是对 FZ/T 70008—1999《毛针织物编织密度系数试验方法》的修订，与 FZ/T 70008—1999
相比,主要变化如下:

——增加了规范性引用文件;

——增加了术语和定义;

——取消原标准中 2.2 描述;

——原标准 3.1 中"下列预加张力适用于粗纺或精纺毛纱"改为 5.1.2 中"根据纱线线密度,选取试
验用预加张力";

——修改选取试验用预加张力的纱线线密度分档;

——标准大气条件改为按 GB/T 6529 执行;

——试验步骤中增加选取试验用预加张力的方法;

——计算中取消编织密度系数的单位,增加计算结果修约规定;

——取消附录 A。

本标准由中国纺织工业联合会提出。

本标准由全国纺织品标准化技术委员会毛纺织分技术委员会归口。

本标准起草单位:北京毛纺织科学研究所检验中心、浙江省羊毛衫质量检验中心。

本标准主要起草人:李立荣、雷红、茅明华。

本标准所代替标准的历次版本发布情况为:

——FZ/T 70008—1999。

毛针织物编织密度系数试验方法

1 范围

本标准规定了测定毛针织物编织密度系数的试验方法。

本标准适用于平纹、罗纹和双罗纹组织的毛针织物。

2 规范性引用文件

下列文件对于本文件的应用是必不可少的。凡是注日期的引用文件,仅注日期的版本适用于本文件。凡是不注日期的引用文件,其最新版本(包括所有的修改单)适用于本文件。

GB/T 6529　纺织品　调湿和试验用标准大气

GB/T 8170　数值修约规则与极限数值的表示和判定

3 术语和定义

下列术语和定义适用于本文件。

3.1

编织密度系数　cover factor

反映针织物编织紧密程度的参数,与针织物纱线线密度、线圈长度相关。

4 原理

从织物上拆下已知线圈数的纱线,施加适当张力以去除卷曲,量取纱线长度并称量,计算纱线的线密度。再由纱线线密度和线圈长度计算出编织密度系数。

5 仪器和工具

5.1 纱长测试仪

5.1.1 该仪器能以适当的张力消除纱线由于编织过程形成的卷曲,又不产生额外的伸长,而测出一段纱线的长度。

5.1.2 根据纱线线密度,选取试验用预加张力,见表1。

表 1　预加张力的选取

纱线线密度 tex	预加张力 g
≤60	4+0.2×纱线线密度(tex)
>60	12+0.07×纱线线密度(tex)

5.2 分析天平

精度为 0.1 mg。

5.3 剪刀、镊子

6 调湿和试验用大气

调湿和试验用大气采用 GB/T 6529 规定的标准大气。

7 试样

测定编织密度系数的试样横向应不少于 100 个线圈,纵向应不少于 10 个线圈。如果试样宽度不足,横向应不少于 50 个线圈,纵向应不少于 20 个线圈。当纱线线密度未知时,纵向还应有 5 个线圈行用于先初步测定纱线线密度以选取试验用预加张力。

8 试验步骤

8.1 试样调湿

将试样平放,置于标准大气下调湿 24 h。

8.2 试样剪取

沿着一纵向线圈,将试样的一边剪齐。由剪齐之边的上端,横向剪到 100 个线圈,然后由该处向下剪,纵向不少于 10 个线圈;如果试样宽度不足,横向剪到 50 个线圈,纵向不少于 20 个线圈。当纱线线密度未知时,纵向还应多剪取 5 个线圈行,得到一矩形试样。

注:若为平纹织物,所有线圈显现于试样表面;若为罗纹或双罗纹织物,一些线圈显现于试样表面,另一些线圈显现于试样背面,此时应将表面和背面的线圈全部计数到。例如 1×1 罗纹织物,在试样表面计数 50 个横向线圈相当于计数 100 个横向线圈。

8.3 选取试验用预加张力

8.3.1 当纱线线密度未知时,可先初步测定纱线线密度以选取试验用预加张力。
8.3.2 从矩形试样上拆解 5 根横向纱线,拆解时应使用最小的拉力,用镊子将线圈逐个抽解。
8.3.3 在纱长测试仪上,施加预加张力 18 g,测量每段纱线的长度并计算总长度。
8.3.4 称取纱线的总质量。
8.3.5 按式(2)计算纱线线密度。
8.3.6 根据纱线线密度按 5.1.2 规定选取试验用预加张力。

8.4 测定编织密度系数

8.4.1 从矩形试样上拆解 10 根横向纱线、宽度不足的试样拆解 20 根横向纱线,拆解时应使用最小的拉力,用镊子将线圈逐个抽解。
8.4.2 在纱长测试仪上,应用 5.1.2 规定的预加张力,测量每段纱线的长度并计算总长度。
8.4.3 称取纱线的总质量。
8.4.4 按式(1)、式(2)、式(3)计算线圈长度、纱线线密度和编织密度系数。

9 计算

9.1 线圈长度按式(1)计算：

$$l = \frac{L_T}{C \times W} \qquad \cdots\cdots\cdots\cdots\cdots(1)$$

式中：

l ——单个线圈的平均长度，单位为毫米(mm)；

L_T——线圈的总长度，单位为毫米(mm)；

C ——试样中横向线圈数；

W ——试样中纵向线圈数。

9.2 纱线线密度按式(2)计算：

$$T_t = \frac{1\,000 m_T}{L_T} \qquad \cdots\cdots\cdots\cdots\cdots(2)$$

式中：

T_t ——纱线的线密度，单位为特克斯(tex)；

m_T ——纱线的总质量，单位为毫克(mg)。

9.3 编织密度系数按式(3)计算：

$$CF = \frac{\sqrt{T_t}}{l} \qquad \cdots\cdots\cdots\cdots\cdots(3)$$

式中：

CF ——编织密度系数。

计算结果按 GB/T 8170 数值修约规则修约至小数点后两位。

10 试验报告

试验报告应包括以下内容：

a) 本标准编号；

b) 样品描述；

c) 试验日期；

d) 试验条件；

e) 编织密度系数值；

f) 对试验程序的任何偏离。

ICS 59.080.30
W 63

中华人民共和国纺织行业标准

FZ/T 70011—2006

针 织 保 暖 内 衣 标 志

Identification of knitted thermal underwear

2006-11-03 发布　　　　　　　　　　　　　　2007-04-01 实施

中华人民共和国国家发展和改革委员会　　发　布

FZ/T 70011—2006

前　言

本标准对针织保暖内衣的图案做了具体的要求和说明。

本标准使用时应结合管理办法使用。

本标准由中国纺织工业协会提出。

本标准由全国纺织品标准化技术委员会针织品分会归口。

本标准主要起草单位：国家针织产品质量监督检验中心。

本标准主要起草人：于建军、刘凤荣。

本标准首次发布。

针 织 保 暖 内 衣 标 志

1 范围

本标准规定了针织保暖内衣产品的标志的要求、图案和使用,为生产各类针织保暖内衣产品提供了标志依据及使用说明。

本标准适用于各类针织保暖内衣产品。

2 规范性引用文件

下列文件中的条款通过本标准的引用而成为本标准的条款。凡是注日期的引用文件,其随后所有的修改单(不包括勘误的内容)或修订版均不适用于本标准,然而,鼓励根据本标准达成协议的各方研究是否可使用这些文件的最新版本。凡是不注日期的引用文件,其最新版本适用于本标准。

FZ/T 73016—2000 针织保暖内衣 絮片类

FZ/T 73022—2004 针织保暖内衣

3 标志的要求和图案

3.1 标志的适用要求

符合相应的产品标准规定的保温率及其他质量要求的针织保暖内衣产品的标志。

3.2 标志的图案(见图1)

图1

3.3 图案的放置

图案可以用织造、印刷方法或防伪方法制作,若制成标签,可根据需要以缝合、悬挂的方式,附在产品明显部位,或与产品商标并排放置。

3.4 图案的尺寸

图案的尺寸可根据实际需要等比例放大或缩小,不得变形。

3.5 图案的颜色

图案以红白色组成,图案的底色为白色,图形为红色。

4 标志的使用

4.1 本标志按照"证明商标"注册管理使用。

4.2 按照相应的管理办法规定的内容申请配挂本标志。

ICS 61.020
W 63

中华人民共和国纺织行业标准

FZ/T 70012—2010

一次成型束身无缝内衣号型

Size of seamless body shaped underwear

2010-08-16 发布　　　　　　　　　　　　2010-12-01 实施

中华人民共和国工业和信息化部　　发 布

前　言

本标准的附录 A、附录 B 为规范性附录。

本标准由中国纺织工业协会提出。

本标准由全国纺织品标准化技术委员会针织品分技术委员会(SAC/TC 209/SC 6)归口。

本标准起草单位:深圳市美百年服装有限公司、中国针织工业协会、义乌无缝织造行业协会、浙江棒杰数码针织品股份有限公司、上海帕兰朵高级服饰有限公司、安莉芳(中国)服装有限公司、浙江美邦纺织有限公司、博尼服饰有限公司、浙江浪莎内衣有限公司、浙江怡婷针织有限公司、浙江罗纳服饰有限公司、浙江万羽针织有限公司、北京正开仪器有限公司。

本标准主要起草人:虞冰清、李红、许宁、陶建伟、方国平、曹海辉、王玲、金国军、刘爱莲、骆华林、姚渊学、骆兴豪、毛立平。

一次成型束身无缝内衣号型

1 范围

本标准规定了一次成型束身无缝内衣的号型、标识要求、上衣腹部压力规定。

本标准适用于天然纤维、化学纤维以及纤维混纺制成的并对上衣腹部压力值大于 100 Pa、小于 3 400 Pa 的一次成型束身无缝内衣。

2 规范性引用文件

下列文件中的条款通过本标准的引用而成为本标准的条款。凡是注日期的引用文件,其随后所有的修改单(不包括勘误的内容)或修订版均不适用于本标准,然而,鼓励根据本标准达成协议的各方研究是否可使用这些文件的最新版本。凡是不注日期的引用文件,其最新版本适用于本标准。

GB/T 8170 数值修约规则与极限数值的表示和判定

GB/T 6529 纺织品 调湿和试验用标准大气

3 术语与定义

下列术语与定义适用于本标准。

3.1

号 size

以厘米表示的人体的总身高,是设计内衣长短的依据。

3.2

型 style

以厘米表示的人体净胸围或臀围,是设计内衣肥瘦的依据。

3.3

束身无缝内衣 seamless body shaped underwear

通过一次成型无缝工艺编织而成,对人体特定部位产生一定的压力,从而保持人体特定部位尺寸和形态的内衣。

3.4

服装压力 clothing pressure

服装压力强度简称服装压力,是指人体穿着服装以后某部位单位面积所受到力的大小,用 Pa 或 mmHg 表示。

3.5

腹部压力 pressure from belly part

在上衣腹部部位,按本标准方法测出的压力。

4 要求

4.1 号型系列设置

号型均以 10 cm 分档组成系列。

4.2 号型系列

4.2.1 成人(男子)号型系列见表 1。

表 1　成人(男子)号型系列　　　　　　　　　　　　　　　单位为厘米

号	型			
160-170	80-90	85-95		
170-180		85-95	95-105	
180-190			95-105	100-110

4.2.2　成人(女子)号型系列见表2。

表 2　成人(女子)号型系列　　　　　　　　　　　　　　　单位为厘米

号	型			
150-160	75-85	80-90		
160-170		80-90	90-100	
170-180			90-100	95-105

4.3　号型系列的标识

号、型之间用斜线分开,同时应在适当的位置,标识上衣腹部服装压力代码。例如:"160-170/80-90,轻压—中压",表示该号型衣服适合于身高160 cm～170 cm之间、胸围80 cm～90 cm之间的人穿着。胸围80 cm的人穿着时,上衣腹部服装压力代码为轻压;胸围为90 cm的人穿着时,上衣腹部服装压力代码为中压。

5　上衣腹部压力规定

一次成型束身无缝内衣上衣腹部压力按附录A或附录B的方法进行检测。上衣腹部服装压力代码见表3。

表 3　上衣腹部服装压力代码

上衣腹部服装压力代码	上衣腹部服装压力/Pa
轻压	>100,<900
中压	>800,<1 800
强压	>1 700,<2 400
超强压	>2 300,<3 400

附　录　A

（规范性附录）

压力试验方法 A

A.1　设备和用具

A.1.1　服装压力测试仪（见图 A.1），满足下列要求：

   a)　测试仪上竖直安装有相互平行的两测量杆，其固定杆上安装有测力探头。

   b)　移动杆可平行移动。

   c)　移动杆移动的恒定速度为 200 mm/min，精确度为±2%。

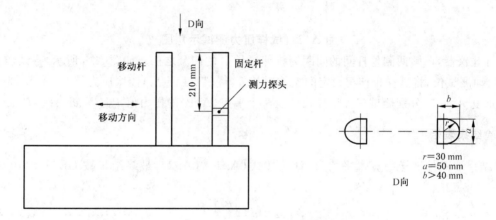

图 A.1　服装压力测试仪简单构型

A.1.2　打印机。

A.1.3　刻度尺。

A.2　调湿和试验用大气

按照 GB/T 6529 规定的标准大气进行调湿和试验。

A.3　试样准备

取同一款型同一规格的试样三件，将试样不受外力地平铺在桌面，使左右肩线对齐，在上衣腰腹部最窄处与左右两侧折叠线交界处做好测试点标记，见图 A.2。

图 A.2　取样标记

A.4　试验步骤

A.4.1　将服装压力测试仪与打印机连接好，启动仪器，设定好拉伸周长 L。

A.4.2 拉伸周长 L 的确定

L 的数值取号型系列设置的两个端点（A、B），例如：160-170/80-90，如图 A.3 所示，在 A 位置时周长 L_A 为 80 cm、在 B 位置时周长 L_B 为 90 cm。

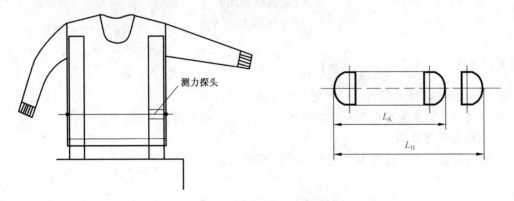

图 A.3 试样压力测试示意图

A.4.3 打开仪器，调整两测量杆间的间距为拉伸周长 L 的四分之一。如图 A.3 所示，将试样套在两测量杆上，启动测试仪，将试样拉伸至设定的拉伸周长 L，待仪器稳定后，读取压力值。

A.4.4 重复 A.4.3，分别测试三件试样拉伸至两个端点（A、B）的压力值 P_1、P_2、P_3、P_4、P_5、P_6。

A.5 试验结果表示

检验结果取三件试样的算术平均数，计算按式（A.1）、（A.2），最终结果按 GB/T 8170 修约到个数位。

$$P_A = \frac{P_1 + P_2 + P_3}{3} \quad \cdots\cdots\cdots\cdots\cdots\cdots\cdots\cdots\cdots (A.1)$$

$$P_B = \frac{P_4 + P_5 + P_6}{3} \quad \cdots\cdots\cdots\cdots\cdots\cdots\cdots\cdots\cdots (A.2)$$

式中：

P_A——试样在端点 A 的服装压力值，单位为帕(Pa)；

P_1——第 1 个试样在端点 A 的服装压力测试值，单位为帕(Pa)；

P_2——第 2 个试样在端点 A 的服装压力测试值，单位为帕(Pa)；

P_3——第 3 个试样在端点 A 的服装压力测试值，单位为帕(Pa)；

P_B——试样在端点 B 的服装压力值，单位为帕(Pa)；

P_4——第 1 个试样在端点 B 的服装压力测试值，单位为帕(Pa)；

P_5——第 2 个试样在端点 B 的服装压力测试值，单位为帕(Pa)；

P_6——第 3 个试样在端点 B 的服装压力测试值，单位为帕(Pa)。

附　录　B

（规范性附录）

压力试验方法 B

B.1　设备和用具

B.1.1　等速伸长型强力试验仪应满足下列技术要求：

a)　夹距长度：100 mm±1 mm。

b)　拉伸速度可调在 100 mm/min±10 mm/min 范围内。

c)　强力示值最大误差不超过 1%。

d)　夹持试样的夹持器应防止试样拉伸时在钳口滑移。

e)　带有自动记录装置。

B.1.2　剪刀、刻度尺(精确到 1 mm)各一把。

B.2　调湿和试验用大气

按照 GB/T 6529 规定的标准大气进行调湿和试验。

B.3　试样制备

B.3.1　取同一款型同一规格的样衣三件，每件样衣裁取一块试样。

B.3.2　试验部位和采样方法

在样衣幅宽最小处裁取一个宽度为 $T(T=5\ \text{cm})$ 的试样，如图 B.1 所示、并如图 B.2 所示在试样的前、后中心对称点做标记后沿标记点对拆试样，将试样如图 B.2 所示单层剪开并展开。

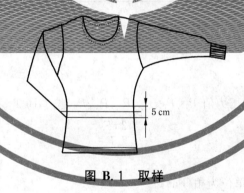

图 B.1　取样

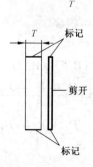

图 B.2　试样的标记与裁剪

B.4 试验步骤

B.4.1 仪器的校正

按仪器的操作规程将仪器打开、调整零位并使仪器处于控制状态,调整好夹头的起点。夹头起点的夹持距离应小于试样剪开后两标记点间平量距离。

B.4.2 拉力值 F 的测定

将试样长度方向两端沿标记线平整地紧固在夹持器上,如图 B.3 所示。开动仪器,拉伸到规定伸长值 L_0 时止。停止 1 min,仪器自动记录拉伸力值。拉力值 F 按 GB/T 8170 修约到一位小数。

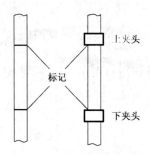

图 B.3 试样的夹持方法

B.4.3 规定伸长 L_0 按表 4 确定。

规定伸长 L_0 的数值根据号型系列设置的两个端点(A、B),例如:160-170/80-90,则规定伸长值 L_0 为样衣穿着后周长 L 的一半,在 A 位置时 L_{0A} 为 40 cm,在 B 位置时 L_{0B} 为 45 cm。

规定伸长 L_0 的要求见表 B.1。

表 B.1 规定伸长 L_0　　　　　　　　　　单位为厘米

规格	80	85	90	95	100	105	110
规定伸长($L/2$)	40	42.5	45	47.5	50	52.5	55

B.5 试验结果计算和表示

B.5.1 计算方法

按式(B.1)计算三块试样的压力值 P_1、P_2、P_3、P_4、P_5、P_6,按 GB/T 8170 修约到个数位。

$$P = \frac{2\pi F}{LT} \qquad\cdots\cdots\cdots\cdots\cdots\cdots\cdots(B.1)$$

式中:

P——样品的服装压力值,单位为帕(Pa);

L——样衣穿着后的周长,单位为米(m);

T——试样的宽度,单位为米(m);

F——试样拉伸至定伸长的负荷,单位为牛顿(N)。

B.5.2 结果表示

检验结果取三件衣服的算术平均值,见式(B.2)、(B.3)。

$$P_A = \frac{P_1 + P_2 + P_3}{3} \qquad\cdots\cdots\cdots\cdots\cdots\cdots(B.2)$$

$$P_B = \frac{P_4 + P_5 + P_6}{3} \qquad\cdots\cdots\cdots\cdots\cdots\cdots(B.3)$$

式中:

P_A——试样在端点 A 的服装压力值,单位为帕(Pa);

P_1——第 1 个试样在端点 A 的服装压力测试值,单位为帕(Pa);

P_2——第 2 个试样在端点 A 的服装压力测试值,单位为帕(Pa);

P_3——第 3 个试样在端点 A 的服装压力测试值,单位为帕(Pa);

P_B——试样在端点 B 的服装压力值,单位为帕(Pa);

P_4——第 1 个试样在端点 B 的服装压力测试值,单位为帕(Pa);

P_5——第 2 个试样在端点 B 的服装压力测试值,单位为帕(Pa);

P_6——第 3 个试样在端点 B 的服装压力测试值,单位为帕(Pa)。

ICS 59.080.30
W 63

中华人民共和国纺织行业标准

FZ/T 70013—2010

天然彩色棉针织制品标志

Identification of natural colour cotton knitting

2010-08-16 发布

2010-12-01 实施

中华人民共和国工业和信息化部　发布

前　言

本标准由中国纺织工业协会提出。

本标准由全国纺织品标准化技术委员会针织品分技术委员会(SAC/TC 209/SC 6)归口。

本标准起草单位:国家针织产品质量监督检验中心。

本标准主要起草人:于建军、邢志贵、刘凤荣、吴培枝。

天然彩色棉针织制品标志

1 范围

本标准规定了天然彩色棉针织制品标志的要求、图案和使用,为生产各类天然彩色棉制品提供了标志依据及使用说明。

本标准适用于天然彩色棉及其混纺、交织产品加工制成的针织制品的品质。

2 标志的要求和图案

2.1 标志的适用要求

符合相应的产品标准规定要求的天然彩色棉及其混纺、交织制品的标志。

2.2 标志的图案

标志的图案见图1。

图 1 标志的图案

2.3 图案的放置

图案可以用织造、印刷方法或防伪方法制作,若制成标签,可根据需要采用缝合、悬挂的方式,附在产品明显部位,或与产品商标并排放置。

2.4 图案的尺寸

图案的尺寸可根据实际需要等比例放大或缩小,不得变形。

2.5 图案的颜色

图案以棕、绿色组成,图案的底色为白色,图形中间为绿色,四周为棕色。

3 标志的使用

3.1 本标志按照"证明商标"注册管理使用。

3.2 按照相应的管理办法规定的内容申请配挂本标志。

ICS 61.020
W 63

中华人民共和国纺织行业标准

FZ/T 70014—2012

针织 T 恤衫规格尺寸系列

A series of size of knitted T-shirt

2012-12-28 发布

2013-06-01 实施

中华人民共和国工业和信息化部　发布

前　言

本标准按照 GB/T 1.1—2009 给出的规则起草。

本标准由中国纺织工业联合会提出。

本标准由全国纺织品标准化技术委员会针织品分技术委员会(SAC/TC 209/SC 6)归口。

本标准主要起草单位:浙江省纤维检验局、中山市霞湖世家服饰有限公司、福建柒牌集团有限公司、国家针织产品质量监督检验中心、泉州市七匹狼体育用品有限公司、江苏 AB 集团股份有限公司、广东溢达纺织有限公司、青岛即发集团股份有限公司、芜湖永年针织集团有限公司、佛山全顺来针织有限公司。

本标准主要起草人:徐勤、郭长棋、施丽贞、邢志贵、郭沧旸、吴鸿烈、张玉高、黄聿华、余新泉、曾翔。

针织 T 恤衫规格尺寸系列

1 范围

本标准规定了针织 T 恤衫的术语和定义、要求和规格尺寸系列。

本标准适用于针织面料制作的 T 恤衫正装产品。

2 术语和定义

下列术语和定义适用于本文件。

2.1

号 size

人体的身高,以厘米作为单位表示,是设计服装长短的依据。

2.2

型 style

人体的胸围,以厘米作为单位表示,是设计服装肥瘦的依据。

3 要求

3.1 号型系列的设置

3.1.1 5·5系列

3.1.1.1 成人:男子以身高 170 cm、胸围 95 cm;女子以身高 160 cm、胸围 90 cm 为中心两边依次递减或递增组成。

3.1.1.2 儿童:身高在 80 cm～160 cm,胸围以 50 cm 为起点按 5 cm 分档递增组成系列。

3.1.1.3 成人(男子)5·5系列号型见表1。

表 1 成人(男子)5·5系列号型 单位为厘米

号	型								
155	75	80							
160	75	80	85						
165		80	85	90	95				
170			85	90	95				
175				90	95	100			
180					95	100	105	110	
185						100	105	110	115
190							105	110	115
195								110	115	120

FZ/T 70014—2012

3.1.1.4 成人(女子)5·5系列号型见表2。

表 2　成人(女子)5·5系列号型

单位为厘米

号	型							
145	75	80						
150	75	80	85					
155	75	80	85	90				
160		80	85	90	95			
165			85	90	95	100		
170				90	95	100		
175				90	95	100		
180					95	100	105	
185						100	105	110

3.1.1.5 儿童5·5系列号型见表3。

表 3　儿童5·5系列号型

单位为厘米

号	型
80	50
90	55
100	55
110	60
120	60
130	65
135	65
140	70
145	70
150	75
155	75
160	80

3.1.2　5·4系列

3.1.2.1 成人:男子以身高175 cm、胸围92 cm;女子以身高165 cm、胸围88 cm为中心两边依次递减或递增组成。号以5 cm分档、型以4 cm分档组成系列。

3.1.2.2 儿童:身高在80 cm~160 cm,胸围以48 cm为起点按4 cm分档递增组成系列。

3.1.2.3 成人(男子)5·4系列号型见表4。

表4　成人(男子)5·4系列号型　　　　　　　　　　单位为厘米

号	型											
155	76	80										
160	76	80	84									
165		80	84	88	92							
170			84	88	92	96						
175				88	92	96	100					
180					92	96	100	104	108			
185							100	104	108	112		
190								104	108	112	116	
195									108	112	116	120

3.1.2.4　成人(女子)5·4系列号型见表5。

表5　成人(女子)5·4系列号型　　　　　　　　　　单位为厘米

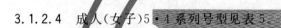

号	型								
145	76	80							
150	76	80	84						
155	76	80	84	88					
160		80	84	88	92				
165			84	88	92	96	100		
170				88	92	96	100		
175					92	96	100		
180						96	100	104	
185							100	104	108

3.1.2.5　儿童5·4系列号型见表6。

表6　儿童5·4系列号型　　　　　　　　　　单位为厘米

号	型
80	52
90	56
100	56
110	60

表 6（续）   单位为厘米

号	型
120	60
130	64
135	64
140	68
145	68
150	72
155	72
160	76

3.2 号型的表示方法

号型之间用斜线分开。示例:170/95。

3.3 主要部位规格尺寸测量及测量方法

3.3.1 主要部位规格尺寸的测量见图 1。

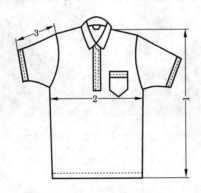

1——衣长；

2——1/2 胸围；

3——袖长。

图 1 主要部位规格尺寸的测量

3.3.2 主要部位规格尺寸的测量方法见表 7。

表 7 主要部位规格尺寸的测量方法

序号	部位	测量方法
1	衣长	由肩缝最高处量到底边
2	1/2 胸围	由袖窿缝最低点向下 2 cm 横量
3	袖长	由袖窿缝最高点量至袖口边

4 针织T恤衫规格尺寸系列

4.1 5·5系列规格尺寸

4.1.1 5·5系列规格尺寸分档方法

4.1.1.1 成人

衣长按2 cm分档;胸围按5 cm分档;长袖按1.5 cm分档;短袖按1 cm分档。

4.1.1.2 儿童

衣长:号80 cm～130 cm按4 cm分档;号130 cm～160 cm按2 cm分档。胸围按5 cm分档。长袖:号80 cm～130 cm按3 cm分档;号130 cm～160 cm按2 cm分档。短袖:按1 cm分档。

4.1.2 成人(男子)针织T恤衫5·5系列主要部位规格尺寸

成人(男子)针织T恤衫5·5系列主要部位规格尺寸见表8。

表8 成人(男子)针织T恤衫5·5系列主要部位规格尺寸 单位为厘米

号	部位		型									
			75	80	85	90	95	100	105	110	115	120
155	衣长		66	66								
	胸围		90	95								
	袖长	长袖	52	52								
		短袖	20	20								
160	衣长		68	68	68							
	胸围		90	95	100							
	袖长	长袖	53.5	53.5	53.5							
		短袖	21	21	21							
165	衣长				70	70	70	70				
	胸围				95	100	105	110				
	袖长	长袖			55	55	55	55				
		短袖			22	22	22	22				
170	衣长					72	72	72				
	胸围					100	105	110				
	袖长	长袖				56.5	56.5	56.5				
		短袖				23	23	23				
175	衣长						74	74	74			
	胸围						105	110	115			
	袖长	长袖					58	58	58			
		短袖					24	24	24			

表8（续）　　　　　　　　　单位为厘米

号	部位		型									
			75	80	85	90	95	100	105	110	115	120
180	衣长						76	76	76	76		
	胸围						110	115	120	125		
	袖长	长袖					59.5	59.5	59.5	59.5		
		短袖					25	25	25	25		
185	衣长							78	78	78	78	
	胸围							115	120	125	130	
	袖长	长袖						61	61	61	61	
		短袖						26	26	26	26	
190	衣长								80	80	80	
	胸围								120	125	130	
	袖长	长袖							62.5	62.5	62.5	
		短袖							27	27	27	
195	衣长									82	82	82
	胸围									125	130	135
	袖长	长袖								64	64	64
		短袖								28	28	28

4.1.3 成人（女子）针织 T 恤衫 5·5 系列主要部位规格尺寸

成人（女子）针织 T 恤衫 5·5 系列主要部位规格尺寸见表9。

表9　成人（女子）针织 T 恤衫 5·5 系列主要部位规格尺寸　　　　单位为厘米

号	部位		型							
			75	80	85	90	95	100	105	110
145	衣长		54	54						
	胸围		85	90						
	袖长	长袖	49	49						
		短袖	14	14						
150	衣长		56	56	56					
	胸围		85	90	95					
	袖长	长袖	50.5	50.5	50.5					
		短袖	15	15	15					
155	衣长		58	58	58	58				
	胸围		85	90	95	100				
	袖长	长袖	52	52	52	52				
		短袖	16	16	16	16				

表 9（续）
单位为厘米

号	部位		型							
			75	80	85	90	95	100	105	110
160	衣长			60	60	60	60			
	胸围			90	95	100	105			
	袖长	长袖		53.5	53.5	53.5	53.5			
		短袖		17	17	17	17			
165	衣长				62	62	62	62		
	胸围				95	100	105	110		
	袖长	长袖			55	55	55	55		
		短袖			18	18	18	18		
170	衣长					64	64	64		
	胸围					100	105	110		
	袖长	长袖				56.5	56.5	56.5		
		短袖				19	19	19		
175	衣长					66	66	66		
	胸围					100	105	110		
	袖长	长袖				58	58	58		
		短袖				20	20	20		
180	衣长						68	68	68	
	胸围						105	110	115	
	袖长	长袖					59.5	59.5	59.5	
		短袖					21	21	21	
185	衣长							70	70	70
	胸围							110	115	120
	袖长	长袖						61	61	61
		短袖						22	22	22

4.1.4 儿童针织 T 恤衫 5·5 系列主要部位规格尺寸

儿童针织 T 恤衫 5·5 系列主要部位规格尺寸见表 10。

表 10 儿童针织 T 恤衫 5·5 系列主要部位规格尺寸
单位为厘米

号	部位		型						
			50	55	60	65	70	75	80
80	衣长		32						
	胸围		60						
	袖长	长袖	27						
		短袖	10						

表 10（续） 单位为厘米

号	部位		型						
			50	55	60	65	70	75	80
90	衣长			36					
	胸围			65					
	袖长	长袖		30					
		短袖		11					
100	衣长			40					
	胸围			65					
	袖长	长袖		33					
		短袖		12					
110	衣长				44				
	胸围				70				
	袖长	长袖			36				
		短袖			13				
120	衣长				48				
	胸围				70				
	袖长	长袖			39				
		短袖			14				
130	衣长					52			
	胸围					75			
	袖长	长袖				42			
		短袖				15			
135	衣长					54			
	胸围					75			
	袖长	长袖				44			
		短袖				15			
140	衣长						56		
	胸围						80		
	袖长	长袖					46		
		短袖					16		
145	衣长						58		
	胸围						80		
	袖长	长袖					48		
		短袖					16		

表 10（续）　　　　　　　　　　　　　　　　　　单位为厘米

号	部位		型						
			50	55	60	65	70	75	80
150	衣长							60	
	胸围							85	
	袖长	长袖						50	
		短袖						17	
155	衣长							62	
	胸围							85	
	袖长	长袖						52	
		短袖						17	
160	衣长								64
	胸围								90
	袖长	长袖							54
		短袖							18

4.2　5·4系列规格尺寸

4.2.1　5·4系列规格尺寸分档方法

4.2.1.1　成人

衣长按 2 cm 分档；胸围按 4 cm 分档；长袖按 1.5 cm 分档；短袖按 1 cm 分档。

4.2.1.2　儿童

衣长：号 80 cm～130 cm 按 4 cm 分档；号 130 cm～160 cm 按 2 cm 分档。胸围按 4 cm 分档。长袖：号 80 cm～130 cm 按 3 cm 分档；号 130 cm～160 cm 按 2 cm 分档。短袖：按 1 cm 分档。

4.2.2　成人（男子）针织 T 恤衫 5·4 系列主要部位规格尺寸

成人（男子）针织 T 恤衫 5·4 系列主要部位规格尺寸见表 11。

表 11　成人（男子）针织 T 恤衫 5·4 系列主要部位规格尺寸　　　　単位为厘米

号	部位		型											
			76	80	84	88	92	96	100	104	108	112	116	120
155	衣长		66	66										
	胸围		92	96										
	袖长	长袖	52	52										
		短袖	20	20										

表 11（续）　　　　　　　　　　　　　　单位为厘米

号	部位		型											
			76	80	84	88	92	96	100	104	108	112	116	120
160	衣长		68	68	68									
	胸围		92	96	100									
	袖长	长袖	53.5	53.5	53.5									
		短袖	21	21	21									
165	衣长			70	70	70	70							
	胸围			96	100	104	108							
	袖长	长袖		55	55	55	55							
		短袖		22	22	22	22							
170	衣长				72	72	72	72						
	胸围				100	104	108	112						
	袖长	长袖			56.5	56.5	56.5	56.5						
		短袖			23	23	23	23						
175	衣长					74	74	74	74					
	胸围					104	108	112	116					
	袖长	长袖				58	58	58	58					
		短袖				24	24	24	24					
180	衣长						76	76	76	76	76			
	胸围						108	112	116	120	124			
	袖长	长袖					59.5	59.5	59.5	59.5	59.5			
		短袖					25	25	25	25	25			
185	衣长								78	78	78	78		
	胸围								116	120	124	128		
	袖长	长袖							61	61	61	61		
		短袖							26	26	26	26		
190	衣长									80	80	80	80	
	胸围									120	124	128	132	
	袖长	长袖								62.5	62.5	62.5	62.5	
		短袖								27	27	27	27	
195	衣长										82	82	82	82
	胸围										124	128	132	136
	袖长	长袖									64	64	64	64
		短袖									28	28	28	28

4.2.3 成人(女子)针织 T 恤衫 5·4 系列主要部位规格尺寸

成人(女子)针织 T 恤衫 5·4 系列主要部位规格尺寸见表12。

表12 成人(女子)针织 T 恤衫 5·4 系列主要部位规格尺寸   单位为厘米

号	部位		型								
			76	80	84	88	92	96	100	104	108
145	衣长		54	54							
	胸围		80	84							
	袖长	长袖	49	49							
		短袖	14	14							
150	衣长		56	56	56						
	胸围		80	84	88						
	袖长	长袖	50.5	50.5	50.5						
		短袖	15	15	15						
155	衣长		58	58	58	58					
	胸围		80	84	88	92					
	袖长	长袖	52	52	52	52					
		短袖	16	16	16	16					
160	衣长			60	60	60	60				
	胸围			84	88	92	96				
	袖长	长袖		53.5	53.5	53.5	53.5				
		短袖		17	17	17	17				
165	衣长				62	62	62	62	62		
	胸围				88	92	96	100	104		
	袖长	长袖			55	55	55	55	55		
		短袖			18	18	18	18	18		
170	衣长					64	64	64	64		
	胸围					92	96	100	104		
	袖长	长袖				56.5	56.5	56.5	56.5		
		短袖				19	19	19	19		
175	衣长						66	66	66		
	胸围						96	100	104		
	袖长	长袖					58	58	58		
		短袖					20	20	20		
180	衣长							68	68	68	
	胸围							100	104	108	
	袖长	长袖						59.5	59.5	59.5	
		短袖						21	21	21	

表12（续）   单位为厘米

号	部位		型								
			76	80	84	88	92	96	100	104	108
185	衣长								70	70	70
	胸围								104	108	112
	袖长	长袖							61	61	61
		短袖							22	22	22

4.2.4 儿童针织T恤衫5·4系列主要部位规格尺寸

儿童针织T恤衫5·4系列主要部位规格尺寸见表13。

表13 儿童针织T恤衫5·4系列主要部位规格尺寸   单位为厘米

号	部位		型						
			52	56	60	64	68	72	76
80	衣长		32						
	胸围		62						
	袖长	长袖	27						
		短袖	10						
90	衣长			36					
	胸围			66					
	袖长	长袖		30					
		短袖		11					
100	衣长				40				
	胸围				66				
	袖长	长袖			33				
		短袖			12				
110	衣长				44				
	胸围				70				
	袖长	长袖			36				
		短袖			13				
120	衣长					48			
	胸围					70			
	袖长	长袖				39			
		短袖				14			
130	衣长						52		
	胸围						74		
	袖长	长袖					42		
		短袖					15		

表 13（续） 单位为厘米

号	部位		型						
			52	56	60	64	68	72	76
135	衣长					54			
	胸围					74			
	袖长	长袖				44			
		短袖				15			
140	衣长						56		
	胸围						78		
	袖长	长袖					46		
		短袖					16		
145	衣长						58		
	胸围						78		
	袖长	长袖					48		
		短袖					16		
150	衣长							60	
	胸围							82	
	袖长	长袖						50	
		短袖						17	
155	衣长							62	
	胸围							82	
	袖长	长袖						52	
		短袖						17	
160	衣长								64
	胸围								86
	袖长	长袖							54
		短袖							18

ICS 59.080.30
W 62

中华人民共和国纺织行业标准

FZ/T 72014—2012

针织色织提花天鹅绒面料

Knitted yarn-dyed jacquard velure fabric

2012-12-28 发布　　　　　　　　　　　　2013-06-01 实施

中华人民共和国工业和信息化部　　发 布

前　言

本标准按照 GB/T 1.1—2009 给出的规则起草。

本标准由中国纺织工业联合会提出。

本标准由全国纺织品标准化技术委员会针织品分技术委员会(SAC/TC 209/SC 6)归口。

本标准主要起草单位:常州市武进丰盛针织有限公司、江苏申利实业股份有限公司、安莉芳(中国)服装有限公司、浙江顺时针服饰有限公司、国家针织产品质量监督检验中心。

本标准主要起草人:周玉梅、马建忠、曹海辉、龚益辉、张丽梅、周秀琴。

针织色织提花天鹅绒面料

1 范围

本标准规定了针织色织提花天鹅绒面料的术语和定义、规格、要求、抽样、试验方法、判定规则、产品使用说明、包装、运输和贮存。

本标准适用于鉴定有色纱线与化纤丝(纱)交织的纬编色织针织提花天鹅绒面料,彩条天鹅绒面料和大循环调线天鹅绒面料等纬编色织针织天鹅绒面料可参照执行。

2 规范性引用文件

下列文件对于本文件的应用是必不可少的。凡是注日期的引用文件,仅注日期的版本适用于本文件。凡是不注日期的引用文件,其最新版本(包括所有的修改单)适用于本文件。

GB/T 251　纺织品　色牢度试验　评定沾色用灰色样卡

GB/T 2910(所有部分)　纺织品　定量化学分析

GB/T 2912.1　纺织品　甲醛的测定　第1部分:游离和水解的甲醛(水萃取法)

GB/T 3920　纺织品　色牢度试验　耐摩擦色牢度

GB/T 3921—2008　纺织品　色牢度试验　耐皂洗色牢度

GB/T 3922　纺织品耐汗渍色牢度试验方法

GB/T 4802.3　纺织品　织物起毛起球性能的测定　第3部分:起球箱法

GB/T 4856　针棉织品包装

GB 5296.4　消费品使用说明　第4部分:纺织品和服装

GB/T 5713　纺织品　色牢度试验　耐水色牢度

GB/T 7573　纺织品　水萃取液pH值的测定

GB/T 8170　数值修约规则与极限数值的表示和判定

GB/T 8427—2008　纺织品　色牢度试验　耐人造光色牢度:氙弧

GB/T 8628　纺织品　测定尺寸变化的试验中织物试样和服装的准备、标记及测量

GB/T 8629—2001　纺织品试验用家庭洗涤和干燥程序

GB/T 8630　纺织品　洗涤和干燥后尺寸变化的测定

GB/T 17592　纺织品　禁用偶氮染料的测定

GB 18401　国家纺织产品基本安全技术规范

GB/T 19976—2005　纺织品　顶破强力的测定　钢球法

GB/T 22846　针织布(四分制)　外观检验

GB/T 23344　纺织品　4-氨基偶氮苯的测定

FZ/T 01026　纺织品　定量化学分析　四组分纤维混合物

FZ/T 01053　纺织品　纤维含量的标识

FZ/T 01057(所有部分)　纺织纤维鉴别试验方法

FZ/T 01095　纺织品　氨纶产品纤维含量的试验方法

FZ/T 70010　针织物平方米干燥重量的测定

GSB 16-2159　针织产品标准深度样卡(1/12)

3 术语和定义

下列术语和定义适用于本文件。

3.1

针织色织提花天鹅绒面料 knitted yarn-dyed jacquard velure fabric

以有色纱线为面组织原料,以化纤丝(纱)为地组织原料,采用提花毛圈圆机织造,经过剖幅、剪绒及后整理而成的绒面类似天鹅绒毛的面料。

4 规格

规格标注表示方法为:面纱线线密度×平方米干燥重量×幅宽,其中:纱线线密度用 tex 表示,平方米干燥重量用 g/m² 表示,幅宽指有效幅宽,用 cm 表示。

5 要求

要求分为内在质量和外观质量两个方面。内在质量包括纤维含量、甲醛含量、pH 值、异味、可分解致癌芳香胺染料、平方米干燥重量允许偏差、顶破强力、水洗尺寸变化率、耐水色牢度、耐皂洗色牢度、耐汗渍色牢度、耐摩擦色牢度、耐光色牢度、互染程度、脱毛率等项指标;外观质量包括实物质量、有效幅宽允许偏差、花型歪斜、色差、局部性疵点、散布性疵点等项指标。

5.1 分等规定

5.1.1 针织提花天鹅绒面料质量等级分为优等品、一等品、合格品。

5.1.2 质量定等:外观质量按匹评等,内在质量按批评等,两者结合以最低品等定等。

5.2 内在质量要求

5.2.1 内在质量要求见表1。

表 1 内在质量要求

项 目		优等品	一等品	合格品
纤维含量(净干含量)/%		按 FZ/T 01053 规定		
甲醛含量/(mg/kg)		按 GB 18401 规定执行		
pH 值				
异味				
可分解致癌芳香胺染料/(mg/kg)				
平方米干燥重量允许偏差/%		−5.0	−6.5	−7.5
顶破强力/N ≥		250		
水洗尺寸变化率/(%)	直向	±2.5	±3.5	±4.5
	横向	±2.5	±3.5	±4.5
耐水色牢度/级 ≥	变色	4	3-4	3
	沾色	4	3	3

表 1（续）

项 目		优等品	一等品	合格品
耐皂洗色牢度/级 ≥	变色	4	3-4	3
	沾色	4	3-4	3
耐汗渍色牢度/级 ≥	变色	4	3-4	3
	沾色	4	3	3
耐摩擦色牢度/级 ≥	干摩	4	3-4	3
	湿摩	4	3	3(深 2-3)
耐光色牢度/级 ≥		4(浅 3)		
互染程度/级 ≥		4-5	4	3-4
脱毛率/(%) ≤		0.3		

注：色别分档按 GSB 16-2159 执行，＞1/12 标准深度为深色，≤1/12 标准深度为浅色。

5.2.2 婴幼儿产品的基本安全技术指标按 GB 18401（A 类）考核。

5.2.3 互染程度只考核深色与浅色相接的面料。

5.2.4 镂窣提花结构类及含弹性纤维织物顶破强力不考核。

5.3 外观质量要求

5.3.1 外观质量疵点评分规定

外观质量以匹为单位，允许疵点评分规定见表 2。

表 2 外观质量要求　　　　　　　　　　　　　　　单位为分每百平方米

等级	优等品	一等品	合格品
评分限度 ≤	20	25	30

开剪、拼匹与放码规定如下：

a) 外观疵点超过下列规定范围应予以开剪处理：

1) 5 cm 以上破洞，20 cm 以上断纱，25 cm 以上坏针、漏针均应开剪；

2) 直向 10 cm 之内有 3 个破损性疵点如：破洞、漏针、坏针、断纱等同时存在时，应予以开剪；

3) 严重影响外观质量的其他疵点（如密集的深油污、色渍、严重漏剪、剪刀痕、剪槽、麻眼等），应根据实际情况予以开剪。

b) 拼匹与放码规定：

1) 拼匹以 3 段为限，整匹中最小的段不低于 4 m；

2) 机头布每匹放码 10 cm，拼匹每段放码 10 cm，拼匹比例执行协议规定；

3) 拼匹应同原料、同花型、同克重、同幅宽、同色泽、同等级；

4) 按重量计算时，放码的数量可根据实际平方米重量换算成相应的放码重量。

5.3.2 实物质量评等

面料的实物质量：绒面丰满、手感柔软、花型清晰、光泽均匀。每批次产品建立封样，检验时逐匹比照封样评等。

6 抽样

6.1 内在质量按交货批分品种、规格、色别随机抽样,抽样不少于 1.2 m 全幅 3 块,取样距布头至少 2.0 m,所取试样不允许有影响试验结果的疵点。

6.2 外观质量抽样按 GB/T 22846 执行。

7 试验方法

7.1 试样准备和试验条件

将试样在常温下平摊在平滑的平面上放置 20 h,在实验室的温度为(20±2)℃,相对湿度为(65±4)%的条件下,调湿放置 4 h 后再进行试验。

7.2 内在质量试验项目

7.2.1 纤维含量试验

按 GB/T 2910、FZ/T 01026、FZ/T 01057、FZ/T 01095 规定执行。

7.2.2 甲醛含量试验

按 GB/T 2912.1 的规定进行。

7.2.3 pH 值试验

按 GB/T 7573 的规定进行。

7.2.4 异味试验

按 GB 18401 规定进行。

7.2.5 可分解致癌芳香胺染料试验

按 GB/T 17592 和 GB/T 23344 规定执行。一般先按 GB/T 17592 检测,当检出苯胺和/或1,4-苯二胺时,再按 GB/T 23344 检测。

7.2.6 平方米干燥重量试验

按 FZ/T 70010 规定执行。

7.2.7 顶破强力试验

按 GB/T 19976—2005 规定执行,钢球直径采用(38±0.02)mm。

7.2.8 水洗尺寸变化率试验

7.2.8.1 试样的准备:按 GB/T 8628 规定执行。试样取全幅 700 mm 试样 3 块,对折成 1/2 幅宽并缝合成筒状,将筒状试样的一端缝合,并在两侧剪开 50 mm 口,测量标记如图 1,直、横向的各自 3 对标记在一条直线上且相互垂直。

单位为毫米

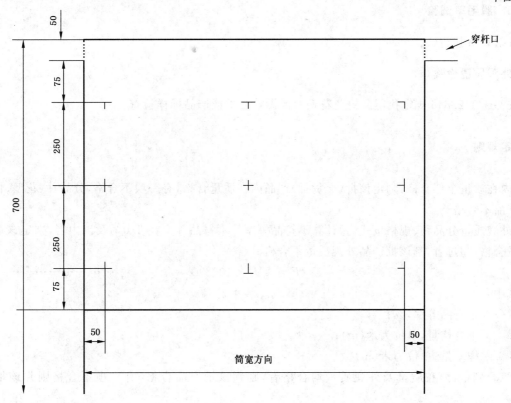

图 1　测量标记

7.2.8.2 操作:按 GB/T 8629—2001 中 5A 程序规定执行。其中干燥方法用 A——悬挂晾干。

7.2.8.3 试验后测量按 GB/T 8630 规定执行。以 3 块试样的平均值作为试验结果,当 3 块试样结果正负号不同时,分别计算,并以相同符号的结果平均值作为试验结果。按 GB/T 8170 修约至一位小数。

7.2.9　耐水色牢度试验

按 GB/T 5713 规定执行。

7.2.10　耐皂洗色牢度试验

按 GB/T 3921—2008 试验方法 A(1)规定执行。

7.2.11　耐汗渍色牢度试验

按 GB/T 3922 规定执行。

7.2.12　耐摩擦色牢度试验

按 GB/T 3920 规定执行,只做正面直向。

7.2.13　耐光色牢度试验

按 GB/T 8427—2008 方法 3 规定执行。

7.2.14　互染程度试验

按附录 A 执行。

7.2.15 脱毛率试验

按附录 B 执行。

7.3 外观质量检验

按 GB/T 22846 规定执行。提花花型对照设计要求或产品标样检查。

8 判定规则

8.1 内在质量全部合格,判定该批(交货批)产品内在质量合格,有一项不合格,分品种、花型、色别判定该批产品不合格。

8.2 外观质量分品种、规格按式(1)计算不符品等率。不符品等率在 5.0% 及以内者,判定该批产品外观质量合格,超过者,判该批产品外观质量不合格。

$$F = A/B \times 100\% \qquad\qquad\cdots\cdots\cdots\cdots\cdots\cdots (1)$$

式中:

F——不符品等率,%;

A——不合格量,单位为米(m);

B——样本量,单位为米(m)。

8.3 综合判定:内在质量及外观质量均合格者,则判该批产品合格,有一项不合格则判该批产品不合格。

9 产品使用说明、包装、运输和贮存

9.1 产品使用说明按 GB 5296.4 和 GB 18401 规定执行。

9.2 每批产品应在反面头尾端烫(盖)厂名梢印,拼段成匹时,拼匹处加烫(盖)骑缝印章,盖在反面布角,距布边 5 cm 以内。

9.3 明确用途者可标明用途。

9.4 产品包装按 GB/T 4856 规定执行。

9.5 产品运输时应防潮、防火、防污染。

9.6 产品应贮存在阴凉、干燥、清洁库房内,并防蛀、防霉。

附 录 A
（规范性附录）
互染程度试验方法

A.1 原理

取面料中两种不同颜色部分(深色、浅色)形成试样,放于皂液中,在规定的时间和温度条件下,经机械搅拌,再经冲洗、干燥。用灰色样卡评定试样的沾色。

A.2 试验要求与准备

在同一块面料上剪取含有深、浅色的不少于 40 mm×100 mm 的试样 1 块,深、浅色交接处尽量为样本中心。

A.3 试验操作程序

A.3.1 按 GB/T 3921 进行洗涤测试,试验条件按 A(1)执行。
A.3.2 用 GB/T 251 样卡评定试样中浅色面料的沾色。

附　录　B
（规范性附录）
脱毛率试验方法

B.1　仪器及工具

织物起球箱（按 GB/T 4802.3 规定执行）、聚氨酯载样管（按 GB/T 4802.3 规定执行）、包缝机、分析天平（精确度为万分之一）。

B.2　试样片尺寸

取 3 块试样，试样尺寸为 20 cm×20 cm，试样上不得有影响试验结果的疵点。

B.3　试样准备

每块试样用包缝机将其四周包好，规定包缝机的针距密度为 13 针/3 cm，用 40^s/2 全涤缝纫线。

B.4　操作方法

B.4.1　试验前起球箱内应清洁干净，不得留有任何短纤维或其他影响试验的物质。

B.4.2　先将准备好的 3 块试样分别称量，并计算其总重量为 G_1（修约到三位小数）。

B.4.3　把称量好的 3 块试样和 2 根聚氨酯载样管一起放进起球箱内，关上箱盖，把计数器拨到 1 800 r。

B.4.4　启动起球箱，当计数器达到 1 800 r 后，打开起球箱，取出 3 块试样，抖去浮毛，对三块试样分别进行称重，并计算其总重量为 G_2，按 GB/T 8170 修约到 0.001 g。

B.4.5　结果计算：脱毛率按式（B.1）计算，最终结果按 GB/T 8170 修约到一位小数。

$$脱毛率 = \frac{G_1 - G_2}{G_1} \times 100\% \qquad \cdots\cdots\cdots\cdots\cdots\cdots\cdots\cdots（B.1）$$

式中：
G_1——试验前三块试样的总重量；
G_2——试验后三块试样的总重量。

ICS 59.080.30
W 62

中华人民共和国纺织行业标准

FZ/T 72015—2012

液氨整理针织面料

Knitted fabric treated with liquid ammonia

2012-12-28 发布   2013-06-01 实施

中华人民共和国工业和信息化部   发 布

前　言

本标准按照 GB/T 1.1—2009 给出的规则起草。

本标准由中国纺织工业联合会提出。

本标准由全国纺织品标准化技术委员会针织品分技术委员会(SAC/TC 209/SC 6)归口。

本标准主要起草单位:青岛即发集团股份有限公司、广东溢达纺织有限公司、浙江浪莎内衣有限公司、中国针织工业协会、安莉芳(中国)服装有限公司、江苏新雪竹国际服饰有限公司、浙江顺时针服饰有限公司、国家针织产品质量监督检验中心。

本标准主要起草人:王健、张玉高、鲍进跃、李红、曹海辉、王锡良、龚益辉、何继锋。

液氨整理针织面料

1 范围

本标准规定了液氨整理针织面料的规格、要求、检验规则、判定规则、产品使用说明、包装、运输和贮存。

本标准适用于鉴定经液氨整理的纯棉针织纬编面料的品质。

2 规范性引用文件

下列文件对于本文件的应用是必不可少的。凡是注日期的引用文件,仅注日期的版本适用于本文件。凡是不注日期的引用文件,其最新版本(包括所有的修改单)适用于本文件。

GB 5296.4 消费品使用说明 第 4 部分:纺织品和服装

GB/T 8170 数值修约规则与极限数值的表示和判定

GB/T 8628 纺织品 测定尺寸变化的试验中织物试样和服装的准备、标记及测量

GB/T 8629—2001 纺织品 试验用家庭洗涤和干燥程序

GB/T 8630 纺织品 洗涤和干燥后尺寸变化的测定

GB/T 13769 纺织品 评定织物经洗涤后外观平整度的试验方法

GB 18401 国家纺织产品基本安全技术规范

GB/T 22846 针织布(四分制)外观检验

FZ/T 72012 丝光棉针织面料

3 规格

液氨整理针织面料的规格写为:纱线线密度×平方米干燥重量×幅宽,其中线密度用特克斯表示,多规格纱线交织,按其所占比例从大到小排列,中间用乘号相连;平方米干燥重量用克表示;幅宽指单层幅宽,用厘米表示。

4 要求

4.1 要求内容

要求分为内在质量和外观质量两个方面,内在质量包括纤维素Ⅲ结晶百分数、水洗后外观平整度、水洗尺寸变化率和其他内在质量指标。外观质量按 FZ/T 72012 规定执行。

4.2 分等规定

液氨整理针织面料以匹为单位,按内在质量和外观质量最低一项评等,分为优等品、一等品、合格品。

4.3 内在质量要求

4.3.1 内在质量要求见表 1。

表 1 内在质量要求

项　　目		优等品	一等品	合格品
纤维素Ⅲ结晶百分数/%	≥	10		
水洗后外观平整度/级	≥	3.5	3	
水洗尺寸变化率/%	直向	−3.0～+1.5	−5.0～+3.0	
	横向	−3.0～+1.5	−5.0～+3.0	

4.3.2　其他内在质量要求按 FZ/T 72012 规定执行,其中钡值和纤维素Ⅱ结晶百分数项目除外。

4.3.3　罗纹织物及含有弹性纤维织物横向不考核水洗尺寸变化率。

4.4　外观质量要求

外观质量要求按 FZ/T 72012 规定执行。

5　检验规则

5.1　抽样

5.1.1　外观质量按 GB/T 22846 抽样。

5.1.2　内在质量按批分品种、规格、色别随机抽样,水洗尺寸变化率试验从 3 匹中取 700 mm 全幅 3 块,纤维素Ⅲ结晶百分数试验、水洗后外观平整度试验至少取 1 500 mm 全幅 1 块,其他内在质量的抽样按 FZ/T 72012 规定执行。取样距布头至少 2.0 m,所有试样不允许有影响实验结果的疵点。

5.2　检验方法

5.2.1　纤维素Ⅲ结晶百分数试验

按附录 A 规定执行。

5.2.2　水洗后外观平整度试验

按 GB/T 13769 规定执行,按 GB/T 8629—2001 的 5A 程序连续洗涤 3 次,悬挂晾干后评级,在第一次洗涤前加入标准洗涤剂。

5.2.3　水洗尺寸变化率试验

按 GB/T 8628、GB/T 8629—2001(5A 程序、悬挂晾干)、GB/T 8630 执行。其中,试样取全幅 700 mm,非筒状织物对折成 1/2 幅宽并缝合成筒状,将筒状试样的一端缝合,并在两侧剪开 50 mm,洗后穿在直径为 20 mm～30 mm 的圆形直杆上悬挂晾干。测量标记如图 1,直向、横向的各自 3 个标记在一条直线上且互相垂直。以 3 块试样的平均值作为试验结果,当 3 块试样结果正负号不同时,分别计算,并以 2 块相同符号的结果平均值作为试验结果。试验结果按 GB/T 8170 修约,保留一位小数。

单位为毫米

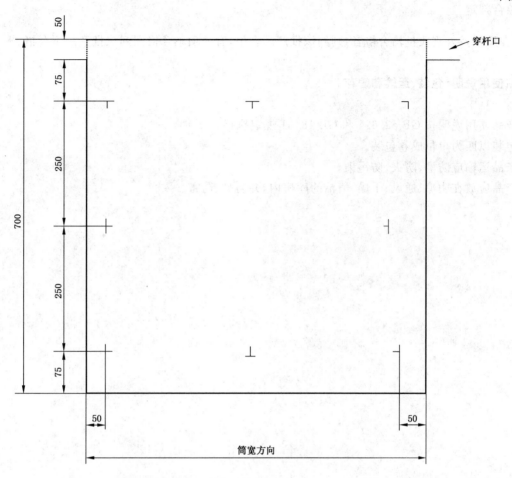

图 1　测量标记

5.2.4　其他内在质量和外观质量试验

按 FZ/T 72012 规定执行。

6　判定规则

6.1　外观质量

外观质量分品种、规格按式(1)计算不符品等率,不符品等率在 5% 及以内,判该批产品外观质量合格,超过者,判该批产品外观质量不合格。

$$F = A/B \times 100\% \quad \cdots\cdots\cdots\cdots\cdots (1)$$

式中:

F ——不符品等率,%;

A ——不合格量,单位为米(m);

B ——样本量,单位为米(m)。

6.2　内在质量

内在质量全部合格,判该批产品内在质量合格,有一项不合格则判该批产品内在质量不合格。

6.3 综合判定

内在质量及外观质量均合格者,则判该批产品合格,有一项不合格则判该批产品不合格。

7 产品使用说明、包装、运输和贮存

7.1 产品使用说明按 GB 5296.4 和 GB 18401 规定执行。

7.2 包装以匹为单位成卷包装。

7.3 产品运输应防潮、防火、防污染。

7.4 产品应放在阴凉、通风、干燥、清洁的库房内,并防蛀、防霉。

附　录　A
（规范性附录）
纤维素Ⅲ结晶百分数试验方法

A.1　原理

A.1.1　同种纤维素纤维经过不同的处理后，其结晶度和单元晶格（晶胞）的尺寸 a、b、c 和 β 角是不相同的。

A.1.2　在全倒易空间，总的相干散射强度只与参加散射的原子种类及其总数目 N 有关，而与它们的聚集状态无关。根据"两相模型"假定，计算结晶度可用 Gauss-Cauchy 复合函数来拟合表征结晶衍射峰强度曲线。

A.2　设备——X射线衍射仪

X射线衍射仪应满足以下条件：
a)　陶瓷 X 光管最大功率 2.2 kW（Cu 靶），最大管压 60 kV，最大管流 55 mA；
b)　入射狭缝：发散狭缝 $0.25°\sim 4°$，防反射狭缝 $0.5°\sim 4°$；
c)　自动接收狭缝 0.01 mm～3 mm，防反射狭缝 0.1 mm～13 mm；
d)　检测器为 X'celerator；
e)　设备具有自动记录数据及自动形成 2θ 角-强度曲线的功能。

A.3　试样准备

按平行于样品长度方向裁剪 3 块试样，每块尺寸为 200 mm×200 mm，试样应有代表性，避开褶皱疵点。

A.4　试验步骤

A.4.1　参数设定

按照仪器的操作规程打开仪器，设置步长为 $0.05°$，停留时间 29.85 s，扫描速度 $0.21°/s$。

A.4.2　结晶区和纤维素Ⅲ的衍射峰面积测定

将试样折成 4 层，固定于样品架上，用反射法扫描试样，记录 2θ 角为 $5°\sim 60°$ 范围的衍射强度，测出结晶区和纤维素Ⅲ相应的衍射峰面积。

A.4.3　各结晶区和纤维素Ⅲ的衍射峰面积计算

用 Gauss-Cauchy 复合函数来拟合分峰计算各部分的面积。

A.5　试验结果表示

纤维素Ⅲ结晶百分数按式（A.1）计算，以 3 块试样平均值为检验结果，结果按 GB/T 8170 修约至整数位。

$$Y = \frac{C}{S} \times 100\% \qquad \cdots\cdots\cdots\cdots\cdots\cdots\cdots(A.1)$$

式中：

Y ——纤维素Ⅲ结晶百分数，%；

S ——试样结晶区衍射峰的面积；

C ——试样纤维素Ⅲ衍射峰的面积。

注1：报告结果时注明为 X 射线法测定的纤维素Ⅲ结晶百分数。

注2：结晶区衍射峰的面积是指除 2θ 角为 20°时无定形区衍射峰的面积外，其余的衍射峰的面积的总和；纤维素Ⅲ是 2θ 角在 12°左右的峰的衍射峰的面积。

示例：

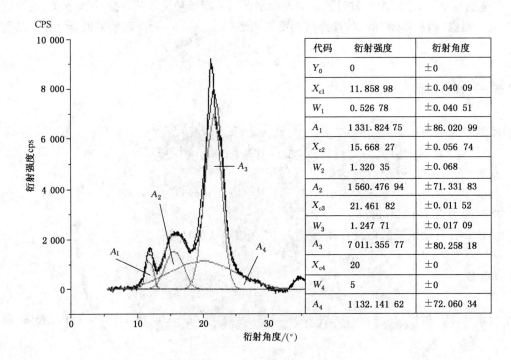

代码	衍射强度	衍射角度
Y_0	0	±0
X_{c1}	11.858 98	±0.040 09
W_1	0.526 78	±0.040 51
A_1	1 331.824 75	±86.020 99
X_{c2}	15.668 27	±0.056 74
W_2	1.320 35	±0.068
A_2	1 560.476 94	±71.331 83
X_{c3}	21.461 82	±0.011 52
W_3	1.247 71	±0.017 09
A_3	7 011.355 77	±80.258 18
X_{c4}	20	±0
W_4	5	±0
A_4	1 132.141 62	±72.060 34

注3：X_c 表示衍射角度；W 表示峰一半高度时的宽度；A 表示该衍射峰的面积。

其中：

结晶区衍射峰的面积 $S = A_1 + A_2 + A_3 = 9\ 703$；

纤维素Ⅲ衍射峰的面积 $C = A_1 = 1\ 331$。

ICS 59.080.30
W 62

中华人民共和国纺织行业标准

FZ/T 72016—2012

针织复合服用面料

Laminated fabric for apparel with knitting

2012-12-28 发布

2013-06-01 实施

中华人民共和国工业和信息化部　发布

前　言

本标准按照 GB/T 1.1—2009 给出的规则起草。

本标准由中国纺织工业联合会提出。

本标准由全国纺织品标准化技术委员会针织品分技术委员会(SAC/TC 209/SC 6)归口。

本标准主要起草单位:江苏申利实业股份有限公司、上海嘉麟杰纺织品股份有限公司、北京探路者户外用品股份有限公司、劲霸(中国)经编有限公司、青岛即发集团股份有限公司、国家针织产品质量监督检验中心。

本标准主要起草人:刘桂芬、许畅、陈百顺、单丽娟、林冬元、武玉勤、王桂珍。

针织复合服用面料

1　范围

本标准规定了针织复合服用面料的术语和定义、产品分类和规格、要求、检验规则、判定规则、产品使用说明、包装、运输和贮存。

本标准适用于鉴定针织面料与其他材料经粘结复合工艺加工而成的服装用复合面料的品质。

2　规范性引用文件

下列文件对于本文件的应用是必不可少的。凡是注日期的引用文件,仅注日期的版本适用于本文件。凡是不注日期的引用文件,其最新版本(包括所有的修改单)适用于本文件。

GB/T 2910(所有部分)　纺织品　定量化学分析

GB/T 2912.1　纺织品　甲醛的测定　第1部分:游离和水解的甲醛(水萃取法)

GB/T 3920　纺织品　色牢度试验　耐摩擦色牢度

GB/T 3921—2008　纺织品　色牢度试验　耐皂洗色牢度

GB/T 3922　纺织品耐汗渍色牢度试验方法

GB/T 4802.1　纺织品　织物起毛起球性能的测定　第1部分:圆轨迹法

GB 5296.4　消费品使用说明　第4部分:纺织品和服装

GB/T 5713　纺织品　色牢度试验　耐水色牢度

GB/T 7573　纺织品　水萃取液pH值的测定

GB/T 8170　数值修约规则与极限数值的表示和判定

GB/T 8427—2008　纺织品　色牢度试验　耐人造光色牢度:氙弧

GB/T 8628　纺织品　测定尺寸变化的试验中织物试样和服装的准备、标记及测量

GB/T 8629—2001　纺织品　试验用家庭洗涤和干燥程序

GB/T 8630　纺织品　洗涤和干燥后尺寸变化的测定

GB/T 17592　纺织品　禁用偶氮染料的测定

GB 18401　国家纺织产品基本安全技术规范

GB/T 22846　针织布(四分制)外观检验

GB/T 23344　纺织品　4-氨基偶氮苯的测定

FZ/T 01026　纺织品　定量化学分析　四组分纤维混合物

FZ/T 01053　纺织品　纤维含量的标识

FZ/T 01057(所有部分)　纺织纤维鉴别试验方法

FZ/T 01085　热熔粘合衬剥离强力试验方法

FZ/T 01095　纺织品　氨纶产品纤维含量的试验方法

GSB 16-1523　针织物起毛起球样照

GSB 16-2159　针织产品标准深度样卡(1/12)

3　术语和定义

下列术语和定义适用于本文件。

3.1

针织复合服用面料 laminated fabric for apparel with knitting

将至少一层针织面料与其他材料经粘结复合而成的服用面料。

4 产品分类和规格

4.1 产品分类

根据针织复合服用面料所用材料,产品可分为:针织面料与针织面料复合;针织面料与机织面料复合;针织面料与其他材料复合。

4.2 规格

针织复合服用面料的规格为面料的有效幅宽,用厘米表示。

5 要求

5.1 要求内容

要求分为内在质量和外观质量两个方面。内在质量包括纤维含量、甲醛含量、pH、异味、可分解致癌芳香胺染料、起毛起球、剥离强力、水洗尺寸变化率、耐皂洗色牢度、耐水色牢度、耐汗渍色牢度、耐摩擦色牢度、耐光色牢度、水洗后外观质量等项指标。外观质量包括外观疵点评分等项指标。

5.2 分等规定

5.2.1 针织复合服用面料的质量等级分为优等品、一等品、合格品。

5.2.2 外观质量按匹评等,内在质量按批(交货批)评等,两者结合以最低等级定等。

5.3 内在质量要求

5.3.1 内在质量要求见表1。

表 1 内在质量要求

项 目		优等品	一等品	合格品
纤维含量(净干含量)/%		按 FZ/T 01053 规定执行		
甲醛含量/(mg/kg)		按 GB 18401 规定执行		
pH				
异味				
可分解致癌芳香胺染料/(mg/kg)				
起毛起球/级 ≥		3-4	3	2-3
剥离强力/N ≥		9.0	8.0	7.0
水洗尺寸变化率/%	直向、横向	−3.0～+1.0	−4.0～+2.0	−4.0～+2.0

表 1（续）

项目		优等品	一等品	合格品
耐皂洗色牢度/级 ≥	变色	4	3-4	3
	沾色	4	3-4	3
耐水色牢度/级 ≥	变色	4	3-4	3
	沾色	4	3-4	3
耐汗渍色牢度/级 ≥	变色	4	3-4	3
	沾色	4	3-4	3
耐摩擦色牢度/级 ≥	干摩	4	3-4	3
	湿摩	3-4	3(深 2-3)	2-3
耐光色牢度/级 ≥	深色	4	4	3
	浅色	4	3-4	3
水洗后外观质量		不允许表面起泡、脱胶、开裂、收缩起皱		

注：色别分档按 GSB 16-2159 执行，>1/12 标准深度为深色，≤1/12 标准深度为浅色。

5.3.2 用于婴幼儿产品面料的基本安全技术指标按 GB 18401（A 类）考核。

5.3.3 耐光色牢度只考核正面。

5.3.4 起毛起球只考核正面。磨毛、绒类产品不考核起毛起球。

5.4 外观质量要求

5.4.1 外观质量的疵点评分按 GB/T 22846 规定执行。

5.4.2 外观质量以匹为单位，允许疵点评分（正面与反面累计）见表 2。

表 2 外观质量要求   单位为分每百平方米

优等品	一等品	合格品
≤20	≤28	≤35

5.4.3 复合后有明显的起泡和复合杂质，复合膜有明显的开裂，疵点评分按 5.4.1 规定执行。

6 检验规则

6.1 抽样

6.1.1 内在质量按交货批分品种、规格、色别随机抽样，随机抽样不少于 1.2 m 全幅三块。取样距布头至少 2.0 m，所取试样不允许有影响试验结果的疵点。

6.1.2 外观质量按 GB/T 22846 抽样。

6.2 试样的准备和试验条件

水洗尺寸变化率试验前,需将试样在温度（20±2）℃,相对湿度（65±4）%的条件下,调湿放置 4 h 后再进行试验。

6.3 检验方法

6.3.1 纤维含量试验

按 GB/T 2910、FZ/T 01026、FZ/T 01057、FZ/T 01095 规定执行。

6.3.2 甲醛含量试验

按 GB/T 2912.1 规定执行。

6.3.3 pH 试验

按 GB/T 7573 规定执行。

6.3.4 异味试验

按 GB 18401 规定执行。

6.3.5 可分解致癌芳香胺染料试验

按 GB/T 17592 和 GB/T 23344 规定执行。一般,先按 GB/T 17592 检测,当检出苯胺和（或）1,4-苯二胺时,再按 GB/T 23344 检测。

6.3.6 起毛起球试验

按 GB/T 4802.1 规定执行。针织面料采用 E 法,评级按 GSB 16-1523 针织物起毛起球样照。机织面料采用 D 法,其中,粗梳毛织物、松结构织物采用 F 法,按视觉评级。

6.3.7 剥离强力试验

按 FZ/T 01085 规定执行。按 GB/T 8629—2001 规定的 5A 程序连续洗涤 3 次,悬挂晾干后测试两层面料之间的剥离强力,在第一次洗涤前加入标准洗涤剂。

6.3.8 水洗尺寸变化率试验

按 GB/T 8628、GB/T 8629—2001（5A 程序、悬挂晾干）、GB/T 8630 执行。其中,试样取全幅 700 mm,非筒状织物对折成 1/2 幅宽并缝合成筒状,将筒状试样的一端缝合,并在两侧剪开 50 mm 口,洗后穿在直径为 20 mm～30 mm 的圆形直杆上悬挂晾干。测量标记以针织面为准,见图 1,直向、横向的各自 3 个标记在一条直线上且互相垂直。以 3 块试样的平均值作为试验结果,当 3 块试样结果正负号不同时,分别计算,并以 2 块相同符号的结果平均值作为试验结果。按 GB/T 8170 修约到一位小数。

单位为毫米

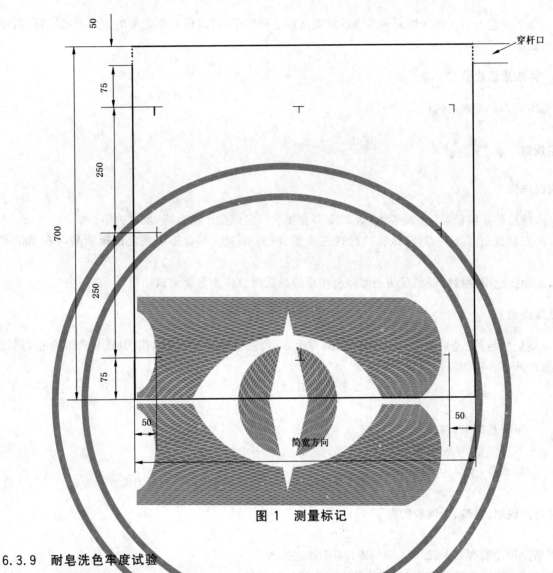

图 1　测量标记

6.3.9　耐皂洗色牢度试验

按 GB/T 3921—2008 试验方法 A(1)规定执行。

6.3.10　耐水色牢度试验

按 GB/T 5713 规定执行。

6.3.11　耐汗渍色牢度试验

按 GB/T 3922 规定执行。

6.3.12　耐摩擦色牢度试验

按 GB/ T 3920 规定执行,测试正反两面,针织面料只做直向。

6.3.13　耐光色牢度试验

按 GB/T 8427—2008 方法 3 规定执行。

6.3.14 水洗后外观质量试验

按 6.3.7 规定的方法将 3 块面料连续洗涤 3 次后悬挂晾干,将试样放在光滑的台面上,采用目测评定布面质量。

6.3.15 外观质量检验

按 GB/T 22846 规定执行。

7 判定规则

7.1 内在质量

7.1.1 水洗后外观质量逐块评定,两块及以上符合要求判定该批产品合格,反之为不合格。

7.1.2 内在质量全部合格,判定该批产品内在质量合格,有一项不合格则判定该批产品内在质量不合格。

7.1.3 耐摩擦色牢度指标以正反两面摩擦色牢度的最低级数作为最终测试结果。

7.2 外观质量

外观质量分品种、规格按式(1)计算不符品等率,不符品等率在 5% 及以内,判该批产品合格,超过者判该批产品不合格。

$$F = A/B \times 100\% \qquad \cdots\cdots\cdots\cdots\cdots\cdots\cdots\cdots(1)$$

式中:

F ——不符品等率,%;

A ——不合格量,单位为米(m);

B ——样本量,单位为米(m)。

8 产品使用说明、包装、运输和贮存

8.1 产品使用说明按 GB 5296.4 和 GB 18401 规定执行。

8.2 产品使用说明标签共 2 张,分别粘贴于布头和外包装外。

8.3 产品包装以匹为单位成卷包装。

8.4 产品运输应防潮、防火、防污染。

8.5 产品应存放在阴凉、通风、干燥、清洁的库房内。

ICS 59.080.30
W 62

中华人民共和国纺织行业标准

FZ/T 72017—2013

针 织 呢 绒 面 料

Knitted wool pile fabric

2013-07-22 发布

2013-12-01 实施

中华人民共和国工业和信息化部　　发 布

前　言

本标准按照 GB/T 1.1—2009 给出的规则起草。

本标准由中国纺织工业联合会提出。

本标准由全国纺织品标准化技术委员会针织品分技术委员会(SAC/TC 209/SC 6)归口。

本标准起草单位:上海嘉麟杰纺织品股份有限公司、常州市武进丰盛针织有限公司、浪莎针织有限公司、浙江顺时针服饰有限公司、国家针织产品质量监督检验中心。

本标准主要起草人:许畅、周玉梅、刘爱莲、龚益辉、杨秀芳、单学蕾。

针 织 呢 绒 面 料

1 范围

本标准规定了针织呢绒面料的术语和定义、规格、要求、检验规则、判定规则、产品使用说明、包装、运输和贮存。

本标准适用于鉴定以 50% 及以上羊毛或羊绒为原料,经针织织造、缩绒、呢毯整理制成的类似机织毛呢面料风格的针织面料的品质,其他同类产品可参照执行。

2 规范性引用文件

下列文件对于本文件的应用是必不可少的。凡是注日期的引用文件,仅注日期的版本适用于本文件。凡是不注日期的引用文件,其最新版本(包括所有的修改单)适用于本文件。

GB/T 2910(所有部分) 纺织品 定量化学分析

GB/T 2912.1 纺织品 甲醛的测定 第1部分:游离和水解的甲醛(水萃取法)

GB/T 3920 纺织品 色牢度试验 耐摩擦色牢度

GB/T 3922 纺织品耐汗渍色牢度试验方法

GB/T 4802.3 纺织品 织物起毛起球性能的测定 第3部分:起球箱法

GB 5296.4 消费品使用说明 纺织品和服装使用说明

GB/T 5711 纺织品 色牢度试验 耐干洗色牢度

GB/T 5713 纺织品 色牢度试验 耐水色牢度

GB/T 7573 纺织品 水萃取液 pH 值的测定

GB/T 7742.1 纺织品 织物胀破性能 第1部分:胀破强力和胀破扩张度的测定 液压法

GB/T 8427—2008 纺织品 色牢度试验 耐人造光色牢度:氙弧

GB/T 17592 纺织品 禁用偶氮染料的测定

GB 18401 国家纺织产品基本安全技术规范

GB/T 22846 针织布(四分制)外观检验

GB/T 23344 纺织品 4-氨基偶氮苯的测定

FZ/T 01053 纺织品 纤维含量的标识

FZ/T 01057(所有部分) 纺织纤维鉴别试验方法

FZ/T 70010 针织物平方米干燥重量的测定

FZ/T 80007.3 使用粘合衬服装耐干洗测试方法

GSB 16—2159 针织产品标准深度样卡(1/12)

3 术语和定义

下列术语和定义适用于本文件。

3.1

针织呢绒面料 knitted wool pile fabric

以 50% 及以上羊毛或羊绒为原料,经针织织造、缩绒、呢毯整理制成的类似机织毛呢面料风格的针织面料。

4 规格

针织呢绒面料的规格写为:纱线线密度×平方米干燥重量×幅宽,其中线密度用特克斯表示,多规格纱线交织,按其所占比例从大到小排列,中间用乘号相连;平方米干燥重量用克表示;幅宽指单层幅宽,用厘米表示。

5 要求

要求分为内在质量和外观质量两个方面。内在质量包括纤维含量、甲醛含量、pH 值、异味、可分解致癌芳香胺染料、起球、胀破强力、平方米干燥重量偏差率、干洗尺寸变化率、耐汗渍色牢度、耐干洗色牢度、耐水色牢度、耐摩擦色牢度、耐光色牢度等项指标。外观质量包括外观疵点评分等项指标。

5.1 分等规定

5.1.1 针织呢绒面料的质量等级分为优等品、一等品、合格品。

5.1.2 外观质量按匹评等,内在质量按批(交货批)评等,两者结合以最低等级定等。

5.2 内在质量要求

5.2.1 内在质量要求见表 1。

表 1 内在质量评等规定

项 目			优等品	一等品	合格品
纤维含量(净干含量)/%			按 FZ/T 01053 规定执行		
甲醛含量/(mg/kg)			按 GB 18401 规定执行		
pH 值					
异味					
可分解致癌芳香胺染料/(mg/kg)					
起球/级 ≥			3-4	3	3
胀破强力/kPa ≥			180		
平方米干燥重量偏差率/%	150 g/m² 以上且 200 g/m² 以下		±5.0	±6.0	±7.0
	200 g/m² 及以上		±5.0	±7.0	±8.0
干洗尺寸变化率/%	横向		−5.0～+1.0	−6.0～+2.0	
	直向				
染色牢度/级 ≥	耐汗渍	变色、沾色	4	3-4	3
	耐干洗	变色、沾色	4	3-4	3
	耐水	变色、沾色	4	3-4	3
	耐摩擦	干摩	4	3-4	3
	耐光	深色	4	4	3
		浅色	4	3-4	3
注:色别分档按 GSB 16—2159,>1/12 标准深度为深色,≤1/12 标准深度为浅色。					

5.2.2 用于婴幼儿用品面料的基本安全技术指标按 GB 18401(A 类)考核。

5.3 外观质量

5.3.1 外观质量的疵点评分按 GB/T 22846 规定执行。

5.3.2 外观质量以匹为单位,允许疵点评分见表 2。

表 2 外观质量要求 单位为分每百平方米

优等品	一等品	合格品
≤18	≤23	≤28

5.3.3 明显的缩绒不均匀视为不合格品。

6 检验规则

6.1 抽样

6.1.1 外观质量按照 GB/T 22846 规定抽样。

6.1.2 内在质量按批分品种、规格、色别随机抽样。干洗尺寸变化率试验从 3 匹中各取 1 块,其他指标试验至少取 500 mm 全幅 1 块。

6.2 试验方法

6.2.1 纤维含量试验

按 FZ/T 01057、GB/T 2910 规定执行。

6.2.2 甲醛含量试验

按照 GB/T 2912.1 规定执行。

6.2.3 pH 值试验

按 GB/T 7573 规定执行。

6.2.4 异味试验

按 GB 18401 规定执行。

6.2.5 可分解致癌芳香胺染料试验

按 GB/T 17592 和 GB/T 23344 规定执行。一般先按 GB/T 17592 检测,当检出苯胺和/或 1,4-苯二胺时,再按 GB/T 23344 检测。

6.2.6 起球试验

按 GB/T 4802.3 规定执行,其中试验转数 7 200 r。

6.2.7 胀破强力试验

按 GB/T 7742.1 规定执行,试验面积采用 50 cm²。

6.2.8 平方米干燥重量偏差率试验

按 FZ/T 70010 规定执行。

6.2.9 干洗尺寸变化率试验

按 FZ/T 80007.3 规定执行,采用缓和干洗法。

6.2.10 耐汗渍色牢度试验

按 GB/T 3922 规定执行。

6.2.11 耐干洗色牢度试验

按 GB/T 5711 规定执行。

6.2.12 耐水色牢度试验

按 GB/T 5713 规定执行。

6.2.13 耐摩擦色牢度试验

按 GB/T 3920 规定执行。

6.2.14 耐光色牢度试验

按 GB/T 8427—2008 的方法 3 规定执行。

6.2.15 外观质量检验

按 GB/T 22846 规定执行。

7 判定规则

7.1 外观质量分品种、规格、色别按式(1)计算不符品等率,不符品等率在 5% 及以内,判该批产品外观质量合格,超过者,判该批产品外观质量不合格。

$$F = A/B \times 100\% \qquad\qquad \cdots\cdots\cdots\cdots\cdots\cdots\cdots(1)$$

式中:

F ——不符品等率,%;

A ——不合格量,单位为米(m);

B ——样本量,单位为米(m)。

7.2 内在质量全部合格,判该批产品内在质量合格,有一项不合格判该批产品内在质量不合格。

8 产品使用说明、包装、运输和贮存

8.1 产品使用说明按照 GB 5296.4 和 GB 18401 规定执行。

8.2 包装以匹为单位,不同规格、批号、等级的产品应分别成卷包装。

8.3 运输时应防污、防潮、防火、防雨,严禁划伤。

8.4 贮存时应放于通风、干燥、清洁的仓库内,严禁火种。

针 织 服 装 产 品

ICS 59.080.30
W 63

中华人民共和国国家标准

GB/T 8878—2009
代替 GB/T 8878—2002

棉 针 织 内 衣

Cotton knitted underwear

2009-04-21 发布

2009-12-01 实施

中华人民共和国国家质量监督检验检疫总局
中国国家标准化管理委员会 发 布

前　言

本标准代替 GB/T 8878—2002《棉针织内衣》。

本标准与 GB/T 8878—2002 相比主要变化如下：

——内在质量考核项目增加可分解芳香胺染料、耐水色牢度；

——修改本身尺寸差异的考核方法；

——增加顶破强力试验方法，球的直径为(38±0.02)mm；

——简化缝制规定内容；

——耐皂洗色牢度试验方法由方法 3 改为耐皂洗色牢度 A(1)。

本标准由中国纺织工业协会提出。

本标准由全国纺织品标准化技术委员会针织品分技术委员会归口(SAC/TC 209/SC 6)。

本标准起草单位：国家针织产品质量监督检验中心、上海三枪集团针织九厂、江苏 AB 集团、北京铜牛集团有限公司、上海帕兰朵高级服饰有限公司、青岛即发集团股份有限公司、武汉爱帝集团有限公司等。

本标准主要起草人：邢志贵、薛继凤、吴鸿烈、漆小瑾、方国平、黄聿华、胡平。

本标准所代替标准的历次版本发布情况为：

——GB/T 8878—1988、GB/T 8878—1997、GB/T 8878—2002。

棉 针 织 内 衣

1 范围

本标准规定了棉针织内衣的产品分类、号型及规格、要求、检验规则、判定规则、产品使用说明、包装、运输、贮存。

本标准适用于鉴定棉针织内衣品质。棉混纺、交织的针织内衣可参照执行。

2 规范性引用文件

下列文件中的条款通过本标准的引用而成为本标准的条款。凡是注日期的引用文件,其随后所有的修改单(不包括勘误的内容)或修订版均不适用于本标准,然而,鼓励根据本标准达成协议的各方研究是否可使用这些文件的最新版本。凡是不注日期的引用文件,其最新版本适用于本标准。

GB/T 250 纺织品 色牢度试验 评定变色用灰色样卡(GB/T 250—2008,ISO 105-A02:1993,IDT)

GB/T 251 纺织品 色牢度试验 评定沾色用灰色样卡(GB/T 251—2008,ISO 105-A03:1993,IDT)

GB/T 1335(所有部分) 服装号型

GB/T 2910 纺织品 二组分纤维混纺产品定量化学分析方法(GB/T 2910—1997,eqv ISO 1833:1977)

GB/T 2911 纺织品 三组分纤维混纺产品定量化学分析方法(GB/T 2911—1997,eqv ISO 5088:1976)

GB/T 2912.1 纺织品 甲醛的测定 第1部分:游离水解的甲醛(水萃取法)

GB/T 3920 纺织品 色牢度试验 耐摩擦色牢度(GB/T 3920—2008,ISO 105-X12:2001,MOD)

GB/T 3921 纺织品 色牢度试验 耐皂洗色牢度(GB/T 3921—2008,ISO 105-C10:2006,MOD)

GB/T 3922 纺织品耐汗渍色牢度试验方法(GB/T 3922—1995,eqv ISO 105-E04:1994)

GB/T 4856 针棉织品包装

GB 5296.4 消费品使用说明 纺织品和服装使用说明

GB/T 5713 纺织品 色牢度试验 耐水色牢度(GB/T 5713—1997,eqv ISO 105-E01:1994)

GB/T 6411—2008 棉针织内衣规格尺寸系列

GB/T 7573 纺织品 水萃取液 pH 值的测定(GB/T 7573—2002,ISO 3071:1980,MOD)

GB/T 8170 数值修约规则与极限数值的表示和判定

GB/T 8629 纺织品 试验用家庭洗涤和干燥程序(GB/T 8629—2001,eqv ISO 6330:2000)

GB/T 14801 机织物和针织物纬斜和弓纬的试验方法

GB/T 17592 纺织品 禁用偶氮染料的测定

GB 18401 国家纺织品基本安全技术规范

GB/T 19976 纺织品 顶破强力的测定 钢球法

FZ/T 01026 纺织品 四组分纤维混纺产品定量化学分析方法

FZ/T 01053 纺织品 纤维含量的标识

FZ/T 01057(所有部分) 纺织品纤维鉴别试验方法

FZ/T 01095 纺织品 氨纶产品纤维含量的试验方法

GSB 16-2159-2007　针织产品标准深度样卡(1/12)
GSB 16-2500-2008　针织物表面疵点彩色样照

3　产品分类、号型及规格

3.1　棉针织内衣按织物组织结构分为单面织物、双面织物、绒织物三类产品。

3.2　产品号型

棉针织内衣号型按 GB/T 6411—2008 中第 4 章或 GB/T 1335(所有部分)的规定执行。

4　要求

4.1　要求内容

要求分为内在质量和外观质量两个方面,内在质量包括顶破强力、纤维含量、甲醛含量、pH 值、异味、可分解芳香胺染料、水洗尺寸变化率、耐水色牢度、耐皂洗色牢度、耐汗渍色牢度、耐摩擦色牢度等项指标;外观质量包括表面疵点、规格尺寸公差、本身尺寸差异、缝制规定。

4.2　分等规定

4.2.1　棉针织内衣分为优等品、一等品、合格品,低于合格品者为不合格品。

4.2.2　内在质量按批(交货批)评等。外观质量按件评等。二者结合以最低等级定等。

4.3　内在质量要求

4.3.1　内在质量要求见表 1。

表 1　内在质量要求

项目			优等品	一等品	合格品
顶破强力/N　≥	单面织物、罗纹织物、绒织物		150		
	双面		220		
纤维含量(净干含量)/%			按 FZ/T 01053 规定执行		
甲醛含量/(mg/kg)			按 GB 18401 规定执行		
pH 值					
异味					
可分解芳香胺染料/(mg/kg)					
水洗尺寸变化率/%	绒织物	直向　≥	−7.0	−8.0	−9.0
		横向	−4.0～+3.0	−5.0～+3.0	−6.0～+3.0
	双面织物	直向　≥	−5.0	−7.0	−9.0
		横向	−5.0～0.0	−8.0～+2.0	−10.0～+2.0
	单面织物	直向　≥	−5.0	−5.0	−6.0
		横向	−5.0～0.0	−6.5～+2.0	−8.0～+2.0
	弹力织物	直向　≥	−5.0	−6.0	−7.0
耐水色牢度/级	变色、沾色		4	3-4	3
耐皂洗色牢度/级　≥	变色		4	3-4	3
	沾色		4	3-4	3
耐汗渍色牢度/级　≥	变色		4	3-4	3
	沾色		3-4	3	3
耐摩擦色牢度/级　≥	干摩		4	3-4	3
	湿摩		3	3(深 2)	2-3(深 2)

表 1（续）

项 目		优等品	一等品	合格品
印花耐皂洗色牢度/级 ≥	变色、沾色	3-4	3	
印花耐摩擦色牢度/级 ≥	干摩	3-4	3	
	湿摩	2-3	2	

色别分档按 GSB 16-2159-2007，>1/12 标准深度为深色，≤1/12 标准深度为浅色。

注：弹力织物指织物中加入弹性纤维或罗纹织物。

4.3.2 短裤不考核水洗尺寸变化率。

4.3.3 镂空和氨纶织物不考核顶破强力。

4.3.4 内在质量各项指标，以试验结果最低一项作为该批产品的评等依据。

4.4 外观质量要求

4.4.1 外观质量分等规定

4.4.1.1 外观质量分等按表面疵点、规格尺寸偏差、本身尺寸差异、缝制规定执行。在同一件产品上发现属于不同品等的外观疵点时，按最低等疵点评定。

4.4.1.2 在同一件产品上只允许有两个同等级的极限表面疵点存在，超过者应降低一个等级。

4.4.1.3 内包装标志差错按件计算，不应有外包装差错。

4.4.1.4 表面疵点评等规定

4.4.1.4.1 表面疵点评等规定见表2。

表 2 表面疵点评等规定

序号	疵点名称	优等品	一等品	合格品
1	粗纱、大肚纱、油纱、色纱、面子跳纱、里子纱露面	主要部位：不允许 次要部位：轻微者允许	轻微者允许	主要部位：轻微者允许 次要部位：超出明显者不允许
2	油棉、飞花	主要部位：不允许 次要部位：无洞眼者 0.5 cm 1 处		无洞眼者 0.5 cm 2 处或1 cm 1 处
3	油针	主要部位：不允许 次要部位：轻微者允许 1 针 8 cm 1 处		轻微者允许 1 针 15 cm 1 处
4	色差	主料之间 4 级	主料之间 3-4 级	主料之间 2-3 级
		主、辅料之间 3-4 级	主辅料之间 3 级	主、辅料之间 2 级
5	纹路歪斜/%	6		9
6	起毛露底、脱绒、起毛不匀、极光印、色花、风渍、折印、印花疵点（露底、搭色、套版不正等）	主要部位：不允许 次要部位：轻微者允许	轻微者允许	主要部位：轻微者允许 次要部位：超出明显者不允许
7	缝纫油污线	浅淡 1 cm 3 处或 2 cm 1 处，领圈部位不允许		浅淡的 20 cm 较深的 10 cm
8	缝纫曲折高低	0.5 cm	0.5 cm	1 cm
9	底边脱针	每面 1 针 2 处，但不得连续，骑缝处缝牢，脱针不超过 1 cm		不考核
10	底边明针	小于 0.2 cm，骑缝处 0.3 cm 单面长不超过 3 cm		允许
11	重针（单针机除外）	每个过程除合理接头外，限 4 cm 1 处（不包括领圈部位）		限 4 cm 2 处

表 2（续）

序号	疵点名称	优等品	一等品	合格品
12	浅淡油、污色渍	主要部位:不允许 次要部位:2 处累计 1 cm	主要部位:2 处累计 1 cm 次要部位:3 处累计 2 cm	累计 6 cm
	较深油、污色渍	主要部位:不允许 次要部位:2 处累计 0.5 cm	主要部位:2 处累计 0.5 cm 次要部位:3 处累计 1.5 cm	累计 2 cm
13	细纱、断里子纱、断面子纱、单纱、修疤、锈斑、烫黄、针洞、破洞	不允许		

注：主要部位是指上衣前身上部的三分之二(包括领窝露面部位)，裤类无主要部位。

4.4.1.4.2 测量表面疵点的长度以疵点最长长度(直径)计量，如遇有较细(0.1 cm)长的污渍疵点，应按表 2 规定加一倍计量。

4.4.1.4.3 表面疵点长度及疵点数量均为最大极限值。

4.4.1.4.4 表面疵点程度按 GSB 16-2500-2008 针织物表面疵点彩色样照执行。

4.4.1.4.5 凡遇条文未规定的表面疵点参照相似疵点酌情处理。

4.4.2 测量部位及规定

4.4.2.1 上衣测量部位见图 1。

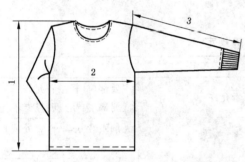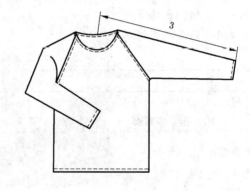

1——衣长；
2——1/2 胸围；
3——袖长。

图 1 上衣测量部位

4.4.2.2 裤子测量部位见图 2。

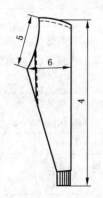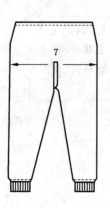

4——裤长；
5——直裆；
6——横裆；
7——1/2 臀围。

图 2 裤子测量部位

202

4.4.2.3 背心测量部位见图3。

8——肩带宽。

图 3 背心测量部位

4.4.2.4 各部位的测量规定见表3。

表 3 各部位的测量规定

类别	序号	部位	测 量 方 法
上衣	1	衣长	由肩缝最高处量到底边
	2	1/2 胸围	由挂肩缝与侧缝缝合处向下 2 cm 水平横量
	3	袖长	由肩缝与袖笼缝的交点到袖口边,插肩式由后领中间量到袖口处
裤类	4	裤长	后腰宽的 1/4 处向下直量到裤口边
	5	直裆	裤身相对折,从腰边口向下斜量到裆角处
	6	横裆	裤身相对折,从裆角处横量
	7	1/2 臀围	由腰边向下至裆底 2/3 处横量
背心	8	肩带宽	肩带合缝处横量
注:各部位测量值精确至 0.1 cm。			

4.4.3 规格尺寸偏差

规格尺寸偏差见表4。

表 4 规格尺寸偏差   单位为厘米

项　目		儿童、中童			成人		
		优等品	一等品	合格品	优等品	一等品	合格品
衣长		−1.0		−2.0	±1.0	±1.5	−2.5
1/2 胸(腰)围		−1.0		−2.0	±1.0	±1.5	−2.0
挂肩(背心)		−1.0		−2.0	−1.5	−1.5	−2.5
背心肩带		−0.5		−1.0	−0.5	−0.5	−1.0
袖长	长袖	−1.0		−2.0	−1.5	−1.5	−2.5
	短袖			−1.5	−1.0	−1.0	−1.5
裤长	长裤	−1.5		−2.5	±1.5	±2.0	−3.0
	短裤	−1.0		−1.5	−1.0	−1.5	2.0
直裆		±1.5	±2		±2.0	±2.0	±3
横裆		−1.5		−2.0	−2.0	−2.0	−3.0
注:凡圆筒合肩或印满身花产品胸宽公差增加 0.5 cm。							

4.4.4 本身尺寸差异

本身尺寸差异见表5(对称部位)。

表 5 本身尺寸差异 单位为厘米

项 目	优等品 ≤	一等品 ≤	合格品 ≤
<15 cm	0.5	0.5	0.8
15 cm～76 cm	0.8	1.0	1.2
>76 cm	1.0	1.5	1.5

4.4.5 缝制规定(不分品等)

4.4.5.1 加固部位:合肩处、裤裆叉子合缝处、缝迹边缘。

4.4.5.2 加固方法:采用四线或五线包缝机缝制、双针绷缝、打回针、打套结或加辅料。

4.4.5.3 三线包缝机缝边宽度不低于0.3 cm,四线不低于0.4 cm,五线不低于0.6 cm。

5 检验规则

5.1 抽样数量

5.1.1 外观质量按交货批分品种、色别、规格尺寸随机采样1%～3%,但不得少于20件。

5.1.2 内在质量按交货批分品种、色别、规格尺寸随机采样4件,不足时可增加件数。

5.2 外观质量检验条件

5.2.1 一般采用灯光检验,用40 W青光或白光日光灯一支,上面加灯罩,灯罩与检验台面中心垂直距离为80 cm±5 cm。

5.2.2 如在室内利用自然光,光源射入方向为北向左(或右)上角,不能使阳光直射产品。

5.2.3 检验时应将产品平摊在检验台上,台面铺白布一层,检验人员的视线应正视平摊产品的表面,目光与产品中间距离为35 cm以上。

5.3 准备和试验条件

5.3.1 所取的试样不应有影响试验的疵点。

5.3.2 进行顶破强力、水洗尺寸变化率试验前,需将试样平摊在平滑的平面上,实验室温度为(20±2)℃,相对湿度为(65±4)%,放置4 h再进行试验。

5.4 试验方法

5.4.1 顶破强力试验方法

按GB/T 19976执行。球的直径为(38±0.02)mm。

5.4.2 水洗尺寸变化率试验方法

5.4.2.1 测量部位:上衣取身长与胸围作为直向和横向的测量部位,身长以前后身左右四处的平均值作为计算依据,裤子取裤长与中腿作为直向和横向的测量部位,裤长以左右两处的平均值作为计算依据。并在测量时作出标记,以便水洗后测量,上衣测量部位见图4,裤子测量部位见图5,背心测量部位见图6。

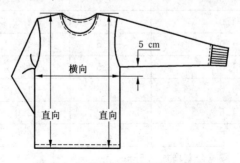

图 4 上衣水洗前后测量部位

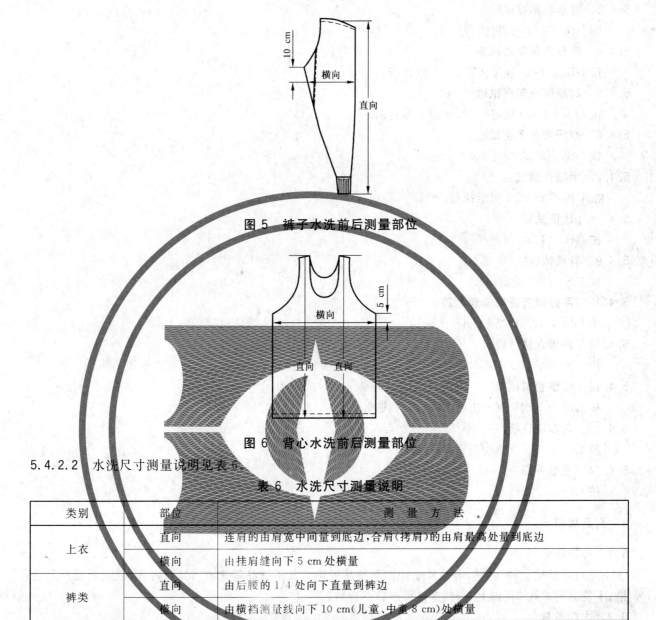

图5 裤子水洗前后测量部位

图6 背心水洗前后测量部位

5.4.2.2 水洗尺寸测量说明见表6。

表6 水洗尺寸测量说明

类别	部位	测量方法
上衣	直向	连肩的由肩宽中间量到底边,合肩(拷肩)的由肩最高处量到底边
	横向	由挂肩缝向下 5 cm 处横量
裤类	直向	由后腰的 1/4 处向下直量到裤边
	横向	由横裆测量线向下 10 cm(儿童、中童 8 cm)处横量

5.4.2.3 洗涤和干燥试验

5.4.2.3.1 水洗尺寸变化率试验按 GB/T 8629 规定执行,采用5A 洗涤程序,试验件数3 件。

5.4.2.3.2 晾干:采用悬挂晾干法。上衣用竿穿过两袖,使胸围挂肩处保持平直,并从下端用手将两片分开理平。裤子对折搭晾,使横裆部位在晾竿上,并轻轻理平,将晾干后的试样,放置在温度为(20±2)℃,湿度为(65±4)%条件下的平台上,停放 2 h 以上,轻轻拍平折痕,再进行测量。

5.4.2.3.3 结果计算和表示:按式(1)计算直向或横向的水洗尺寸变化率,以负号(—)表示尺寸收缩,以正号(+)表示尺寸伸长。最终结果按 GB/T 8170 修约,保留一位小数。

$$A = \frac{L_1 - L_0}{L_0} \times 100 \qquad\qquad (1)$$

式中:

A——直向或横向水洗尺寸变化率,%;

L_1——直向或横向水洗后尺寸的平均值(精确至 0.1 cm),单位为厘米(cm);

L_0——直向或横向水洗前尺寸的平均值(精确至 0.1 cm),单位为厘米(cm)。

5.4.3 耐水色牢度试验

按 GB/T 5713 规定执行。

5.4.4 耐皂洗色牢度试验

按 GB/T 3921 规定执行,试验条件按 A(1)执行。

5.4.5 耐摩擦色牢度试验

按 GB/T 3920 规定执行,试验只做直向。

5.4.6 耐汗渍色牢度试验

按 GB/T 3922 规定执行。

5.4.7 甲醛含量试验

按 GB/T 2912.1 规定执行。

5.4.8 pH 值试验

按 GB/T 7573 规定执行。

5.4.9 异味试验

按 GB 18401 规定执行。

5.4.10 可分解芳香胺染料试验

按 GB/T 17592 规定执行。

5.4.11 纤维含量试验

按 GB/T 2910、GB/T 2911、FZ/T 01057(所有部分)、FZ/T 01095、FZ/T 01026 规定执行。

5.4.12 纹路歪斜试验

按 GB/T 14810 规定执行,裤类不考核。

5.4.13 色牢度评级

按 GB/T 250 及 GB/T 251 评定。

5.4.14 色差评级

按 GB/T 250 评定。

6 判定规则

6.1 外观质量

外观质量按品种、色别、规格尺寸计算不符品等率。凡不符品等率在 5%以内者,判定该批产品合格;不符品等率在 5%以上者,判定该批产品不合格。

6.2 内在质量

6.2.1 顶破强力取全部被测试样的算术平均值,合格者判定全批合格。不合格者按该批不合格处理。

6.2.2 水洗尺寸变化率以全部试样的平均值作为试验结果,平均合格为合格。若同时存在收缩与倒涨试验结果时,其中两件试样在标准规定范围内,则判定为合格。超出标准范围按该批产品不合格处理。

6.2.3 纤维含量、甲醛含量、pH 值、异味、可分解芳香胺染料检验结果合格者,判定该批产品合格。不合格者判定该批产品不合格。

6.2.4 耐水、耐皂洗、耐汗渍、耐摩擦色牢度试验结果合格者,判定该批产品合格。不合格者,分色别按该批产品不合格处理。

6.3 严重影响服用性能的产品不允许。

6.4 复验

6.4.1 检验时任何一方对所检验的结果有异议时,或交货时未经验收的产品在规定期限内对所有异议的项目,均可要求复验。

6.4.2 提请复验时,应保留提请复验数量的全部。

6.4.3 复验时检验数量为验收时检验数量的 2 倍,复验结果按本标准 6.1、6.2 规定处理。

7 产品使用说明、包装、运输、贮存

7.1 产品使用说明按 GB 5296.4 规定执行。

7.2 包装按 GB/T 4856 或协议规定执行。

7.3 产品的运输应防潮、防火、防污染。

7.4 产品应存放在阴凉、通风、干燥、清洁的库房内,并防蛀、防霉。

ICS 59.080.30
W 63

中华人民共和国国家标准

GB/T 22583—2009

防 辐 射 针 织 品

Radiation-resistant knitwear

2009-04-17 发布

2009-12-01 实施

中华人民共和国国家质量监督检验检疫总局
中国国家标准化管理委员会 发布

前　言

本标准由中国纺织工业协会提出。

本标准由全国纺织品标准化技术委员会针织品分会归口（SA/TC 209/SC 6）。

本标准主要起草单位：红豆集团有限公司、国家针织产品质量监督检验中心、浙江顺时针服饰有限公司。

本标准主要起草人：葛东瑛、刘凤荣、龚益辉。

防 辐 射 针 织 品

1 范围

本标准规定了防辐射针织品的产品号型、要求、检验规则、判定规则、产品使用说明、包装、运输和贮存。

本标准适用于鉴定以添加金属纤维的针织面料为主要材料制成的适合于民用穿着的防辐射针织品的品质。

2 规范性引用文件

下列文件中的条款通过本标准的引用而成为本标准的条款。凡是注日期的引用文件,其随后所有的修改单(不包括勘误的内容)或修订版均不适用于本标准,然而,鼓励根据本标准达成协议的各方研究是否可使用这些文件的最新版本。凡是不注日期的引用文件,其最新版本适用于本标准。

GB/T 250 纺织品 色牢度试验 评定变色用灰色样卡(GB/T 250—2008,ISO 105-A02:1993,IDT)

GB/T 251 纺织品 色牢度试验 评定沾色用灰色样卡(GB/T 251—2008,ISO 105-A03:1993,IDT)

GB/T 1335(所有部分) 服装号型

GB/T 2910 纺织品 二组分纤维混纺产品定量化学分析方法

GB/T 2911 纺织品 三组分纤维混纺产品定量化学分析方法

GB/T 2912.1 纺织品 甲醛的测定 第1部分:游离水解的甲醛(水萃取法)

GB/T 3920 纺织品 色牢度试验 耐摩擦色牢度(GB/T 3920—2008,ISO 105-X12:2001,MOD)

GB/T 3921 纺织品 色牢度试验 耐皂洗色牢度(GB/T 3921—2008,ISO 105-C10:2006,MOD)

GB/T 3922 纺织品耐汗渍色牢度试验方法(GB/T 3922—1995,eqv ISO 105-E04:1994)

GB/T 4802.1 纺织品 织物起毛起球性能的测定 第1部:圆轨迹法

GB/T 4856 针棉织品包装

GB 5296.4 消费品使用说明 纺织品和服装使用说明

GB/T 5713 纺织品 色牢度试验 耐水色牢度(GB/T 5713—1997,eqv ISO 105-E01:1994)

GB/T 6411 针织内衣规格尺寸系列

GB/T 8427 纺织品 色牢度试验 耐人造光色牢度:氙弧(GB/T 8427—2008,ISO 105-B02:1994,MOD)

GB/T 8629 纺织品 试验用家庭洗涤和干燥程序(GB/T 8629—2001,eqv ISO 6330:2000)

GB/T 8878 棉针织内衣

GB/T 14801 机织物与针织物纬斜和弓纬试验方法

GB 18401 国家纺织产品基本安全技术规范

GB/T 19976 纺织品顶破强力的测定 钢球法

FZ/T 01053 纺织品 纤维含量的标识

FZ/T 01057(所有部分) 纺织纤维鉴别试验方法

FZ/T 01095 纺织品 氨纶产品纤维含量的试验方法

GSB 16-1523—2002 针织物起毛起球样照

GSB 16-2159—2007 针织产品标准深度样卡(1/12)

SJ 20524 材料屏蔽效能的测量方法

GSB 16-2500—2008 针织物表面疵点彩色样照

3 产品号型

防辐射针织品号型按 GB/T 1335 或 GB/T 6411 规定执行。

4 要求

4.1 要求分为内在质量和外观质量两个方面。内在质量包括顶破强力、水洗尺寸变化率、水洗后扭曲率、耐水色牢度、耐皂洗色牢度、耐汗渍色牢度、耐摩擦色牢度、印花耐皂洗色牢度、印花耐摩擦色牢度、耐人造光色牢度、起球、甲醛含量、pH 值、异味、可分解芳香胺染料、纤维含量和屏蔽效能等项指标。外观质量包括表面疵点、规格尺寸偏差、本身尺寸差异、缝制规定等项指标。

4.2 分等规定

4.2.1 防辐射针织品的质量等级分为优等品、一等品、合格品。

4.2.2 防辐射针织品的质量定等:内在质量按批(交货批)评等,外观质量按件评等,二者结合以最低等级定等。

4.3 内在质量要求

4.3.1 内在质量要求见表1。

4.3.2 内在质量按批以各项指标检验结果最低一项为该批产品的评等依据。

4.3.3 弹力产品不考核横向水洗尺寸变化率。

4.3.4 裙类产品不考核水洗后扭曲率。

表 1 内在质量要求

项 目		优等品	一等品	合格品
顶破强力/N ≥		150		
水洗尺寸变化率/%	直向	−4.0～+2.0	−5.0～+2.0	−5.0～+2.0
	横向	−4.0～+2.0	−5.0～+2.0	−5.0～+2.0
水洗后扭曲率/% ≤	上衣	4.0	6.0	8.0
	裤	1.5	2.5	3.5
耐皂洗色牢度/级 ≥	变色	4	3-4	3
	沾色	4	3	3
耐水色牢度/级 ≥	变色	3-4	3	3
	沾色	3-4	3	3
耐汗渍色牢度/级 ≥	变色	4	3-4	3
	沾色	4	3	3
耐摩擦色牢度/级 ≥	干摩	4	3-4	3
	湿摩	3-4(深色 3)	2-3(深色 2)	2-3(深色 2)
印花耐皂洗色牢度/级 ≥	变色	3-4	3	3
	沾色	3-4	3	3
印花耐摩擦色牢度/级 ≥	干摩	3-4	3	3
	湿摩	3	2	2

表 1（续）

项　　目		优等品	一等品	合格品
耐人造光色牢度/级　　≥	深色	4	4	4
	浅色	4	3	3
起球/级　　　　　　　≥		4.0	3.0	2.5
甲醛含量/(mg/kg)				
pH 值				
异味		按 GB 18401 规定执行		
可分解芳香胺染料/(mg/kg)				
纤维含量(净干含量)/%		按 FZ/T 01053 规定执行		
屏蔽效能 $SE_\%$/% 　　　≥			95	

色别分档按 GSB 16-2159—2007，>1/12 标准深度为深色，≤1/12 标准深度为浅色。

注 1：屏蔽效能的电磁波频率范围为 10 MHz～3 000 MHz。

4.4 外观质量要求

4.4.1 外观质量评等按表面疵点、规格尺寸偏差、本身尺寸差异、缝制规定的评等来决定，在同一产品上发现不同品等的外观疵点时，按最低品等疵点评等。

4.4.2 在同一件产品上只允许有两个同等级的极限表面疵点，超过者降一个等级。

4.4.3 表面疵点评等规定见表 2。

表 2　表面疵点评等规定

疵点名称		优等品	一等品	合格品
色差	不低于	主料之间 4 级，主辅料之间 3-4 级		主料之间 3-4 级，主辅料之间 3 级
纹路歪斜(条格产品)/%	不大于	3.0	4.0	6.0
缝纫曲折高低	不大于	主要部位和明线部位 0.2 cm，其他部位 0.5 cm		0.5 cm
缝纫油污线		浅淡的 1 cm 两处或 2 cm 一处，领、襟、袋部位不允许		浅淡的 20 cm，深的 10 cm
熨烫变黄、变色、水渍亮光、变质		不允许		
破损性疵点		不允许		

未列入表内的疵点按 GB/T 8878 标准中表面疵点评等规定执行。

注 1：表面疵点程度参照 GSB 16-2500—2008 执行。

注 2：主要部位指上衣前身上部的三分之二处(包括后领窝露面部位)，裤类无主要部位。

4.4.4 缝制规定(不分品等)

4.4.4.1 缝制应牢固，线迹要平直、圆顺，松紧适宜。

4.4.4.2 合缝处应用四线及以上包缝或绷缝。

4.4.4.3 平缝时针迹边口处应打回针加固。

4.4.4.4 缝制产品时应用强力、缩率、色泽与面料相适应的缝纫线。装饰线除外。

4.4.4.5 针迹密度规定见表 3。

表 3　针迹密度规定　　　　　　　　　　　　单位为针迹数每 2 厘米

机　　种	平缝机	四线 包缝机	双针 绷缝机	平双针机 压条机	三针机	宽紧带机	包缝 卷边机
针迹数　不低于	9	8	7	8	9	7	7

注：装饰性缝迹除外。

4.4.4.6 测量针迹密度以一个缝纫过程的中间处计量。

4.4.4.7 锁眼机针迹密度按角计量，每厘米长度 8 针～9 针，两套端各打套结 2 针～3 针。

4.4.4.8 缝纫针迹密度低于标准及双针绷缝机的短针跳针一针分散两处，一件作 0.5 件漏验计算，平缝机的跳针一针分散两处，三针机中间针跳针一针三处，一件作 0.5 件漏验计算。

4.4.5 规格尺寸偏差见表 4。

表 4　规格尺寸偏差　　　　　　　　　　　　单位为厘米

类　　别		优等品	一等品	合格品
长度方向	60 cm 及以上	±1.0	±2.0	±2.5
	60 cm 以下	±1.0	±1.5	±2.0
宽度方向		±1.0	±1.5	±2.0

4.4.6 本身尺寸差异（对称部位）见表 5。

表 5　本身尺寸差异　　　　　　　　　　　　单位为厘米

项　　目	优等品 ≤	一等品 ≤	合格品 ≤
<15 cm	0.5	0.5	0.8
15 cm～76 cm	0.8	1.0	1.2
>76 cm	1.0	1.5	1.5

4.4.7 成衣测量部位及规定（精确至 0.1 cm）

4.4.7.1 上衣测量部位示例见图 1。

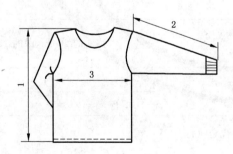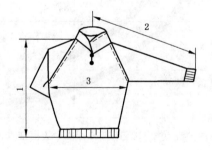

1——衣长；

2——袖长；

3——1/2 胸围。

图 1　上衣测量部位示例

4.4.7.2 裤子测量部位示例见图 2。

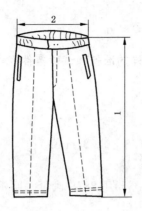

1——裤长；

2——1/2腰围。

图 2　裤子测量部位示例

4.4.7.3　裙子测量部位示例见图3。

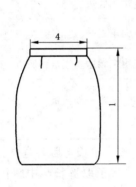

1——裙长；

2——袖长；

3——1/2胸围；

4——1/2腰围。

图 3　裙子测量部位示例

4.4.7.4　成衣测量部位规定见表6。

表 6　成衣测量部位规定　　　　　　　　　　　　单位为厘米

类别	序号	部位	测量规定
上衣	1	衣长	由肩缝最高处垂直量到底边
	2	袖长	平袖式由肩缝与袖窿缝的交点量到袖口边；插肩式由后领中间量到袖口边
	3	1/2胸围	由袖窿缝与侧缝的交点向下2 cm处横量
裤子	1	裤长	沿裤缝由侧腰边垂直量到裤口边
	2	1/2腰围	腰边横量
裙子	1	裙长	连衣裙由肩缝最高处垂直量到底边；短裙沿裙缝由侧腰边垂直量到裙底边
	2	袖长	平袖式由肩缝与袖窿缝的交点量到袖口边；插肩式由后领中间量到袖口边
	3	1/2胸围	由袖窿缝与侧缝的交点向下2 cm处横量
	4	1/2腰围	连衣裙在腰部最窄处平铺横量；短裙由腰边横量

5 检验规则

5.1 抽样数量、外观质量检验条件、试样的准备和试验条件

按 GB/T 8878 规定执行。

5.2 试验方法

5.2.1 顶破强力试验

按 GB/T 19976 执行,球的直径为(38±0.02)mm。

5.2.2 水洗尺寸变化率试验

5.2.2.1 水洗尺寸变化率试验方法按 GB/T 8878 执行。明示标识"只可手洗"的产品按 GB/T 8629 中"仿手洗"程序执行。试验件数 3 件。

5.2.2.2 水洗尺寸变化率的测量部位见表7。

表7 水洗尺寸变化率测量部位
单位为厘米

类　别	部　位	测　量　方　法
上衣、连衣裙	直向	测量衣长或裙长,由肩缝最高处垂直量到底边
	横向	测量后背宽,由袖窿缝与侧缝的交点向下 5 cm 处横量
裤子、短裙	直向	测量侧裤长或侧裙长,沿裤缝或裙缝由侧腰边垂直量到底边
	横向	裤子测量中腿宽,由横裆到裤口边的二分之一处横量; 短裙由裙长的二分之一处横量

5.2.2.3 水洗尺寸变化率测量部位说明:上衣或连衣裙取衣长或裙长与后背宽作为直向和横向的测量部位,衣长或裙长以前后身左右四处的平均值作为计算依据。裤子取裤长与中腿为直向或横向的测量部位,裤长以左右侧裤长的平均值作为计算依据,横向以左、右中腿宽的平均值作为计算依据。短裙取裙长与裙长的二分之一作为直向和横向的测量部位,裙长以左右侧裙长的平均值作为计算依据。在测量时做出标记,以便水洗后测量。

5.2.2.4 上衣水洗前后测量部位示例见图4。

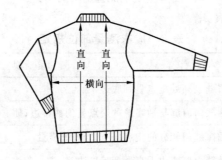

图4 上衣水洗前后测量部位示例

5.2.2.5 裤子水洗前后测量部位示例见图5。

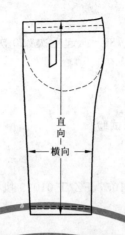

图5　裤子水洗前后测量部位示例

5.2.2.6　连衣裙水洗前后测量部位示例见图6。

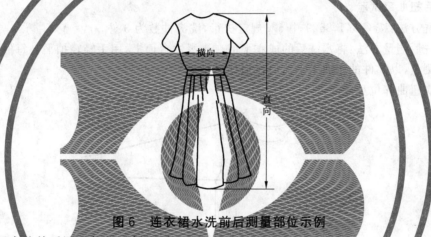

图6　连衣裙水洗前后测量部位示例

5.2.2.7　短裙水洗前后测量部位示例见图7。

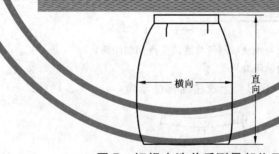

图7　短裙水洗前后测量部位示例

5.2.3　耐皂洗色牢度、印花耐皂洗色牢度试验

　　按 GB/T 3921 规定执行,试验条件按 A(1)执行。

5.2.4　耐水色牢度试验

　　按 GB/T 5713 执行。

5.2.5　耐汗渍色牢度试验

　　按 GB/T 3922 执行。

5.2.6　耐摩擦色牢度、印花耐摩擦色牢度试验

　　按 GB/T 3920 执行,只做直向。

5.2.7　耐人造光色牢度试验

　　按 GB/T 8427 方法 3 执行。

5.2.8 起球试验

按 GB/T 4802.1 执行。其中压力为 780 cN,起毛次数 0 次,起球次数 600 次。评级按 GSB 16-1523 评定。

5.2.9 甲醛含量试验

按 GB/T 2912.1 执行。

5.2.10 pH 值、可分解芳香胺染料、异味试验

按 GB 18401 规定执行。

5.2.11 纤维含量试验

按 GB/T 2910、GB/T 2911、FZ/T 01057、FZ/T 01095 执行。

5.2.12 纹路歪斜试验

按 GB/T 14801 执行。

5.2.13 色差评级

按 GB/T 250、GB/T 251 评定。

5.2.14 水洗后扭曲率试验

5.2.14.1 水洗方法:按 GB/T 8629 中 5A 规定执行,洗涤件数为 3 件。

5.2.14.2 水洗后测量方法:将水洗后的成衣平铺在光滑的台面上,用手轻轻拍平。每件成衣以扭斜程度最大的一边测量,以 3 件的扭曲率平均值作为计算结果。

5.2.14.3 成衣扭曲部位见图 8、图 9。

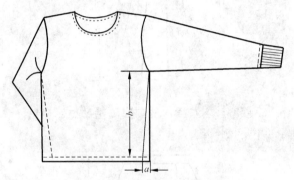

a——侧缝与袖窿交叉处垂到底边的点与水洗后侧缝与底边交点间的距离;

b——侧缝与袖窿缝交叉处垂直到底边的距离。

图 8 上衣扭曲部位示意

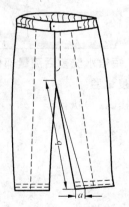

a——内侧缝与裤口边交叉点与水洗后内侧缝与底边交点间的距离;

b——裆底点到裤边口的内侧缝距离。

图 9 裤子扭曲部位示意

5.2.14.4 扭曲率计算方法见式(1)(最终结果精确到0.1)。

$$F = a/b \times 100\%$$ ....(1)

式中：

F——扭曲率,%。

5.2.15 屏蔽效能试验

按 SJ 20524 执行,屏蔽效能的电磁波频率范围为 10 MHz~3 000 MHz。

屏蔽效能按式(2)计算。

$$SE_\% = (1 - 10^{-SE_{dB}/10}) \times 100\%$$ ....(2)

式中：

SE_{dB}——屏蔽效能的对数表示方式,单位为分贝(dB);

$SE_\%$——屏蔽效能的线性表示方式,%。

6 判定规则

6.1 外观质量

6.1.1 外观质量按品种、色别、规格尺寸计算不符品等率。凡不符品等率在 5.0% 及以内者,判定该批产品合格;不符品等率在 5.0% 以上者,判该批产品不合格。

6.1.2 内包装标志差错按件计算,不允许有外包装差错。

6.2 内在质量

6.2.1 顶破强力、水洗后扭曲率、起球均取算术平均值,平均合格为合格,不合格者按该批不合格处理。

6.2.2 水洗尺寸变化率以全部试样的算术平均值作为检验结果,合格者判定该批产品合格,不合格者判定该批产品不合格。若同时存在收缩与倒涨试验结果时,以收缩(或倒涨)的两件试样的算术平均值作为检验结果,合格者判定该批产品合格,不合格者判定该批产品不合格。

6.2.3 甲醛含量、pH 值、异味、可分解芳香胺染料、纤维含量、屏蔽效能检验结果合格者判定该批产品合格,不合格者判定该批产品不合格。

6.2.4 耐水色牢度、耐皂洗色牢度、耐汗渍色牢度、耐摩擦色牢度、印花耐皂洗色牢度、印花耐摩擦色牢度、耐人造光色牢度检验结果合格者判定该批产品合格,不合格者分色别判定该批产品不合格。

6.3 复验

6.3.1 任何一方对所检验的结果有异议时,在规定期限内对所有异议的项目,均可要求复验。

6.3.2 提请复验时,应保留提请复验数量的全部。

6.3.3 复验时检验数量为初验时的数量,复验的判定规则按本标准6.1、6.2规定执行,判定以复验结果为准。

7 产品使用说明、包装、运输和贮存

7.1 产品使用说明按 GB 5296.4 规定执行。

7.2 产品包装按 GB/T 4856 或协议执行。

7.3 产品运输应防潮、防火、防污染。

7.4 产品应放在阴凉、通风、干燥、清洁库房内,并防蛀、防霉。

ICS 59.080.30
W 63

中华人民共和国国家标准

GB/T 22849—2009

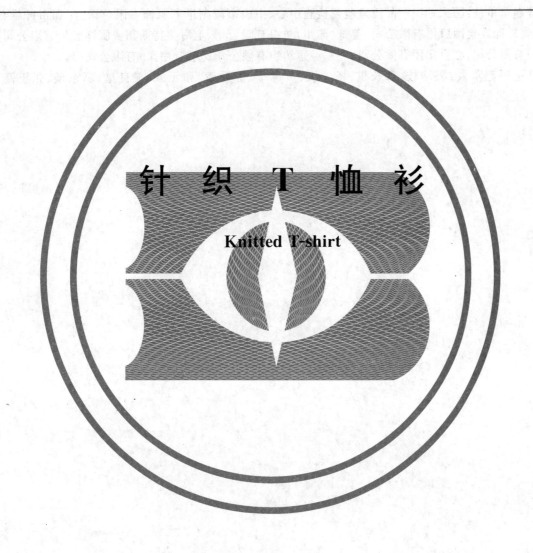

针 织 T 恤 衫

Knitted T-shirt

2009-04-21 发布 2009-12-01 实施

中华人民共和国国家质量监督检验检疫总局
中国国家标准化管理委员会 发 布

前　言

　　本标准由中国纺织工业协会提出。

　　本标准由全国纺织品标准化技术委员会针织品分技术委员会归口(SAC/TC 209/SC 6)。

　　本标准起草单位:国家针织产品质量监督检验中心、中山市霞湖世家服饰有限公司、深圳市纤维纺织检验所、青岛即发集团股份有限公司、盖奇(苏州)纺织有限公司、上海美特斯邦威服饰股份有限公司、利郎(中国)有限公司、红豆集团有限公司、广东溢达纺织有限公司、安踏(中国)有限公司等。

　　本标准主要起草人:吴培枝、郭长棋、杨志敏、黄聿华、王勤读、孙元淑、王良星、葛东瑛、张玉高、李苏。

针 织 T 恤 衫

1 范围

本标准规定了针织 T 恤衫产品号型、要求、检验规则、判定规则、产品使用说明、包装、运输和贮存。本标准适用于鉴定各类针织 T 恤衫的品质。

2 规范性引用文件

下列文件中的条款通过本标准的引用而成为本标准的条款。凡是注日期的引用文件,其随后所有的修改单(不包括勘误的内容)或修订版均不适用于本标准,然而,鼓励根据本标准达成协议的各方研究是否可使用这些文件的最新版本。凡是不注日期的引用文件,其最新版本适用于本标准。

GB/T 250 纺织品 色牢度试验 评定变色用灰色样卡(GB/T 250—2008,ISO 105-A02:1993,IDT)

GB/T 251 纺织品 色牢度试验 评定沾色用灰色样卡(GB/T 251—2008,ISO 105-A03:1993,IDT)

GB/T 1335(所有部分) 服装号型

GB/T 2910 纺织品 二组分纤维混纺产品定量化学分析方法(GB/T 2910—1997,eqv ISO 1833:1977)

GB/T 2911 纺织品 三组分纤维混纺产品定量化学分析方法(GB/T 2911—1997,eqv ISO 5088:1976)

GB/T 2912.1 纺织品 甲醛的测定 第 1 部分:游离水解的甲醛(水萃取法)

GB/T 3920 纺织品 色牢度试验 耐摩擦色牢度(GB/T 3920—1997,eqv ISO 105-X12:1993)

GB/T 3921 纺织品 色牢度试验 耐皂洗色牢度(GB/T 3921—2008,ISO 105-C10:2006,MOD)

GB/T 3922 纺织品耐汗渍色牢度试验方法(GB/T 3922—1995,eqv ISO 105-E04:1994)

GB/T 4802.1 纺织品 织物起毛起球性能的测定 第 1 部分:圆轨迹法

GB/T 4856 针棉织品包装

GB 5296.4 消费品使用说明 纺织品和服装使用说明

GB/T 5713 纺织品 色牢度试验 耐水色牢度(GB/T 5713—1997,eqv ISO 105-E01:1994)

GB/T 6411 针织内衣规格尺寸系列

GB/T 7573 纺织品 水萃取液 pH 值的测定(GB/T 7573—2002,ISO 3071:1980,MOD)

GB/T 8170 数值修约规则与极限数值的表示和判定

GB/T 8427 纺织品 色牢度试验 耐人造光色牢度:氙弧

GB/T 8878 棉针织内衣

GB/T 14576 纺织品耐光、汗复合色牢度试验方法

GB/T 14801 机织物与针织物纬斜和弓纬试验方法

GB/T 19976 纺织品 顶破强力的测定 钢球法

GB 18401 国家纺织产品基本安全技术规范

FZ/T 01026 四组分纤维混纺产品定量化学分析方法

FZ/T 01053 纺织品 纤维含量的标识

FZ/T 01057(所有部分) 纺织纤维鉴别试验方法

FZ/T 01095　纺织品　氨纶产品纤维含量的试验方法

GSB 16-1523-2002　针织物起毛起球样照

GSB 16-2159-2007　针织产品标准深度样卡(1/2)

GSB 16-2500-2008　针织物表面疵点彩色样照

3　产品号型

针织 T 恤衫号型按 GB/T 6411 规定或按 GB/T 1335(所有部分)规定执行。

4　要求

4.1　要求内容

要求分为内在质量和外观质量两个方面。内在质量包括纤维含量、甲醛含量、pH 值、异味、可分解芳香胺染料、水洗尺寸变化率、水洗后扭曲率、顶破强力、起球,耐光,汗复合色牢度,耐光色牢度、耐皂洗色牢度、耐水色牢度、耐汗渍色牢度、耐摩擦色牢度、印花耐皂洗色牢度、印花耐摩擦色牢度、拼接互染程度等项指标。外观质量包括表面疵点、规格尺寸偏差、本身尺寸差异、缝制规定等项指标。

4.2　分等规定

4.2.1　针织 T 恤衫的质量等级分为优等品、一等品、合格品。

4.2.2　针织 T 恤衫的质量定等:内在质量按批(交货批)评等,外观质量按件评等,两者结合并按最低等级定等。

4.3　内在质量要求

4.3.1　内在质量要求见表1。

表 1　内在质量要求

项　　　目		优 等 品	一 等 品	合 格 品
纤维含量(净干含量)/%		按 FZ/T 01053 规定执行		
甲醛含量/(mg/kg)		按 GB 18401 规定执行		
pH 值				
异味				
可分解芳香胺染料/(mg/kg)				
水洗尺寸变化率/%	直向	−3.0～+1.5	−5.0～+3.0	−6.0～+3.0
	横向	−3.0～+1.5	−5.0～+2.0	−6.0～+3.0
水洗后扭曲率/%　≤		4.0	5.0	6.0
顶破强力/N　≥		150		
起球/级　≥		3.5	3.0	2.5
耐光、汗复合色牢度(碱性)/级　≥		3-4	2-3	2-3
耐光色牢度/级　≥	深色	4	4	
	浅色	4	3	
耐皂洗色牢度/级　≥	变色	4-5	4	3-4
	沾色	4	3-4	3
耐水色牢度/级　≥	变色	4	3-4	3
	沾色	4	3-4	3

表1（续）

项目		优等品	一等品	合格品
耐汗渍色牢度/级 ≥	变色	4-5	3-4	3
	沾色	3-4	3-4	3
耐摩擦色牢度/级 ≥	干摩	4	3-4	3
	湿摩	3	2-3	2-3（深色2）
印花耐皂洗色牢度/级 ≥	变色	4	3-4	3
	沾色	3-4	3	3
印花耐摩擦色牢度/级 ≥	干摩	3	3	3
	湿摩	2-3	2-3	2
拼接互染程度(沾色)/级 ≥		4-5	4	

色别分档：按 GSB 16-2159-2007，>1/12 标准深度为深色，≤1/12 标准为浅色。

注1：拼接互染程度只考核深色、浅色相拼接的产品。

注2：弹力织物指织物中加入弹性纤维织物或罗纹织物。

4.3.2 镂空和氨纶织物不考核顶破强力。

4.3.3 磨毛、起绒类产品不考核起球。

4.3.4 弹力织物横向不考核水洗尺寸变化率。

4.3.5 内在质量各项指标，以试验结果最低一项等级作为该批产品的评等依据。

4.4 外观质量要求

4.4.1 外观质量分等规定

4.4.1.1 外观质量评等以件为单位，按表面疵点、规格尺寸偏差、本身尺寸差异、缝制规定的评等来决定。

4.4.1.2 在一件产品上发现属于不同等级的外观疵点时，按最低等级评等。

4.4.2 表面疵点评等规定

4.4.2.1 表面疵点评等规定见表2。

表2 表面疵点评等规定

疵点名称		优等品	一等品	合格品
色差 ≥		4-5级	主料之间 4-5 级 主辅料之间 4 级	主料之间 4 级 主辅料之间 3 级
纹路歪斜/%（不大于）	横向彩条	3	4	6
缝纫油污线		允许浅淡的 1 cm 3 处或 2 cm 1 处，领、襟、袋部位不允许		允许浅淡的 20 cm，深的 10 cm
底边脱针		每面 1 针 3 处，但不得连续，骑缝处三线包缝不超过 3 针，四、五线包缝不超过 4 针		超出一等品要求者
底边明针		不超过 0.15 cm，骑缝处 0.25 cm，单面长度累计不超过 3 cm		允许
明线曲折高低		0.2 cm		允许

表面疵点程度按 GSB 16-2500-2008 执行。

注1：未列入表内的疵点按 GB/T 8878 表面疵点评等规定。

注2：主要部位指前身上部及袖子外部的三分之二的部位。

4.4.2.2 在一件产品上只允许有两个同等级的极限表面疵点,超过者应降一个等级。

4.4.3 成衣测量部位及规定

成衣测量部位及规定见图1和表3。

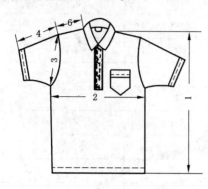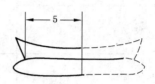

1——衣长；

2——1/2胸围；

3——挂肩；

4——袖长；

5——1/2领长；

6——单肩宽。

图 1 测量部位

表 3 成衣测量部位规定

序 号	部 位	测 量 方 法
1	衣长	由肩缝最高处量到底边
2	1/2胸围	由袖窿缝与侧缝交叉处向下2 cm水平横量
3	挂肩	大身和衣袖接缝处自肩到腋的直线距离
4	袖长	由肩缝与袖窿缝的交点到袖口边
5	1/2领长	领子对折,由里口横量;立领量上口
6	单肩宽	由肩缝最高处量到肩缝与袖窿缝的交点
注：各部位测量精确至0.1 cm。		

4.4.4 规格尺寸偏差

规格尺寸偏差见表4。

表 4 规格尺寸偏差

单位为厘米

项　　目		儿童、中童		成　人		
		优、一等品	合格品	优等品	一等品	合格品
衣　长		−1.0	−2.0	±1.0	+2.0 −1.5	−2.0
胸宽		−1.0	−2.0	±1.0	±1.5	−2.0
袖长	长 袖	−1.0	−2.0	±1.5	+2.0 −1.5	−2.5
	短 袖	−0.5	−1.0	−1.0	−1.0	−2.0
领 长	衬衫领	—	—	±0.5	±1.0	±1.5

4.4.5 本身尺寸差异

本身尺寸差异见表5。

表5 本身尺寸差异

单位为厘米

项　　目		优等品	一等品	合格品
门襟不一		0.3	0.5	0.8
左右侧缝不一		1.0	1.0	1.5
袖宽、挂肩不一		0.5	1.0	1.0
左右单肩宽窄不一		0.5	0.5	0.8
袖长不一	长袖	1.0	1.0	1.5
	短袖	0.5	0.8	1.2
领尖不一	衬衫领	0.3	0.3	0.5
	横机领	0.4	0.4	0.6

4.4.6 缝制规定

4.4.6.1 合肩处应加衬本料直纹条、纱带或用四线、五线包缝机缝制。

4.4.6.2 凡四线、五线包缝机合缝,袖口处应用套结或平缝封口加固。

4.4.6.3 领型端正,门襟平直,袖底边宽窄一致,熨烫平整,缝道烫出,线头修清,无杂物。

4.4.6.4 针迹密度规定见表6。

表6 针迹密度规定

单位为针迹数每2厘米

机　种	平缝	平双针	包缝	包缝卷边
针迹数(不低于)	9	8	8	8
注:特殊设计除外。				

4.4.6.5 测量针迹密度以一个缝纫过程的中间处计量。

4.4.6.6 锁眼机针迹密度,按角计量,每厘米长度8针～9针,两端各打套结2针～3针。

4.4.6.7 钉扣的针迹密度,每个扣眼不低于5针。

4.4.6.8 包缝机缝边宽度,三线不低于0.4 cm,四线不低于0.5 cm,五线不低于0.7 cm。

4.4.6.9 缝纫针脚密度低于规定及双针绷缝机的短针跳针一针分散两处作0.5件漏验计算,平缝机的跳针,每件成品允许一针二处,但5 cm内不得连续,超过者作漏验计算。

5 检验规则

5.1 抽样数量

5.1.1 外观质量按批分品种、色别、规格尺寸随机采样1%～3%,但不得少于20件。

5.1.2 内在质量按批分品种、色别、规格尺寸随机采样4件。不足时可增加件数。

5.2 外观质量检验条件

5.2.1 一般采用灯光检验,用40 W青光或日光灯一支,上面加灯罩,灯罩与检验台中心垂直距离为80 cm±5 cm。

5.2.2 如在室内利用自然光,光源射入方向为北向左(或右)上角,不能使阳光直射产品。

5.2.3 检验时应将产品平摊在检验台上,台面铺白布一层,检验人员的视线应正视平摊产品的表面,日光与产品中间距离为35 cm以上。

5.3 试样准备和试验条件

5.3.1 所取试样不应有影响试验结果的疵点。

5.3.2 在产品不同部位取样。

5.3.3 顶破强力、水洗尺寸变化率试验需将试样放在常温下展开平放 20 h,然后在实验室温度为 (20±2)℃,相对湿度为(65±4)%条件下放置 4 h 再进行试验。

5.4 试验项目

5.4.1 纤维含量试验

按 GB/T 2910、GB/T 2911、FZ/T 01057(所有部分)、FZ/T 01026、FZ/T 01095 规定执行。

5.4.2 甲醛含量试验

按 GB/T 2912.1 规定。

5.4.3 pH 值试验

按 GB/T 7573 规定执行。

5.4.4 水洗尺寸变化率

按 GB/T 8878 规定执行。

5.4.5 顶破强力试验

按 GB/T 19976 执行。钢球的直径为(38±0.02)mm。

5.4.6 起球试验

按 GB/T 4802.1 规定执行。试验采用压力 780 cN,起毛次数 0 次,起球次数 600 次,按 GSB 16-1523-2002 针织物起毛起球样照评级。

5.4.7 耐光、汗复合色牢度试验

按 GB/T 14576 B 法规定执行。

5.4.8 水洗后扭曲率试验

5.4.8.1 将做完水洗尺寸变化率的成衣铺在光滑的台面上,用手轻轻拍平,进行测量。

5.4.8.2 于每件成衣扭斜程度最大的一边测量,以三件扭曲率的平均值作为计算结果。

5.4.8.3 成衣扭曲部位见图 2。

a——侧缝与袖窿交叉处垂直到底边的点与扭后端点间的距离;
b——侧缝与袖窿交叉处垂直到底边的距离。

图 2 成衣扭曲部位

5.4.8.4 扭曲率计算方法见式(1),最终结果按 GB/T 8170 修约,精确至 0.1。

$$F = \frac{a}{b} \times 100 \quad\cdots\cdots\cdots\cdots\cdots\cdots\cdots\cdots\cdots\cdots\cdots\quad (1)$$

式中:

F——扭曲率,%。

5.4.9 耐人造光色牢度试验

按 GB/T 8427 方法 3 执行。

5.4.10 耐皂洗色牢度试验

按 GB/T 3921 规定执行,试验条件按 A(1)执行。

5.4.11 耐汗渍色牢度试验

按 GB/T 3922 规定执行。

5.4.12 耐水色牢度试验

按 GB/T 5713 规定执行。

5.4.13 耐摩擦色牢度试验

按 GB/T 3920 规定执行,只做直向。

5.4.14 拼接互染程度试验

按附录 A 执行。

5.4.15 染色牢度评级

按 GB/T 250、GB/T 251 评定。

5.4.16 异味试验

按 GB 18401 规定执行。

5.4.17 可分解芳香胺染料试验

按 GB 18401 规定执行。

5.4.18 纹路歪斜试验

按 GB/T 14801 规定执行。

6 判定规则

6.1 外观质量

按品种、色别、规格尺寸计算不符品等率。内包装标志差错按件计算不符品等率,不允许有外包装差错。

凡不符品等率在 5.0%及以内者,判定该批产品合格。不符品等率在 5.0%以上者,判定该批产品不合格。

6.2 内在质量

6.2.1 水洗尺寸变化率以全部试样平均值作为检验结果,平均合格为合格。若同时存在收缩与倒涨的试验结果时,以收缩(或倒涨)的两件试样的算术平均值作为检验结果,合格者判定该批产品合格,不合格者判定该批产品不合格。

6.2.2 顶破强力、水洗后扭曲率、起球检验结果,取全部被测试样的算术平均值,合格者判定该批合格。不合格者,判定该批不合格。

6.2.3 纤维含量、甲醛含量、pH 值、可分解芳香胺染料、异味检验结果合格者,判定该批产品合格,不合格者判定该批不合格。

6.2.4 耐光,耐光、汗复合色牢度,耐皂洗色牢度、耐汗渍色牢度、耐水色牢度、耐摩擦色牢度、印花耐皂洗色牢度、印花耐摩擦色牢度检验结果合格者,判定该批产品合格,不合格者,分色别判定该批不合格。

6.2.5 严重影响服用性能的产品不允许。

6.3 复验

6.3.1 检验时任何一方对所检验的结果有异议时,在规定期限内,对所有有异议的项目均可要求复验。

6.3.2 提请复验时,应保留提请复验数量的全部。

6.3.3 复验时检验数量为验收时检验数量的 2 倍,复验结果按本标准 6.1、6.2 规定处理,以复验结果为准。

7 产品使用说明、包装、运输和贮存

7.1 产品使用说明按 GB 5296.4 规定执行。

7.2 包装按 GB/T 4856 规定执行。

7.3 产品装箱运输应防潮、防火、防污染。

7.4 产品应存放在阴凉、通风、干燥、清洁的库房内,防贮、防霉。

附　录　A
（规范性附录）
拼接互染程度测试方法

A.1　原理

　　成衣中拼接的两种不同颜色的面料组合成试样,放于皂液中,在规定的时间和温度条件下,经机械搅拌,再经冲洗、干燥。用灰色样卡评定试样的沾色。

A.2　试验要求与准备

A.2.1　在成衣上选取面料拼接部位,以拼接接缝为样本中心,取样尺寸为 40 mm×200 mm,使试样的一半为拼接的一个颜色,另一半为另一个颜色。

A.2.2　成衣上无合适部位可直接取样的,可在成衣上或该批产品的同批面料上分别剪取拼接面料的 40 mm×100 mm,再将两块试样沿短边缝合成组合试样。

A.3　试验操作程序

A.3.1　按 GB/T 3921 进行洗涤测试,试验条件按 A(1)执行。

A.3.2　用 GB/T 251 样卡评定试样中两种面料的沾色。

ICS 59.080.30
W 63

中华人民共和国国家标准

GB/T 22853—2009

针 织 运 动 服

Knitted sportwear

2009-04-21 发布　　　　　　　　　　　　　　　2009-12-01 实施

中华人民共和国国家质量监督检验检疫总局
中国国家标准化管理委员会　发 布

前　言

本标准的附录 A、附录 B 为规范性附录。

本标准由中国纺织工业协会提出。

本标准由全国纺织品标准化技术委员会针织品分技术委员会归口(SAC/TC 209/SC 6)。

本标准起草单位:李宁(中国)体育用品有限公司、安踏(中国)有限公司、七匹狼体育用品有限公司、福建泉州匹克体育用品有限公司、国家针织产品质量监督检验中心。

本标准主要起草人:徐明明、李苏、郭沧旸、戴建辉、刘凤荣。

针 织 运 动 服

1 范围

本标准规定了针织运动服产品的号型、要求、检验规则、判定规则、产品使用说明、包装、运输和贮存。

本标准适用于鉴定针织运动服的品质。

2 规范性引用文件

下列文件中的条款通过本标准的引用而成为本标准的条款。凡是注日期的引用文件,其随后所有的修改单(不包括勘误的内容)或修订版均不适用于本标准,然而,鼓励根据本标准达成协议的各方研究是否可使用这些文件的最新版本。凡是不注日期的引用文件,其最新版本适用于本标准。

GB/T 250 纺织品 色牢度试验 评定变色用灰色样卡(GB/T 250—2008,ISO 105-A02:1993,IDT)

GB/T 251 纺织品 色牢度试验 评定沾色用灰色样卡(GB/T 251—2008,ISO 105-A03:1993,IDT)

GB/T 1335(所有部分) 服装号型

GB/T 2910 纺织品 二组分纤维混纺产品定量化学分析方法(GB/T 2910—1997,eqv ISO 1833:1977)

GB/T 2911 纺织品 三组分纤维混纺产品定量化学分析方法(GB/T 2911—1997,eqv ISO 5088:1976)

GB/T 2912.1 纺织品 甲醛的测定 第1部分:游离水解的甲醛(水萃取法)

GB/T 3920 纺织品 色牢度试验 耐摩擦色牢度(GB/T 3920—2008,ISO 105-X12:2001,MOD)

GB/T 3921 纺织品 色牢度试验 耐皂洗色牢度(GB/T 3921—2008,ISO 105-C10:2006,MOD)

GB/T 3922 纺织品耐汗渍色牢度试验方法(GB/T 3922—1995,eqv ISO 105-E04:1994)

GB/T 4802.1 纺织品 织物起毛起球性能的测定 第1部分:圆轨迹法

GB/T 4856 针棉织品包装

GB 5296.4 消费品使用说明 纺织品和服装使用说明

GB/T 5713 纺织品 色牢度试验 耐水色牢度(GB/T 5713—1997,eqv ISO 105-E01:1994)

GB/T 6411 针织内衣规格尺寸系列

GB/T 7573 纺织品 水萃取液 pH 值的测定(GB/T 7573—2002,ISO 3071:1980,MOD)

GB/T 8170 数值修约规则与极限数值的表示和判定

GB/T 8427 纺织品 色牢度试验 耐人造光色牢度:氙弧

GB/T 8629 纺织品 试验用家庭洗涤和干燥程序

GB/T 8878 棉针织内衣

GB/T 14576 纺织品耐光、汗复合色牢度试验方法

GB/T 14801 机织物与针织物纬斜和弓纬的试验方法

GB/T 17592 纺织品 禁用偶氮染料检测方法

GB 18401—2003 国家纺织产品基本安全技术规范

GB/T 19976 纺织品 顶破强力的测定 钢球法

FZ/T 01026　四组分纤维混纺产品定量化学分析方法

FZ/T 01031　针织物和弹性机织物接缝强力和伸长率的测定　抓样拉伸法

FZ/T 01053　纺织品　纤维含量的标识

FZ/T 01057(所有部分)　纺织纤维鉴别试验方法

FZ/T 01095　纺织品　氨纶产品纤维含量的试验方法

GSB 16-1523-2002　针织物起毛起球样照

GSB 16-2159-2007　针织产品标准深度样卡(1/12)

GSB 16-2500-2008　针织物表面疵点彩色样照

3　号型

针织运动服的号型按 GB/T 1335(所有部分)或 GB/T 6411 规定执行。

4　要求

4.1　要求内容

要求分为内在质量和外观质量两个方面,内在质量包括起球、顶破强力、接缝强力、水洗尺寸变化率、水洗后扭曲率、拼接互染程度、耐皂洗色牢度、耐水色牢度、耐汗渍色牢度、耐摩擦色牢度、印(烫)花耐皂洗色牢度、印(烫)花耐摩擦色牢度、耐光色牢度,耐光、汗复合色牢度,甲醛含量、pH 值、异味、可分解芳香胺染料、纤维含量等项指标,外观质量包括表面疵点、规格尺寸偏差、本身尺寸差异、缝制规定等项指标。

4.2　分等规定

4.2.1　针织运动服的质量等级分为:优等品、一等品、合格品。

4.2.2　内在质量按批(交货批)以最低一项评等,外观质量按件以最低一项评等,两者结合以最低等级定等。

4.3　内在质量要求

内在质量要求见表1。

表 1　内在质量要求

项　目		优等品	一等品	合格品
起球/级　　　　　　　　≥		3.5	3.0	2.5
顶破强力/N　　　　　　≥	上衣	180		
	裤子	220		
接缝强力/N　　　　　　≥	裤后裆缝	140		
水洗尺寸变化率/%	直向	−4.0～+2.0	−5.5～+3.0	−6.5～+3.0
	横向	−4.0～+2.0	−5.5～+3.0	−6.5～+3.0
水洗后扭曲率/%　　　　≤	上衣	4.0	6.0	8.0
	长裤	1.5	3.0	3.5
耐皂洗色牢度/级　　　　≥	变色	4	4	3-4
	沾色	4	3-4	3
耐水色牢度/级　　　　　≥	变色	4	3-4	3
	沾色	4	3-4	3

表 1（续）

项　目		优等品	一等品	合格品
耐汗渍色牢度/级　≥	变色	4	3-4	3
	沾色	4	3-4	3
耐摩擦色牢度/级　≥	干摩	4	3-4	3
	湿摩	3	2-3（深色2）	2-3（深色2）
印（烫）花耐皂洗色牢度/级　≥	变色	4	3-4	3
	沾色	3-4	3	3
印（烫）花耐摩擦色牢度/级　≥	干摩	3-4	3	3
	湿摩	3	2-3	2-3（深色2）
拼接互染程度/级　≥		4-5		4
耐光色牢度/级　≥		4	4（浅色3）	3
耐光、汗复合色牢度（碱性）/级　≥		3-4	3	2-3
甲醛含量/(mg/kg)　≤				
pH 值				
异味		按 GB 18401 规定执行		
可分解芳香胺染料/(mg/kg)				
纤维含量（净干含量)/%		按 FZ/T 01053 规定执行		

色别分档，按 GSB 16-2159-2007 标准，>1/12 标准深度为深色，≤1/12 标准深度为浅色。

注1：镂空织物、含氨纶织物不考核顶破强力和接缝强力。

注2：短裤、罗纹织物及含氨纶织物不考核横向水洗尺寸变化率。

注3：耐光、汗复合色牢度只考核短袖上衣、背心及短裤。

注4：拼接互染程度只考核深色与浅色相拼接的产品。

注5：磨毛、起绒类产品不考核起球。

注6：罗纹和松紧下摆款式不考核水洗后扭曲率。

4.4 外观质量要求

4.4.1 表面疵点评等规定见表2。

表 2　表面疵点评等规定

类别	疵点名称	优等品	一等品	合格品
面料	粗纱、大肚纱、油纱、色纱、面子跳纱、里子纱露面	主要部位不允许，其他部位轻微者允许	轻微者允许	
	毛丝、稀密路、横路	不允许		轻微者允许
	花针、油针、丝拉紧	主要部位不允许，其他部位轻微者允许		轻微者允许
	色差	主料之间 4-5 级，主辅料之间 4 级	主料之间 4 级，主辅料之间 3-4 级	主料之间 3-4 级，主辅料之间 3 级
	纹路歪斜/%　≤	3.0	4.0	6.0
	起毛不匀、起毛露底、脱绒、风渍、极光印、折痕、色花	不允许	主要部位不允许，其他部位轻微者允许	

表 2（续）

类别	疵点名称	优等品	一等品	合格品
面料	断纱、破洞、细纱、烫黄、锈斑、修疤	不允许		
缝纫	油污线	浅淡 1 cm 3 处或 2 cm 1 处，领、襟部位不允许		浅淡的 20 cm，深色的 10 cm
	跳针	链式线迹及领、襟部位不允许，其他线迹 1 针 2 处		链式线迹不允许，其他线迹 1 针 4 处或 2 针 2 处
	针洞、漏缝	不允许		
	底边脱针	每面 1 针 3 处，不应连续脱针，骑缝处三线包缝≤3 针，四、五线包缝≤4 针		不考核
	表面死线头	2 cm 2 处或 3 cm 1 处	3 cm 2 处或 4 cm 1 处	允许
	缝纫不平服	主要部位不允许，其他部位轻微者允许	轻微者允许	
	重针	合理接头外限 4 cm 1 处，领、襟部位不允许		限 4 cm 2 处
	接线双轨	主要部位不允许，其他部位 1 cm 2 处		1 cm 3 处或 2 cm 1 处
	明线曲折高低	主要部位 0.2 cm，其他部位 0.5 cm(不包括止口及捏缝)		0.5 cm
印花	沙眼、气泡、露底	不明显允许		不严重允许
	阴花、渗花	主要部位不允许，其他部位细线条不超过一倍，粗线条小于 0.2 cm 允许		不严重允许
绣花	露底线、变形	主要部位不允许，其他部位轻微者允许	轻微者允许	
	套版不正、缺花	主要部位不允许，次要部位轻微者允许	轻微者允许	主要部位轻微者允许，次要部位超出明显者不允许
	漏绣	不允许		
辅(配)料	扣与眼位互差	≤0.3 cm	≤0.5 cm	
	粘衬渗胶	不允许	轻微者允许	
	掉扣、拉链缺牙、锁头脱落、洗涤后掉漆或锈蚀	不允许		

表面疵点程度按 GSB 16-2500-2008 执行。

注 1：上衣的主要部位指前身上部的三分之二(包括后领窝露面部位)。

注 2：裤子的主要部位指裤前身上部二分之一。

注 3：纹路歪斜仅考核彩条上衣的横向。

注 4：本标准未涉及到的疵点可参照 GB/T 8878 疵点规定。

注 5：在同一件产品上只允许有两个同等级的极限表面疵点，超过者降一个等级。

4.4.2　成衣主要测量部位及规定(精确至 0.1 cm)

4.4.2.1　背心测量部位见图 1。

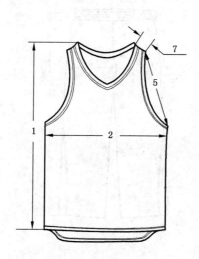

1——衣长；

2——1/2 胸围；

5——挂肩；

7——肩带宽。

图 1　背心测量部位

4.4.2.2　上衣测量部位见图 2。

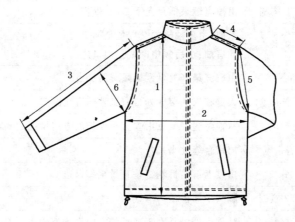

1——衣长；

2——1/2 胸围；

3——袖长；

4——单肩宽；

5——挂肩；

6——袖阔。

图 2　上衣测量部位

4.4.2.3　裤子测量部位见图 3。

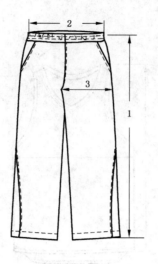

1——裤长；

2——1/2腰围；

3——横裆。

图 3　裤子测量部位

4.4.2.4　成衣测量部位规定见表3。

表 3　成衣测量部位规定

类　别	序　号	部　位	测量规定
上衣	1	衣长	平袖的由前身肩缝最高处垂直量到底边，插肩袖的由后领窝中间垂直量到底边
	2	1/2胸围	由袖窿缝最低点向下 2 cm 处横量
	3	袖长	平袖：由肩袖缝的交点量至袖口边， 插肩袖：由后领中间量至袖口边
	4	单肩宽	由肩缝最高处量到袖窿缝的交点
	5	挂肩	大身和衣袖接缝处自肩到腋的直线距离
	6	袖阔	从袖窿缝最低点沿垂直于袖长的方向量到袖侧边
	7	肩带宽	肩带合缝处平量
裤子	1	裤长	由腰上口沿裤侧缝垂直量至脚口边
	2	1/2腰围	腰头中间横量
	3	横裆	从裆底处沿垂直于裤长的方向量到裤侧边

4.4.3　规格尺寸偏差见表4。

表 4　规格尺寸偏差　　　　　　　　　　　　　　　　　　　　单位为厘米

类　别	项　　目		优等品	一等品	合格品
上衣	衣长		±1.0	+2.0 −1.5	−2.0
	1/2胸围		±1.0	±1.5	−2.0
	袖长	长袖	±1.5	+2.0 −1.5	−2.0
		短袖	−0.8	−1.0	−1.5
裤子	裤长	长裤	±1.5	±2.0	−3.0
		短裤	−1.0	−1.5	−2.0
	1/2腰围		±1.5	±2.0	−2.0

4.4.4 本身尺寸差异见表5。

表 5 本身尺寸差异 单位为厘米

类 别	项 目		优等品 ≤	一等品 ≤	合格品 ≤
上衣	门襟不一		0.5	0.8	1.0
	左、右侧缝不一		1.0	1.5	2.0
	袖长不一	长袖	0.8	1.0	1.5
		短袖	0.5	0.8	1.0
	袖阔不一、挂肩不一		0.5	1.0	1.5
	肩宽不一		0.5	0.8	1.2
	肩带宽不一		0.5	0.5	0.8
裤子	裤长不一	长裤	0.8	1.0	1.5
		短裤	0.5	0.8	1.0
	腿阔不一		0.8	1.0	1.5

4.4.5 缝制规定

4.4.5.1 合肩处应加衬本料直纹条或纱带,在包缝机上缝制。

4.4.5.2 合缝处明缝迹用四线或五线包缝。

4.4.5.3 平缝机在缝纫结束时应打回针。

4.4.5.4 沿边包缝合缝处应打回针或加固。

4.4.5.5 凡采用包缝机上领的,后领部位应采用双针绷缝或包领条。

4.4.5.6 缝制时需采用适合所用面辅料性能的近似色的缝纫线(装饰线颜色除外)。

4.4.5.7 缝制时应采用与面料相适宜的粘合衬、纽扣、拉链及附件,其质量应该符合相应产品标准的规定。

4.4.5.8 针迹密度规定见表6。

表 6 针迹密度规定

项 目		针迹密度	备 注
明暗线	≥	7针/2 cm	装饰线除外
包缝线	≥	6针/2 cm	缝边宽度大于0.5 cm
锁眼	≥	9针/cm	按角计量,两端各打套结2针～3针
钉扣	≥	5针/眼	—

5 检验(测试)方法

5.1 抽样数量

5.1.1 内在质量按批分品种、色别、规格尺寸随机抽样4件,不足时可以增加件数。

5.1.2 外观质量按件分品种、色别、规格尺寸随机抽样1%～3%,但不少于20件。

5.2 外观质量检验条件

5.2.1 一般采用灯光检验,用40 W青光或白光日光灯一支,上面加灯罩,灯罩与检验台面中心垂直距离为80 cm±5 cm,或在D65光源下。

5.2.2 如在室内利用自然光,光源射入方向为北向左(或右)上角,不应使阳光直射产品。

5.2.3　检验时应将产品平摊在检验台上,台面铺一层白布,检验人员的视线应正视产品的表面,目视距离为 35 cm 以上。

5.3　试样的准备和试验条件

5.3.1　所取试样不应有影响试验的疵点。

5.3.2　进行顶破强力、水洗尺寸变化率试验时,需将试样在常温下平摊放置 20 h,在实验室温度为 20 ℃±2 ℃,相对湿度为 65%±4% 的条件下,调湿放置 4 h 后再进行试验。

5.4　试验项目

5.4.1　起球试验

按 GB/T 4802.1 规定执行。其中压力为 780 cN,起毛次数为 0 次,起球次数为 600 次,评级按 GSB 16-1523-2002 针织物起毛起球样照评定。

5.4.2　强力试验

按 GB/T 19976 规定执行。钢球直径采用为(38±0.02)mm。

5.4.3　接缝强力试验

按 FZ/T 01031,取样部位按本标准附录 B 规定,取样一条,接缝处应适当加宽取样,以免脱线影响试验结果。

5.4.4　水洗尺寸变化率试验

5.4.4.1　测量部位

上衣取衣长与胸围作为直向和横向的测量部位,衣长以前后左右 4 处的平均值作为计算依据,胸围以腋下 5 cm 处作为测量部位。裤子取裤长与裆宽作为直向和横向的测量部位,直向以左右侧裤长的平均值作为计算依据,横向以左右裆宽的平均值作为计算依据。在测量时做出标记,以便水洗后测量。

5.4.4.2　洗涤程序

按 GB/T 8629 中 5A 规定执行,洗涤件数为 3 件。

5.4.4.3　干燥方法

采用悬挂晾干。上衣采用竿穿过两袖,使胸围挂肩处保持平直,并从下端用手将前后身分开理平。裤子采用对折搭晾,使横裆部位在晾竿上,并轻轻理平。将晾干后的试样放置在温度为(20±2)℃,相对湿度为(65±4)%环境的平台上。停放 4 h 后,轻轻拍平折痕,再进行测量。

5.4.4.4　结果计算

按式(1)分别计算直向和横向的水洗尺寸变化率,以负号(—)表示尺寸收缩,以正号(+)表示尺寸伸长。以 3 件试样的算术平均值作为检验结果,若同时存在收缩与倒涨的试验结果,以收缩(或倒涨)的两件试样的算术平均值作为检验结果,合格者判定该批产品合格,不合格者判定为该批产品不合格。最终结果按 GB/T 8170 修约到 0.1。

$$A = \frac{L_1 - L_0}{L_0} \times 100 \quad \cdots\cdots\cdots\cdots\cdots\cdots\cdots\cdots (1)$$

式中:

A——直向或横向水洗尺寸变化率,%;

L_1——直向或横向水洗后尺寸的平均值,单位为厘米(cm);

L_0——直向或横向水洗前尺寸的平均值,单位为厘米(cm)。

5.4.5　水洗后扭曲率

5.4.5.1　水洗方法:按 GB/T 8629 中 5A 规定执行,洗涤件数为 3 件。

5.4.5.2　水洗后测量方法:将水洗后的成衣平铺在光滑的台面上,用手轻轻拍平。每件成衣以扭斜程度最大的一边测量,以 3 件的扭曲率平均值作为计算结果。

5.4.5.3　成衣扭曲部位见图 4、图 5。

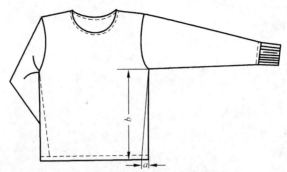

a——侧缝与袖窿交叉处垂到底边的点与水洗后侧缝与底边交点间的距离；

b——侧缝与袖窿缝交叉处垂直到底边的距离。

图 4　上衣扭曲部位示意

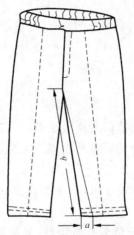

a——内侧缝与裤口边交叉点与水洗后内侧缝与底边交点间的距离；

b——裆底点到裤边口的内侧缝距离。

图 5　裤子扭曲部位示意

5.4.5.4　扭曲率计算方法见式(2)，最终结果精确到 0.1。

$$F = a/b \times 100 \qquad\qquad\cdots\cdots\cdots\cdots\cdots\cdots\cdots (2)$$

式中：

　　F——扭曲率，%。

5.4.6　耐皂洗色牢度、印(烫)花耐皂洗色牢度

　　按 GB/T 3921 试验方法 A(1)规定执行。

5.4.7　耐水色牢度

　　按 GB/T 5713 规定执行。

5.4.8　耐汗渍色牢度

　　按 GB/T 3922 规定执行。

5.4.9　耐摩擦色牢度、印(烫)花耐摩擦色牢度

　　按 GB/T 3920 规定执行。

5.4.10　拼接互染程度试验

　　按附录 A 规定执行。

5.4.11　耐光色牢度

　　按 GB/T 8427 方法 3 规定执行。

5.4.12　耐光、汗复合色牢度

　　按 GB/T 14576 B 法规定执行。

5.4.13 甲醛含量

按 GB/T 2912.1 规定执行。

5.4.14 pH 值

按 GB/T 7573 规定执行。

5.4.15 异味

按 GB 18401—2003 中 6.7 规定执行。

5.4.16 可分解芳香胺染料

按 GB/T 17592 规定执行。

5.4.17 纤维含量

按 FZ/T 01057(所有部分)、GB/T 2910、GB/T 2911、FZ/T 01026、FZ/T 01095 规定执行。

5.4.18 色差

按 GB/T 250、GB/T 251 评定。

5.4.19 纹路歪斜

按 GB/T 14801 规定执行。

6 判定规则

6.1 内在质量

6.1.1 水洗尺寸变化率以全部试样平均值作为检验结果,平均合格为合格。若同时存在收缩与倒涨的试验结果时,以收缩(或倒涨)的两件试样的算术平均值作为检验结果,合格者判定该批产品合格,不合格者判定该批产品不合格。

6.1.2 顶破强力、水洗后扭曲率、起球检验结果,取全部被测试样的算术平均值,合格者判定该批产品合格,不合格者判定该批产品不合格。

6.1.3 纤维含量、甲醛含量、pH 值、可分解芳香胺染料、异味检验结果合格者,判定该批产品合格,不合格者判定该批产品不合格。

6.1.4 耐光色牢度、耐光、汗复合色牢度、耐皂洗色牢度、耐汗渍色牢度、耐水色牢度、耐摩擦色牢度、印花耐皂洗色牢度、印花耐摩擦色牢度、拼接互染程度检验合格者,判定该批产品合格,不合格者,分色别判定该批不合格。

6.1.5 严重影响服用性能的产品不允许。

6.2 外观质量

6.2.1 外观质量按品种、色别、规格尺寸等计算不符品等率,凡不符品等率在 5% 及以内者,判定该批产品合格,不符品等率在 5% 以上者,判定该批产品不合格。

6.2.2 内包装标志差错按件计算,不应有外包装差错。

6.3 复检

6.3.1 检验时任何一方对所检验的结果有异议时,在规定期限内,对所有异议的项目均可要求复检。

6.3.2 提请复检时,应保留提请复检数量的全部。

6.8.3 复检时检验数量为验收时检验数量 2 倍,复检结果按 6.1、6.2 规定执行,以复检结果为准。

7 产品使用说明、包装、运输和贮存

7.1 使用说明按 GB 5296.4、GB 18401 规定执行。

7.2 包装按 GB/T 4856 规定执行。

7.3 产品装箱运输应防潮、防火、防污。

7.4 产品应存放在阴凉、通风、干燥、清洁的库房内,防蛀、防霉。

附　录　A

（规范性附录）

拼接互染程度测试方法

A.1　原理

成衣中拼接的两种不同颜色的面料组合成试样,放于皂液中,在规定的时间和温度条件下,经机械搅拌,再经冲洗、干燥。用灰色样卡评定浅色(白色)试样的沾色。

A.2　试验要求与准备

A.2.1　在成衣上选取拼接部位,以拼接接缝为样本中心,取样尺寸为 40 mm×200 mm,使试样的一半为拼接的一个颜色,另一半为另一个颜色。

A.2.2　成衣上无合适部位可直接取样的,可在成衣上分别剪取拼接面料的 40 mm×100 mm,再将两块试样沿短边缝合成组合试样。

A.2.3　对于拼接面料很窄或加牙产品的取样,以拼接面料或拆开加牙部位,剪取最大面积,再将两块试样沿短边缝合成组合试样。

A.3　试验操作程序

A.3.1　按 GB/T 3921 方法 A(1)进行洗涤测试。

A.3.2　用 GB/T 251 样卡评定试样中两种面料的沾色。

附　录　B

（规范性附录）

裤子后裆接缝强力试验取样部位示意图

裤子后裆接缝强力试验取样部位见图 B.1。

单位为厘米

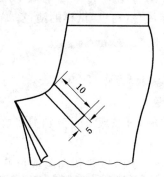

注：横向取样。

图 B.1　裤子后裆接缝强力试验取样部位示意图

ICS 59.080.30
W 63

中华人民共和国国家标准

GB/T 22854—2009

针 织 学 生 服

Knitted school uniform

2009-04-21 发布

2009-12-01 实施

中华人民共和国国家质量监督检验检疫总局
中国国家标准化管理委员会 发布

前　言

本标准的附录 A、附录 B 为规范性附录。

本标准由中国纺织工业协会提出。

本标准由全国纺织品标准化技术委员会针织品分技术委员会归口(SAC/TC 209/SC 6)。

本标准起草单位:浙江省纤维检验局、深圳市纤维纺织检测所、安踏(中国)有限公司、深圳默根服装有限公司、温州市智升服装有限公司、国家针织产品质量监督检验中心、北京市服装质量监督检验一站等。

本标准主要起草人:徐勤、杨志敏、于建军、李苏、张岩峰、李光亮、裘日亮、王艺。

针 织 学 生 服

1 范围

本标准规定了针织学生服的号型、要求、检验规则、判定规则、产品使用说明、包装、运输和贮存。

本标准适用于鉴定以针织物为主要原料成批生产的学生服产品。

2 规范性引用文件

下列文件中的条款通过本标准的引用而成为本标准的条款。凡是注日期的引用文件,其随后所有的修改单(不包括勘误的内容)或修订版均不适用于本标准,然而,鼓励根据本标准达成协议的各方研究是否可使用这些文件的最新版本。凡是不注日期的引用文件,其最新版本适用于本标准。

GB/T 250 纺织品 色牢度试验 评定变色用灰色样卡(GB/T 250—2008,ISO 105-A02:1993,IDT)

GB/T 251 纺织品 色牢度试验 评定沾色用灰色样卡(GB/T 251—2008,ISO 105-A03:1993,IDT)

GB/T 1335(所有部分) 服装号型

GB/T 2910 纺织品 二组分纤维混纺产品定量化学分析方法(GB/T 2910—1997,eqv ISO 1883:1977)

GB/T 2911 纺织品 三组分纤维混纺产品定量化学分析方法(GB/T 2911—1997,eqv ISO 5088:1976)

GB/T 2912.1 纺织品 甲醛的测定 第1部分:游离水解的甲醛(水萃取法)

GB/T 3920 纺织品 色牢度试验 耐摩擦色牢度(GB/T 3920—2008,ISO 105-X12:2001,MOD)

GB/T 3921 纺织品 色牢度试验 耐皂洗色牢度(GB/T 3921—2008,ISO 105-C10:2006,MOD)

GB/T 3922 纺织品耐汗渍色牢度试验方法(GB/T 3922—1995,eqv ISO 105-E04:1994)

GB/T 4802.1 纺织品 织物起毛起球性能的测定 第1部分:圆轨迹法

GB 5296.4 消费品使用说明 纺织品和服装使用说明

GB/T 5713 纺织品 色牢度试验 耐水色牢度

GB/T 6411 针织内衣规格尺寸系列

GB/T 8170 数值修约规则与极限数值的表示和判定

GB/T 8427 纺织品 色牢度试验 耐人造光色牢度:氙弧

GB/T 8878 棉针织内衣

GB/T 14576 纺织品耐光、汗复合色牢度试验方法

GB 18401 国家纺织产品基本安全技术规范

GB/T 19976 纺织品 顶破强力的测定 钢球法

FZ/T 01031 针织物和弹性机织物接缝强力和伸长率的测试 抓样拉伸法

FZ/T 01053 纺织品 纤维含量的标识

FZ/T 01057(所有部分) 纺织纤维鉴别试验方法

FZ/T 01095 纺织品 氨纶产品纤维含量的试验方法

FZ/T 80002 服装标志、包装、运输和贮存

GSB 16-1523—2002 针织物起毛起球样照

GSB 16-2159—2007　针织产品标准深度样卡(1/12)

GSB 16-2500—2008　针织物表面疵点彩色样照

3　号型

针织学生服号型设置按 GB/T 1335(所有部分)或 GB/T 6411 规定选用执行。

4　要求

4.1　要求内容

要求分为内在质量和外观质量两个方面。内在质量包括顶破强力、接缝强力、水洗尺寸变化率、水洗后扭曲率、耐皂洗色牢度、耐汗渍色牢度、耐摩擦色牢度、耐光、汗复合色牢度、耐水色牢度、耐光色牢度、印花耐皂洗色牢度、印花耐摩擦色牢度、起球、甲醛含量、pH 值、可分解芳香胺染料、异味、纤维含量、拼接互染程度等项指标。外观质量包括表面疵点、规格尺寸偏差、本身尺寸差异、缝制规定等项指标。

4.2　分等规定

4.2.1　针织学生服的质量等级分为优等品、一等品和合格品。

4.2.2　针织学生服的质量定等:内在质量按批以最低一项评等,外观质量按件以最低一项评等,二者结合以最低等级定等。

4.3　内在质量要求

内在质量要求见表1。

表 1　内在质量要求

项　目		优等品	一等品	合格品
顶破强力/N　　　　　　　　　≥			180	
接缝强力/N　≥	裤后裆缝		140	
水洗尺寸变化率/%	直向	−4.0～+2.0	−5.5～+3.0	−6.5～+3.0
	横向	−4.0～+2.0	−5.5～+3.0	−6.5～+3.0
水洗后扭曲率/%　≤	上衣	5.0	6.0	7.0
	裤子	1.5	2.5	3.0
耐皂洗色牢度/级　≥	变色	4	3-4	3
	沾色	4	3-4	3
耐汗渍色牢度/级　≥	变色	4	3-4	3
	沾色	4	3-4	3
耐水色牢度/级　≥	变色	3-4	3	3
	沾色	3-4	3	3
耐摩擦色牢度/级　≥	干摩	4	3-4	3
	湿摩	3	3(深 2-3)	2-3
印花耐皂洗色牢度/级　≥	变色	3-4	3	3
	沾色	3-4	3	3
印花耐摩擦色牢度/级　≥	干摩	3-4	3	3
	湿摩	3	2-3	2

250

表 1（续）

项　　目		优等品	一等品	合格品
耐光色牢度/级	≥	4	4（浅色 3）	3
耐光、汗复合色牢度（碱性）/级	≥	3-4	3	2-3
起球/级	≥	4.0	3.5	3.0
甲醛含量/(mg/kg)				
pH 值				
异味		按 GB 18401 规定执行		
可分解芳香胺染料/(mg/kg)				
纤维含量（净干含量）/%		按 FZ/T 01053 规定执行		
拼接互染程度/级	≥	4-5	4	3-4

色别分档按 GSB 16-2159—2007，＞1/12 标准深度为深色，≤1/12 标准深度为浅色。

注 1：茄克式学生服上衣不考核水洗后扭曲率。

注 2：磨毛、起绒类产品不考核起球。

注 3：弹性织物产品不考核横向水洗尺寸变化率，短裤不考核水洗尺寸变化率。

注 4：拼接互染程度只考核深色与浅色相拼接的产品。

注 5：耐光、汗复合色牢度只考核 B 类（直接接触皮肤）产品。

4.4 外观质量要求

4.4.1 表面疵点规定见表 2。

表 2　表面疵点规定

序号	疵点名称		优等品	一等品	合格品
1	毛丝		不允许		
2	色差（不低于）		主料之间 4 级，主副料之间 3-4 级		
3	大肚纱、长花针		主要部位：不允许，次要部位：轻微者允许	轻微者允许	
4	修疤、变质、残破		不允许		
5	丝拉紧（挂紧丝）		不允许	累计不超过 5 cm	累计不超过 8 cm
6	油棉飞花		不允许	布面平整无洞眼者 1 cm 一处	布面平整无洞眼者 1 cm 两处
7	门襟	不平直	不允许	轻微的允许	明显的允许，显著的不允许
8	拉链	绱拉链不平服、不顺直	不允许	轻微的允许	明显的允许，显著的不允许
		拉链拉脱	不允许		
9	熨烫	不平服	不允许	轻微的允许	明显的允许，显著的不允许
		烫黄、烫焦	不允许		
10	锁眼间距		锁眼间距互差不大于 0.3 cm	锁眼间距互差不大于 0.5 cm	锁眼间距互差不大于 0.8 cm

表 2（续）

序号	疵点名称	优等品	一等品	合格品
11	扣眼互差	扣与眼位互差不大于 0.2 cm	扣与眼位互差不大于 0.3 cm	扣与眼位互差不大于 0.5 cm
12	钉扣不牢	不允许		
13	丢工、错工、缺件	不允许		

表面疵点程度按 GSB 16-2500—2008 执行。

注1：未列入表内的疵点按 GB/T 8878 中表面疵点评等规定执行。

注2：主要部位是指上衣前身上部的三分之二（包括领窝露面部位），裤类无主要部位。

注3：在同一件产品上只允许有两个同等级的极限表面疵点，超过者降一个等级。

注4：轻微：直观上不明显，通过仔细辩认才可看出。明显：不影响整体效果，但能感觉到疵点的存在。显著：明显影响整体效果的疵点。

4.4.2 规格尺寸偏差见表3。

表 3　规格尺寸偏差　　　单位为厘米

项　目		身高 160 cm 及以下			身高 160 cm 以上		
		优等品	一等品	合格品	优等品	一等品	合格品
衣长		−0.5	−1.0	−1.0	±1.0	+2.0 −1.5	+2.0 −2.0
1/2 胸(腰)围		−0.5	−1.0	−1.5	±1.0	±1.5	±2.0
袖长	长袖	−0.5	−1.0	−1.0	±1.0	±1.5	±2.0
	短袖	−0.5	−1.0	−1.0	−1.0	−1.0	−1.5
裤长	长裤	−1.0	−1.5	−1.5	±1.0	±1.5	±2.0
	短裤	−0.5	−1.0	−1.0	−1.0	−1.5	−2.0
总肩宽		±0.5	±0.8	±1.0	±1.0	±1.5	±2.0
挂肩		−0.5	−0.8	−1.0	−1.0	−1.5	−2.0
直裆		±1.0	±1.5	±1.5	±1.0	±1.5	±2.0
横裆		−1.0	−1.5	−2.0	−1.0	−1.5	−2.0
袖口宽		±0.5	±0.5	±0.5	±0.5	±0.5	±0.5

4.4.3 本身尺寸差异见表4。

表 4　本身尺寸差异　　　单位为厘米

项　目		优等品	一等品	合格品
门襟、左右侧缝不一		0.5	0.8	1.0
肩宽不一		0.5	0.8	1.0
挂肩不一		1.0	1.0	1.5
袖长不一	长袖	0.8	1.0	1.5
	短袖	0.5	0.8	1.0
裤长不一	长裤	0.8	1.0	1.5
	短裤	0.5	0.8	1.0
腿阔不一		0.8	1.0	1.5

4.4.4 成衣测量部位及规定(精确至 0.1 cm)

4.4.4.1 长袖衫测量部位见图1。

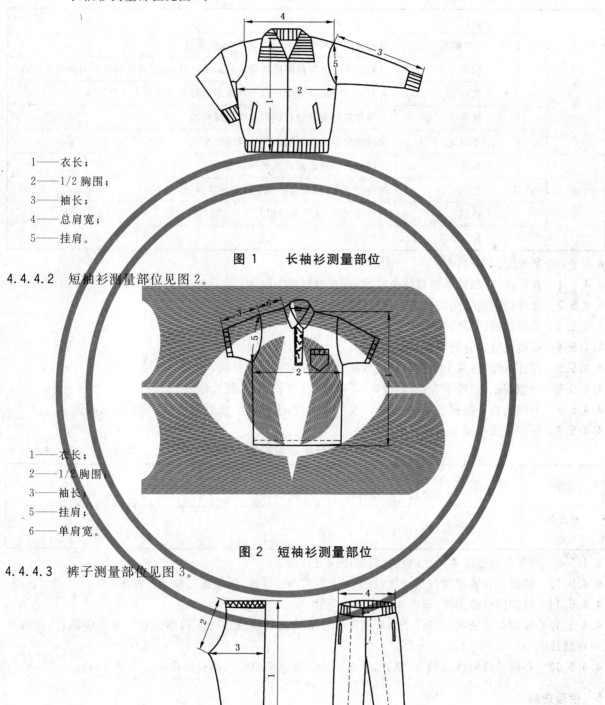

1——衣长；
2——1/2 胸围；
3——袖长；
4——总肩宽；
5——挂肩。

图 1　长袖衫测量部位

4.4.4.2 短袖衫测量部位见图 2。

1——衣长；
2——1/2 胸围；
3——袖长；
5——挂肩；
6——单肩宽。

图 2　短袖衫测量部位

4.4.4.3 裤子测量部位见图 3。

1——裤长；
2——直裆；
3——横裆；
4——1/2 腰围。

图 3　裤子测量部位

4.4.4.4 成衣测量部位规定见表5。

表 5　成衣测量部位规定

类别	序号	部位	测量规定
上衣类	1	衣长	由肩缝最高处垂直量到底边
	2	1/2 胸围	由袖窿缝与侧缝的交点向下 2 cm 处横量
	3	袖长	平袖式由肩缝与袖窿缝的交点量到袖口边,插肩式由后领中间量到袖口边
	4	总肩宽	由左肩缝与袖窿缝交点直量到右肩缝与袖窿缝交点
	5	挂肩	大身和衣袖接缝处自肩到腋的直线距离
	6	单肩宽	由肩缝最高处量到肩缝与袖窿缝的交点
裤类	1	裤长	沿裤缝由侧腰边垂直量到裤口边
	2	直裆	裤身相对折,从腰边口向下斜量到裆角处
	3	横裆	裤身相对折,从裆角处横量
	4	1/2 腰围	腰边横量

4.4.5　缝制规定(不分品等)

4.4.5.1　合肩处,应加衬本料直纹条或纱带,在包缝机上缝制。

4.4.5.2　合缝处明缝迹用四线或五线包缝机缝制。

4.4.5.3　平缝机的针迹缝到边口处,应打回针。

4.4.5.4　沿边包缝合缝处应打回针或加固。

4.4.5.5　双针机绷缝:凡上领用包缝机缝制者,后领部位用双针机绷缝或包领条。

4.4.5.6　领型端正,门襟平直,拉链滑顺,不能拉脱,熨烫平整,线头修清。

4.4.5.7　采用适合于面料的纽扣、拉链以及金属附件,无残疵。洗后不变形,不生锈、不变色。

4.4.5.8　针迹密度规定见表 6。

表 6　针迹密度规定　　　　　　　　　　　单位为针迹数每 2 厘米

机种	平缝机	四线包缝机	双针绷缝机	平双针压条机	三针机	宽紧带机	包缝卷边机	捏缝机
针迹数(不低于)	9	8	7	8	9	7	7	8

4.4.5.9　测量针迹密度以一个缝纫过程的中间处计量。

4.4.5.10　锁眼机针迹密度按角计量,每厘米长度 8 针～9 针,两端各打套结 2 针～3 针。

4.4.5.11　钉扣的针迹密度,每个扣眼不低于 5 针。

4.4.5.12　缝纫针迹密度不得低于表 6 规定。各部位缝纫线迹 20 cm 内不得有两处连续跳针,链缝不允许跳线。

4.4.5.13　各部位缝制线路顺直、整齐、平服、牢固,明线部位缝纫曲折高低不大于 0.3 cm。

5　检验规则

5.1　抽样数量

5.1.1　外观质量按批随机采样 1%～3%,但不得少于 20 件(条)。

5.1.2　内在质量按批随机采样 5 件(条),不足时可增加件(条)数。

5.2　外观质量检验条件

5.2.1　一般采用灯光检验,用 40 W 青光或白光日光灯一支上面加灯罩,灯罩与检验台面中心垂直距离为 80 cm±5 cm。

5.2.2　如在室内利用自然光,光源射入方向为北向左(或右)上角,不能使阳光直射产品。

5.2.3 检验时应将产品平放在检验台上,台面铺白布一层,检验人员的视线应正视平摊产品的表面,目光与产品中间距离为 35 cm 以上。

5.3 试验方法

5.3.1 试样准备和试验条件

实验室温度为 20 ℃±2 ℃,相对湿度为 65%±4%。顶破强力、接缝强力、水洗尺寸变化率、水洗后扭曲率试验前,将试样在常温下展开平放 20 h,然后进入实验室展开平放 4 h 后进行试验。

5.3.2 顶破强力试验

按 GB/T 19976 规定执行,钢球的直径为 38 mm±0.02 mm。

5.3.3 裤后裆接缝强力试验

测试 1 条,取样部位按附录 A 执行。试验按 FZ/T 01031 方法 B 规定执行。

5.3.4 水洗尺寸变化率试验

按 GB/T 8878 规定执行,测试 3 件(条)。

5.3.5 水洗后扭曲率试验

5.3.5.1 水洗后扭曲率测量方法:将做完水洗尺寸变化率的成衣平铺在光滑的台上,用手轻轻拍平,每件成衣以扭斜程度最大的一边测量,以 3 件样品扭曲率的平均值作为计算结果。

5.3.5.2 成衣扭曲测量部位

5.3.5.2.1 上衣扭曲测量部位见图 4。

a——侧缝与袖窿交叉处垂到底边的点与水洗后侧缝与底边交点间的距离;

b——侧缝与袖窿缝交叉处垂直到底边的距离。

图 4 上衣扭曲测量部位

5.3.5.2.2 裤子扭曲测量部位见图 5。

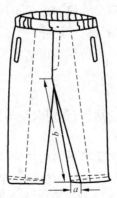

a——内侧缝与裤口边交叉点与水洗后内侧缝与底边交点间的距离;

b——裆底点到裤边口的内侧缝距离。

图 5 裤子扭曲测量部位

5.3.5.3 扭曲率计算方法见式(1),结果按 GB/T 8170 修约,精确至 0.1。

$$F = a/b \times 100 \quad \cdots\cdots\cdots\cdots\cdots (1)$$

式中：

F——扭曲率，%。

5.3.6　耐皂洗色牢度、印花耐皂洗色牢度试验

按 GB/T 3921 规定执行，试验条件按 A(1)执行。

5.3.7　耐汗渍色牢度试验

按 GB/T 3922 规定执行。

5.3.8　耐摩擦色牢度、印花耐摩擦色牢度试验

按 GB/T 3920 规定执行，只做直向。

5.3.9　耐光、汗复合色牢度试验

按 GB/T 14576 规定执行。

5.3.10　耐水色牢度试验

按 GB/T 5713 执行。

5.3.11　耐光色牢度试验

按 GB/T 8427 方法 3 规定执行。

5.3.12　起球试验

按 GB/T 4802.1 规定执行，其中压力为 780 cN，起毛次数 0 次，起球次数 600 次，评级按 GSB 16-1523—2002 评定。

5.3.13　甲醛含量试验

按 GB/T 2912.1 规定执行。

5.3.14　pH 值、可分解芳香胺染料、异味试验

按 GB 18401 规定执行。

5.3.15　纤维含量试验按 GB/T 2910、GB/T 2911、FZ/T 01057(所有部分)、FZ/T 01095 等规定执行。

5.3.16　拼接互染程度试验

按附录 B 执行。

5.3.17　色牢度评级

按 GB/T 250、GB/T 251 评定。

6　判定规则

6.1　外观质量

6.1.1　同件产品上，当规格尺寸偏差、本身尺寸偏差出现不同品等部位，表面疵点、缝制质量出现不同品等疵点时，分别按最低品等部位和最低品等疵点评等。

6.1.2　外观质量按件计算不符品等率。不符品等率在 0.5% 及以内者，判定该批产品合格。不符品等率在 5.0% 以上者，判该批产品不合格。

6.2　内在质量

6.2.1　顶破强力、水洗后扭曲率、起球检验结果，分别取全部测试样的算术平均值，合格者判定该批产品合格，不合格者判定该批产品不合格。

6.2.2　水洗尺寸变化率以三件(条)试样的算术平均值作为检验结果。若同时存在收缩与倒涨试验结果时，以收缩(或倒涨)的两件试样的算术平均值作为检验结果，合格者判定该批产品合格，不合格者判定该批产品不合格。

6.2.3　接缝强力、纤维含量、甲醛含量、pH 值、可分解芳香胺染料、异味检验结果合格者判定该批产品合格，不合格者判定该批产品不合格。

6.2.4　耐皂洗色牢度、耐汗渍色牢度、耐水色牢度、耐摩擦色牢度、印花耐皂洗色牢度、印花耐摩擦色牢度、耐光色牢度，耐光、汗复合色牢度，拼接互染程度检验合格者，判定该批产品合格，不合格者分色别判定该批产品不合格。

6.3　复验

6.3.1　任何一方对检验结果(异味除外)有异议时,均可要求复验。

6.3.2　要求复验时,应保留要求复验批的全部。

6.3.3　复验时检验数量为验收时检验数量的 2 倍,复验结果按本标准 6.1、6.2 规定执行,以复验结果为准。

7　产品使用说明、包装、运输和贮存

7.1　产品使用说明按 GB 5296.4 规定执行。

7.2　产品包装按 FZ/T 80002 或企业自定。

7.3　产品运输应防潮、防火、防污染。

7.4　产品应存放在阴凉、通风、干燥库房内。

附　录　A

（规范性附录）

裤后裆接缝强力试验取样部位示意图

裤后裆接缝强力试验取样部位见图 A.1。

单位为厘米

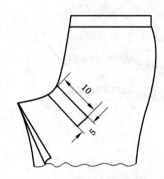

图 A.1　裤后裆接缝强力试验取样部位示意图

附 录 B

（规范性附录）

拼接互染程度测试方法

B.1 原理

成衣中拼接的两种不同颜色的面料组合成试样，放于皂液中，在规定的时间和温度条件下，经机械搅拌，再经冲洗、干燥。用灰色样卡评定试样的沾色。

B.2 试验要求与准备

B.2.1 在成衣上选取面料拼接部位，以拼接接缝为样本中心，取样尺寸为 40 mm×200 mm，使试样的一半为拼接的一个颜色，另一半为另一个颜色。

B.2.2 成衣上无合适部位可直接取样的，可在成衣或该批产品的同批面料上分别剪取拼接面料的 40 mm×100 mm，再将两块试样沿短边缝合成组合试样。

B.2.3 对于拼接面料很窄或加牙产品的取样，以拼接面料或拆开加牙部位，剪取最大面积，再将两块试样沿短边缝合成组合试样。

B.3 试验操作程序

B.3.1 按 GB/T 3921 进行洗涤测试，试验条件按 A(1)执行。

B.3.2 用 GB/T 251 样卡评定试样中两种面料的沾色。

ICS 59.080.30
W 63

中华人民共和国纺织行业标准

FZ/T 24012—2010

拒水、拒油、抗污羊绒针织品

Water-repellent,oil-repellent and stain resistant
cashmere knitting goods

2010-08-16 发布

2010-12-01 实施

中华人民共和国工业和信息化部　　发布

前　言

本标准的附录 A 为规范性附录。

本标准由中国纺织工业协会提出。

本标准由全国纺织品标准化技术委员会羊绒制品分技术委员会(SAC/TC 209/SC 9)归口。

本标准起草单位:内蒙古鄂尔多斯羊绒集团有限责任公司、国家羊绒制品工程技术研究中心、国家毛纺织产品质量监督检验中心(北京)。

本标准主要起草人:张志、张梅荣、孟令红、田君、罗燕、张朝清。

拒水、拒油、抗污羊绒针织品

1 范围

本标准规定了拒水、拒油、抗污羊绒针织品的术语,技术要求,试验方法和包装、标志等技术特征。

本标准适用于羊绒针织品拒水、拒油、抗污性能的评定。

2 规范性引用文件

下列文件中的条款通过本标准的引用而成为本标准的条款。凡是注日期的引用文件,其随后所有的修改单(不包括勘误的内容)或修订版均不适用于本标准,然而,鼓励根据本标准达成协议的各方研究是否可使用这些文件的最新版本。凡是不注日期的引用文件,其最新版本适用于本标准。

GB/T 4745 纺织织物 表面抗湿性测定 沾水试验

GB/T 6529 纺织品 调湿和试验用标准大气

GB/T 8629—2001 纺织品 试验用家庭洗涤和干燥程序

GB 18401 国家纺织产品基本安全技术规范

GB/T 19977 纺织品 拒油性 抗碳氢化合物试验

FZ/T 73009 羊绒针织品

3 术语和定义

下列术语和定义适用于本标准。

3.1

拒水性 water repellency

织物抵抗吸收喷淋水的能力。

3.2

拒油性 oil repellency

织物耐油质液体润湿的特性。

3.3

抗污性 stain resistance

织物表面具有防酱油、食醋、牛奶等液体介质沾污的特性。

4 技术要求

包括安全性要求,质量要求,拒水性、拒油性、抗污性的要求。

4.1 安全性要求

拒水、拒油、抗污羊绒针织品的安全性应符合 GB 18401 的规定。

4.2 质量要求

拒水、拒油、抗污羊绒针织品应满足 FZ/T 73009 所规定的要求。

4.3 拒水性、拒油性、抗污性要求

拒水性、拒油性、抗污性要求见表1。

表 1

项 目		考核指标
洗涤前	拒水性	≥4 级
	拒油性	≥4 级
	抗污性	5 级
2×7A 洗涤后	拒水性	≥3 级
	拒油性	≥3 级
	抗污性	≥4 级

5 试验方法

5.1 抽样

拒水、拒油、抗污羊绒针织品除按 FZ/T 73009 中规定的方法抽取试样外,每抽验批还应加抽一件用于拒水性、拒油性、抗污性的测试。

5.2 拒水性的测定按 GB/T 4745 试验方法执行。

5.3 拒油性的测定按 GB/T 19977 试验方法执行。

5.4 抗污性的测定按附录 A"抗污试验方法"执行。

5.5 采用 GB/T 8629—2001 中规定的 7A 程序,连续用 7A 程序洗涤两次。

5.6 洗涤后的试样平铺晾干后,用蒸汽熨斗中温(110 ℃～140 ℃)均匀熨烫,然后将试样置于 GB/T 6529 规定的标准大气中调湿至少 4 h 后,按 5.2、5.3 和 5.4 规定的试验方法进行拒水性、拒油性、抗污性的测定。

5.7 其他试验方法按 FZ/T 73009 中的规定执行。

6 评定

6.1 安全性要求、质量要求的评定分别按 GB 18401 和 FZ/T 73009 的规定执行。

6.2 拒水性、拒油性、抗污性的评定分为合格和不合格,检测结果均符合表 1 中各项要求的评定为合格,任意一项指标不符合表 1 要求的评定为不合格。

7 包装和标志

7.1 拒水性、拒油性、抗污性合格的产品,可标注"拒水拒油抗污羊绒针织品"标识。

7.2 其他要求按 FZ/T 73009 的规定执行。

附　录　A
（规范性附录）
抗污试验方法

A.1　试样准备

A.1.1　试样应平整,无折痕。

A.1.2　试样在试验前应先置于 GB/T 6529 规定的标准大气中调湿至少 4 h。

A.2　设备和试剂

A.2.1　滴瓶:可采用磨口滴瓶,并配有磨口吸管。

A.2.2　橡胶吸头:使用前洗净烘干待用。

A.2.3　秒表。

A.2.4　抗沾污试验用试液应使用符合国家标准规定的酿造酱油、食醋及纯鲜牛奶。

A.3　操作程序

A.3.1　将调湿后的试样平放在光滑的试验平台上。

A.3.2　用滴瓶吸管依次小心地吸取事先准备好的酱油、食醋及纯鲜牛奶,在试样表面间隔约 4 cm 处依次分别各滴一处约 1 mL 试液,滴液时,滴管距离试样表面大约 1 cm 左右,以约 45°角观察液滴在 30 s 内的润湿情况。

抗沾污等级:最高 5 级,最低 1 级。

1 级——液滴与织物接触表面全部润湿。

2 级——液滴与织物接触表面有一半面积润湿。

3 级——液滴与织物接触表面有三分之一面积润湿。

4 级——液滴与织物接触表面有四分之一面积润湿。

5 级——液滴与织物接触表面没有润湿。

A.4　结果评定

A.4.1　试样润湿是指试样表面的液滴消失,或液滴沿试样表面扩展及渗化。

A.4.2　测定结果以几种试剂的最低等级定为抗污等级。

A.5　试验报告

试验报告应包括以下各项:

a)　试样描述;

b)　试液描述;

c)　所采用的标准及方法;

d)　抗污等级评定结果;

e)　试验日期。

ICS 59.080.30
W 63

中华人民共和国纺织行业标准

FZ/T 24013—2010

耐久型抗静电羊绒针织品

Durable static protective cashmere knitting goods

2010-08-16 发布

2010-12-01 实施

中华人民共和国工业和信息化部　　发 布

前　言

本标准由中国纺织工业协会提出。

本标准由全国纺织品标准化技术委员会羊绒制品分技术委员会(SAC/TC 209/SC 9)归口。

本标准起草单位:内蒙古鄂尔多斯羊绒集团有限责任公司、国家羊绒制品工程技术研究中心、国家毛纺织产品质量监督检验中心(北京)。

本标准主要起草人:张志、张梅荣、杨桂芬、田君、王翠芳。

耐久型抗静电羊绒针织品

1 范围

本标准规定了耐久型抗静电羊绒针织品的技术要求,试验方法和包装、标志等技术特征。

本标准适用于羊绒针织品耐久型抗静电性能的评定。

2 规范性引用文件

下列文件中的条款通过本标准的引用而成为本标准的条款。凡是注日期的引用文件,其随后所有的修改单(不包括勘误的内容)或修订版均不适用于本标准,然而,鼓励根据本标准达成协议的各方研究是否可使用这些文件的最新版本。凡是不注日期的引用文件,其最新版本适用于本标准。

GB/T 8629 纺织品 试验用家庭洗涤和干燥程序

GB/T 12703.3 纺织品 静电性能的评定 第3部分:电荷量

GB 18401 国家纺织产品基本安全技术规范

FZ/T 73009 羊绒针织品

3 技术要求

包括安全性要求、质量要求、抗静电性能的要求。

3.1 安全性要求

耐久型抗静电羊绒针织品的安全性应符合 GB 18401 的规定。

3.2 质量要求

耐久型抗静电羊绒针织品应满足 FZ/T 73009 所规定的要求。

3.3 抗静电性能要求

抗静电性能要求见表1。

表 1

项 目	要 求
洗涤前电荷量	≤0.6 μC/件
连续洗涤20次后测定的电荷量	

4 试验方法

4.1 抽样

耐久型抗静电羊绒针织品除按 FZ/T 73009 中规定的方法抽取试样外,每抽验批还应加抽一件用于抗静电性能的测试。

4.2 洗涤前电荷量的测定

按 GB/T 12703.3 方法执行。

4.3 洗涤后电荷量测试

4.3.1 设备与用品

洗衣机、洗涤剂、陪洗物均应符合 GB/T 8629 规定的要求。

4.3.2 洗涤条件

符合 GB/T 8629 规定的程序,负荷 1 kg。

4.3.3 洗涤

将测试完洗涤前电荷量的试样放入洗衣机中,按 GB/T 8629 中仿手洗程序连续洗涤 20 次。然后将试样平铺晾干。

4.3.4 测试电荷量

按 GB/T 12703.3 方法执行。

4.4 其他项目的测试

按 FZ/T 73009 中的规定执行。

5 评定

5.1 安全性要求、质量要求的评定分别按 GB 18401 和 FZ/T 73009 的规定执行。

5.2 抗静电性能的评定分为合格和不合格,检测结果符合表 1 要求的评定为合格,其中一项指标不符合表 1 要求的评定为不合格。

6 包装和标志

6.1 抗静电性能合格的产品,可标注"耐久型抗静电羊绒针织品"标识。

6.2 其他要求按 FZ/T 73009 的规定执行。

ICS 61.020
W 63

中华人民共和国纺织行业标准

FZ/T 43015—2011
代替 FZ/T 43015—2001

桑蚕丝针织服装

Silk knitting garments

2011-12-20 发布

2012-07-01 实施

中华人民共和国工业和信息化部　　发 布

FZ/T 43015—2011

前　言

本标准按照 GB/T 1.1—2009 给出的规则起草。

本标准代替 FZ/T 43015—2001《桑蚕丝针织服装》。

本标准与 FZ/T 43015—2001 相比主要变化如下：

——增加了规格号型可按 GB/T 6411 执行的规定；

——取消了每平方米干燥质量公差考核项目；

——修改了顶破强力指标值及试验方法；

——修改了色牢度指标值；

——增加了可分解致癌芳香胺染料、异味考核项目；

——修改了检验规则；

——修改了标志、包装要求；

——增加了运输和储存要求。

本标准由中国纺织工业协会提出。

本标准由全国丝绸标准化技术委员会(SAC/TC 401)归口。

本标准起草单位：杭州美标实业有限公司、杭州市质量技术监督检测院、浙江丝绸科技有限公司、鑫缘茧丝绸集团股份有限公司、达利丝绸(浙江)有限公司、浙江湖州梅月针织有限公司、浙江米赛丝绸有限公司。

本标准主要起草人：顾红烽、林声伟、周颖、顾虎、梅德祥、石继钧、俞丹、俞永达。

本标准所代替标准的历次版本发布情况为：

——FZ/T 43015—2001。

桑蚕丝针织服装

1 范围

本标准规定了桑蚕丝针织服装的规格号型、要求、试验方法、检验规则、标志、包装、运输和储存。
本标准适用于评定桑蚕丝针织服装的品质,桑蚕丝与其他纤维混纺、交织的针织服装可参照执行。
本标准不适用于桑蚕䌷丝针织服装。

2 规范性引用文件

下列文件对于本文件的应用是必不可少的。凡是注日期的引用文件,仅注日期的版本适用于本文件。凡是不注日期的引用文件,其最新版本(包括所有的修改单)适用于本文件。

GB/T 250 纺织品 色牢度试验 评定变色用灰色样卡

GB/T 1335(所有部分) 服装号型

GB/T 2828.1—2003 计数抽样检验程序 第1部分:按接收质量限(AQL)检索的逐批检验抽样计划

GB/T 2910(所有部分) 纺织品 定量化学分析

GB/T 2912.1 纺织品 甲醛的测定 第1部分:游离和水解的甲醛(水萃取法)

GB/T 3920 纺织品 色牢度试验 耐摩擦色牢度

GB/T 3921—2008 纺织品 色牢度试验 耐皂洗色牢度

GB/T 3922 纺织品耐汗渍色牢度试验方法

GB 5296.4 消费品使用说明 纺织品和服装使用说明

GB/T 5713 纺织品 色牢度试验 耐水色牢度

GB/T 6411 针织内衣规格尺寸系列

GB/T 7573 纺织品 水萃取液 pH 值的测定

GB/T 8427—2009 纺织品 色牢度试验 耐人造光色牢度:氙弧

GB/T 8630 纺织品 洗涤和干燥后尺寸变化的测定

GB/T 14801 机织物与针织物纬斜和弓纬试验方法

GB/T 17592 纺织品 禁用偶氮染料的测定

GB 18401—2003 国家纺织产品基本安全技术规范

GB/T 19976 纺织品 顶破强力的测定 钢球法

FZ/T 01053 纺织品 纤维含量的标识

FZ/T 01057(所有部分) 纺织纤维鉴别试验方法

3 规格号型

桑蚕丝针织服装规格号型按 GB/T 1335 或 GB/T 6411 规定执行,规格尺寸按合同要求或由生产厂自行设计。

4 要求

4.1 项目分类

要求分为内在质量和外观质量两类。内在质量项目包括纤维含量、顶破强力、水洗尺寸变化率、耐洗色牢度、耐水色牢度、耐汗渍色牢度、耐摩擦色牢度、耐光色牢度、甲醛含量、pH 值、可分解芳香胺染料、异味,外观质量包括表面疵点、规格尺寸偏差、本身尺寸差异、缝制质量。

4.2 分等规定

4.2.1 桑蚕丝针织服装的质量等级分为优等品、一等品、合格品。

4.2.2 桑蚕丝针织服装的质量评等以件为单位,内在质量按批评等,外观质量按件评等,最终等级按内在质量和外观质量中最低评定等级定等。

4.3 内在质量要求

内在质量要求见表 1。

表 1 内在质量要求

项　目			等　级		
			优等品	一等品	合格品
纤维含量允差/%			按 FZ/T 01053 规定执行		
顶破强力[a]/N　≥		纯桑蚕长丝织物	380		
		其他	200		
水洗尺寸变化率[b]/%		直向	+1.0～−5.0	+2.0～−7.0	+3.0～−9.0
		横向	+1.0～−4.0	+2.0～−6.0	+3.0～−8.0
色牢度/级　≥	耐洗 耐水 耐汗渍	变色	4	3-4	3
		沾色	3	3	3
	耐摩擦	干摩	3-4	3	3
		湿摩	3	2-3	2
	耐光		3-4	3	2-3
甲醛含量/(mg/kg)　≤			按 GB 18401 规定执行		
pH 值					
可分解致癌芳香胺染料/(mg/kg)					
异味					
[a] 抽条、烂花、镂空提花类织物及含氨纶织物不考核。					
[b] 弹性产品和罗纹织物横向不考核;三角短裤不考核。					

4.4 外观质量要求

4.4.1 一件产品上出现不同评等的外观疵点,按最低等级评定。在同一件产品上只允许有两个同等级的面料疵点,超过者应降一个等级。

4.4.2 表面疵点要求见表2。

表 2 表面疵点要求

疵点名称			优等品	一等品	合格品
面料疵点	破洞、漏针		不允许		
	粗丝、细丝、油丝、色丝		主要部位不允许,次要部位普通允许一处	主要部位普通 0.5 cm 允许一处,次要部位普通 1 cm 允许两处	累计允许 5.0 cm
	稀路针		不允许	主要部位不允许,次要部位普通允许	主要部位不允许,次要部位明显允许
	直条、横路		不允许	普通允许	明显允许
	花针		不允许	主要部位不允许,次要部位普通允许	主要部位普通允许,次要部位明显允许
	渍	浅	主要部位不允许,次要部位允许两处累计 0.5 cm	主要部位允许两处累计 0.5 cm,次要部位允许三处累计 1.0 cm	主要部位允许两处累计 2.0 cm,次要部位允许三处累计 4.0 cm
		深	主要部位不允许,次要部位允许两处累计 0.3 cm	主要部位允许两处累计 0.3 cm,次要部位允许累计 0.6 cm	主要部位允许两处累计 1.0 cm,次要部位允许三处累计 3.0 cm
	色差		主料间不低于4级,主辅料间不低于3-4级		主料间不低于 3-4 级,主辅料间不低于 3 级
	色不匀、灰伤		不允许		普通允许
	勾丝、擦伤		不允许	主要部位不允许,次要部位轻微允许累计 2.0 cm	主要部位不允许,次要部位轻微允许累计 5.0 cm
	印花疵		不允许	主要部位不允许,次要部位普通允许	主要部位普通允许,次要部位明显允许
	极光印、轧印		不允许	主要部位不允许,次要部位普通允许	主要部位不允许,次要部位明显允许
	纹路歪斜/%≤	直向	3.0	4.0	5.0
		横向	5.0	6.0	7.0

表 2（续）

疵点名称		优等品	一等品	合格品
缝纫整烫疵点	针洞	不允许		分散并修补好允许两处
	针眼	不允许	普通允许	明显允许
	底面明针	骑缝处允许 0.3 cm，其余小于 0.2 cm 允许		骑缝处允许 0.4 cm，其余小于 0.3 cm 允许
	底面脱针	骑缝处允许两针，其余不允许	骑缝处允许三针，其余每面允许一针两处	骑缝处允许五针，其余每面允许一针两处
	明线曲折高低	≤0.2 cm	≤0.3 cm	≤0.4 cm
	锁眼、钉扣不良	不允许		轻微允许
	重针	不允许	次要部位允许 3 cm一处	次要部位允许 5 cm两处
	烫黄	不允许		次要部位轻微允许
	烫印	不允许	次要部位允许	轻微允许

注1：普通、轻微指目测不易发觉，明显指目测易发觉但不影响外观。

注2：纹路歪斜要求计算值小于 1 cm 时，允许 1 cm。

注3：本表中未列明的其他外观疵点可参照相似疵点评等。

4.4.3　产品次要部位规定见图1，其余部位为主要部位。

上衣：大身边缝和袖底缝左右各六分之一。

裤（裙）：腰下裤（裙）长的五分之一和内侧裤缝左右六分之一。

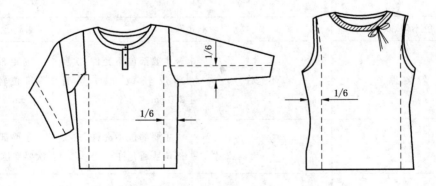

图 1　次要部位规定

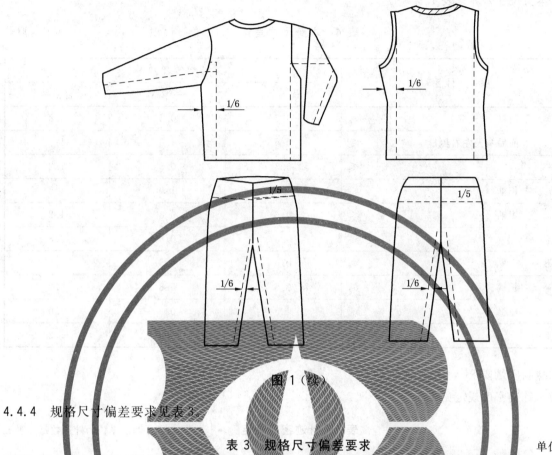

图 1（续）

4.4.4 规格尺寸偏差要求见表3。

表 3　规格尺寸偏差要求　　　　　　　　　　　单位为厘米

项　　目		等级		
		优等品	等品	合格品
衣长		±1.0	±1.5	±2.0
上衣胸、腰、下摆宽		±1.0	±1.5	±2.0
挂肩		±0.8	±1.0	±1.5
袖长	长袖	±1.0	±1.5	±2.0
	短袖	±0.5	±1.0	±1.5
袖口宽	长袖	±0.5	±0.8	±1.0
	短袖	±0.5	±1.0	±1.5
领宽		±0.5	±1.0	±1.5
前领深		±0.5	±1.0	±1.5
后领深		±0.3	±0.6	±1.0
单肩宽		±0.3	±0.5	±1.0
吊带宽		±0.1	±0.3	±0.5
裤长	长裤	±1.0	±2.0	±2.5
	短裤	±1.0	±1.5	±2.0
直裆、横裆		±1.0	±1.5	±2.0
裤口宽	长裤	±0.5	±1.0	±1.5
	短裤	±1.0	±1.5	±2.0
三角裤底裆		±0.5	±1.0	±1.5
裤腰宽		±1.0	±1.5	±2.0

4.4.5 本身尺寸差异见表4。

表4 本身尺寸差异 单位为厘米

项 目		等级		
		优等品	一等品	合格品
衣长不一	门襟 ≤	0.3	0.5	0.8
	前后身及左右侧缝 ≤	0.5	1.0	1.5
挂肩不一	≤	0.3	0.8	1.2
袖长不一	长袖 ≤	1.0	1.0	1.5
	短袖 ≤	0.5	0.8	1.2
袖口宽不一	≤	0.3	0.5	0.8
吊带长不一	≤	0.3	0.5	0.8
裤长不一	长裤 ≤	0.5	0.8	1.2
	短裤 ≤	0.3	0.5	1.0
裤口宽不一	≤	0.5	0.8	1.2

4.4.6 缝制质量要求

4.4.6.1 针迹密度规定见表5。

表5 针迹密度规定 单位为针迹数每二厘米

机种	平缝	包缝	绷缝	平双针	滚边	包缝卷边	宽紧带	双针
针迹密度	10～12	10～12	10～12	10～12	10～12	8～9	8～10	10～12

注1：测量针迹密度以一个缝纫过程的中间处计量。

注2：特殊设计除外。

4.4.6.2 应采用与面料同色(或近似色)缝纫线缝制,特殊设计除外。

4.4.6.3 平缝机的针迹缝到边口处,以及用夹边滚领、袖边、腰边的合缝处,应打回针。

4.4.6.4 各缝纫工序不允许漏缝、开缝、脱线和断线。

5 试验方法

5.1 内在质量试验方法

5.1.1 纤维含量允差试验方法按 FZ/T 01057、GB/T 2910 执行。

5.1.2 顶破强力试验方法按 GB/T 19976 执行,试验条件采用调湿,钢球直径(38±0.02)mm。

5.1.3 水洗尺寸变化率试验方法按 GB/T 8630 执行,洗涤程序采用"仿手洗",干燥程序采用 A 法,试样取三件。以三件试样的算术平均值作为试验结果,若同时存在收缩与倒涨试样时,以收缩(或倒涨)的两件试样的算术平均值作为试验结果。

5.1.4 耐洗色牢度试验方法按 GB/T 3921—2008 执行,采用试验条件 A(1)。

5.1.5 耐水色牢度试验方法按 GB/T 5713 执行。

5.1.6 耐汗渍色牢度试验方法按 GB/T 3922 执行。

5.1.7 耐摩擦色牢度试验方法按 GB/T 3920 执行。

5.1.8 耐光色牢度试验方法按 GB/T 8427—2009 方法 3 执行。

5.1.9 甲醛含量试验方法按 GB/T 2912.1 执行。

5.1.10 pH 值试验方法按 GB/T 7573 执行。

5.1.11 异味试验方法按 GB 18401—2003 的 5.3 执行。

5.1.12 可分解致癌芳香胺染料试验方法按 GB/T 17592 执行。

5.2 外观质量检验方法

5.2.1 检验工具：分度值为 1 mm 的钢尺，评定变色用灰色样卡(GB/T 250)。

5.2.2 检验条件：一般采用灯光检验，用 40 W 青光或白光日光灯一支，上面加灯罩，灯罩与检验台面中心距离垂直距离为(80±5)cm，或在 D65 光源下。如在室内利用自然光，光源射入方向为北向左(或右)上角，不能使阳光直射产品。检验时应将产品平摊在检验台上，台面铺一层白布，检验人员的视线应正视产品的表面，目视距离为 35 cm 以上。

5.2.3 色差测定：样品被测部位应纹路方向一致，采用北空光照射，或用 600 lx 及以上等效光源。入射光与样品表面约成 45°角，检验人员的视线大致垂直于样品表面，距离约 60 cm 目测，与 GB/T 250 标准样卡对比评定色差等级。

5.2.4 纹路歪斜测定：按 GB/T 14801 执行。

5.2.5 规格尺寸测量：将样品平摊在检验台上，不受外力影响，各部位测量方法见表 6。

表 6　各部位测量方法

部　位	测　量　方　法
衣长	由肩最高处量到底边，吊带衫从带子最高处量到底边
胸宽	由袖底十字缝向下 2.5 cm 处横量
挂肩	平袖式由上挂肩缝量到袖底缝，插肩式由袖上端向袖底缝垂直量
袖长	由袖子最高点量到袖口边
袖口宽	沿袖口边横量
领宽	前后肩缝最高点横量
前(后)领深	由领宽中间点量到前(后)领最低点
单肩宽	沿合肩缝横量
吊带宽	边到边横量
裤长	由后腰宽的四分之一处向下垂直量到裤脚边
直裆	裤身相对折，由腰边口向下斜量到裆角处；三角裤对折，由最高处向下直量到底
横裆	裤身相对折，由裆角处横量
裤口宽	沿裤口边横量
三角裤底裆	两裤口最底点横量
裤腰宽	沿腰口边处横量

6 检验规则

6.1 检验分类

检验分为型式检验和出厂检验(交收检验)。型式检验时机根据生产厂实际情况或合同协议规定,一般在转产、停产后复产、原料或工艺有重大改变时进行。出厂检验在产品生产完毕交货前进行。

6.2 检验项目

型式检验项目为第 4 章中的所有要求项目。出厂检验项目为第 4 章中除顶破强力、耐光色牢度和可分解致癌芳香胺染料外的其他项目。

6.3 组批规则

型式检验以同一品种、花色为同一检验批。出厂检验以同一合同或生产批号为同一检验批,当同一检验批数量很大,需分期、分批交货时,可以适当再分批,分别检验。

6.4 抽样方案

样品应从经工厂检验的合格批产品中随机抽取,抽样数量按 GB/T 2828.1—2003 中一般检验水平Ⅱ规定,采用正常检验一次抽样方案。内在质量检验用试样在样品中随机抽取各 1 份,但色牢度试样应按花色各抽取 1 份。每份试样的尺寸和取样部位根据方法标准的规定。

当批量较大、生产正常、质量稳定情况下,抽样数量可按 GB/T 2828.1—2003 中一般检验水平Ⅱ规定,采用放宽检验一次抽样方案。

6.5 检验结果的判定

外观质量按件评定等级,内在质量按批评定等级,以所有试验结果中最低评等评定样品的最终等级。

试样内在质量检验结果所有项目符合标准要求时判定该试样所代表的检验批内在质量合格。批外观质量的判定按 GB/T 2828.1—2003 中一般检验水平Ⅱ规定进行,接收质量限 AQL 为 2.5 不合格品百分数。批内在质量和外观质量均合格时判定为合格批。否则判定为不合格批。

6.6 复验

如交收双方对检验结果有异议时,可进行一次复验。复验按首次检验的规定进行,以复验结果为准。

7 标志、包装、运输和储存

7.1 产品使用说明应符合 GB 5296.4 和 GB 18401 的要求。

7.2 每件(套)产品应有包装。包装材料应保证产品在贮藏和运输中不散落、不破损、不沾污、不受潮。用户有特殊要求的,供需双方协商确定。

7.3 产品运输应防潮、防火、防污染。

7.4 产品应放在阴凉、通风、干燥、清洁处,库房应采取适当的防火、防潮措施。

8 其他

如供需双方对产品另有要求,可按合同或协议执行。

附 录 A

（资料性附录）

检验抽样方案

A.1 根据 GB/T 2828.1—2003,采用一般检验水平Ⅱ,AQL 为 2.5 的正常检验一次抽样方案,如表 A.1 所示。

表 A.1 AQL 为 2.5 的正常检验一次抽样方案

批量 N	样本量字码	样本量 n	接收数 Ac	拒收数 Re
2～8	A	2	0	1
9～15	B	3	0	1
16～25	C	5	0	1
26～50	D	8	0	1
51～90	E	13	1	2
91～150	F	20	1	2
151～280	G	32	2	3
281～500	H	50	3	4
501～1 200	J	80	5	6
1 201～3 200	K	125	7	8
3 201～10 000	L	200	10	11

A.2 根据 GB/T 2828.1—2003,采用一般检验水平Ⅱ,AQL 为 2.5 的放宽检验一次抽样方案,如表 A.2 所示。

表 A.2 AQL 为 2.5 的放宽检验一次抽样方案

批量 N	样本量字码	样本量 n	接收数 Ac	拒收数 Re
2～8	A	2	0	1
9～15	B	2	0	1
16～25	C	2	0	1
26～50	D	3	0	1
51～90	E	5	1	2
91～150	F	8	1	2
151～280	G	13	1	2
281～500	H	20	2	3
501～1 200	J	32	3	4
1 201～3 200	K	50	5	6
3 201～10 000	L	80	6	7

ICS 59.080.30
W 63

中华人民共和国纺织行业标准

FZ/T 73001—2008
代替 FZ/T 73001—2004

袜　子

Hosiery

2008-04-23 发布

2008-10-01 实施

中华人民共和国国家发展和改革委员会　　发 布

前　言

本标准代替 FZ/T 73001—2004《袜子》

本标准与 FZ/T 73001—2004 相比主要变化如下：

——增加术语和定义内容：薄棉袜、厚棉袜、全氨纶包芯丝袜、高弹锦纶丝/氨纶包芯丝交织袜、锦纶长丝/氨纶包芯丝交织袜、棉/氨纶包芯丝交织袜；

——对棉/氨纶包芯纱交织袜底长规格尺寸进行了调整；

——细化了表面疵点内容；

——将标准中旦尼尔"D"改为分特克斯"dtex"表示；

——增加了棉/氨纶包芯丝交织（厚型袜）底长直向延伸值测试方法及试验操作；

——增加了锦纶长丝/氨纶包芯丝交织连裤袜直、横向延伸值的检测项目；

——增加了对薄型袜子加固部位的要求；

——按照 GB 18401—2003 标准要求，将内在质量强制性考核项目分为婴幼儿类和直接接触皮肤类；

——增加了耐水色牢度、可分解芳香胺染料、异味、耐唾液色牢度等检测项目及要求；

——耐湿摩擦色牢度增加"深色 2—3 级"；

——外观质量抽样数量由 20 双改为 15 双；内在质量抽样数量由 10 双改为 5 双。

——对产品包装及产品使用说明内容进行了调整。

本标准由中国纺织工业协会提出。

本标准由全国纺织品标准化技术委员会针织品分会归口。

本标准负责起草单位：国家针织产品质量监督检验中心、苏州华钟针织有限公司、浙江浪莎针织有限公司、浙江丹吉娅集团、浙江梦娜针织袜业有限公司、浙江宝娜丝袜业有限公司、广东中山丰华袜厂有限公司、浙江情怡袜业有限公司、南海合兴袜业制衣有限公司、浙江耐尔集团有限公司。

本标准参加起草单位：浙江双双袜业有限公司、浙江步人针织有限公司。

本标准主要起草人：刘凤荣、袁青、董汉良、张岩峰、翁荣金、洪冬英、黄丽霞、黄立新、丁汉林、薛学正、易启彬、史吉刚、寿国理、周秀美。

本标准所代替标准的历次版本发布情况为：

——FZ/T 73001—1991、FZ/T 73001—2004。

袜 子

1 范围

本标准规定了袜子的术语和定义、产品分类、要求、试验方法、判定规则、产品使用说明、包装、运输、贮存。
本标准适用于鉴定棉袜、化纤袜、棉与化纤混纺及交织袜的品质。其他品种袜子可参照执行。

2 规范性引用文件

下列文件中的条款通过本标准的引用而成为本标准的条款。凡是注日期的引用文件,其随后所有的修改单(不包括勘误的内容)或修订版均不适用于本标准,然而,鼓励根据本标准达成协议的各方研究是否可使用这些文件的最新版本。凡是不注日期的引用文件,其最新版本适用于本标准。

GB 250 评定变色用灰色样卡(GB 250—1995,idt ISO 105-A02:1993)

GB 251 评定沾色用灰色样卡(GB 251—1995,idt ISO 105-A03:1993)

GB/T 2910 纺织品 二组分纤维混纺产品定量化学分析方法

GB/T 2911 纺织品 三组分纤维混纺产品定量化学分析方法

GB/T 2912.1 纺织品 甲醛的测定 第1部分:游离水解的甲醛(水萃取法)

GB/T 3920 纺织品 色牢度试验 耐摩擦色牢度(GB/T 3920—1997,eqv ISO 105-X12:1993)

GB/T 3921.1 纺织品 色牢度试验 耐洗色牢度:试验1(GB/T 3921.1—1997,eqv ISO 105-C01:1989)

GB/T 3922 纺织品 耐汗渍色牢度试验方法(GB/T 3922—1995,eqv ISO 105-E04:1994)

GB/T 4856 针棉织品包装

GB 5296.4 消费品使用说明 纺织品和服装使用说明

GB/T 5713 纺织品 色牢度试验 耐水色牢度(GB/T 5713-1997,eqv ISO 105-E01:1994)

GB/T 7573 纺织品 水萃取液 pH 值的测定

GB/T 17592 纺织品 禁用偶氮染料的测定

GB 18401—2003 国家纺织产品基本安全技术规范

GB/T 18886 纺织品 色牢度试验 耐唾液色牢度

FZ/T 01053—2007 纺织品 纤维含量标识

FZ/T 01057(所有部分) 纺织纤维鉴别试验方法

FZ/T 01095 纺织品 氨纶产品纤维含量的试验方法

3 术语和定义

下列术语和定于适用于本标准。

3.1

薄棉袜 thin cotton sock

以 18tex 及以上的单纱为主编织而成的袜子。

3.2

厚棉袜 thick cotton sock

以两根棉纱线或一根 18tex 以下棉纱为主纱编织而成的袜子。

3.3

全氨纶包芯丝袜(俗称天鹅绒袜) sock in core-spun spandex yarn

每路进纱均以氨纶包芯纱为原料编织而成的袜子。

3.4

高弹锦纶丝/氨纶包芯丝交织袜 sock interwoven in high stretch nylon/core-spun spandex yarn

以高弹锦纶丝与氨纶包芯纱为原料交织而成的袜子。

3.5

锦纶长丝/氨纶包芯丝交织袜 sock interwoven in polyamide filament/core-spun spandex yarn

由锦纶长丝与氨纶包芯纱为原材料交织而成的袜子。

3.6

棉/氨纶包芯纱交织袜 sock interwoven in cotton yarn/core-spun spandex yarn

由棉纱与氨纶包芯纱为原料交织而成的袜子。

4 产品分类

4.1 棉袜：包括薄棉袜、厚棉袜。

4.2 化纤袜：包括锦纶丝袜、弹力锦纶丝袜、高弹锦纶丝袜、全氨纶包芯纱(俗称天鹅绒袜)等。

4.3 交织、混纺袜：包括锦纶长丝/氨纶包芯纱交织袜、高弹锦纶丝/氨纶包芯纱交织袜、棉/弹力锦纶(涤纶)丝交织袜、棉/氨纶包芯纱交织袜等。

5 要求

5.1 要求内容

要求分为外观质量和内在质量两个方面,外观质量包括规格尺寸、表面疵点、缝制要求。内在质量包括直向、横向延伸值、纤维含量、甲醛含量、pH 值、耐洗色牢度、耐水色牢度、耐汗渍色牢度、耐摩擦色牢度、耐唾液色牢度、异味、可分解芳香胺染料等项指标。

5.2 分等规定

5.2.1 袜子的质量定等以双为单位,分为一等品、合格品。

5.2.2 袜子内在质量按批评等,外观质量按双评等,两者结合并按最低品等定等。

5.3 外观质量要求和分等规定

5.3.1 外观质量要求

5.3.1.1 袜子各部位名称规定见图1～图3。

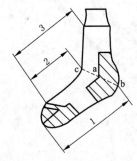

1——袜底；
2——脚面；
3——袜面；
a——提针起点；
b——踵点(袜跟圆弧对折线与圆弧的交点)；
c——提针延长线与袜面的交点。
注：图中剖面线为着力点部位。

a)

1——总长；
2——口高；
3——口宽；
4——筒长；
5——跟高。

b)

图 1 平脚袜

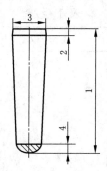

1——总长；

2——口高；

3——口宽；

4——袜尖。

图2 中、长筒袜

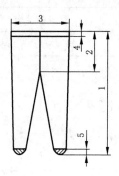

1——总长；

2——直裆；

3——腰宽；

4——腰高；

5——袜尖。

注：定跟袜的总长为袜跟圆弧对折线的中点至腰边的长度与该点至袜尖的长度之和。

图3 连裤袜

5.3.1.2 规格尺寸及公差见表1～表6。

表1 棉罗口短袜规格尺寸及公差
单位为厘米

袜 号	底 长	底长公差	总长公差	口高公差
10	10			
11	11			
12	12			
13	13			
14	14	+0.5 -0.8	-1	-0.6
15	15			
16	16			
17	17			
18	18			
19	19			-0.7
20	20			

表1（续）　　　　　　　　　　　　　　　　　　　　　　　　　　　单位为厘米

袜　号	底　长	底长公差	总长公差	口高公差
21	21		−1	−0.7
22	22			
23	23			
24	24			
25	25	+0.5 −0.8	−1.5	−0.8
26	26			
27	27			
28	28			
29	29			

表2　锦纶丝罗口、宽紧口短筒袜规格尺寸及公差　　　　　　　　　单位为厘米

袜号	底长	底长公差	罗口袜公差		宽紧口袜公差		
			总长	口长	总长	口高	口宽
14	14						
15	15			−0.6			±0.5
16	16						
17	17		−1		−1.5		
18	18						
19	19			−0.7			
20	20						
21	21	+0.8 −0.3 (脚尖为弹力锦纶丝±1)				−0.5	
22	22						
23	23						
24	24						±0.8
25	25						
26	26		−1.5	−0.8	−2		
27	27						
28	28						
29	29						
30	30						

表3　弹力锦纶丝罗口、宽紧口短筒袜规格尺寸及公差　　　　　　　单位为厘米

袜　号	底　长	底长公差	罗口袜公差		宽紧口袜公差		
			总　长	口　长	总　长	口　高	口　宽
12~14	11						
14~16	13	±1.2					±0.5
16~18	15		−1	−0.5	−1.5		
18~20	17						
20~22	19					−0.5	
22~24	21						
24~26	23	±1.5					±0.8
26~28	25		−1.5	−0.8	−2		
28~30	27						

表 4　高弹无跟袜规格尺寸及公差　　　　　　　　　　　　单位为厘米

类　别	总长≥	口高≥	口　宽	口宽公差	腰高≥	腰宽	腰宽公差	直　挡	直挡公差
短筒袜	22		8	±1					
中筒袜	40	1.5	8.5	+2 −1	—	—	—	—	—
长筒袜	60		11						
连裤袜	—	—	—	—	2	20	−2	22	−2

注：不定型袜及全氨纶包芯丝袜不考核总长。

表 5　棉/弹力锦纶丝（涤纶丝）交织袜规格尺寸及公差　　　　　　单位为厘米

袜　号	底　长	底长公差	总长公差	口高公差	口宽公差
15～16	15				±0.5
17～18	17	±1.2	−1.5		
19～20	19				
21～22	21			−0.5	
23～24	23				±0.8
25～26	25	±1.5	−2		
27～28	27				

表 6　棉/氨纶包芯纱交织袜规格尺寸及公差　　　　　　单位为厘米

袜　号	底　长	底长公差	总长公差	口　高	口　宽
12～14	9				±0.5
14～16	11				
16～18	13	±1.2	−1.5		
18～20	15				
20～22	17			−0.5	
22～24	19				
24～26	21	±1.5	−2		±0.8
26～28	23				
28～30	25				

5.3.2　规格尺寸分等规定

见表 7。

表 7　规格尺寸分等规定　　　　　　　　　　　　单位为厘米

项　目			一　等　品	合　格　品
总　长	袜　号	10～18	符合本标准及公差	−1.5
		18～22		−2.0
		22～30		−2.5
	高弹短筒袜			−2
	高弹中筒袜			−4
	高弹长筒袜			−6

表 7（续）

单位为厘米

项 目			一 等 品	合 格 品
口　高	袜　号	10～18	符合本标准及公差	超出一等品标准公差−0.5
		18～22		
		22～30		
口　宽	宽紧口袜		符合本标准及公差	超出一等品标准公差−1
腰　高	连裤袜		符合本标准及公差	超出一等品标准公差−0.5
腰　宽				超出一等品标准公差−1.5
直　档				超出一等品标准公差−1.5

5.3.3 表面疵点

见表8。

表 8　表面疵点

袜类	序号	疵点名称	一 等 品	合 格 品
有跟短袜	1	粗丝(线)	轻微的:脚面部位限1 cm,其他部位累计限0.5转	明显的:脚面部位累计限0.5转,其他部位0.5转以内限3处
	2	细纱	袜口部位不限,着力点处不允许,其他部位限0.5转	轻微的:着力点处不允许,其他部位不限
	3	断纱	不允许	不允许
	4	稀路针	轻微的:脚面部位限3条;明显的:袜口部位允许	明显的:袜面部位限3条
	5	抽丝、松紧纹	轻微的抽丝脚面部位1 cm 1处,其他部位1.5 cm 2处,轻微的抽紧和松紧纹允许	轻微的抽丝2.5 cm 2处,明显的抽紧和松紧纹允许
	6	花针	锦纶丝袜脚面部位不允许,其他部位分散3个	脚面部位分散3个,其他部位允许
	7	花型变形	不影响美观者	稍影响美观者一双相似
	8	乱花纹	脚面部位限3处,其他部位轻微允许	允许
	9	表纱扎碎	轻微的:袜面部位0.3 cm 1处,着力点处不允许	轻微的:着力点处不允许,其他部位0.5 cm 2处
	10	里纱翻丝	轻微的:袜面部位不允许,袜头、袜跟0.3 cm 1处	袜面部位0.3 cm 2处,袜头、袜跟0.3 cm 2处
	11	宽紧口松紧	轻微的允许	明显的允许
	12	挂口疵点	罗口套歪不明显	罗口套歪较明显
	13	缝头歪角	歪角:允许粗针2针,中针3针,细针4针。轻微松紧允许	歪角:允许粗针4针,中针5针,细针6针。明显松紧允许
		缝头漏针、缝头破洞、缝头半丝、编织破洞	不允许	不允许
	14	横道(缝头)不齐	允许0.5 cm	允许1 cm
	15	罗口不平服	轻微允许	允许
	16	色花、油污渍、沾色	轻微的不影响美观允许	较明显允许
	17	色差	同一双允许4—5级;同一只袜头、袜跟与袜身允许3—4级,异色袜头、袜跟除外	同一双允许4级,同一只袜头、袜跟与袜身允许3级,异色袜头、袜跟除外

表 8（续）

袜类	序号	疵点名称	一 等 品	合 格 品
有跟短袜	18	长短不一	限 0.5 cm	限 0.8 cm
	19	修痕	脚面部位不允许,其他部位修痕 0.5 cm 内限 1 处	轻微修痕允许
	20	修疤	不允许	
无跟袜、连裤袜	21	原丝不良	不允许	不明显允许
	22	粗丝、丝结	腿部、脚面部位不允许	允许
	23	断芯	不允许	不允许
	24	编织坏针、漏针、针洞	不允许	不允许
	25	花针	腿部不连续小花针限 5 个	允许
	26	缝裆高低头	腰部橡筋缝合处上、下高低差异 0.5 cm 及以内	腰部橡筋缝合处上、下高低差异 0.7 cm 及以内
	27	缝纫打褶	袜头部位不允许,其他部位轻微允许	轻微允许
	28	大小袜头	互差 0.5 cm 及以内	互差 0.8 cm 及以内
	29	小袜头	不低于 1.5 cm	不低于 1.5 cm
	30	错裆	裆缝未缝住或缝出裤部网眼不允许	
	31	缝裆头	缝裆头打结处散口不允许	
	32	色花、油污渍、沾色	轻微的允许	明显的除脚面部位允许
	33	色差	同一双允许 4—5 级	同一双允许 4 级
	34	抽丝	分散状 0.5 cm 3 处或 1 cm 1 处	分散状 0.5 cm 5 处或 1 cm 2 处
	35	长短不一	限 0.5 cm	限 1.0 cm
	36	修痕	轻微的允许	允许
	37	修疤	不允许	
	38	勾丝	不允许(有一根丝头抽出的)	
	39	线头	0.5 cm～1.5 cm 之内允许	
	40	不配对	两袜筒表面纹路不一致不允许	

注 1:测量外观疵点长度,以疵点最长长度(直径)计量。

注 2:表面疵点外观形态按《袜子表面疵点彩色样照》评定。

注 3:凡遇条文未规定的外观疵点,参照相应疵点酌情处理。

注 4:色差按 GB 250 评定。

注 5:疵点程度描述:

　　轻微——疵点在直观上不明显,通过仔细辨认才可看出。

　　明显——不影响总体效果,但能感觉到疵点的存在。

　　显著——疵点程度明显影响总体效果。

5.3.4 缝制要求

5.3.4.1　裤袜合裆用三线或四线包缝机缝制,缝边(刀门)宽度为 0.3 cm～0.4 cm,针迹密度三线包缝不低于 10 针/cm,四线包缝不低于 8 针/cm,缝迹直向拉伸不脱不散,合裆后两腿的防脱散横列上下差异不超过 1.5 cm。防脱散缝合长度不低于 1.5 cm。

5.3.4.2 薄棉袜及新型纤维袜类(天然、再生、合成),袜头、袜根部位应加固(加固方法不限)。

5.3.4.3 高弹袜用弹力缝纫线缝制。

5.4 内在质量要求和分等规定

5.4.1 内在质量要求

5.4.1.1 直、横向延伸值及公差见表9～表15。

表 9 棉纱线罗口短袜横向延伸值及公差

单位为厘米

袜　号	袜　口	袜　筒	袜口、袜筒公差
10	12.5	13.5	+1 −1.5
11			
12	13	14	
13			
14	13.5	14.5	
15			
16	14.5	15	
17			
18	15	15.5	
19			
20	16	16.5	
21			
22	16.5	17	+2 −1.5
23			
24			
25	17.5	18	
26			
27	18.5	19	
28			
29			

表 10 锦纶丝罗口、宽紧口短筒袜横向延伸值及公差

单位为厘米

袜　号	罗　口	袜　筒	罗口、袜筒公差	宽紧口不低于
14	13	13.5	±1.5	—
15				
16	14	14.5		
17				
18	15	15.5		17
19				
20	16	16.5		
21				

表 10（续）

单位为厘米

袜 号	罗 口	袜 筒	罗口、袜筒公差	宽紧口不低于
22				
23	17	17.5		
24				
25	18	18.5		
26			±2	18
27				
28	18.5	19.5		
29				
30				

表 11 弹力锦纶丝罗口、宽紧口短筒袜横向延伸值及公差

单位为厘米

袜 号	罗口、袜筒	公 差	宽紧口不低于
12～14	15		15
14～16	16		16
16～18	17	±2	
18～20	18		
20～22	19		17
22～24	19		
24～26	20	$^{+3}_{-2}$	
26～28	21		18
28～30	22		

表 12 高弹无跟袜横向延伸值

单位为厘米

类 别	袜 口 ≥	上袜筒 ≥	下袜筒 ≥
短筒袜	20	—	
中筒袜	25	25	20
长筒袜	28	28	

表 13 高弹连裤袜直向、横向延伸值及公差

单位为厘米

类 别	横向延伸值					直向延伸值			
	腰口	上袜筒	下袜筒	臀宽	公差	直裆	公差	腿长	公差
高弹锦纶丝袜	48	35	26	65		46		180	
高弹锦纶丝/氨纶包芯纱交织袜	45	39	28	50		40		190	
锦纶长丝/氨纶包芯纱交织袜	45	35	25	62		50		190	
全氨纶包芯丝袜(天鹅绒袜)	50	40	28	68	−5	50	−5	210	−10
33.3 dtex(30den)～77.8 dtex(70den)氨纶包芯纱袜	48	34	25	60		42		170	
77.8 dtex(70 den)以上氨纶包芯纱袜	45	32	22	55		32		130	

表 14 棉/弹力锦纶丝(涤纶丝)交织短袜横向延伸值 单位为厘米

袜 号	袜口、袜筒 ≥	
15～16	16	
17～18		
19～20	17	
21～22		
23～24	18	
25～26		
27～28		

注：用标准拉力时,横向延伸值可减少 1 cm。

表 15 棉/氨纶包芯纱交织袜直、横向延伸值 单位为厘米

袜 号	直向延伸值(底长) ≥		横向延伸值 ≥
	一等品	合格品	袜口、袜筒
12～14	23	21	
14～16	27	25	16
16～18	29	27	
18～20	31	29	17
20～22	33	31	
22～24	36	34	
24～26	39	37	18
26～28	42	40	
28～30	45	43	19

注 1：用标准拉力时,横向延伸值可减少 1 cm。

注 2：厚型袜直向、横向延伸值均作；薄型袜只作横向延伸值。

5.4.1.2 内在质量其他要求见表 16。

表 16 内在质量其他要求

项 目			一等品	合格品
甲醛含量/(mg/kg) ≤		A 类	20	
		B 类	75	
pH 值			4.0～7.5	
异味			无	
可分解芳香胺染料			禁用	
纤维含量(净干含量)及偏差/%			按 FZ/T 01053 执行	
耐水色牢度/级 ≥	变色、沾色	A 类	3—4	
		B 类	3	

表 16（续）

项　　目			一等品	合格品
耐酸、碱汗渍色牢度/级 ≥	变色、沾色	A类	3—4	
		B类	3	
耐摩擦色牢度/级 ≥	干摩	A类	4	
		B类	3	
	湿摩		3（深色2—3）	
耐唾液色牢度/级 ≥	变色、沾色	A类	4	
耐洗色牢度/级 ≥	变色、沾色		3	

注1：色别分档：>1/12标准深度为深色，≤1/12标准深度为浅色。

注2：A类为婴幼儿类，B类为直接接触皮肤类。

5.4.2 内在质量分等规定

见表17。

表 17 内在质量分等规定

项　　目		一　等　品	合　格　品
横向延伸值/cm	袜口、袜筒、腰口、臀宽	符合本标准及公差。两只差异棉纱线袜和锦纶丝袜1.5 cm内允许；弹力袜2 cm内允许；高弹丝袜3 cm内允许	棉纱线袜、锦纶丝袜超出一等品标准公差±0.5 cm，其他袜类超出一等品公差—1 cm，两只差异超出一等品公差1 cm
	腰口、臀宽	符合本标准规定	超出一等品公差—5 cm
直向延伸值/cm	直档	符合本标准规定	超出一等品公差—4 cm
	腿长		超出一等品公差—6 cm
	底长（厚型）	符合本标准规定	符合本标准规定
色牢度/级		符合本标准规定	
甲醛含量/（mg/kg）		符合本标准规定	
pH值			
异味			
可分解芳香胺染料			
纤维含量/%			

注：用多功能拉伸仪测试时，直、横向延伸值可减小1.5 cm。

6 试验方法

6.1 抽样数量

6.1.1 外观质量按交货批，分品种、色别、规格（规格尺寸及公差、表面疵点、缝制要求）随机采样2%～3%，但不少于15双（含内在质量检验试样）。

6.1.2 内在质量按交货批，分品种、色别、规格（直、横向延伸值、纤维含量、染色牢度、甲醛含量、pH值、可分解芳香胺染料、异味等）随机采样不低于5双。

6.2 外观质量检验条件

6.2.1 一般采用灯光照明检验。用40 W青光或白光日光灯一只，上面加灯罩，灯罩与检验台面中心垂直距离 50 cm±5 cm 或在 D65 光源下。

6.2.2　如采用室内自然光,应光线适当,光线射入方向为北向左(或右)上角,不能使阳光直射产品。

6.2.3　检验时产品平摊在检验台上,检验人员应正视产品表面,如遇可疑疵点涉及到内在质量时,可仔细检查或反面检查,但评等以平铺直视为准。(丝袜检验时应带手套)

6.2.4　检验规格尺寸时,应在不受外界张力条件下测量。

6.3　试验准备与试验条件

6.3.1　内在质量试样不得有影响试验准确性的疵点。

6.3.2　试验室温湿度要求,试验前,需在常温下展开平放 20 h,然后在试验室温度为 20℃±2℃,相对湿度为 65%±3% 的条件下放置 4 h 后再进行试验。

6.4　试验项目

6.4.1　规格尺寸试验

6.4.1.1　试验工具:量尺,其长度应大于试验长度,精确至 0.1 cm。

6.4.1.2　试验操作:测量袜底长时,将袜子平放在光滑平面上,以量尺对袜子踵点和袜尖的两端点进行测量。

6.4.2　直向、横向延伸值试验

6.4.2.1　试验仪器

试验仪器包括:

a)　电动横拉仪:标准拉力 25 N±0.5 N,扩展标准拉力为 33 N±0.65 N;移动杠杆行进速度为40 mm/s±2 mm/s。

b)　多功能拉伸仪:拉力 0.1 N～100 N 范围内可调,长度测量范围(25 cm±1 cm)～(300 cm±1 cm),移动杠杆行进速度 40 mm/s±2 mm/s,标准拉力 25 N±0.5 N,扩展标准拉力 33 N±0.65 N。

6.4.2.2　试验部位

6.4.2.2.1　短筒有跟袜试验部位:

a)　袜口横向延伸部位:袜口中部。

b)　袜筒横向延伸部位:加底袜在袜筒加跟部位的跟高下 1 cm 处测量。单底袜在筒长中间部位测量。

c)　袜底直向延伸部位:距袜尖 1.0 cm 处至过袜子踵点与袜底垂直线处。

6.4.2.2.2　无跟袜试验部位:

a)　袜口横向延伸部位:袜口中部。

b)　上袜筒横向延伸部位:中筒袜在袜口下 5 cm;长筒袜在袜口下 10 cm。

c)　下袜筒横向延伸部位:距袜尖 10 cm。

6.4.2.2.3　连裤袜试验部位:

a)　腰口横向延伸部位:腰口中部。

b)　臀宽横向延伸部位:腰口下 10 cm 处。

c)　上袜筒横向延伸部位:直档下 10 cm 处。

d)　下袜筒横向延伸部位:无跟袜距袜尖 10 cm 处;有跟袜距提针点上 5 cm 处;定跟袜距袜跟圆弧对折线的中点上 5 cm 处。

e)　直档直向延伸部位:腰口中部至档底延长线处。

f)　腿长直向延伸部位:由档底延长线至距袜尖 1.5 cm 处。

6.4.2.3　试验操作

6.4.2.3.1　用扩展标准拉力测试棉纱线袜,含棉 50% 及以上混纺、交织袜。用标准拉力测试化纤袜及其他混纺、交织袜。标准拉力 25 N±0.5 N,扩展标准拉力 33 N±0.65 N。

6.4.2.3.2 棉/氨纶包芯纱交织（厚型）袜底长直向拉伸试验：将拉伸仪的两夹头分别夹持袜尖下1.0 cm处和过袜子踵点与袜底垂直线处，测定其拉伸值。

6.4.2.3.3 连裤袜拉伸试验：先做横向部位拉伸，停放30 min后再做直向部位拉伸。

6.4.2.3.4 连裤袜的两个腿长要分别进行试验。

6.4.2.3.5 直裆拉伸试验将腰口至裆底左右相对折重合后再进行拉伸试验。

6.4.2.3.6 试验时如遇试样在拉钩上滑脱情况，应换样重做试验。

6.4.2.3.7 计算方法（结果保留整数）：按式（1）计算合格率。

$$A = \frac{n}{N} \times 100 \qquad \cdots\cdots\cdots\cdots\cdots\cdots\cdots\cdots (1)$$

式中：

A——合格率，%；

n——测试合格总处数；

N——测试总处数。

6.4.3 染色牢度试验

6.4.3.1 耐洗色牢度试验方法按 GB/T 3921.1 规定执行。

6.4.3.2 耐酸、碱汗渍色牢度试验方法按 GB/T 3922 规定执行，剪取袜底部位。

6.4.3.3 耐摩擦色牢度试验方法按 GB/T 3920 规定执行，剪取袜底部位，只做直向。

6.4.3.4 耐水色牢度试验按 GB/T 5713 规定执行。

6.4.4 纤维含量试验

按 GB/T 2910、GB/T 2911、FZ/T 01057（所有部分）、FZ/T 01095 规定执行。

试验部位：通常剪取脚面部位。对脚面部位由于编制结构复杂或提花花型的不对称而难以取样的产品，根据实际情况协商后确定其具体取样方案，但应注明。

6.4.5 甲醛含量试验

按 GB/T 2912.1 规定执行。

6.4.6 pH 值试验

按 GB/T 7573 规定执行。

6.4.7 异味试验

按 GB 18401—2003 规定执行。

6.4.8 可分解芳香胺染料试验

按 GB/T 17592 规定执行，检出限为 20 mg/kg。

6.4.9 耐唾液色牢度试验

按 GB/T 18886 规定执行。

6.4.10 色牢度评级

按 GB 250 及 GB 251 评定。

7 判定规则

7.1 检验结果的处理方法

7.1.1 外观质量

以双为单位，凡不符品等率超过 5.0% 以上或破洞、漏针在 3.0% 以上者，判定为不合格。

7.1.2 内在质量

7.1.2.1 直、横向延伸值以测试 5 双袜子的合格率达 80% 及以上为合格，在一般情况下可在常温下测试。如遇争议时，以恒温恒湿条件下测试数据为准。

7.1.2.2 甲醛含量、pH 值、耐洗色牢度、耐水色牢度、耐酸、碱汗渍色牢度、耐摩擦色牢度、异味、可分解芳香胺染料、耐唾液色牢度检验结果合格者,判定该批产品合格,不合格者判定该批产品不合格。

7.2 复验

7.2.1 检验时任何一方对检验的结果有异议,在规定期限内对有异议的项目可要求复验。

7.2.2 复验数量为初验时数量。

7.2.3 复验结果按 7.1 规定处理,以复验结果为准。

8 产品使用说明、包装、运输、贮存

8.1 产品使用说明按 GB 5296.4 规定执行。

8.1.1 纤维含量通常标注产品脚面部位含量;对脚面部位编织结构复杂或提花花型不对称的产品,可根据实际情况确定取样方案,并在纤维含量标识上注明。

8.1.2 高弹连裤袜 33.3Tex(30den)以上氨纶包芯丝袜标明"分特克斯"数;棉袜标明采用的纱线线密度。

8.1.3 薄型袜和新型纤维(天然、再生、合成)袜类,袜头及袜跟加固纤维应标注加固部位和加固纤维名称,可不标出具体含量。

8.1.4 婴幼儿袜类应在使用说明上标明"婴幼儿用品"字样。

8.1.5 规格标注:

　　a) 有跟袜以厘米为单位标明袜号;

　　b) 无跟袜(短筒、中筒、长筒)以厘米为单位标明人体身高范围或袜号;

　　c) 连裤袜以厘米为单位标明适穿的身高和臀围范围。

8.2 包装按 GB/T 4856 规定或协议规定执行。

8.3 产品装箱运输应防火、防潮、防污染。

8.4 产品应存放在阴凉、通风、干燥、清洁的库房内,并防霉、防蛀。

8.5 产品安全性要求:应符合 GB 18401 要求,标注"安全技术要求类别 A 类或 B 类"。

FZ/T 73001—2008《袜子》
第 1 号修改单

本修改单经中华人民共和国工业和信息化部于 2009 年 11 月 17 日批准,自 2009 年 11 月 17 日起实施。

① 3.1 条第二行更改文字表述:

将原来"以 18tex 及以上的单纱为主编织而成的袜子"更改为"以 18tex 及以下的棉单纱编织而成的袜子"。

② 3.2 条第二行更改文字表述:

将原来"以两根棉纱线或一根 18tex 以下棉纱为主纱编织而成的袜子"更改为"以两根棉纱线或一根 18tex 以上棉纱为主纱编织而成的袜子"。

③ 8.1.2 条第一行更改单位及文字表述:

将原来"高弹连裤袜 33.3Tex(30den)以上氨纶包芯丝袜标明'分特克斯'数;棉袜标明采用的纱线线密度"更改为"高弹连裤袜 33.3dtex(30den)以上氨纶包芯丝袜标明'分特克斯'数;薄棉袜标明采用的纱线线密度"。

④ 8.1.3 条第一行更改文字表述:

将原来"薄型袜和新型纤维(天然、再生、合成)袜类,袜头及袜跟加固纤维应标注加固部位和加固纤维名称,可不标出具体含量"更改为"薄棉袜和新型纤维(天然、再生、合成)袜类,袜头及袜跟加固纤维应标注加固部位和加固纤维名称,可不标出具体含量"。

ICS 59.080.30
W 63

中华人民共和国纺织行业标准

FZ/T 73002—2006
代替 FZ/T 73002—1991

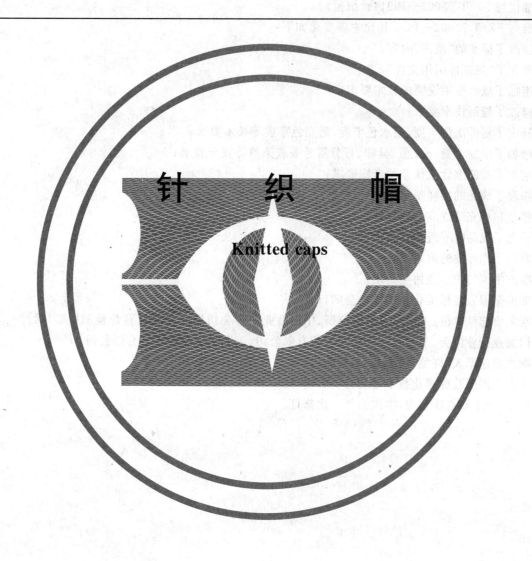

针 织 帽

Knitted caps

2006-12-31 发布 　　　　　　　　　　　2007-07-01 实施

中华人民共和国国家发展和改革委员会　　发 布

前　言

　　本标准的 4.1 及 4.7 中的耐汗渍色牢度、耐水色牢度、耐干摩擦色牢度、甲醛含量、pH 值、异味、可分解芳香胺染料为强制性条文。

　　本标准代替 FZ/T 73002—1991《针织帽》。

　　本标准与 FZ/T 73002—1991 相比主要变化如下：

　　——修改了标准的"范围"内容；

　　——补充了"规范性引用文件"；

　　——增加了成品使用说明的技术要求；

　　——修改了缝制技术要求；

　　——补充了耐干洗色牢度、耐水色牢度、耐光色牢度等技术要求；

　　——增加了甲醛含量、pH 值、异味、可分解芳香胺染料等安全要求；

　　——增加了对纤维含量偏差的考核要求；

　　——修改了成品的抽样规定；

　　——修改和补充了成品的质量缺陷要求；

　　——补充了成品的等级判定要求；

　　——取消了原标准的附录 A。

　　本标准由中国纺织工业协会提出。

　　本标准由全国服装标准化技术委员会归口。

　　本标准主要起草单位：上海市服装研究所、中国商业联合会纺织服装质量监督检测中心（天津）、上海服装鞋帽商业行业协会、上海服装集团工艺帽有限公司、上海利乐服装研究有限公司。

　　本标准主要起草人：许鉴、姚小妹、吴树珍、封孝忠、秦威、王宏明。

　　本标准由全国服装标准化技术委员会负责解释。

　　本标准于 1991 年首次发布，本次为第一次修订。

针　织　帽

1　范围

本标准规定了针织帽的要求、检验(测试)方法、检验分类规则、标志、包装、运输和贮存等全部技术要求。

本标准适用于以纺织针织物为主要原料生产的帽子。

2　规范性引用文件

下列文件中的条款通过本标准的引用而成为本标准的条款。凡是注日期的引用文件,其随后所有的修改单(不包括勘误的内容)或修订版均不适用于本标准,然而,鼓励根据本标准达成协议的各方研究是否可使用这些文件的最新版本。凡是不注日期的引用文件,其最新版本适用于本标准。

GB 250　评定变色用灰色样卡

GB 251　评定沾色用灰色样卡

GB/T 2910　纺织品　二组分纤维混纺产品定量化学分析方法

GB/T 2911　纺织品　三组分纤维混纺产品定量化学分析方法

GB/T 2912.1　纺织品　甲醛的测定　第 1 部分:游离水解的甲醛(水萃取法)

GB/T 3920　纺织品　色牢度试验　耐摩擦色牢度

GB/T 3921.1　纺织品　色牢度试验　耐洗色牢度:试验 1

GB/T 3922　纺织品耐汗渍色牢度试验方法

GB/T 4841.6　1/12 染料染色标准深度色卡

GB 5296.4　消费品使用说明　纺织品和服装使用说明

GB/T 5711　纺织品　色牢度试验　耐干洗色牢度

GB/T 5713　纺织品　色牢度试验　耐水色牢度

GB/T 7573　纺织品　水萃取液 pH 值的测定

GB/T 8170　数值修约规则

GB/T 8427—1998　纺织品　色牢度试验　耐人造光色牢度:氙弧

GB/T 17592　纺织品　禁用偶氮染料的测定

GB 18401—2003　国家纺织产品基本安全技术规范

GB/T 18886　纺织品　色牢度试验　耐唾液色牢度

FZ/T 01026　纺织品　四组分纤维混纺产品定量化学分析方法

FZ/T 01053　纺织品　纤维含量的标识

FZ/T 01057(所有部分)　纺织纤维鉴别试验方法

FZ/T 01095　纺织品　氨纶产品纤维含量的试验方法

FZ/T 80002　服装标志、包装、运输和贮存

FZ/T 80004　服装成品出厂检验规则

3　术语和定义

下列术语和定义适用于本标准。

3.1

色花

原料染色不匀,造成针织物表面颜色深浅不一。

3.2

凹凸不匀

针织物表面呈现高低不平的外观。

3.3

松紧不匀

针织物上线圈大小松紧不一。

3.4

花纹不齐

针织物上应对准的图案、花纹或横条的部位未对准。

3.5

花针

编织时,某些针上的线圈没有脱圈,形成不应有的集圈,使针织物上呈现不规则的空隙。

3.6

漏针

在编织过程中,纱线未断裂,针钩内未垫到新纱线而造成脱圈的直向疵点。

3.7

吊针

在成圈过程中,一枚针上连续多次出现不成圈。

3.8

稀路针

针织物上线圈纵行排列稀密不匀的纹路。

3.9

瘪针

针织物上应凸出的花纹未凸起。

3.10

豁口

在编织过程中,同一横列中有较多的舌针同时发生脱圈。

3.11

豁边

在编织过程中,织边旁舌针发生脱圈。

3.12

破洞

在针织物成圈中有一根或几根纱线断裂,线圈脱散。

3.13

油针

针织物上出现纵向条状油迹,横向一行或一段带有油迹。

3.14

修疤

针织物经修补后留下的痕迹。

3.15

拉毛不匀

针织物拉毛后表面绒毛不均匀,有秃斑、条状形、露底、露止口。

3.16

极光

产品定型不良,表面形成明显发白、发亮的痕迹。

4 要求

4.1 使用说明

成品的使用说明按 GB 5296.4 和 GB 18401—2003 的规定执行。其中,成品的规格应以厘米为单位标注其帽宽。

4.2 规格

成品主要部位的规格由企业自行设置,规格允许偏差按表1规定。

表 1
单位为厘米

部 位 名 称	规 格 允 许 偏 差
帽 长	±1.4
帽 口 宽	±1.2
帽 身 宽	±1.2
翻 边 长	±0.7
帽顶直径(圆顶帽)	±1.0
帽口直径(圆顶帽)	±1.0

4.3 原材料

原材料可根据用户需要选用适合制作针织帽,并符合相关国家标准或行业标准的产品。

4.4 色差

同件产品表面部位的色差不低于4级。同批产品的色差或与确认样的色差不低于3—4级。

4.5 缝制

4.5.1 针距密度按表2规定。

表 2

项 目	针 距 密 度/(针/3 cm)	备 注
明暗线	10～12	—
三线包缝	9～11	橡筋包缝除外
四线包缝	9～11	—

4.5.2 成品各部位缝制线迹顺直、整齐、牢固、松紧适宜。

4.5.3 成品表面无凹凸不匀、松紧不匀、花纹不齐、花针、漏针、吊针、稀路针、瘪针、豁口、豁边、破洞、油针、修疤和坏针形成的疵点等缺陷。

4.5.4 同一部位缝线跳针不超过1针。

4.5.5 提花、抽条、夹条的产品,花纹和提花应清晰、完整。直横正直,里外平服。

4.5.6 绣花花型不走型、不起皱,符合绣花针法,不影响帽身弹性。

4.5.7 帽面、帽里纹路歪斜互差不大于1 cm。串顶不允许漏眼或单股眼,线结牢固。收顶眼子直径:单股编织不大于0.5 cm,多股编织不大于1 cm。

4.5.8 拉毛应均匀。

4.5.9 成品表面整洁、无污渍、无破损。

4.5.10 帽球、帽蒂、带、结等缝钉牢固,无松线、散结、脱落。

4.5.11 耐久性标签和装饰件等端正、牢固。

4.6 熨烫

熨烫平服、圆势应正直、无极光、无烫黄。

4.7 理化性能

成品的理化性能要求按表3规定。

表 3

项 目		技 术 要 求			备 注
		优等品	一等品	合格品	
耐洗色牢度/级 ≥	变色	4	3—4	3	使用说明上标注不可水洗的产品不考核
	沾色	4	3—4	3	
耐干洗色牢度/级 ≥	变色	4—5	4	3—4	使用说明上标注不可干洗的产品不考核
	沾色	4—5	4	3—4	
耐汗渍色牢度/级 ≥	变色	4	3—4	3	婴幼儿用品的合格品指标增加半级
	沾色	4	3—4	3	
耐水色牢度/级 ≥	变色	4	3—4	3	
	沾色	4	3—4	3	
耐干摩擦色牢度/级 ≥	沾色	4	3—4	3	婴幼儿用品≥4
耐湿摩擦色牢度/级 ≥	沾色	4	3—4	3	深色产品的一等品和合格品指标可降低半级
耐光色牢度/级 ≥		4	3—4	3	—
耐唾液色牢度/级 ≥	变色	4			只考核婴幼儿用品
	沾色				
甲醛含量/(mg/kg) ≤		75			婴幼儿用品≤20
pH 值		4.0~7.5			—
异 味		无			—
可分解芳香胺染料		禁 用			—
纤维含量偏差		按 FZ/T 01053 规定执行			
质量偏差率/(%) ≥		—6			—

注1:按 GB/T 4841.6 标准规定,颜色大于 1/12 标准深度为深色,颜色小于等于 1/12 标准深度为浅色。

注2:成品的理化性能评等按表中最低一项的结果判定。

注3:在还原条件下染料中不允许分解出的致癌芳香胺清单见 GB 18401—2003 的附录 C。

5 检验(测试)方法

5.1 检验工具

5.1.1 钢卷尺。

5.1.2 评定变色用灰色样卡(GB 250)。

5.1.3 评定沾色用灰色样卡(GB 251)。

5.1.4 天平秤。

5.2 检验条件

可在正常北向自然光线或灯光下进行。如采用灯光时,应保持被检样品表面照度不低于 600 lx。

5.3 成品规格测定

5.3.1 成品主要部位规格测量方法按表 4 规定,测量部位见图 1。

5.3.2 成品主要部位规格允许偏差按表 1 规定。

表 4

序号	部 位 名 称	测 量 方 法
1	帽 长	帽子放平,从帽子顶端垂直量至帽口
2	帽 口 宽	帽口往上 2 cm 处,从帽左端平行量至右端
3	帽 身 宽	帽翻边往上最宽处,从帽左端平行量至右端
4	翻 边 长	从帽翻边顶端量至帽口
5	帽顶直径(圆顶帽)	帽放平,测量帽顶直径
6	帽口直径(圆顶帽)	帽口朝上放平,测量帽口直径

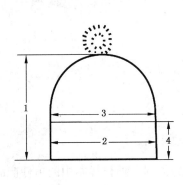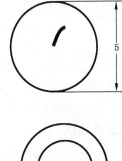

图 1

5.4 色差测定

试样被测部位应纱向一致,采用北空光照射,或用 600 lx 及以上等效光源。入射光与试样表面约成 45°角,检验人员的视线大致垂直于试样表面,距离约 60 cm 目测,并按 4.4 规定与 GB 250 标准样卡对比。

5.5 针距密度测定

成品的缝制质量按 4.5 规定。针距密度按表 2 规定,在成品上任取 3 cm(厚薄部位除外)进行测量。

5.6 理化性能测定

5.6.1 耐洗色牢度的测试方法按 GB/T 3921.1 规定。

5.6.2 耐干洗色牢度的测试方法按 GB/T 5711 规定。

5.6.3 耐汗渍色牢度的测试方法按 GB/T 3922 规定。

5.6.4 耐水色牢度的测试方法按 GB/T 5713 规定。

5.6.5 耐摩擦色牢度的测试方法按 GB/T 3920 规定。

5.6.6 耐光色牢度的测试方法按 GB/T 8427—1998 的方法 3 规定。其中一等品产品的试样可只与蓝色羊毛标准 4 和蓝色羊毛标准 3 两块一起曝晒,报告色牢度级数表示为"好于 4 级"或"差于 3 级"或实测级数。

5.6.7 耐唾液色牢度的测试方法按 GB/T 18886 规定。

5.6.8 甲醛含量的测试方法按 GB/T 2912.1 规定。

5.6.9 pH 值的测试方法按 GB/T 7573 规定。

5.6.10 异味的测试方法按 GB 18401—2003 的 6.7 规定。

5.6.11 可分解芳香胺染料的测试方法按 GB/T 17592 规定,检出限为 20 mg/kg。

5.6.12 纤维含量的测试方法按 GB/T 2910、GB/T 2911、FZ/T 01026、FZ/T 01057、FZ/T 01095 等规定,含毛产品和丝绸产品试验结果按结合公定回潮率含量计算,其余产品的试验结果按净干含量计算。

5.6.13 质量偏差率的测试,在批量中随机抽取三个成品,用天平秤分别称其质量,取三个试样的平均值,按 GB/T 8170 修约至 0.1 g,并按式(1)计算质量偏差率。

$$Q = \frac{m_2 - m_1}{m_1} \times 100\% \quad \cdots\cdots\cdots\cdots\cdots\cdots\cdots\cdots (1)$$

式中:

Q——质量偏差率,%;

m_1——规定质量,单位为克(g);

m_2——实测质量(三个试样的平均值),单位为克(g)。

6 检验规则

6.1 检验分类

6.1.1 成品检验分为出厂检验和型式检验。

6.1.2 出厂检验项目按第 4 章规定,4.7 除外。

6.1.3 型式检验项目按第 4 章规定。

6.2 质量等级和缺陷划分规则

6.2.1 质量等级划分

成品质量等级划分以缺陷是否存在及其轻重程度为依据。抽样样本中的单件产品以缺陷的数量及其轻重程度划分等级,批等级以抽样样本中单件产品的品等数量划分。

6.2.2 缺陷划分

单件产品不符合第 4 章规定的要求即构成缺陷。按照产品不符合要求和对产品性能、外观的影响程度,缺陷分成三类:

    a) 严重缺陷:严重降低产品的使用性能,严重影响产品外观的缺陷,称为严重缺陷。

    b) 重缺陷:不严重降低产品的使用性能,不严重影响产品外观,但较严重不符合标准要求的缺陷,称为重缺陷。

    c) 轻缺陷:不符合标准要求,但对产品的使用性能和外观有较小影响的缺陷,称为轻缺陷。

6.2.3 质量缺陷判定依据

质量缺陷判定依据按表 5 规定。

表 5

项　目	序号	轻　缺　陷	重　缺　陷	严　重　缺　陷
使用说明	1	商标不端正、不平服,明显歪斜;钉商标线与商标底色的色泽不相适宜。	使用说明内容不准确。	使用说明内容缺项。
规格允许偏差	2	规格超过本标准规定 50% 以内。	规格超过本标准规定 50% 及以上。	规格超过本标准规定 100% 及以上。

表5（续）

项　目	序号	轻　缺　陷	重　缺　陷	严　重　缺　陷
表面疵点	3		表面有轻度极光、污渍。	
色差	4	低于本标准规定半级。	低于本标准规定半级以上。	
针距密度	5	低于本标准规定2针及以内。	低于本标准规定2针以上。	
外观及缝制质量	6	缝制线迹轻微不顺直、松紧不适宜。	缝制线迹明显不顺直、松紧不适宜、不牢固。	帽球、帽蒂、带、结等缝钉不牢固，松线、散结、脱落。
	7	表面轻微凹凸不匀、松紧不匀、花纹不齐。	表面明显凹凸不匀、松紧不匀、花纹不齐；稀路针；瘪针；油针；修疤。	表面有花针；漏针；吊针；豁口；豁边；烫黄。
	8	熨烫不平服。	轻微烫黄；变色。	变质；破损。
	9	花纹、提花轻微不清晰；里外轻微不平服。	花纹、提花明显不清晰。里外明显不平服。	
	10		同一部位缝线跳针超过1针。	同一部位缝线跳针超过2针。
	11	绣花花型轻微走型、起皱。	绣花花型明显走型、起皱，影响帽身弹性。	
	12	帽面、帽里纹路歪斜，互差大于1 cm；收眼子直径、单股眼大于0.5 cm，多股编织大于1 cm。	帽面、帽里纹路歪斜，互差大于1.5 cm；收眼子直径、单股眼大于1.0 cm，多股编织大于1.5 cm。	串顶漏眼；单股眼；线结不牢固。
	13	拉毛轻微不均匀。	拉毛明显不均匀。	

注1：以上各缺陷按序号逐项累计计算。

注2：未涉及到的缺陷可根据缺陷划分规则，参照相似缺陷酌情判定。

注3：凡属丢工、少序、错序，均为重缺陷。缺件为严重缺陷。

6.3　抽样规定

外观质量检验抽样数量按产品批量：

500顶及以下抽10顶。

500顶以上至1 000顶（含1 000顶）抽20顶。

1 000顶以上抽30顶。

理化性能检验抽样根据试验需要，一般不少于3顶。

6.4　判定规则

6.4.1　单顶（样本）判定

优等品：严重缺陷数＝0　　重缺陷数＝0　　轻缺陷数≤1

一等品：严重缺陷数＝0　　重缺陷数＝0　　轻缺陷数≤3

合格品：严重缺陷数＝0　　重缺陷数＝0　　轻缺陷数≤4　或

　　　　严重缺陷数＝0　　重缺陷数＝1　　轻缺陷数≤2

6.4.2　批量判定

优等品批：外观质量检验样本中的优等品数≥90％，一等品和合格品数≤10％。各项理化性能指标测试均达到优等品要求。

一等品批：外观质量检验样本中的一等品以上的产品数≥90％，合格品数≤10％（不含不合格品）。各项理化性能指标测试均达到一等品要求。

合格品批:外观质量检验样本中的合格品以上的产品数≥90%,不合格品数≤10%(不含严重缺陷不合格品)。各项理化性能指标测试均达到合格品要求。

当外观缝制质量判定与理化性能判定不一致时,执行低等级判定。

6.5 检验结果判定

6.5.1 成品出厂检验规则按 FZ/T 80004 规定。

6.5.2 型式检验按 6.3 抽样,样本批量判定结果符合 6.4 要求,则判定批量产品为合格,样本批量判定低于 6.4 要求,则判定批量产品不合格。

6.6 复验规定

如果交收双方对首次检验结果判定有异议时,可进行一次复验。复验抽样数量为 6.3 规定数的 2 倍,复验结果按 6.4 和 6.5 规定判定。以一次复验结果为最终判定结果。

7 标志、包装、运输和贮存

成品的标志、包装、运输和贮存按 FZ/T 80002 执行。

_____

ICS 59.080
W 63

中华人民共和国纺织行业标准

FZ/T 73005—2012
代替 FZ/T 73005—2002

低含毛混纺及仿毛针织品

Low wool content and wool like knitting goods

2012-12-28 发布

2013-06-01 实施

中华人民共和国工业和信息化部　　发布

前　言

本标准按照 GB/T 1.1—2009 给出的规则起草。

本标准是对 FZ/T 73005—2002《低含毛混纺及仿毛针织品》的修订。本标准与 FZ/T 73005—2002
相比,主要变化如下:

——适用范围改为:本标准适用于鉴定精、粗梳含羊毛 30%以下的低含毛混纺针织品以及非羊毛
纤维纯纺或混纺的仿毛针织品的品质。其他动物毛纤维亦可参照执行。

——修改了规范性引用文件。

——安全性要求中加入了应符合 GB 18401 的内容。

——分等规定中增加优等品等级,内在质量、外观质量评等中增加优等品指标要求。

——物理指标评等主要修改内容有:

- 纤维含量改为按 FZ/T 01053 执行;
- 起球改为必考指标;
- 将外观质量评等中的扭斜角指标列入物理指标评等;
- 松弛尺寸变化率的备注改为:非平针产品和只可干洗类产品不考核;
- 成品重量偏差率改为单件质量偏差率;
- 取消原表 1 中的"注:成品中某一纤维含量低于 10%时,其含量偏差绝对值应不高于标注
  含量的 30%。"

——染色牢度评等主要修改内容有:

- 取消"一等品允许有一项低半级;有两项低于半级或一项低于一级者则降为二等品;凡低
  于二等品者为等外品"的规定;
- 增加耐汗渍(酸性)、耐干洗指标;
- 耐光深色产品一等品要求由 3-4 级改为 4 级,耐洗、耐水的色泽变化由 3 级提高到 3-4 级;
- 增加二等品指标要求;
- 增加印花部位、吊染产品一等品耐汗渍、耐摩擦指标要求。

——试验方法主要修改内容有:

- 增加安全性要求检验方法;
- 扭斜角试验洗涤方法改为采用 1×7A;
- 耐汗渍试验改为使用两种方法(酸液、碱液);
- 增加耐干洗试验方法。

——外观质量评等、外观质量检验、检验和验收规则、包装和标志均按 FZ/T 73018—2012 相关规
定执行。

——取消附录 A。

本标准由中国纺织工业联合会提出。

本标准由全国纺织品标准化技术委员会毛纺织分技术委员会归口。

本标准起草单位:北京毛纺织科学研究所检验中心、江阴芗菲服饰有限公司、恒源祥(集团)有限公
司、浙江千圣禧服饰有限公司、桐乡市圣百榕服饰制衣有限公司。

本标准主要起草人:李立荣、周婉、何爱芳、陈建根、赵伟。

本标准所代替标准的历次版本发布情况为:

——FZ/T 73005—2002、FZ/T 73005—1991。

低含毛混纺及仿毛针织品

1 范围

本标准规定了低含毛混纺及仿毛针织品的技术要求、试验方法、检验及验收规则和包装、标志。

本标准适用于鉴定精、粗梳含羊毛30%以下的低含毛混纺针织品以及非羊毛纤维纯纺或混纺的仿毛针织品的品质。其他动物毛纤维亦可参照执行。

2 规范性引用文件

下列文件对于本文件的应用是必不可少的。凡是注日期的引用文件,仅注日期的版本适用于本文件。凡是不注日期的引用文件,其最新版本(包括所有的修改单)适用于本文件。

GB/T 2910(所有部分) 纺织品 定量化学分析

GB/T 3920 纺织品 色牢度试验 耐摩擦色牢度

GB/T 3922 纺织品耐汗渍色牢度试验方法

GB/T 4802.3 纺织品 织物起毛起球性能的测定 第3部分:起球箱法

GB/T 4841.3 染料染色标准深度色卡 2/1、1/3、1/6、1/12、1/25

GB/T 5711 纺织品 色牢度试验 耐干洗色牢度

GB/T 5713 纺织品 色牢度试验 耐水色牢度

GB/T 8427—2008 纺织品 色牢度试验 耐人造光色牢度:氙弧

GB 9994 纺织材料公定回潮率

GB/T 9995 纺织材料含水率和回潮率的测定 烘箱干燥法

GB/T 12490—2007 纺织品 色牢度试验 耐家庭和商业洗涤色牢度

GB/T 16988 特种动物纤维与绵羊毛混合物含量的测定

GB 18401 国家纺织产品基本安全技术规范

FZ/T 01026 纺织品 定量化学分析 四组分纤维混合物

FZ/T 01053 纺织品 纤维含量的标识

FZ/T 01057(所有部分) 纺织纤维鉴别试验方法

FZ/T 01095 纺织品 氨纶产品纤维含量的试验方法

FZ/T 01101 纺织品 纤维含量的测定 物理法

FZ/T 20011—2006 毛针织成衣扭斜角试验方法

FZ/T 30003 麻棉混纺产品定量分析方法 显微投影法

FZ/T 70009 毛纺织产品经洗涤后松弛尺寸变化率和毡化尺寸变化率试验方法

FZ/T 73018—2012 毛针织品

3 技术要求

3.1 安全性要求

低含毛混纺及仿毛针织品的基本安全技术要求应符合 GB 18401 的规定。

3.2 分等规定

低含毛混纺及仿毛针织品的品等以件为单位,按内在质量和外观质量的检验结果中最低一项定等,分为优等品、一等品和二等品,低于二等品者为等外品。

3.3 内在质量的评等

3.3.1 内在质量的评等按物理指标和染色牢度的检验结果中最低一项定等。

3.3.2 物理指标按表1规定评等。

表 1 物理指标评等

项　　目		单位	限度	优等品	一等品	二等品	备注
纤维含量		%	—	按 FZ/T 01053 执行			—
起球		级	≥	3-4	3	2-3	—
扭斜角		(°)	≤	5			只考核平针产品
松弛尺寸变化率	长度	%	—	±5			非平针产品和只可干洗类产品不考核
	宽度			±5			
	洗涤程序			1×7A			
单件质量偏差率		%	—	按供需双方合约规定			—

3.3.3 染色牢度按表2规定评等。印花部位、吊染产品色牢度一等品指标要求耐汗渍色牢度色泽变化和贴衬沾色应达到3级;耐干摩擦色牢度应达到3级,耐湿摩擦色牢度应达到2-3级。

表 2 染色牢度评等

项　　目		单位	限度	优等品	一等品	二等品
耐光	>1/12 标准深度(深色)	级	≥	4	4	4
	≤1/12 标准深度(浅色)			3	3	3
耐洗	色泽变化	级	≥	3-4	3-4	3
	贴衬沾色			3-4	3	3
耐汗渍(酸性、碱性)	色泽变化	级	≥	3-4	3-4	3
	贴衬沾色			3-4	3	3
耐水	色泽变化	级	≥	3-4	3-4	3
	贴衬沾色			3-4	3	3
耐摩擦	干摩擦	级	≥	4	3-4(深色 3)	3
	湿摩擦			3	2-3	2-3
耐干洗	色泽变化	级	≥	4	3-4	3-4
	溶剂沾色			3-4	3	3

表 2（续）

项　　目	单位	限度	优等品	一等品	二等品
注 1：内衣类产品不考核耐光色牢度。 注 2：耐干洗色牢度为可干洗类产品考核指标。 注 3：只可干洗类产品不考核耐洗、耐湿摩擦色牢度。 注 4：根据 GB/T 4841.3，>1/12 标准深度为深色，≤1/12 标准深度为浅色。					

3.4　外观质量的评等

按 FZ/T 73018—2012 中 4.4 执行。

4　试验方法

4.1　安全性要求检验

按 GB 18401 规定的项目和试验方法执行。

4.2　内在质量检验

4.2.1　纤维含量试验

按 GB/T 2910、GB/T 16988、FZ/T 01026、FZ/T 01057、FZ/T 01095、FZ/T 01101 和 FZ/T 30003 执行。

4.2.2　起球试验

按 GB/T 4802.3 执行，精梳产品翻动 14 400 r，粗梳产品翻动 7 200 r。

4.2.3　扭斜角试验

按 FZ/T 20011—2006 执行，洗涤程序采用 1×7 A。

4.2.4　松弛尺寸变化率试验

按 FZ/T 70009 执行。

4.2.5　单件质量偏差率试验

4.2.5.1　将抽取的若干件样品（见第 5 章中此项试验的抽样数量规定）平铺在温度 20 ℃±2 ℃、相对湿度 65%±4% 条件下吸湿平衡 24 h 后，逐件称量，精确至 0.5 g，并计算其平均值，得到单件成品初质量（m_1）。

4.2.5.2　从其中一件试样上裁取回潮率试样两份，每份质量不少于 10 g，按 GB/T 9995 测得试样的实际回潮率。

4.2.5.3　按式（1）计算单件成品公定回潮质量，精确至 0.1 g（公定回潮率按 GB 9994 执行）。

$$m_0 = \frac{m_1 \times (1 + R_0)}{1 + R_1} \qquad\qquad\cdots\cdots\cdots\cdots\cdots\cdots\cdots\cdots（1）$$

式中：

m_0——单件成品公定回潮质量，单位为克（g）；

m_1——单件成品初质量,单位为克(g);

R_0——公定回潮率,%;

R_1——实际回潮率,%。

4.2.5.4 按式(2)计算单件成品质量偏差率,精确至 0.1%。

$$D_G = \frac{m_0 - m}{m} \times 100\% \qquad \cdots\cdots\cdots\cdots\cdots\cdots\cdots\cdots\cdots\cdots\cdots\cdots (2)$$

式中:

D_G——单件成品质量偏差率,%;

m_0——单件成品公定回潮质量,单位为克(g);

m ——单件成品规定质量,单位为克(g)。

4.2.6 耐光色牢度试验

按 GB/T 8427—2008 中方法 3 执行。

4.2.7 耐洗色牢度试验

按 GB/T 12490—2007 中 A1S 条件执行。

4.2.8 耐汗渍色牢度试验

按 GB/T 3922 执行。

4.2.9 耐水色牢度试验

按 GB/T 5713 执行。

4.2.10 耐摩擦色牢度试验

按 GB/T 3920 执行。

4.2.11 耐干洗色牢度试验

按 GB/T 5711 执行。

4.3 外观质量检验

按 FZ/T 73018—2012 中 5.3 执行。

5 检验规则

按 FZ/T 73018—2012 中第 6 章执行。

6 验收规则

按 FZ/T 73018—2012 中第 7 章执行。

7 包装、标志

按 FZ/T 73018—2012 中第 8 章执行。

8 其他

供需双方另有要求,可按合约规定执行。

前　　言

依据中国纺织总会"八五"标准制、修订计划要求,前版腈纶针织内衣国家标准调整为行业标准。根据近几年来腈纶产品生产实际情况和在不影响产品服用性能的前提下,对产品缩水率进行适当的调整。

本标准从 1996 年 7 月 1 日起实施。

本标准从生效之日起,同时代替 GB 8879—88。

本标准由中国纺织总会提出。

本标准由天津针织技术研究所归口。

本标准起草单位:天津针织技术研究所、上海针织公司、上海三枪集团有限公司、天津针织集团公司。

中华人民共和国纺织行业标准

FZ/T 73006—1995

腈 纶 针 织 内 衣

1 范围

本标准规定了腈纶针织内衣技术要求和试验方法。

本标准适用于鉴定腈纶针织内衣的品质。腈纶混纺、交织的针织内衣可参照执行。

2 引用标准

下列标准所包含的条文,通过在本标准中引用而构成为本标准的条文。本标准出版时,所示版本均为有效。所有标准都会被修订,使用本标准的各方应探讨使用下列标准最新版本的可能性。

GB 250—84 评定变色用灰色样卡

GB 251—84 评定沾色用灰色样卡

GB 3920—83 纺织品耐摩擦色牢度试验方法

GB 3921—83 纺织品耐洗色牢度试验方法

GB 3922—83 纺织品耐汗渍色牢度试验方法

GB/T 4856—93 针棉织品包装

GB/T 8878—1996 棉针织内衣

3 产品分类

腈纶针织内衣按织物组织分为单面织物、双面织物、绒织物三类产品。

4 技术要求

技术要求分为内在质量和外观质量两个方面。内在质量包括干燥重量公差、弹子顶破强力、缩水率和染色牢度等项指标。外观质量包括表面疵点、规格尺寸公差、本身尺寸差异等项指标。

4.1 分等规定

4.1.1 腈纶针织内衣的质量定等以件为单位,分为一等品、二等品、三等品。低于三等品者为等外品。

4.1.2 腈纶针织内衣的质量分等,内在质量按批(交货批)评等,外观质量按件评等,二者结合定等(见表1)。

表 1

外观质量评等 内在质量评等	一等品	二等品	三等品
一等品	一等品	二等品	三等品
二等品	二等品	三等品	等外品
三等品	三等品	等外品	等外品

4.1.3 内在质量分等规定(见表2)。

中国纺织总会 1995-09-28 批准　　　　　　　　　　　　　　　　1996-07-01 实施

4.1.4 内在质量各项指标以试验结果最低一项作为该批产品的评等依据。

表 2

项 目		一等品	二等品	三等品
每平方米 干燥重量	绒织物类 双面织物类 单面织物类	符合标准公差	超过标准时,由供需双方协商评等	
弹子顶破强力			符合标准	
缩水率		符合标准	缩水率超过标准时,按缩水率的大小由供需双方协商评等	
染色牢度		允许两项低半级	允许三项低半级或两项低一级	低于二等品允许偏差

4.1.5 外观质量分等规定

4.1.5.1 外观质量评等,以件为单位,按表面疵点、规格尺寸公差和本身尺寸差异的评等来决定。在同一件产品上,发现属于不同品等的外观疵点时,则按最低品等疵点评等。

4.1.5.2 表面疵点评等规定(见表3)。

表 3

疵点类别	疵点名称		一等品	二等品	三等品
纱疵	油纱 色纱	浅色	浅淡的 5 cm2 根 较深的 2 cm2 根	8 根累计 15 cm	允许
		中色	分散累计 10 cm 根数不超过 5 根	5 根累计 30 cm	允许
		深色	5 cm3 根或 10 cm2 根	允许	允许
织疵	白飞花	单、双面织物 绒织物	不明显者 4 cm 以内允许,明显者 0.5 cm2 处允许	不明显者累计不超过 10 cm,明显者累计不超过 4 cm	明显者累计不超过 20 cm
染整 疵点	纹路 歪斜	绒织物	直向 4 cm　横向 3 cm	直向 4 cm 横向 4 cm	允许
		其他织物	直向 4 cm 横向 5 cm	直向 4 cm 横向 7 cm	允许

注:未列入表内的疵点,按GB/T 8878—1996中4.1.4.3执行。其中印花疵点仅指涂料印花。

4.1.5.3 规格尺寸公差(见表4)。

表 4 　　　　　　　　　　　　　　　　　　　　　　cm

项 目		儿童、中童		成人	
		一等品	二等品	一等品	二等品
身长		−1	−2	−1.5	−2.5
胸(腰)宽		−1	−2	−1.5	−2
挂肩(背心)		−1	−2	−1.5	−2.5
袖长	长袖	−1	−2	−1.5	−2.5
	短袖	−1	−1.5	−1	−1.5
背心肩带		−0.5	−1	−0.5	−1

续表 4   cm

项　目		儿童、中童		成人	
		一等品	二等品	一等品	二等品
裤长	长裤	−1.5	−2.5	−2	−3
	短裤	−1	−1.5	−1.5	−2
直裆		±1.5	±2	±2	±3
横裆		−1.5	−2	−2	−3

注
1 凡圆筒产品胸(腰)宽公差增加0.5 cm,身长、胸宽、裤长、腰宽上差为2.5cm。
2 超出二等品公差范围时,必须退修或降档处理。

4.1.5.4 本身尺寸差异(见表5)。

表 5   cm

项　目		一等品	二等品	超出二等品者
身长不一	门襟	1	1.5	退修
	前后身及左右腰缝	1.5	2	退修
袖长不一	长袖	1		退修
	短袖	1	1.5	退修
袖阔不一		1	1.5	退修
背心肩带不一		0.5	0.8	退修
腿阔不一		1	1.5	退修
挂肩不一		1	1.5	退修
背心胸背不一		1.5	2	退修
裤长不一	长裤	1.5	2	退修
	短裤	1	1.5	退修

4.2 内在质量技术要求

4.2.1 平方米干燥重量公差、弹子顶破强力(见表6)。

表 6

产品分类	平方米干燥重量公差 %	弹子顶破强力,N 不低于
绒织物类	−7	250
单、双面织物类	−6	180

4.2.2 成品缩水率(见表7)。

表 7   %

产品分类	缩水率 不大于	
	直向	横向
双面织物类	2	2.5
绒织物类	3	3
单面织物类	4	4

注:双面、绒织物类缩水率横向倒涨允许2.5%,单面织物类横向倒涨允许2%,直向倒涨允许。

4.2.3 染色牢度(见表8)。

表8   级

染料分类		耐洗色牢度		耐汗渍色牢度		耐摩擦色牢度	
		原样变色	白布沾色	原样变色	白布沾色	干摩擦	湿摩擦
阳离子	浅、中	3—4	4	3—4	4	4	3—4
	深	3	4	3	3	3—4	3
碱性	浅、中	3—4	4	3—4	3	4	3—4
	深	3	4	3	2—3	3—4	3

注：深、中、浅色的分档，按照GB 250进行评级,5级及以上的为深色,2级及以下的为浅色,介于深浅色之间者为中色。

4.3 缝制规定按GB/T 8878—1996中4.3条执行(其中针迹密度除平缝、包缝、包缝卷边外,其他允许低1针)。

5 试验方法

按GB/T 8878—1996中第5章执行,其中耐洗色牢度按方法3。

6 包装和标志

按GB/T 4856执行。

7 检验规则

按GB/T 8878—1996中第7章执行。

ICS 59.080.30
W 63

中华人民共和国纺织行业标准

FZ/T 73009—2009
代替 FZ/T 73009—1997

羊 绒 针 织 品

Cashmere knitting goods

2009-11-17 发布　　　　　　　　　　　　2010-04-01 实施

中华人民共和国工业和信息化部　　发布

前　言

本标准是对 FZ/T 73009—1997《羊绒针织品》的修订,与 FZ/T 73009—1997 相比主要变化如下:

——技术要求中增加产品安全性要求(本版的 3.1);

——产品等级分为优等品、一等品和二等品,取消三等品(1997 版的 3.2,本版的 3.2);

——纤维含量允差改为按 FZ/T 01053 标准执行(1997 版的 3.3,本版的 3.3.2);

——增加羊绒纤维平均细度考核指标(1997 版的 3.3,本版的 3.3.2);

——顶破强度中增加精梳高支产品考核指标(1997 版的 3.3,本版的 3.3.2);

——将松弛收缩改为松弛尺寸变化率(1997 版的 3.3,本版的 3.3.2);

——将单件重量偏差率改为按供需双方合约规定(1997 版的 3.3,本版的 3.3.2);

——调高部分色牢度考核指标,增加耐干洗色牢度(1997 版的 3.4,本版的 3.3.3);

——起球翻转次数改为:精梳产品 10 800 r,粗梳产品 7 200 r(1997 版的 4.6,本版的 4.1.5);

——更改内在质量和外观质量检验抽样方法(1997 版的 4.1,本版的 5.1);

——取消原附录 A、附录 B、附录 C;

——增加附录 A。

本标准的优等品相当于国际先进水平,一等品相当于国际一般水平。

本标准的附录 A 是规范性附录。

本标准由中国纺织工业协会提出。

本标准由全国纺织品标准化技术委员会毛纺织分技术委员会归口。

本标准起草单位:北京毛纺织科学研究所检验中心、天祥(天津)质量技术服务有限公司、北京雪莲毛纺服装集团公司、浙江省羊毛衫质量检验中心。

本标准主要起草人:李立荣、陈继红、邵志京、茅明华。

本标准所代替标准的历次版本发布情况为:

——FZ/T 73009—1997。

羊 绒 针 织 品

1 范围

本标准规定了羊绒针织品的技术要求、试验方法、检验及验收规则和包装标志。

本标准适用于鉴定精、粗梳纯羊绒针织品和含羊绒 30% 及以上的羊绒混纺针织品的品质。

2 规范性引用文件

下列文件中的条款通过本标准的引用而成为本标准的条款。凡是注日期的引用文件,其随后所有的修改单(不包括勘误的内容)或修订版均不适用于本标准,然而,鼓励根据本标准达成协议的各方研究是否可使用这些文件的最新版本。凡是不注日期的引用文件,其最新版本适用于本标准。

GB/T 250 纺织品 色牢度试验 评定变色用灰色样卡(GB/T 250—2008,ISO 105-A02:1993,IDT)

GB/T 2828.1—2003 计数抽样检验程序 第 1 部分:按接收质量限(AQL)检索的逐批检验抽样计划(ISO 2859-1:1999,IDT)

GB/T 2910(所有部分) 纺织品 定量化学分析

GB/T 3920 纺织品 色牢度试验 耐摩擦色牢度(GB/T 3920—2008,ISO 105-X12:2001,MOD)

GB/T 3922 纺织品 耐汗渍色牢度试验方法(GB/T 3922—1995,eqv ISO 105-E04:1994)

GB/T 4802.3 纺织品 织物起毛起球性能的测定 第 3 部分:起球箱法

GB/T 4856 针棉织品包装

GB 5296.4 消费品使用说明 纺织品和服装使用说明

GB/T 5711 纺织品 色牢度试验 耐干洗色牢度(GB/T 5711—1997,eqv ISO 105-D01:1993)

GB/T 5713 纺织品 色牢度试验 耐水色牢度(GB/T 5713—1997,eqv ISO 105-E01:1994)

GB/T 7742.1 纺织品 织物胀破性能 第 1 部分:胀破强力和胀破扩张度的测定 液压法(GB/T 7742.1—2005,ISO 13938-1:1999,MOD)

GB/T 8427—2008 纺织品 色牢度试验 耐人造光色牢度:氙弧(ISO 105-B02:1994,MOD)

GB 9994 纺织材料公定回潮率

GB/T 9995 纺织材料含水率和回潮率的测定 烘箱干燥法

GB/T 10685 羊毛纤维直径试验方法 投影显微镜法(GB/T 10685—2007,ISO 137:1975,MOD)

GB/T 12490—2007 纺织品 色牢度试验 耐家庭和商业洗涤色牢度(ISO 105-C06:1994,MOD)

GB/T 16988 特种动物纤维与绵羊毛混合物含量的测定

GB 18401 国家纺织产品基本安全技术规范

FZ/T 01026 四组分纤维混纺产品定量化学分析方法

FZ/T 01048 蚕丝/羊绒混纺产品混纺比的测定

FZ/T 01053 纺织品 纤维含量的标识

FZ/T 01101 纺织品 纤维含量的测定 物理法

FZ/T 20011 毛针织成衣扭斜角试验方法

FZ/T 20018 毛纺织品中二氯甲烷可溶性物质的测定(FZ/T 20018—2000,eqv ISO 3074:1975)

FZ/T 70008 毛针织物编织密度系数试验方法

FZ/T 70009 毛纺织产品经机洗后的松弛及毡化收缩试验方法

3 技术要求

3.1 安全性要求

羊绒针织品的基本安全技术要求应符合 GB 18401 的规定。

3.2 分等规定

羊绒针织品的品等以件为单位,按内在质量和外观质量的检验结果中最低一项定等,分为优等品、一等品和二等品,低于二等品者为等外品。

3.3 内在质量的评等

3.3.1 内在质量的评等按物理指标和染色牢度的检验结果中最低一项定等。

3.3.2 物理指标按表 1 规定评等。

表 1 物理指标评等

项目		单位	限度	优等品	一等品	二等品	备注
纤维含量允差		%	—	按 FZ/T 01053 标准执行			—
羊绒纤维平均细度		μm	≤	15.5		—	只考核纯羊绒产品
顶破强度	精梳	kPa (kgf/cm²)	≥	196(2.0)ᵃ 225(2.3)ᵇ			—
	粗梳			196(2.0)			
编织密度系数		mm·tex	≥	1.0		—	只考核粗梳平针产品
起球		级	≥	3-4	3	2-3	
二氯甲烷可溶性物质		%	≤	1.5	1.7	—	—
松弛尺寸变化率	长度	%	—	±5			只考核平针产品
	宽度			±5			
单件重量偏差率		%	—	按供需双方合约规定			—

ᵃ 线密度<20.8 tex(>48 Nm)的考核指标。
ᵇ 线密度≥20.8 tex(≤48 Nm)的考核指标。

3.3.3 染色牢度按表 2 规定评等。

表 2 染色牢度评等

项目		单位	限度	优等品	一等品、二等品
耐光	>1/12 标准深度(深色)	级	≥	4	4
	≤1/12 标准深度(浅色)			3	3
耐洗	色泽变化	级	≥	3-4	3
	毛布沾色			4	3
	其他贴衬沾色			3-4	3
耐汗渍(酸性)	色泽变化	级	≥	3-4	3
	毛布沾色			4	3
	其他贴衬沾色			3-4	3
耐汗渍(碱性)	色泽变化	级	≥	3-4	3
	毛布沾色			4	3
	其他贴衬沾色			3-4	3

表 2（续）

项 目		单位	限度	优等品	一等品、二等品
耐水浸	色泽变化	级	≥	3-4	3
	毛布沾色			4	3
	其他贴衬沾色			3-4	3
耐摩擦	干摩擦	级	≥	4	3-4（深色3）
	湿摩擦			3	3
耐干洗	色泽变化	级	≥	4	3-4
	溶剂沾色			3-4	3

3.4 外观质量的评等

外观质量的评等以件为单位,包括外观实物质量、规格尺寸允许偏差、缝迹伸长率、领圈拉开尺寸、扭斜角及外观疵点。

3.4.1 外观实物质量的评等

外观实物质量系指款式、花型、表面外观、色泽、手感、做工等。符合优等品封样者为优等品;符合一等品封样者为一等品;较明显差于一等品封样者为二等品;明显差于一等品封样者为等外品。

3.4.2 主要规格尺寸允许偏差

长度方向:±2.0 cm;

宽度方向:±1.5 cm;

对称性偏差:≤1.0 cm。

注1:主要规格尺寸偏差指上衣的衣长、胸阔(1/2胸围)、袖长;裤子的裤长、直裆、横裆;裙子的裙长、臀围;围巾的宽、1/2长等实际尺寸与设计尺寸或标注尺寸的差异。

注2:对称性偏差指同件产品的对称性差异,如上衣的两边袖长,裤子的两边裤长的差异。

3.4.3 缝迹伸长率

平缝不小于10%;包缝不小于20%;链缝不小于30%(包括手缝)。

3.4.4 领圈拉开尺寸

成人:≥30 cm;中童:≥28 cm;小童:≥26 cm。

3.4.5 成衣扭斜角

成衣扭斜角≤5°(只考核平针产品)。

3.4.6 外观疵点评等

按表3规定。

表 3 外观疵点评等

类别	疵点名称	优等品	一等品	二等品	备注
原料疵点	1. 条干不匀	不低于封样	不低于封样	较明显低于封样	比照封样
	2. 粗细节、松紧捻纱	不低于封样	不低于封样	较明显低于封样	比照封样
	3. 厚薄档	不低于封样	不低于封样	较明显低于封样	比照封样
	4. 色花	不低于封样	不低于封样	较明显低于封样	比照封样
	5. 色档	不低于封样	不低于封样	较明显低于封样	比照封样
	6. 纱线接头	≤2个	≤4个	≤7个	正面不允许
	7. 草屑、毛粒、毛片	不低于封样	不低于封样	较明显低于封样	比照封样

表 3（续）

类别	疵点名称	优等品	一等品	二等品	备注
编织疵点	8. 毛针	不低于封样	不低于封样	较明显低于封样	比照封样
	9. 单毛	≤2 个	≤3 个	≤5 个	
	10. 花针、瘪针、三角针	不允许	次要部位允许	允许	
	11. 针圈不匀	不低于封样	不低于封样	较明显低于封样	比照封样
	12. 里纱露面、混色不匀	不低于封样	不低于封样	较明显低于封样	比照封样
	13. 花纹错乱	不允许	次要部位允许	允许	
	14. 漏针、脱散、破洞	不允许	不允许	不允许	
裁缝整理疵点	15. 拷缝及绣缝不良	不允许	不明显	较明显	
	16. 锁眼钉扣不良	不允许	不明显	较明显	
	17. 修补痕	不允许	不明显	较明显	
	18. 斑疵	不允许	不明显	较明显	
	19. 色差	4-5 级	4 级	3-4 级	对照 GB/T 250
	20. 染色不良	不允许	不明显	较明显	
	21. 烫焦痕	不允许	不允许	不允许	

注 1：表中所述封样均指一等品封样。
注 2：次要部位指疵点所在部位对服用效果影响不大的部位，具体如上衣：大身边缝和袖底缝左右各 1/6；裤子：在裤腰下裤长的 1/5 和内侧裤缝左右各 1/6。
注 3：表中未列的外观疵点可参照类似的疵点评等。

4 试验方法

4.1 内在质量检验

4.1.1 纤维含量试验

按 GB/T 2910、GB/T 16988、FZ/T 01026、FZ/T 01048、FZ/T 01101 执行。

4.1.2 纤维平均细度试验

按 GB/T 10685 执行。

4.1.3 顶破强度试验

按 GB/T 7742.1 执行。

4.1.4 编织密度系数试验

按 FZ/T 70008 执行。

4.1.5 起球试验

按 GB/T 4802.3 执行，精梳产品翻动 10 800 r，粗梳产品翻动 7 200 r。

4.1.6 二氯甲烷可溶性物质试验

按 FZ/T 20018 执行。

4.1.7 松弛尺寸变化率试验

按 FZ/T 70009 执行，洗涤程序采用 1×7 A。

4.1.8 单件重量偏差率试验

4.1.8.1 将抽取的若干件样品平铺在温度 20 ℃±2 ℃、相对湿度 65%±4% 条件下吸湿平衡 24 h 后，逐件称重，精确至 0.5 g，并计算其平均值，得到单件成品初重量（m_1）。

4.1.8.2 从其中一件试样上裁取回潮率试样两份,每份重量不少于 10 g,按 GB/T 9995 测得试样的实际回潮率。

4.1.8.3 按式(1)计算单件成品公定重量,精确至 0.1 g(公定回潮率按 GB 9994 执行)。

$$m_0 = \frac{m_1 \times (1 + R_0)}{1 + R_1} \qquad\qquad \cdots\cdots\cdots\cdots\cdots(1)$$

式中:

m_0——单件成品公定重量,单位为克(g);

m_1——单件成品初重量,单位为克(g);

R_0——公定回潮率,%;

R_1——实际回潮率,%。

4.1.8.4 按式(2)计算单件成品重量偏差率,精确至 0.1%。

$$D_G = \frac{m_0 - m}{m} \times 100 \qquad\qquad \cdots\cdots\cdots\cdots\cdots(2)$$

式中:

D_G——单件成品重量偏差率,%;

m_0——单件成品公定重量,单位为克(g);

m——单件成品规定重量,单位为克(g)。

4.1.9 耐光色牢度试验

按 GB/T 8427—2008 中方法 3 执行。

4.1.10 耐洗色牢度试验

按 GB/T 12490—2007 中 A1S 条件执行。

4.1.11 耐汗渍色牢度试验

按 GB/T 3922 执行。

4.1.12 耐水色牢度试验

按 GB/T 5713 执行。

4.1.13 耐摩擦色牢度试验

按 GB/T 3920 执行。

4.1.14 耐干洗色牢度试验

按 GB/T 5711 执行。

4.2 外观质量检验

4.2.1 外观质量检验条件

4.2.1.1 一般采用灯光检验,用 40 W 日光灯两支,上面加灯罩,灯管与检验台面中心距离 80 cm±5 cm。如利用自然光源,应以天然北光为准。

4.2.1.2 检验时应将成品平摊在台面上,检验人员正视成品,目光与产品中心距离约为 45 cm。

4.2.1.3 检验规格尺寸使用钢卷尺度量。

4.2.2 规格尺寸检验方法

4.2.2.1 上衣类

a) 衣长:领肩缝交接处至下摆底边(连肩的由肩宽中间量到底边);

b) 胸阔:挂肩下 1.5 cm 处横量;

c) 袖长:平肩式由挂肩缝外端量至袖口边,插肩式由后领中间量至袖口边。

4.2.2.2 裤类

a) 裤长:后腰宽的 1/4 处向下直量至裤口边;

b) 直裆:裤身相对折,从裤边口向下斜量到裆角处;

c) 横裆:裤身相对折,从裆角处横量。

4.2.2.3 裙类

a) 裙长:后腰宽的 1/4 处向下直量至裙底边;

b) 臀围:裙腰下 20 cm 处横量。

4.2.2.4 围巾类

a) 围巾 1/2 长:围巾长度方向对折取中直量(不包括穗长);

b) 围巾宽:围巾取中横量。

4.2.3 缝迹伸长率检验及计算方法

将产品摊平,在大身摆缝(或袖缝)中段量取 10 cm,作好标记,用力拉足并量取缝迹伸长尺寸,按式(3)计算缝迹伸长率:

$$缝迹伸长率(\%) = \frac{缝迹伸长尺寸(cm) - 10(cm)}{10(cm)} \times 100 \qquad \cdots\cdots\cdots\cdots (3)$$

4.2.4 领圈拉开尺寸检验方法

领内口撑直拉足,测量两端距离,即为领圈拉开尺寸。

4.2.5 扭斜角检验方法

按 FZ/T 20011 执行。

5 检验规则

5.1 抽样

5.1.1 以同一原料、品种和品等的产品为一检验批。

5.1.2 内在质量和外观质量的样本应从检验批中随机抽取。

5.1.3 物理指标检验用的样本按批次抽取,其用量应满足各项物理指标试验需要。

5.1.4 染色牢度检验用的样本抽取应包括该批的全部色号。

5.1.5 单件重量偏差率试验的样本,按批抽取 3%(最低不少于 10 件)。

5.1.6 外观质量检验用的样本抽取数量,按 GB/T 2828.1—2003 中正常检验一次抽样方案、一般检验水平Ⅱ、接收质量限 AQL=2.5,具体方案见表 4。

表 4 外观质量检验抽样方案

批量 N	样本量 n	合格判定数 Ac	不合格判定数 Re
2~8	5	0	1
9~15	5	0	1
16~25	5	0	1
26~50	5	0	1
51~90	20	1	2
91~150	20	1	2
151~280	32	2	3
281~500	50	3	4
501~1 200	80	5	6
1 201~3 200	125	7	8
>3 200	200	10	11

5.2 判定

5.2.1 内在质量的判定

按 3.3.2 和 3.3.3 对批样样本进行内在质量的检验,符合对应品等要求的,为内在质量合格,否则为不合格。如果所有样本的内在质量合格,则该批产品内在质量合格,否则为该批产品内在质量不合格。

5.2.2 外观质量的判定

按 3.4 对批样样本进行外观质量的检验,符合对应品等要求的,为外观质量合格,否则为不合格。如果所有样本的外观质量合格,或不合格样本数不超过表 4 的合格判定数 Ac,则该批产品外观质量合格;如果不合格样本数达到表 4 的不合格判定数 Re,则该批产品外观质量不合格。

5.2.3 综合判定

5.2.3.1 各品等产品如不符合 GB 18401 标准的要求,均判定为不合格。

5.2.3.2 按标注品等,内在质量和外观质量均合格,则该批产品合格;内在质量和外观质量有一项不合格,则该批产品不合格。

6 验收规则

供需双方因批量检验结果发生争议时,可复验一次,复验检验规则按首次检验执行,以复验结果为准。

7 包装、标志

7.1 包装

7.1.1 羊绒针织品的包装按 GB/T 4856 执行。

7.1.2 羊绒针织品的包装应注意防蛀。

7.2 标志

7.2.1 每一单件羊绒针织品的标志按 GB 5296.4 执行。

7.2.2 规格尺寸的标注规定

7.2.2.1 普通羊绒针织成衣以厘米表示主要规格尺寸。上衣标注胸围;裤子标注裤长;裙子标注臀围。也可采用号型制标注成衣主要规格尺寸。

7.2.2.2 紧身或时装款羊绒针织成衣标注适穿范围。如上衣标注 95~105,表示适穿范围为 95 cm~105 cm。

7.2.2.3 围巾类标注长×宽,以厘米表示。

7.2.2.4 其他产品按相应的产品标准规定标注规格尺寸。

8 其他

供需双方另有要求,可按合约规定执行。

附 录 A

（规范性附录）

几项补充规定

A.1 外观实物质量封样及疵点封样

指生产部门自定的生产封样或供需双方共同确认的产品封样。

A.2 外观疵点说明

A.2.1 条干不匀：因纱线条干短片段粗细不匀，致使成品呈现深浅不一的云斑。

A.2.2 粗细节：纱线粗细不匀，在成品上形成针圈大而凸出的横条为粗节，形成针圈小而凹进的横条为细节。

A.2.3 厚薄档：纱线条干长片段不匀，粗细差异过大，使成品出现明显的厚薄片段。

A.2.4 色花：因原料染色时吸色不匀，使成品上呈现颜色深浅不一的差异。

A.2.5 色档：在衣片上，由于颜色深浅不一，形成界限者。

A.2.6 草屑、毛粒、毛片：纱线上附有草屑、毛粒、毛片等杂质，影响产品外观者。

A.2.7 毛针：因针舌或针舌轴等损坏或有毛刺，在编织过程使部分线圈起毛。

A.2.8 单毛：编织中，一个线圈内部分纱线（少于1/2）脱钩者。

A.2.9 花针：因设备原因，成品上出现较大而稍凸出的线圈；

三角针（蝴蝶针）：在一个针眼内，两个针圈重叠，在成品上形成三角形的小孔；

瘪针：成品上花纹不突出，如胖花不胖、鱼鳞不起等。

A.2.10 针圈不匀：因编织不良使成品出现针圈大小和松紧不一的针圈横档、紧针、稀路或密路状等。

A.2.11 里纱露面：交织品种，里纱露出反映在面上者；

混色不匀：不同颜色纤维混合不匀。

A.2.12 花纹错乱：板花、拨花、提花等花型错误或花位不正。

A.2.13 漏针（掉套）、脱散：编织过程中针圈没有套上，形成小洞，或多针脱散成较大的洞；

破洞：编织过程中由于接头松开或纱线断开而形成的小洞。

A.2.14 拷缝及绣缝不良：针迹过稀、缝线松紧不一、漏缝、开缝针洞等，绣花走样、花位歪斜、颜色和花距不对等。

A.2.15 锁眼钉扣不良：扣眼间距不一，明显歪斜，针迹不齐或扣眼开错；扣位与扣眼不符，缝结不牢等。

A.2.16 修补痕：织物经修补后留下的痕迹。

A.2.17 斑疵：织物表面局部沾有污渍，包括锈斑、水渍、油污渍等。

A.2.18 色差：成品表面色泽有差异。

A.2.19 染色不良：成衫染色造成的染色不匀、染色斑点、接缝处染料渗透不良等。

A.2.20 烫焦痕：成品熨烫定型不当，使纤维损伤致变质、发黄、焦化者。

ICS 59.080.30
W 63

中华人民共和国纺织行业标准

FZ/T 73010—2008
代替 FZ/T 73010—1998

针 织 工 艺 衫

Knitted workmanship sweater

2008-04-23 发布

2008-10-01 实施

中华人民共和国国家发展和改革委员会　发布

前　言

本标准根据美国试验与材料协会标准 ASTM D 4234—2001《女式成人及儿童针织晨衣、睡衣、睡袍、便服、衬裙和内衣织物的标准性能规格》起草。本标准与 ASTM D 4234—2001 的一致性程度为非等效。

本标准代替 FZ/T 73010—1998《针织工艺衫》。

本标准与 FZ/T 73010—1998 相比主要变化如下：

——细化了标准适用范围，即适用于棉、麻、蚕丝、化纤等纤维纯纺、混纺或交织加工而成的针织工艺衫。

——增加了产品规格标注方法；

——增加了 GB 18401—2003 标准的考核项目和要求；

——增加了起球试验项目；

——删除原标准中单件重量偏差考核项目；

——将水洗尺寸变化率项目中的考核"宽度伸长、长度收缩、宽度收缩"改为考核"直、横向水洗尺寸变化率；

——增加了成衣测量部位示图和部位测量规定；

——细化了水洗尺寸变化率试验的测量、洗涤干燥方法及计算方法；

——增加了产品判定规则；

——调整了产品标志、包装、运输和贮存内容。

本标准由中国纺织工业协会提出。

本标准由全国纺织品标准化技术委员会针织品分会归口。

本标准主要起草单位：国家针织产品质量监督检验中心 、东莞市时艺时装制衣有限公司。

本标准主要起草人：刘凤荣　赵晖　王穗生　王志毅

本标准所代替标准的历次版本发布情况为：

——FZ/T 73010—1998。

针 织 工 艺 衫

1 范围

本标准规定了针织工艺衫的产品分类、产品规格、要求、试验方法、判定规则、产品使用说明、包装、运输和贮存。

本标准适用于鉴定以棉、麻、蚕丝、化纤纯纺、混纺或交织加工而成的针织工艺衫的品质(包括用横机加工、手工编织和针织坯布裁片加工)。

2 规范性引用文件

下列文件中的条款通过本标准的引用而成为本标准的条款。凡是注日期的引用文件,其随后所有的修改单(不包括勘误的内容)或修订版均不适用于本标准,然而,鼓励根据本标准达成协议的各方研究是否可使用这些文件的最新版本。凡是不注日期的引用文件,其最新版本适用于本标准。

GB 250   评定变色用灰色样卡(GB 250—1995,idt ISO 105-A02:1993)

GB 251   评定沾色用灰色样卡(GB 251—1995,idt ISO 105-A03:1993)

GB/T 2910   纺织品   二组分纤维混纺产品定量化学分析方法(GB/T 2910—1997,eqv ISO 1833:1977)

GB/T 2911   纺织品   三组分纤维混纺产品定量化学分析方法(GB/T 2911—1997,eqv ISO 5088:1976)

GB/T 2912.1   纺织品   甲醛的测定   第1部分:游离水解的甲醛(水萃取法)

GB/T 3920   纺织品   色牢度试验   耐摩擦色牢度

GB/T 3921.1   纺织品   色牢度试验   耐洗色牢度:试验1(GB/T 3921.1—1997,eqv ISO 105-C01:1989)

GB/T 3922   纺织品   耐汗渍色牢度试验方法(GB/T 3922—1995,eqv ISO 105-E04:1994)

GB/T 4802.3   纺织品   织物起球试验   起球箱法

GB/T 4856   针棉织品包装

GB 5296.4   消费品使用说明   纺织品和服装使用说明

GB/T 5713   纺织品   色牢度试验   耐水色牢度(GB/T 5713—1997,eqv ISO 105-E01:1994)

GB/T 7573   纺织品   水萃取液 pH 值的测定(GB/T 7573—2002,ISO 3071:1980,MOD)

GB/T 8170   数值修约规则

GB/T 8427   纺织品   色牢度试验   耐人造光色牢度:氙弧

GB/T 8629   纺织品   试验用家庭洗涤和干燥程序

GB/T 8878   棉针织内衣

GB/T 17592   纺织品   禁用偶氮染料的测定

GB 18401   国家纺织产品基本安全技术规范

FZ/T 01026   四组分纤维混纺产品定量化学分析方法

FZ/T 01053   纺织品   纤维含量的标识

FZ/T 01057(所有部分)   纺织纤维鉴别试验方法

FZ/T 01095   纺织品   氨纶产品纤维含量的试验方法

3 产品分类

针织工艺衫按编织结构可分为平针织物、镂空提花织物、花边织物及松结构等织物。

4 产品规格

4.1 针织工艺衫规格:以厘米为单位标注人体的胸围。

4.2 加入弹性纤维或款式特殊的针织工艺衫规格:标注胸围适穿范围,如标注 95~105,表示适于胸围为 95 cm~105 cm 的人体穿着。

5 要求

5.1 要求内容

要求分内在质量和外观质量两个方面,内在质量包括纤维含量、甲醛含量、pH 值、异味、可分解芳香胺染料、起球、水洗尺寸变化率、耐洗色牢度、耐水色牢度、耐汗渍色牢度、耐摩擦色牢度、耐光色牢度等规定,外观质量包括表面疵点、缝迹伸长率、领圈拉开尺寸、规格尺寸偏差、本身尺寸差异等规定。

5.2 分等规定

5.2.1 针织工艺衫的质量等级分为优等品、一等品、合格品。

5.2.2 针织工艺衫的质量定等:内在质量按批(交货批)评等;外观质量按件评等。二者结合以最低等级定等。

5.3 内在质量要求

5.3.1 内在质量要求见表1。

表 1 内在质量要求

项 目		优等品	一等品	合格品
纤维(净干含量)及偏差/%		按 FZ/T 01053 规定执行		
甲醛含量/(mg/kg) ≤		75		
pH 值		4.0~7.5		
异味		无		
可分解芳香胺染料		禁用		
起球/级 ≥		4	3.5	3
水洗尺寸变化率/%	直向	−4.0~+2.0	−5.0~+2.0	−7.0~+2.0
	横向	−3.0~+2.0	−5.0~+4.0	−6.0~+5.0
耐洗色牢度/级 ≥	变色	4	3—4	3
	沾色	3—4	3	3
耐水色牢度/级 ≥	变色	4	3—4	3
	沾色	3—4	3	3
耐酸、碱汗渍色牢度/级 ≥	变色	4	3—4	3
	沾色	3—4	3	3
耐摩擦色牢度/级 ≥	干摩	4	3	3
	湿摩	3	2—3	2—3(深2)
耐光色牢度/级		深色4,浅色3	深色4,浅色3	3
注 1:色别分档:>1/12 标准深度为深色,≤1/12 标准深度为浅色。				
注 2:根据客户要求考核耐光色牢度。				

5.3.2 镂空、提花及松结构产品、加入弹性纤维产品及罗纹结构产品不考核横向水洗尺寸变化率。

5.3.3 花边、镶嵌、补花等起装饰作用的辅料的内在质量不考核。

5.3.4 单、双面织物考核起球,其他不考核。

5.3.5 内在质量各项指标以检验结果最低一项作为该批产品评等依据。

5.4 外观质量要求

5.4.1 外观质量按表面疵点、缝迹伸长、领圈拉开尺寸、规格尺寸偏差、本身尺寸差异的评等来决定,在同一件产品上存在不同品等的外观疵点时,按最低品等疵点评等。

5.4.2 表面疵点评等规定见表2。在同一件产品上只允许有两个同等级的极限表面疵点,超过者降一个等级。

表 2 表面疵点评等规定

疵点分类	疵点名称	疵点程度	优等品	一等品	合格品	备 注
原料疵点	条干不匀	粗细不明显,云斑较浅	允许	允许	允许	
		粗细明显,云斑较深	不允许	不允许	主要部位不允许	
	厚薄档	不明显	允许	允许	允许	
	色花	不明显	允许	允许	允许	
		明显	不允许	不允许	主要部位不允许	
	织线接头	正面不明显	主要部位不允许,次要部位允许1处	主要部位允许2处,次要部位允许3处	主要部位允许4处,次要部位允许5处	
	草屑、毛粒、毛片	稀疏不明显	允许	允许	允许	
		明显	不允许	主要部位不允许	允许	
编织疵点	毛针	轻微	允许	允许	允许	
		明显	不允许	不允许	主要部位不允许	
	单丝	不明显	不允许	允许1处	允许3处	单丝挂住1/2以上为不明显
	花针、瘪针、三角针	不明显	不允许	主要部位不允许	允许	
		分散明显	不允许	不允许	允许	
	针圈不匀	明显	不允许	不允许	允许	
	花纹错乱	不明显	不允许	主要部位不允许	允许	
		明显	不允许	不允许	主要部位不允许	
	纹路歪斜	—	不大于3%	不大于4%	不大于6%	
裁缝、整理疵点	拷缝及绣缝不良	—	不明显允许	不明显允许	允许	
	锁眼钉扣不良	扣眼横竖颠倒	不允许	不明显者允许	较明显者允许	
	修痕	扣距不一	不允许	不明显允许	较明显允许	
		—	不允许	不明显允许	较明显允许	
	色差	同件主料之间	4—5级	4级	3—4级	两袖口、两下摆边、两口袋边要一致
	色档、串色、搭色	同件主、副料之间	4级	3—4级	3级	
		套装的内外件之间	4级	4级	3—4级	
		—	不允许	不允许	不允许	
	缝纫针洞	—	任何部位不允许			

注1:次要部位为边缘处的1/6(见图1)。
注2:漏针、断纱、破洞、破边、漏缝、烫黄、焦化、修疤等疵点,任何品等均不允许。
注3:一般产品反面疵点以不影响正面外观和实物质量为原则,两面穿的产品外观疵点检验两面。

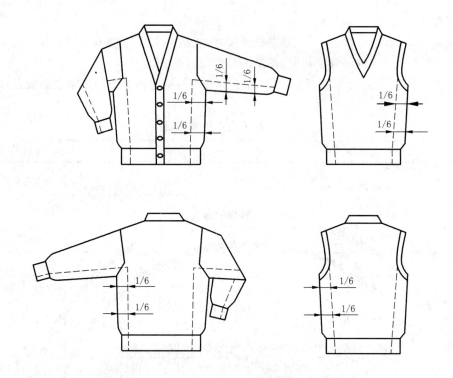

图 1 次要部位示意图

5.4.3 缝迹伸长率(袖缝、摆缝):平缝不小于 10％,包缝不小于 20％,链缝不小于 30％(包括手缝)。

5.4.4 领圈拉开尺寸不小于 30 cm(只限圆领和樽领)。

5.4.5 规格尺寸公差见表 3。

表 3 规格尺寸偏差
单位为厘米

部　　位		优等品、一等品	合　格　品
胸围(胸宽×2)		+1.5～-1.0	+2.0～-1.5
身长		+1.5～-1.5	+2.5～-2.0
袖长	长袖	+1.5～-1.0	+2.0～-1.5
	短袖	+1.0～-1.0	+1.5～-1.0
全肩宽		+1.0～-1.0	+1.5～-1.5
挂肩		+1.0～-1.0	+1.0～-1.0

注1:胸围在腋下 5 cm 处平量。
注2:弹力衫主要考核长度方向规格。

5.4.6 本身尺寸差异见表 4。

表 4 本身尺寸差异
单位为厘米

部　　位		优、一等品 ≤	合格品 ≤
袖长不一	长袖、中袖	1.0	1.5
	短袖	0.8	1.0
左右肩宽不一	—	0.5	0.8
挂肩不一	上衣	0.8	1.2
	背心	1.0	1.5

表 4（续）

单位为厘米

部　　位		优、一等品 ≤	合格品 ≤
罗纹长短不一	下摆	0.5	0.8
	袖口	0.3	0.5
袖宽不一		0.5	1.0
门襟长短不一		0.3	0.5
口袋大小、高低不一		0.3	0.5

5.4.7 成衣测量部位示例见图 2。

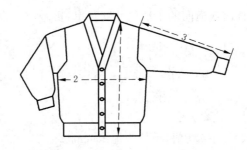

1——衣长；

2——胸宽；

3——袖长。

图 2　成衣测量部位

5.4.8 成衣测量部位及规定见表 5。

表 5　成衣测量部位及规定

序号	部位	测　量　规　定
1	衣长	由肩缝最高处垂直量到底边
2	胸宽	由袖窿缝与肋缝的交点向下 5 cm 处横量
3	袖长	平袖式由肩缝与袖窿缝的交点量到袖口边，插肩式由后领中间量到袖口边

6　试验方法

6.1　抽样数量

6.1.1　外观质量按交货批分品种、色别、规格尺寸随机采取 1%～3%，不少于 20 件，当批量少于 20 件时，则全数检验。

6.1.2　内在质量按交货批分品种、色别、规格尺寸随机采样 4 件。

6.2　外观质量检验条件

按 GB/T 8878 规定执行。

6.3　试验准备和试验条件

按 GB/T 8878 规定执行。

6.4　试验项目

6.4.1　纤维含量试验按 GB/T 2910、GB/T 2911、FZ/T 01026、FZ/T 01057（所有部分）、FZ/T 01095执行。

6.4.2　甲醛含量试验按 GB/T 2912.1 执行。

6.4.3　pH 值试验按 GB/T 7573 执行。

6.4.4　可分解芳香胺染料试验按 GB/T 17592 执行，检出限为 20 mg/kg。

6.4.5 起球试验按 GB/T 4802.3 执行,转动次数为 7 200 r,按 GB/T 4802.3 样照评级。

6.4.6 水洗尺寸变化率试验

6.4.6.1 测量部位

取身长与胸围作为直向和横向的测量部位,身长(直向)以前后身左右四处的平均值作为计算依据,胸围(横向)以腋下 5 cm 处作为测量部位。

6.4.6.2 洗涤和干燥试验

6.4.6.2.1 洗涤和干燥试验按 GB/T 8629 执行,洗涤采用模拟手洗程序,干燥采用方法 C:摊平晾干。试验件数为 3 件。

6.4.6.2.2 将晾干后的试样,放置在温度为 20℃±2℃,相对湿度 65%±3% 条件下的平台上,停放 4 h 后,轻轻拍平折痕,再进行测量。

6.4.6.2.3 按式(1)分别计算直向或横向的水洗尺寸变化率,负号(一)表示尺寸收缩,正号(十)表示尺寸伸长。最终结果精确到 0.1。

$$A = \frac{L_1 - L_0}{L_0} \times 100 \qquad \cdots\cdots\cdots\cdots\cdots\cdots\cdots\cdots (1)$$

式中:

A——直向或横向水洗尺寸变化率,%;

L_1——直向或横向水洗后尺寸的平均值,单位为厘米(cm);

L_0——直向或横向水洗前尺寸的平均值,单位为厘米(cm)。

6.4.7 耐洗色牢度试验按 GB/T 3921.1 中试验方法编号 A 规定执行。

6.4.8 耐水色牢度试验按 GB/T 5713 执行。

6.4.9 耐汗渍色牢度试验按 GB/T 3922 执行。

6.4.10 耐摩擦色牢度试验按 GB/T 3920 执行,只做直向。

6.4.11 异味试验按 GB 18401 执行。

6.4.12 耐光色牢度按 GB/T 8427 中方法 3 执行。

6.4.13 色牢度评级按 GB 250,GB 251 评定。

6.4.14 所有试验结果均按 GB/T 8170 修约。

7 判定规则

7.1 外观质量

7.1.1 外观质量按品种、色别、规格尺寸计算不符品等率。凡不符品等率在 5.0% 及以内者,判定该批产品合格,不符品等率在 5.0% 以上者,判定该批产品不合格。

7.1.2 内包装标志差错按件计算不符品等率,不允许有外包装差错。

7.2 内在质量

7.2.1 纤维含量、甲醛含量、pH 值、异味、可分解芳香胺染料、起球检验结果合格者,判定该批产品合格,不合格者判定该批产品不合格。

7.2.2 水洗尺寸变化率以全部试样的算术平均值作为检验结果,合格者判定该批产品合格,不合格者判定该批产品不合格。若同时存在收缩与倒涨试验结果时,以收缩(或倒涨)的两件试样的算术平均值作为检验结果,合格者判定该批产品合格,不合格者判定该批产品不合格。

7.2.3 耐洗色牢度、耐水色牢度、耐汗渍色牢度、耐摩擦色牢度、耐光色牢度检验结果合格者,判定该批产品合格,不合格者分色别判定该批产品不合格。

8 产品使用说明、包装、运输和贮存

8.1 产品使用说明按 GB 5296.4 规定执行。

8.2　产品包装按 GB/T 4856 或协议执行。

8.3　产品运输应防潮、防火、防污染。

8.4　产品应放在阴凉、通风、干燥、清洁库房内,并防蛀、防霉。

8.5　产品安全性标志应符合 GB 18401 要求,标注"安全技术要求类别 B 类。"

ICS 59.080.30
W 63

中华人民共和国纺织行业标准

FZ/T 73011—2013
代替 FZ/T 73011—2004

针 织 腹 带

Knitted binder

2013-10-17 发布

2014-03-01 实施

中华人民共和国工业和信息化部　　发 布

前　言

本标准按照 GB/T 1.1—2009 给出的规则起草。

本标准代替 FZ/T 73011—2004《针织腹带》。

本标准与 FZ/T 73011—2004 相比主要变化如下：

——内在质量要求项目增加耐水色牢度、异味、可分解致癌芳香胺染料(见 4.3.1,2004 年版 4.2.1)；

——修改了合格品的色牢度的指标要求(见 4.3.1,2004 年版 4.2.1)；

——修改了拉伸弹性回复率的指标要求(见 4.3.1,2004 年版 4.2.1)；

——修改了规格尺寸偏差的要求(见 4.4.3,2004 年版 4.3.1)；

——增加了产品缝制要求(见 4.4.6)。

本标准由中国纺织工业联合会提出。

本标准由全国纺织品标准化技术委员会针织品分技术委员会(SAC/TC 209/SC 6)归口。

本标准起草单位:北京爱慕内衣有限公司、安莉芳(中国)服装有限公司、东莞市都市丽人实业有限公司、上海古今内衣有限公司、广东奥丽侬内衣集团有限公司、丽晶维珍妮内衣(深圳)有限公司。

本标准主要起草人:秦晓霞、曹海辉、李万芳、叶康云、何炳祥、张爱贤。

针 织 腹 带

1 范围

本标准规定了针织腹带的型号、要求、检验规则、判定规则、产品使用说明、包装、运输、贮存。

本标准适用于鉴定经纬编针织腹带的品质。

2 规范性引用文件

下列文件对于本文件的应用是必不可少的。凡是注日期的引用文件,仅注日期的版本适用于本文件。凡是不注日期的引用文件,其最新版本(包括所有的修改单)适用于本文件。

GB/T 250 纺织品 色牢度试验 评定变色用灰色样卡

GB/T 2910(所有部分) 纺织品 定量化学分析

GB/T 2912.1 纺织品 甲醛的测定 第1部分:游离和水解的甲醛(水萃取法)

GB/T 3920 纺织品 色牢度试验 耐摩擦色牢度

GB/T 3921—2008 纺织品 色牢度试验 耐皂洗色牢度

GB/T 3922 纺织品耐汗渍色牢度试验方法

GB 5296.4 消费品使用说明 第4部分:纺织品和服装

GB/T 5713 纺织品 色牢度试验 耐水色牢度

GB/T 7573 纺织品 水萃取液 pH值的测定

GB 9994 纺织材料公定回潮率

GB/T 17592 纺织品 禁用偶氮染料的测定

GB 18401 国家纺织产品基本安全技术规范

FZ/T 01026 纺织品 定量化学分析 四组分纤维混合物

FZ/T 01053 纺织品 纤维含量的标识

FZ/T 01057(所有部分) 纺织纤维鉴别试验方法

FZ/T 01095 纺织品 氨纶产品纤维含量的试验方法

FZ/T 70006 针织物拉伸弹性回复率试验方法

FZ/T 80002 服装标志、包装、运输和贮存

GSB 16-2159 针织产品标准深度样卡(1/12)

GSB 16-2500 针织物表面疵点彩色样照

3 型号

型号以适合人体腰围的厘米数表示。

示例:64,表示腹带裤适用于腰围为64 cm左右的人。

4 要求

4.1 要求内容

要求分为内在质量和外观质量。内在质量包括pH值、甲醛含量、异味、可分解致癌芳香胺染料、耐

水色牢度、耐汗渍色牢度、耐摩擦色牢度、耐皂洗色牢度、纤维含量、拉伸弹性回复率等指标。外观质量包括规格尺寸偏差、对称部位尺寸差异、表面疵点、缝制规定等指标。

4.2 分等规定

4.2.1 针织腹带的质量等级分为优等品、一等品、合格品。

4.2.2 内在质量按批评等,外观质量按件评等,两者结合按最低等级定等。

4.3 内在质量要求

4.3.1 内在质量要求见表1。

表 1 内在质量要求

项 目			优等品	一等品	合格品
pH 值			按 GB 18401 规定执行		
甲醛含量/(mg/kg)					
异味					
可分解致癌芳香胺染料(mg/kg)					
耐水色牢度/级 ≥		变色	4	3-4	3
		沾色	3-4	3	3
耐汗渍色牢度/级 ≥		变色	4	3-4	3
		沾色	3-4	3	3
耐摩擦色牢度/级 ≥		干摩	4	3-4	3
		湿摩	3-4(深色3)	3(深色2-3)	2-3(深2)
耐皂洗色牢度/级 ≥		变色	4	3-4	3
		沾色	4	3-4	3
纤维含量/%			按 FZ/T 01053 规定		
拉伸弹性回复率/% ≥		横向	70		65
注:色别分档:按GSB 16-2159,>1/12 标准深度为深色,≤1/12 标准深度为浅色。					

4.3.2 拉伸弹性回复率只考核围度方向,不考核裆部,非弹性腹带不考核。

4.3.3 内在质量各项指标,以试验结果最低一项作为该批产品的评等依据。

4.4 外观质量要求

4.4.1 外观质量分等规定

外观质量分等按规格尺寸偏差、对称部分尺寸差异、表面疵点、缝制规定执行。同一件产品上,发现属于不同品等的外观疵点时,按最低等疵点评定。

4.4.2 规格尺寸测量部位及规定

4.4.2.1 规格尺寸测量部位见表2。

表 2　规格尺寸测量部位

序号	部位	测量方法
1	1/2 腰围	成衣腰部最窄处 1/2 平量(可调式量最小尺寸)
2	1/2 裤口围	成衣腿围边缘处 1/2 平量
3	直裆	成衣腰上口垂直量至裆底

4.4.2.2　规格尺寸测量以成衣左或前侧为准。

4.4.2.3　规格尺寸测量部位见图 1～图 3。

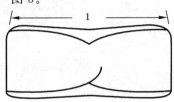

说明:
1——1/2 腰围。

图 1　束腰带

说明:
1——1/2 腰围;
2——1/2 裤口围;
3——直裆。

图 2　短腿腹带

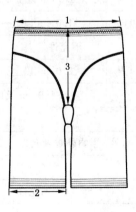

说明:
1——1/2 腰围;
2——1/2 裤口围;
3——直裆。

图 3　长腿腹带

4.4.3 规格尺寸偏差要求

见表3。

表 3 规格尺寸偏差 单位为厘米

项　目	优等品	一等品	合格品
1/2 腰围	±0.5	±0.8	±1.0
1/2 裤口围	±0.5	±0.5	±1.0
直裆	±0.5	±0.8	±1.0

4.4.4 对称部位尺寸差异要求

见表4。

表 4 对称部位尺寸差异 单位为厘米

基本尺寸	优等品	一等品	合格品
20.0 以下	0.6	0.8	
20.0 及以上	0.8	1.0	
注：基本尺寸以产品左侧或前侧为准。			

4.4.5 表面疵点要求

见表5。

表 5 表面疵点

疵点类别		优等品	一等品	合格品
线状疵点	轻微	5.0 cm 及以内	5.0 cm 以上～10.0 cm	允许
	明显	1.0 cm 及以内	1.0 cm 以上～2.0 cm	2.0 cm 以上～5.0 cm
	显著	不允许		1.5 cm 及以内
条块状疵点	轻微	2.0 cm 及以内	2.0 cm 以上～5.0 cm	允许
	明显	不允许	1.0 cm 及以内	1.0 cm 以上～3.0 cm
	显著	不允许		1.0 cm 及以内
散布性疵点		不影响外观者允许		轻微影响外观者允许
同面料色差 ≥		4 级	3-4 级	
缝制疵点	线头	0.5 cm 以上不允许		0.5 cm 以上允许三处
	线迹弹性与面料弹性不适应	不允许		
	缝纫曲折高低≤	0.2 cm		0.3 cm
	跳针、漏缝	不允许		

表 5（续）

疵点类别	优等品	一等品	合格品
破坏性疵点	不允许		

注1：线状疵点指一个针柱或一根纱线或宽度在 0.1 cm 以内的疵点,超过者为条块状疵点。条块状疵点以直向最大长度加横向最大长度计算。

注2：疵点程度描述：

　　——轻微：疵点在直观上不明显,通过仔细辨认才可看出。

　　——明显：不影响总体效果,但能感觉到疵点的存在。

　　——显著：疵点程度明显影响总体效果。

注3：表中线状疵点和条块状疵点的允许值是指同一件产品上同类疵点的累计尺寸。

注4：色差按 GB/T 250 评定。

注5：表面疵点程度参照 GSB 16-2500 执行。

4.4.6 缝制规定

4.4.6.1 所有部位线迹松紧适度,确保拉伸后不断线。

4.4.6.2 绷缝、包缝宜采用弹力的缝纫线。

4.4.6.3 针迹密度规定见表 6。

表 6 针迹密度规定　　　　　　　　　　　　　　　　　　　单位为针迹数每 3 厘米

机　种	平缝机	包缝机		绷缝机	
	平缝	三线	四线	双针	三针
针数不低于	14	14	14	18	18

5 检验规则

5.1 抽样数量

5.1.1 外观质量按交货批分品种、色别、型号随机抽样 1%～3%,但不少于20件,若交货批少于20件,则全部抽样。

5.1.2 内在质量按交货批分品种、色别、型号随机抽样,数量应能保证每项内在质量试验做 1 次。

5.2 外观质量检验

5.2.1 一般采用灯光检验,用 40 W 青光或白光灯一支,上面加灯罩,灯罩与检验台面中心垂直距离为 80 cm±5 cm。

5.2.2 如在室内利用自然光,光源射入方向为北向左(或右)上角,不能使阳光直射产品。

5.2.3 检验时应将产品平放在检验台上,台面铺白布一层,检验人员的视线应正视平摊的产品的表面,目光与产品中间距离为 35 cm 以上。

5.2.4 每件产品正反两面均检验,单层产品以正面为准。

5.3 试验方法

5.3.1 pH 值试验

按 GB/T 7573 规定执行。

5.3.2 甲醛含量试验

按 GB/T 2912.1 规定执行。

5.3.3 耐皂洗色牢度试验

按 GB/T 3921—2008 方法 A(1)执行。

5.3.4 耐摩擦色牢度试验

按 GB/T 3920 规定执行,只做面层直向。

5.3.5 耐汗渍色牢度试验

按 GB/T 3922 规定执行。

5.3.6 耐水色牢度试验

按 GB/T 5713 规定执行。

5.3.7 异味试验

按 GB 18401 规定执行。

5.3.8 可分解致癌芳香胺染料试验

按 GB/T 17592 规定执行。

5.3.9 纤维含量试验

按 GB/T 2910、FZ/T 01057、FZ/T 01026、FZ/T 01095 规定执行,结合公定回潮率计算,公定回潮率按 GB 9994 规定执行。

5.3.10 拉伸弹性回复率试验

按 FZ/T 70006 中"定力值一次拉伸弹性回复率和塑性变形率的测定"规定执行。定负荷值为 35 N,预加张力 1 N,试样的取样部位为成品横向,有效尺寸为 10 cm×5 cm,试样可包含车缝缝迹,车缝缝迹须位于试样长度方向的正中间,且车缝缝迹须垂直于试样的长度方向,如图 4 所示。

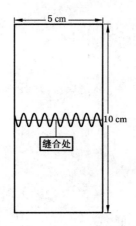

图 4   拉伸弹性回复率试验(含缝迹)取样图

6   判定规则

6.1   外观质量

外观质量按品种、色别、型号分批计算不符品等率。凡不符品等率在5%及以内者,判定该批产品合格。不符品等率在5%以上者,判定该批产品不合格。

6.2   内在质量

6.2.1   pH值、甲醛含量、异味、可分解致癌芳香胺染料、纤维含量、拉伸弹性回复率检验结果合格者,判定该批产品合格,不合格者判定该批产品不合格。

6.2.2   耐水色牢度、耐汗渍色牢度、耐摩擦色牢度、耐皂洗色牢度检验结果合格者,判定该批产品合格,不合格者分色别判定该批产品不合格。

6.3   复验

6.3.1   任何一方对检验结果有异议时,均可要求复验。

6.3.2   复验结果按本标准6.1、6.2规定执行,判定以复检结果为准。

7   产品使用说明、包装、运输、贮存

7.1   产品使用说明按照GB 5296.4和GB 18401规定执行。

7.2   包装、运输、贮存按FZ/T 80002规定执行。

图4

ICS 59.080.30
W 63

中华人民共和国纺织行业标准

FZ/T 73012—2008
代替 FZ/T 73012—2004

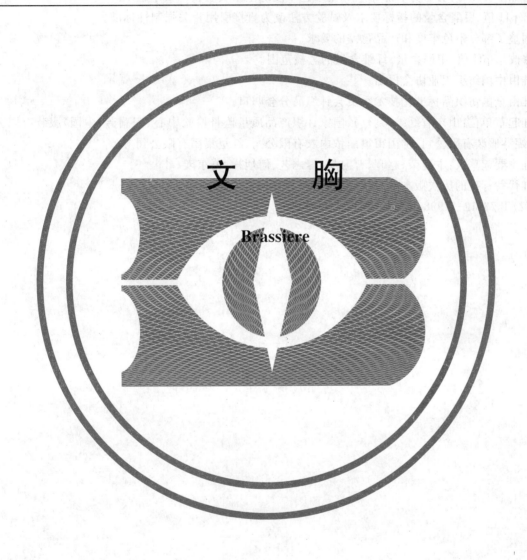

文　胸

Brassiere

2008-04-23 发布

2008-10-01 实施

中华人民共和国国家发展和改革委员会　　发　布

前　言

本标准代替 FZ/T 73012—2004《文胸》。

本标准与 FZ/T 73012—2004 相比主要变化如下：

——增加了异味、可分解芳香胺染料和耐水色牢度等基本安全技术要求。

——将 pH 值、甲醛含量的指标要求及试验方法改为直接引用相关强制性标准。

——调整了部分染色牢度和产品色差的要求。

——修改了 pH 值、甲醛含量、纤维含量的考核范围。

本标准由中国纺织工业协会提出。

本标准由全国纺织品标准化技术委员会针织品分会归口。

本标准起草单位：山东省纤维检验局、国家针织产品质量监督检验中心、安莉芳（中国）服装有限公司、广东曼妮芬服装有限公司、佛山市奥丽侬内衣有限公司、红豆集团有限公司等。

本标准主要起草人：卞爱荣、赵晖、曹海辉、廖志艺、何炳祥、葛东瑛。

本标准代替标准的历次版本发布情况为：

——FZ/T 73012—1998、FZ/T 73012—2004。

文　胸

1　范围

本标准规定了文胸的术语和定义、型号、规格、要求、试验方法、检验规则、判定规则、包装和产品使用说明。

本标准适用于经纬编针织文胸,包括有衬垫、无衬垫和预定型产品。

2　规范性引用文件

下列文件中的条款通过本标准的引用而成为本标准的条款。凡是注日期的引用文件,其随后所有的修改单(不包括勘误的内容)或修订版均不适用于本标准,然而,鼓励根据本标准达成协议的各方研究是否可使用这些文件的最新版本。凡是不注日期的引用文件,其最新版本适用于本标准。

GB 250　评定变色用灰色样卡(GB 250—1995,idt ISO 105-A02:1993)

GB/T 2910　纺织品　二组分纤维混纺产品定量化学分析方法(GB/T 2910—1997,eqv ISO 1833:1977)

GB/T 2911　纺织品　三组分纤维混纺产品定量化学分析方法(GB/T 2911—1997,eqv ISO 5088:1976)

GB/T 3920　纺织品　色牢度试验　耐摩擦色牢度(GB/T 3920—1997,eqv ISO 105-X12:1993)

GB/T 3921.1　纺织品　色牢度试验　耐洗色牢度:试验1(GB/T 3921.1—1997,eqv ISO 105-C01:1989)

GB/T 3922　纺织品　耐汗渍色牢度试验方法(GB/T 3922—1995,eqv ISO 105-E04:1994)

GB 5296.4　消费品使用说明　纺织品和服装使用说明

GB/T 5713　纺织品　色牢度试验　耐水色牢度(GB/T 5713—1997,eqv ISO 105-E01:1994)

GB/T 8170　数值修约规则

GB 18401　国家纺织产品基本安全技术规范

FZ/T 01026　四组分纤维混纺产品定量化学分析方法

FZ/T 01053　纺织品　纤维含量的标识

FZ/T 01057(所有部分)　纺织纤维鉴别试验方法

FZ/T 01095　纺织品　氨纶产品纤维含量的试验方法

FZ/T 80002　服装标志、包装、运输和贮存

3　术语和定义

下列术语和定义适用于本标准。

3.1

上胸围　bust girth

人体在穿戴合体的单层无衬垫无支撑物胸罩使乳房呈自然耸挺状态时,经过乳房最丰满处水平围量一周的最大尺寸。

3.2

下胸围　underbust girth

经过人体乳房下乳根水平围量一周的尺寸。

3.3

罩杯　brassiere cup

文胸覆盖乳房的部分。

3.4

底围　under border

文胸覆盖人体下胸围位置的部分。

3.5

侧翼　lateral wing

文胸覆盖人体乳房侧后腋窝下至背部的部分。

4　型号、规格

4.1　型号

4.1.1　以罩杯代码表示型,以下胸围厘米数表示号。如 A75 表示 A 型罩杯,下胸围 75 cm。

4.1.2　罩杯代码表示相适宜的人体上胸围与下胸围之差,见表1。

表 1　罩杯代码

单位为厘米

罩杯代码	AA	A	B	C	D	E	F	G
上下胸围之差	7.5	10.0	12.5	15.0	17.5	20.0	22.5	25.0

4.1.3　下胸围以 75 cm 为基准数,以 5 cm 分档向大或小依次递增或递减划分不同的号。

4.2　规格

4.2.1　规格测量部位及规定见表2及图1(图1款式仅为示例)。

表 2　规格测量部位及规定

规格		测量方法
底围长	*a*	自然平摊后,沿文胸下口边测量(可调式量最小尺寸)
肩带长	*b*	量肩带的总长(可调式量最长尺寸)

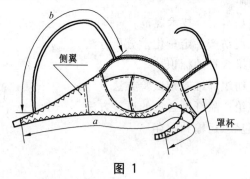

图 1

4.2.2　规格尺寸的测量以产品左或前侧为准。

5　要求

5.1　要求内容

要求分内在质量和外观质量。内在质量包括甲醛含量、pH 值、异味、可分解芳香胺染料、染色牢度、纤维含量偏差六项指标;外观质量包括规格尺寸公差、本身尺寸差异、表面疵点三项指标。

5.2　分等规定

内在质量按批以最低一项评等,外观质量按件以最低一项评等,两者结合按最低品等定等。分为优等品、一等品、合格品。

5.3 内在质量要求

内在质量要求见表3。

表3 内在质量要求

项　　目			优等品	一等品	合格品
甲醛含量			按 GB 18401B 类规定执行		
pH 值					
异味					
可分解芳香胺染料					
染色牢度/级 不低于	耐水	变色	4	3—4	3
		沾色	3—4		3
	耐洗	变色	4	3—4	3
		沾色			
	耐摩擦	干摩	4	3—4	3
		湿摩	3		3,深色(2—3)
	耐汗渍	变色	4	3—4	3
		沾色	3—4		3
纤维含量偏差(净干含量)/%			按 FZ/T 01053 规定		

注：色别分档：>1/12 标准深度为深色，≤1/12 标准深度为浅色。

5.4 外观质量要求

5.4.1 规格尺寸公差见表4。

表4 规格尺寸公差　　　　　　　　　　　　单位为厘米

项　　目	优等品	一等品	合格品
底围长	±1.0	±1.5	±2.0
肩带长	±1.0		±1.5

5.4.2 本身尺寸差异见表5。

表5 本身尺寸差异　　　　　　　　　　　　单位为厘米

基本尺寸	优等品	一等品	合格品
5.0 以下	±0.3		±0.5
5.0～20.0	±0.5		±0.8
20.0 以上	±0.8		±1.0

注1：本身尺寸差异是指文胸前后、左右对称部位的差异。

注2：基本尺寸以产品左或前侧为准。

5.4.3 表面疵点规定见表6。

表6 表面疵点规定

疵点类别		优等品	一等品	合格品
线状 疵点	轻微	5.0 cm 及以内	5.0 cm 以上～10.0 cm	允许
	明显	0.5 cm 及以内	0.5 cm 以上～1.5 cm	1.5 cm 以上～5.0 cm
	显著	不允许		1.0 cm 及以内

表 6（续）

疵点类别		优等品	一等品	合格品
条块状疵点	轻微	2.0 cm 及以内	2.0 cm 以上～5.0 cm	允许
	明显	不允许	1.0 cm 及以内	1.0 cm 以上～3.0 cm
	显著	不允许		1.0 cm 及以内
散布性疵点		不影响外观者允许		轻微影响外观者允许
同面料色差/级		4—5	4	3—4
缝制疵点	线头	0.5 cm 以上不允许	0.5 cm～1.0 cm 允许 2 处	0.5 cm 以上允许 3 处
	针距	2 cm 以内不低于 9 针		
	缝纫曲折高低	0.2 cm	0.4 cm	0.5 cm
	跳针	不允许	不允许	不脱散者，一针分散两处
破损性疵点		不允许		
标识不全、不清、错误		不允许		

注 1：线状疵点指一个针柱或一根纱线或宽度在 0.1 cm 以内的疵点，超过者为条块状疵点。条块状疵点以直向
最大长度加横向最大长度计量。

注 2：疵点程度描述：

轻微——疵点在直观上不明显，通过仔细辨认才可看出。

明显——不影响总体效果，但能感觉到疵点的存在。

显著——疵点程度明显影响总体效果。

注 3：表中线状疵点和条块状疵点的允许值是指同一件产品上同类疵点的累计尺寸。

注 4：色差按 GB 250 评定。

注 5：表面疵点程度参照《针织内衣表面疵点彩色样照》执行。

6 试验方法

6.1 外观质量

6.1.1 一般采用灯光检验，用 40 W 青光或白光日光灯一支，上面加灯罩，灯罩与检验台面中心垂直距离为 80 cm±5 cm。

6.1.2 如在室内利用自然光，光源射入方向为北向左（或右）上角，不能使阳光直射产品。

6.1.3 检验时应将产品平放在检验台上，台面铺白布一层，检验人员的视线应正视平摊产品的表面，目光与产品中间距离为 35 cm 以上。

6.1.4 每件产品正反两面均检验，单层产品以正面为准。

6.2 内在质量

6.2.1 试验室的温度为 20℃±2℃，相对湿度为 65%±3%。试验前，将试样展开平放 24 h。

6.2.2 内在质量试验样品，应从成品上取样，成品尺寸不足时，可从该批产品的同批面料（含里料、衬）上取样。所取试样不应有影响试验结果的疵点。

6.2.3 耐洗色牢度试验按 GB/T 3921.1 执行。

6.2.4 耐汗渍色牢度试验按 GB/T 3922 执行。

6.2.5 耐水色牢度试验按 GB/T 5713 执行。

6.2.6 耐摩擦色牢度试验按 GB/T 3920 执行，只做直向。

6.2.7 染色牢度试验取面料和里料分别测试，当从成品上无法取够一次试验的整块试样且无同批面料时，耐洗色牢度、耐汗渍色牢度、耐水色牢度可取 4 cm×5 cm 试样，与同样大小的贴衬缝合在一起分别

进行试验。

6.2.8 甲醛含量、pH 值、异味、可分解芳香胺染料的试验按 GB 18401 规定执行。

6.2.9 纤维含量对应 FZ/T 01053 规定,分别取样试验,试验按 GB/T 2910、GB/T 2911、FZ/T 01026、FZ/T 01057、FZ/T 01095 执行。

6.2.10 甲醛含量、可分解芳香胺染料保留整数,纤维含量、pH 值保留一位小数。数值修约按 GB/T 8170 执行。

7 检验规则

7.1 抽样

7.1.1 外观质量按交货批分品种、色别、型号随机抽样 1%～3%,但不少于 20 件。若交货批少于 20 件,则全数检验。

7.1.2 内在质量按交货批分品种、色别、型号随机抽样,数量应能保证每项内在质量试验做一次。

7.2 出厂检验和型式检验

7.2.1 出厂检验检验外观质量。

7.2.2 型式检验检验外观质量和内在质量,在以下情况下进行:

    a) 新产品;

    b) 原料、工艺发生重大变化;

    c) 年度检验。

8 判定规则

8.1 外观质量

8.1.1 在同一件产品上,当规格尺寸公差和本身尺寸差异出现不同品等部位、表面疵点出现不同品等疵点时,分别按最低品等部位和最低品等疵点评定。

8.1.2 外观质量按品种、色别、型号分批计算不符品等率。凡不符品等率在 5.0% 及以内者,判定该批产品合格。不符品等率在 5.0% 以上者,判定该批产品不合格。

8.2 内在质量

8.2.1 同一染色牢度的沾色取最低值。

8.2.2 内在质量各项指标分别按最低值判定。

8.3 复验

8.3.1 任何一方对检验结果(异味除外)有异议时,均可要求复验。

8.3.2 要求复验时,应保留要求复验批的全部。

8.3.3 复验按本标准第 7 章和 8.1、8.2 规定执行,以复验结果为准。

9 包装和产品使用说明

9.1 包装按 FZ/T 80002 规定或企业自定。

9.2 产品使用说明按 GB 5296.4 规定执行。

_____

ICS 59.080.30
W 63

中华人民共和国纺织行业标准

FZ/T 73013—2010
代替 FZ/T 73013—2004

针 织 泳 装

Knitted swimming suits

2010-08-16 发布   2010-12-01 实施

中华人民共和国工业和信息化部   发 布

前　言

本标准代替 FZ/T 73013—2004《针织泳装》。

本标准与 FZ/T 73013—2004 相比主要变化如下：

——增加了异味、可分解芳香胺染料、耐汗渍色牢度、耐摩擦色牢度、耐水色牢度、拼接互染程度的考核项目和拼接互染程度测试方法；

——修改了拉伸弹性伸长率、耐氯化水（游泳池水）拉伸弹性回复率、耐氯化水（游泳池水）色牢度指标要求；

——增加了氨纶纤维含量（净干含量）偏差的要求；

——调整了规格尺寸偏差的分类方法，分为：身高 160 cm 及以下和身高 160 cm 以上；

——修改了本身尺寸差异中肩带宽不一的考核指标；

——修改了拉伸弹性伸长率和耐氯化水（游泳池水）拉伸弹性回复率的试验的参数：拉伸力为 15 N,预加张力为 0.1 N,耐氯化水（游泳池水）拉伸弹性回复率的反复拉伸次数为 3 次。

本标准的附录 A 为规范性附录。

本标准由中国纺织工业协会提出。

本标准由全国纺织品标准化技术委员会针织品分技术委员会（SAC/TC 209/SC 6）归口。

本标准起草单位：安莉芳（中国）服装有限公司、国家针织产品质量监督检验中心、浩沙实业（福建）有限公司、北京爱慕内衣有限公司、李宁（中国）体育用品有限公司、上海洲克运动服饰科技有限公司、劲霸（中国）经编有限公司、佛山市奥丽侬内衣有限公司、葫芦岛益丰（集团）运动服饰有限公司、晋江市天姿纺织实业有限公司。

本标准主要起草人：曹海辉、邢志贵、林献玺、关春红、徐明明、刘瑞金、郝西泉、何炳祥、刘雪艳、王仙容。

本标准所代替标准的历次版本发布情况为：

——FZ/T 73013—1998、FZ/T 73013—2004。

针 织 泳 装

1 范围

本标准规定了针织泳装的产品分类和型号、要求、试验方法、判定规则及产品使用说明、包装、运输、贮存。

本标准适用于鉴定氨纶与锦纶交织而成的经编、纬编针织泳装产品的品质。其他纺织纤维制成的针织泳装可参照执行。

2 规范性引用文件

下列文件中的条款通过本标准的引用而成为本标准的条款。凡是注日期的引用文件,其随后所有的修改单(不包括勘误的内容)或修订版均不适用于本标准,然而,鼓励根据本标准达成协议的各方研究是否可使用这些文件的最新版本。凡是不注日期的引用文件,其最新版本适用于本标准。

GB/T 250　纺织品　色牢度试验　评定变色用灰色样卡

GB/T 251　纺织品　色牢度试验　评定沾色用灰色样卡

GB/T 2910(所有部分)　纺织品　定量化学分析

GB/T 2912.1　纺织品　甲醛的测定　第1部分:游离水解的甲醛

GB/T 3920　纺织品　色牢度试验　耐摩擦色牢度

GB/T 3921　纺织品　色牢度试验　耐皂洗色牢度

GB/T 3922　纺织品耐汗渍色牢度试验方法

GB/T 4856　针棉织品包装

GB/T 5713　纺织品　色牢度试验　耐水色牢度

GB/T 5714　纺织品　色牢度试验　耐海水色牢度

GB 5296.4　消费品使用说明　纺织品和服装使用说明

GB/T 7573　纺织品　水萃取液pH值的测定

GB/T 8427　纺织品　色牢度试验　耐人造光色牢度:氙弧

GB/T 8433　纺织品　色牢度试验　耐氯化水色牢度(游泳池水)

GB/T 8878　棉针织内衣

GB/T 17592　纺织品　禁用偶氮染料的测定

GB 18401　国家纺织品基本安全技术规范

GB/T 18886　纺织品　色牢度试验　耐唾液色牢度

FZ/T 01053　纺织品　纤维含量的标识

FZ/T 01057(所有部分)　纺织纤维鉴别试验方法

FZ/T 01095　纺织品　氨纶产品纤维含量的试验方法

FZ/T 70006　针织物拉伸弹性回复率试验方法

FZ/T 73012　文胸

GSB 16-2159　针织产品标准深度样卡(1/12)

GSB 16-2500　针织物表面疵点彩色样照

3 产品分类和型号

3.1 针织泳装分为连体式泳装、分体式泳装和泳裤三种类型。

3.2 连体式泳装型号：以厘米为单位标注适穿的净身高及净胸围。

3.3 分体式泳装以厘米为单位标注适穿的净身高及净胸、臀围。其中，分体式含罩杯的泳装上衣按FZ/T 73012 规定。

3.4 泳裤以厘米为单位标注适穿的净身高及臀围。

4 要求

要求分为内在质量和外观质量两个方面。内在质量包括纤维含量、甲醛含量、pH 值、异味、可分解芳香胺染料、拉伸弹性伸长率、耐氯化水（游泳池水）拉伸弹性回复率、耐皂洗色牢度、耐汗渍色牢度、耐水色牢度、耐海水色牢度、耐摩擦色牢度、耐唾液色牢度、耐氯化水（游泳池水）色牢度、耐光色牢度、拼接互染程度等指标。外观质量包括表面疵点、规格尺寸偏差、本身尺寸差异、缝制规定等指标。

4.1 分等规定

4.1.1 针织泳装的质量等级分为优等品、一等品、合格品。

4.1.2 针织泳装的质量定等：内在质量按批（交货批）评等，外观质量按件评等，二者结合以最低等级定等。

4.2 内在质量要求

4.2.1 内在质量要求见表1。

表 1 内在质量要求

项 目			优等品	一等品	合格品
纤维含量（净干含量）/%			按 FZ/T 01053 规定执行		
甲醛含量/（mg/kg）			按 GB 18401 规定执行		
pH 值					
异味					
可分解芳香胺染料/（mg/kg）					
拉伸弹性伸长率/% ≥		直向	120	100	80
		横向	100	80	70
耐氯化水（游泳池水）拉伸弹性回复率/% ≥		直向	70	65	60
		横向	70	65	60
色牢度/级 ≥	耐皂洗	变色	4	3	
		沾色	3-4	3（深色 2-3）	
	耐汗渍	变色	4	3（婴幼儿 3-4）	
		沾色	3-4	3（婴幼儿 3-4）	
	耐水	变色	3-4	3（婴幼儿 3-4）	
		沾色	3-4	3（婴幼儿 3-4）	
	耐海水	变色	4	3-4	3
		沾色	3	3	

表 1（续）

项　目		优等品	一等品	合格品
色牢度/级　≥	耐摩擦　干摩	4	3（婴幼儿 4）	
	耐摩擦　湿摩	4	3（深色 2-3）	
	耐唾液　变色	按 GB 18401 规定执行		
	耐唾液　沾色			
	耐氯化水（游泳池水）　变色	4	3	2-3
	耐光　变色	4	3	
	拼接互染程度　沾色	4	3-4	3

注 1：氨纶纤维含量（净干含量）偏差：优等品≥—2.0%；—等品、合格品≥—3.0%。

注 2：浅色装饰条、牙不考核拼接互染程度。

注 3：色别分档按 GSB 16-2159 标准执行，＞1/12 标准深度为深色，≤1/12 标准深度为浅色。

4.2.2 拼接互染程度只考核深色与浅色相拼接的产品。

4.2.3 分体式泳衣不考核直向拉伸弹性伸长率和直向耐氯化水（游泳池水）拉伸弹性回复率。

4.2.4 内在质量各项指标，以试验结果最低一项作为该批产品的评等依据。

4.3 外观质量要求

4.3.1 外观质量评等规定

4.3.1.1 外观质量评等按表面疵点、规格尺寸偏差、本身尺寸差异、缝制规定的评等来决定。在同一件产品上发现属于不同品等的外观疵点时，按最低品等疵点评定。

4.3.1.2 在同一件产品上只允许有两个同等级的极限表面疵点，超过者应降一个等级。

4.3.1.3 表面疵点评等规定

4.3.1.3.1 表面疵点评等规定见表 2。

表 2　表面疵点评等规定

疵点类别	疵点名称	优等品	一等品	合格品
纱疵	油纱、色纱	不允许	轻微者允许	轻微者允许
织疵	长花针	不允许		1 针 3 cm 1 处
	修痕	不允许		不允许
	丝拉紧	不允许		丝不断余丝勾进 3 处
	散花针、稀路、横路	不允许		不明显者允许
染整疵点	色差	4 级	3-4 级	3 级
	纹路歪斜	不大于 5%		不大于 8%
	极光印、折印、色花	不允许		不明显者允许
	锈斑	不允许		不允许
缝纫疵点	缝纫油污线	浅淡 1 cm 3 处或 2 cm 1 处		浅淡的 10 cm，深的 5 cm
	针洞	不允许		不允许
	重针	除合理接头外限 4 cm 1 处		除合理接头外限 4 cm 2 处

表 2（续）

疵点类别	疵点名称	优等品	一等品	合格品
印花疵点	沙眼、干版、露地、缺花	不允许		不明显者允许
	搭色	不允许	0.5 cm 5 处或不影响美观者	不严重者允许
	套版不正	不允许		0.3 cm
	阴花渗花	细线条不超 1 倍,粗线条 0.2 cm		不严重者允许

4.3.1.3.2 表面疵点程度按 GSB 16-2500 针织物表面疵点彩色样照执行。

4.3.1.3.3 凡遇条文未规定的表面疵点参照相似疵点酌情处理。

4.3.1.3.4 色差按 GB/T 250 评定。

4.3.2 涂料印花产品拉伸后,涂胶面断裂轻微者允许。

4.3.3 泳装测量部位及规定

4.3.3.1 连体式泳衣测量部位示例见图 1。

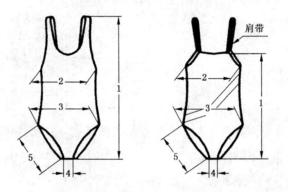

1——衣长；
2——胸宽；
3——臀宽；
4——裆宽；
5——裤口宽。

图 1　连体式泳衣测量部位示例

4.3.3.2 分体式泳装上衣测量部位示例见图 2。

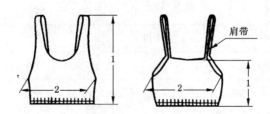

1——衣长；
2——胸宽。

图 2　分体式泳装上衣测量部位示例

4.3.3.3 泳裤测量部位示例见图3。

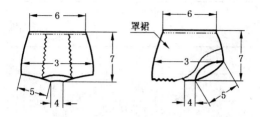

3——臀宽；

4——裆宽；

5——裤口宽；

6——腰宽；

7——裤长。

图 3　泳裤测量部位示例

4.3.3.4 测量部位规定见表3。

表 3　测量部位规定　　　　　　　　　　　　　　　　　　单位为厘米

序号	部位	测 量 规 定
1	衣长	由前肩带最高处量到最底边，缅肩带的由泳装前身最高处量到最底边
2	胸宽	由胸部最宽部位横量
3	臀宽	由臀部最宽部位横量
4	裆宽	由裆底最窄部位横量
5	裤口宽	沿裤口边对折测量
6	腰宽	由腰口处横量
7	裤长	由腰口边量到裆底
注：根据款式不同其他部位供需双方按协议执行。		

4.3.4 规格尺寸偏差见表4。

表 4　规格尺寸偏差　　　　　　　　　　　　　　　　　单位为厘米

项 目	身高 160 cm 及以下			身高 160 cm 以上		
	优等品	一等品	合格品	优等品	一等品	合格品
衣长	−1.0	−1.5	−1.0	−1.5	−2.0	
胸（臀、腰）宽	−1.0	−1.5	−1.5	−1.5	−2.0	
裤长	−1.0	−1.5	−1.0	−1.0	−1.5	
裤口宽	−1.0	−1.5	−1.5	−1.5	−2.0	
裆宽	−0.5	−0.5	−0.5	−0.5	−0.5	
注：其他部位尺寸根据款式不同按供需双方协议而定。						

4.3.5 本身尺寸差异见表5。

表 5 本身尺寸差异

单位为厘米

项 目	优等品 ≤	一等品 ≤	合格品 ≤
侧身长不一	0.5	1.0	1.5
肩带宽不一	0.3	0.4	0.5
肩带长不一	0.5	1.0	1.5
裤侧长不一	0.5	0.8	1.0
裤口宽不一	0.5	0.8	1.0

4.3.6 缝制规定

4.3.6.1 缝制须牢固,线迹要平直、圆顺,松紧适宜。

4.3.6.2 合缝处应用四线及五线包缝或绷缝。

4.3.6.3 平缝时针迹边口处应打回针加固。

4.3.6.4 下档部位应采用双档,胸部加衬布(或胸垫),根据产品要求选择辅料、衬布,色泽要协调一致。

4.3.6.5 采用高弹力缝纫线缝制。

4.3.6.6 针迹密度规定见表6。

表 6 针迹密度规定

单位为针迹数每2厘米

机 种	平缝机		包缝机		绷缝机		滚边机
	平缝	Z 缝	四线	五线	双针	三针	
针迹数 不低于	8	9	10	10	8	9	9

4.3.6.7 测量针迹密度以一个缝纫过程的中间处计量。

4.3.6.8 包缝机缝边(刀门)宽度四线不低于0.4 cm,五线不低于0.6 cm。

5 试验方法

5.1 抽样数量、外观质量检验条件、试样准备与试验条件按 GB/T 8878 规定执行。

5.2 外观质量抽样数量不少于20件。

5.3 内在质量抽样不少于2件,不足时增加取样件数。

5.4 试验项目

5.4.1 纤维含量试验

按 GB/T 2910(所有部分)、FZ/T 01057(所有部分)、FZ/T 01095 规定执行。

5.4.2 甲醛含量试验

按 GB/T 2912.1 规定执行。

5.4.3 pH 值试验

按 GB/T 7573 规定执行。

5.4.4 异味试验

按 GB 18401 规定执行。

5.4.5 可分解芳香胺染料试验

按 GB/T 17592 规定执行。

5.4.6 拉伸弹性伸长率试验

按 FZ/T 70006 中"定力伸长率的测定"执行。其中速率采用 300 mm/min,定力为 15 N,预加张力为 0.1 N。随机取样直、横向各三块试样,试样的有效工作尺寸为 10 cm×5 cm。第一次拉伸为破坏织物表面整理剂,第二次拉伸到定力时的伸长率,即为测试值。试验只做面料。

5.4.7 耐氯化水(游泳池水)拉伸弹性回复率试验

5.4.7.1 试样的处理:随机取样直、横向各三块试样,试样的有效工作尺寸为 10 cm×5 cm。操作程序按 GB/T 8433 执行,在容器中搅拌 4 h,其中有效氯浓度采用 50 mg/L。

5.4.7.2 耐氯化水(游泳池水)拉伸弹性回复率的测定:将处理后的试样按 FZ/T 70006 中"定力反复拉伸时弹性回复率和塑性变形率的测定"执行,其中速率采用 300 mm/min,定力为 15 N,预加张力为 0.1 N,反复拉伸次数为 3 次。试验只做面料。

5.4.8 色牢度试验

5.4.8.1 耐皂洗色牢度试验
按 GB/T 3921 规定执行,试验条件按 A(1)规定执行。

5.4.8.2 耐汗渍色牢度试验
按 GB/T 3922 规定执行。

5.4.8.3 耐水色牢度试验
按 GB/T 5713 规定执行。

5.4.8.4 耐海水色牢度试验
按 GB/T 5714 规定执行。

5.4.8.5 耐摩擦色牢度试验
按 GB/T 3920 规定执行,考核直向。

5.4.8.6 耐唾液色牢度试验
按 GB/T 18886 规定执行。

5.4.8.7 耐氯化水(游泳池水)色牢度试验
按 GB/T 8433 规定执行,其中有效氯浓度为 50 mg/L。

5.4.8.8 耐光色牢度试验
按 GB/T 8427 方法 3 规定执行。

5.4.8.9 拼接互染程度试验
按本标准附录 A 规定执行。

5.4.8.10 色牢度评级
按 GB/T 250 及 GB/T 251 规定执行。

6 判定规则

6.1 外观质量
6.1.1 外观质量按品种、色别、规格尺寸计算不符品等率。凡不符品等率在 5.0% 及以内者,判该批产品合格;不符品等率在 5.0% 以上者,判该批产品不合格。

6.1.2 内包装标志差错按件计算不符品等率,不允许有外包装差错。

6.2 内在质量按 4.2 要求执行,全部合格者判该批产品合格,有一项不合者,则判该批产品不合格。

6.3 复验
6.3.1 任何一方对所检验的结果有异议时,在规定期限内对所有异议的项目,均可要求复验。

6.3.2 提请复验时,应保留提请复验数量的全部。

6.3.3 复验时检验数量为初验时数量的 2 倍,复验的判定规则按本标准 6.1、6.2 规定执行,判定以复验结果为准。

7 产品使用说明、包装、运输、贮存

7.1 产品使用说明按 GB 5296.4 规定执行。

7.2 包装按 GB/T 4856 或协议执行。

7.3 产品运输应防潮、防火、防污染。

7.4 产品应放在阴凉、通风、干燥、清洁库房内,并防蛀、防霉。

附 录 A

（规范性附录）

拼接互染程度测试方法

A.1 原理

成衣中拼接的两种不同颜色的面料组合成试样,放于皂液中,在规定的时间和温度条件下,经机械搅拌,再经冲洗、干燥。用灰色样卡评定试样的沾色。

A.2 试验要求与准备

A.2.1 在成衣上选取面料拼接部位,以拼接接缝为样本中心,取样尺寸为 40 mm×200 mm,使试样的一半为拼接的一个颜色,另一半为另一个颜色。

A.2.2 成衣上无合适部位可直接取样的,可在成衣上或该批产品的同批面料上分别剪取拼接面料的 40 mm×100 mm,再将两块试样沿短边缝合成组合试样。

A.3 试验操作程序

A.3.1 按 GB/T 3921 进行洗涤测试,试验条件按 A(1)执行。

A.3.2 用 GB/T 251 样卡评定试样中两种面料的沾色。

前　　言

　　本标准非等效采用了国际羊毛局的纯羊毛标志产品品质标准 K1《针织服饰类产品》(1996 年版)，并参考了纺织行业标准 FZ/T 73004—1991《粗梳毛针织品》，物理指标、染色牢度、外观质量等作了适当的调整，并对纯牦牛绒针织品的牦牛绒纤维含量及其标识作了明确的规定。优等品标准相当于国际先进水平；一等品标准相当于国际一般水平。

　　本标准的附录 A 是标准的附录。

　　本标准的附录 B 是提示的附录。

　　本标准由原中国纺织总会科技发展部提出。

　　本标准由全国纺织品标准化技术委员会毛纺织品分技术委员会归口。

　　本标准由北京毛纺织科学研究所负责起草。

　　本标准主要起草人：孔丽萍、孙寿椿、陈继红。

中华人民共和国纺织行业标准

粗 梳 牦 牛 绒 针 织 品

FZ/T 73014—1999

Woollen yak hair knitting goods

1 范围

本标准规定了粗梳牦牛绒针织品的技术要求、试验方法、检验及验收规则和包装、标志等全部技术特征。

本标准适用于鉴定粗梳纯牦牛绒针织品和含牦牛绒30%及以上的牦牛绒混纺针织品的品质。

2 引用标准

下列标准所包含的条文,通过在本标准中引用而构成为本标准的条文。本标准出版时,所示版本均为有效。所有标准都会被修订,使用本标准的各方应探讨使用下列标准最新版本的可能性。

GB/T 2910—1997 纺织品 二组分纤维混纺产品定量化学分析方法

GB/T 2911—1997 纺织品 三组分纤维混纺产品定量化学分析方法

GB/T 3920—1997 纺织品 色牢度试验 耐摩擦色牢度

GB/T 3922—1995 纺织品耐汗渍色牢度试验方法

GB/T 4802.3—1997 纺织品 织物起球试验 起球箱法

GB/T 4856—1993 针棉织品包装

GB 5296.4—1998 消费品使用说明 纺织品和服装使用说明

GB/T 5713—1997 纺织品 色牢度试验 耐水色牢度

GB/T 7742—1987 纺织品 胀破强度和胀破扩张度的测定 弹性膜片法

GB/T 8170—1987 数值修约规则

GB/T 8427—1998 纺织品 色牢度试验 耐人造光色牢度:氙弧

GB 9994—1988 纺织材料公定回潮率

GB/T 12490—1990 纺织品耐家庭和商业洗涤色牢度试验方法

GB/T 16988—1997 特种动物纤维与绵羊毛混合物 含量的测定

FZ/T 20002—1991 毛纺织品含油脂率的测定

FZ/T 20011—1995 测量毛针织成衣扭斜角的试验方法

FZ/T 70008—1999 毛针织物编织密度系数试验方法(原GB/T 8689—1988)

FZ/T 70009—1999 毛针织物经机洗后的松弛及毡化收缩试验方法(原GB/T 11051—1989)

FZ/T 73004—1991 粗梳毛针织品

3 技术要求

3.1 技术要求包括分等规定、物理指标、染色牢度和外观质量。

3.2 分等规定

3.2.1 粗梳牦牛绒针织品的品等以件为单位,按物理指标、染色牢度和外观质量三项评定,并以其中最低一项定等。分为优、一、二、三等品,低于三等品者为等外品。

3.2.2 物理指标、染色牢度和外观质量中有两项及以上同时降为二等品或三等品时,则加降一等。同一件产品,外观质量降等超过三项时,则按原评等级加降一等。

3.2.3 物理指标、染色牢度的评等以批为单位。同一产品的每一交货单元为一批。

3.3 物理指标的评等。

物理指标按表 1 评定,以其中最低项的品等作为该批的品等。

表 1

项　目		单　位	限　度	考核指标或允许偏差			
				优　等	一　等	二　等	三　等
纯牦牛绒产品牦牛绒纤维含量		%	—	100			
混纺产品中牦牛绒纤维含量的减少和化纤含量的增加(绝对百分比)		%	不高于	3	4	5	8
单件重量偏差率		%	—	—6	—7	—8	—10
顶破强度		kPa (kgf/cm²)	不低于	225 (2.3)			
编织密度系数		mm·tex	不低于	1.0		—	
起　球		级	不低于	3—4	3	2—3	
含油脂率		%	不高于	1.5		—	
松弛收缩	长度收缩	%	—	±6		—	
	宽度收缩			±6			
注 1　牦牛绒纤维含量的有关规定详见附录 A(标准的附录)。 2　编织密度系数只考核单面平针织物。							

3.4 染色牢度的评等

未染色的粗梳牦牛绒针织品不考核染色牢度;凡有染色纤维的粗梳牦牛绒针织品,染色牢度的评等按表 2 规定评定。优、一等品允许有一项低半级;凡有一项低于一级者或有两项低于半级者降为二等;凡低于二等品者降为三等品。

表 2

项　目		单　位	考核指标		
			限　度	优等品	一等品
耐光	>1/12 标准深度	级	不低于	4	3—4
	≤1/12 标准深度			3	3
耐洗	色泽变化	级	不低于	3—4	3
	毛布沾色			4	3
	棉布沾色			3—4	3
耐汗渍	色泽变化	级	不低于	3—4	3
	毛布沾色			4	2—3
	棉布沾色			3—4	2—3
耐水	色泽变化	级	不低于	4	3
	毛布沾色			3—4	3
	棉布沾色			3—4	3

表 2(完)

项　　目		单　位	考　核　指　标		
			限　度	优等品	一等品
耐摩擦	干摩擦 湿摩擦	级	不低于	3—4 3	3 2—3

注：牦牛绒混纺产品,棉布沾色应改为其他非毛主要纤维布沾色。

3.5 外观质量的评等

外观质量的评等按 FZ/T 73004 中的"外观质量的评等"执行,其中扭斜角应不大于 5°。

4 试验方法

4.1 采样规定按 FZ/T 73004 中"采样规定"执行。

4.2 单件重量试验按 FZ/T 73004 中的"单件重量试验方法"执行。

4.3 纤维含量试验分别按 GB/T 2910、GB/T 2911、GB/T 16988 执行。

4.4 顶破强度试验按 GB/T 7742 执行。

4.5 编织密度系数试验按 FZ/T 70008 执行。

4.6 起球试验按 GB/T 4802.3 执行。

4.7 含油脂率试验按 FZ/T 20002 执行。

4.8 松弛收缩率试验按 FZ/T 70009 的 1×7A 程序执行。松弛收缩简易试验方法见附录 B(提示的附录)。

4.9 耐光色牢度试验按 GB/T 8427 中的方法 3 执行(大于 1/12 标准深度的色号,按蓝色羊毛标准级别的 4 级掌握;小于等于 1/12 标准深度的色号,按蓝色羊毛标准级别的 3 级掌握)。

4.10 耐洗色牢度试验按 GB/T 12490 中的 A1S 试验条件执行。

4.11 耐汗渍色牢度试验按 GB/T 3922 中的"碱液法"执行。

4.12 耐水色牢度试验按 GB/T 5713 执行。

4.13 耐摩擦色牢度试验按 GB/T 3920 执行。

5 检验及验收规则

按 FZ/T 73004 中的"检验及验收规则"执行,其中扭斜角试验按 FZ/T 20011 执行。

6 包装、标志

6.1 牦牛绒针织品的包装按 GB/T 4856 执行。

6.2 牦牛绒针织品的包装应注意防蛀。

6.3 每一单件牦牛绒针织品的标志按 GB 5296.4 执行,其中纯牦牛绒产品的标识见附录 A(标准的附录)。

7 其他

供需双方另有要求,可按合约规定执行。

附 录 A
（标准的附录）
几项补充规定

A1 表面疵点说明按 FZ/T 73004 附录 A（补充件）中的"表面疵点说明"执行。

A2 成品公定回潮率规定如表 A1：

表 A1

纤维名称	牦牛绒、羊毛	锦 纶	其他纤维
公定回潮率，%	15	4.5	按 GB 9994

A3 工厂常规试验时，可采用温度（20±3）℃，相对湿度（65±5）%。

A4 牦牛绒纤维含量

A4.1 纯牦牛绒针织品应含有 100% 牦牛绒纤维，考虑牦牛绒的含粗因素，允许其含有牦牛毛纤维（直径大于 35 μm），优等品不得超过 10%；一、二、三等品不得超过 15%。即成品中牦牛绒纤维含量达 85% 及以上时，可视为纯牦牛绒。

A4.2 各品等牦牛绒混纺针织品中的牦牛绒（牦牛毛）纤维含量百分比同 A4.1 规定。

A5 纯牦牛绒针织品的纤维成分标识

凡符合 A4.1 规定的牦牛绒针织品可标为纯牦牛绒。

附 录 B
（提示的附录）
松弛收缩的简易试验方法

B1 一般工厂，如没有做松弛收缩的专用试验机，可采用以下简单的水浸"松弛收缩"试验方法，其测试结果作为工厂内部参考。具体操作步骤如下：

B1.1 在试样离边缘或罗纹至少 5 cm 的部位量取不小于 40 cm 长、30 cm 宽的长方形，做好标记。

B1.2 将试样浸于含有 0.05% 非离子活性剂的水溶液中，水温 40℃，浸 90 min。

B1.3 轻轻在清水中漂清溶液，甩干，然后静态平铺晾干。

注意：不能在水溶液中搓揉试样，也不能在滚筒式烘干机或其他烘干机中烘干，以免产生"毡化收缩"现象或其他问题，影响试验的准确性。

B1.4 根据量得的尺寸，按式（B1）分别计算横向和直向的松弛收缩率：

$$松弛收缩率（\%） = \frac{原长度 - 松弛收缩后的长度}{原长度} \times 100 \quad\quad\quad (B1)$$

ICS 59.080.30
W 63

中华人民共和国纺织行业标准

FZ/T 73015—2009
代替 FZ/T 73015—1999

亚 麻 针 织 品

Flax knitting goods

2009-11-17 发布

2010-04-01 实施

中华人民共和国工业和信息化部　　发 布

前　言

本标准代替 FZ/T 73015—1999《亚麻针织品》。

本标准与 FZ/T 73015—1999 相比主要变化如下：

——补充调整了规范性引用文件。

——调整了要求格式，内在质量要求统一列在表 1，将上衣和裤（裙）部位尺寸偏差合并在表 2。

——增加了起球、干洗尺寸变化率、水洗后扭曲率、耐干洗色牢度、耐光/汗复合色牢度的考核要求。

——增加了甲醛含量、pH、异味、可分解芳香胺染料的考核要求。

——补充了耐汗渍色牢度（碱液）的考核要求。

——将产品的质量等级划分为优等品、一等品和合格品。

——提高了部分色牢度考核指标；加严了水洗尺寸变化率负偏差。

——加严了对部分外观疵点的要求。

——将顶破强力改为胀破强度。

——将原标准的附录 A 和附录 B 修改整合为附录 A。

本标准的附录 A 为资料性附录。

本标准由中国纺织工业协会提出。

本标准由全国纺织品标准化技术委员会麻纺织分技术委员会归口。

本标准起草单位：天祥（天津）集团、黑龙江省纺织产品质量监督检测中心、黑龙江省纺织工业研究所、吉林省纺织产品质量监督检测中心。

本标准主要起草人：冉雯、冯小凡、刘伟、李玲、于日明。

本标准所代替标准的历次版本发布情况为：

——FZ/T 73015—1999。

亚 麻 针 织 品

1 范围

本标准规定了亚麻针织品的号型规格、要求、试验方法、外观检验及验收规则、标志和包装。

本标准适用于纯亚麻针织品、亚麻含量50%及以上的混纺或交织针织品。

2 规范性引用文件

下列文件中的条款通过本标准的引用而成为本标准的条款。凡是注日期的引用文件,其随后所有的修改单(不包括勘误的内容)或修改版均不适用于本标准,然而,鼓励根据本标准达成协议的各方研究是否可使用这些文件的最新版本。凡是不注日期的引用文件,其最新版本适用于本标准。

GB/T 250 纺织品 色牢度试验 评定变色用灰色样卡(GB/T 250—2008,ISO 105-A02:1993,IDT)

GB/T 1335.1 服装号型 男子

GB/T 1335.2 服装号型 女子

GB/T 1335.3 服装号型 儿童

GB/T 2910(所有部分) 纺织品 定量化学分析

GB/T 2912.1 纺织品 甲醛的测定 第1部分:游离和水解的甲醛(水萃取法)

GB/T 3920 纺织品 色牢度试验 耐摩擦色牢度(GB/T 3920—2008,ISO 105-X12:2001,MOD)

GB/T 3921—2008 纺织品 色牢度试验 耐皂洗色牢度(ISO 105-C10:2006,MOD)

GB/T 3922 纺织品 耐汗渍色牢度试验方法(GB/T 3922—1995,eqv ISO 105-E04:1994)

GB/T 4802.3 纺织品 织物起毛起球性能的测定 第3部分:起球箱法(GB/T 4802.3—2008,ISO 12945-1:2000,MOD)

GB/T 4841.3 染料染色标准深度色卡 2/1、1/3、1/6、1/12、1/25

GB/T 5711 纺织品 色牢度试验 耐干洗色牢度(GB/T 5711—1997,eqv ISO 105-D01:1993)

GB/T 5713 纺织品 色牢度试验 耐水色牢度(GB/T 5713—1997,eqv ISO 105-E01:1994)

GB/T 6152—1997 纺织品 色牢度试验 耐热压色牢度(eqv ISO 105-X11:1994)

GB/T 6411 针织内衣规格尺寸系列

GB/T 7573 纺织品 水萃取液 pH 值的测定(GB/T 7573—2009,ISO 3071:2005,MOD)

GB/T 7742.1 纺织品 织物胀破性能 第1部分:胀破强力和胀破扩张度的测定 液压法(GB/T 7742.1—2005,ISO 13938-1:1999,MOD)

GB/T 8427—2008 纺织品 色牢度试验 耐人造光色牢度:氙弧(ISO 105-B02:1994,MOD)

GB/T 8628 纺织品 测定尺寸变化的试验中织物试样和服装的准备、标记及测量(GB/T 8628—2001,eqv ISO 3759:1994)

GB/T 8629—2001 纺织品 试验用家庭洗涤和干燥程序(eqv ISO 6330:2000)

GB/T 8630 纺织品 洗涤和干燥后尺寸变化的测定(GB/T 8630—2002,ISO 5077:1984,MOD)

GB/T 9995 纺织材料含水率和回潮率的测定 烘箱干燥法

GB/T 14576—2009 纺织品 色牢度试验 耐光、汗复合色牢度

GB/T 17592 纺织品 禁用偶氮染料的测定

GB 18401 国家纺织产品基本安全技术规范

GB/T 19981.2—2005　纺织品　织物和服装的专业维护、干洗和湿洗　第2部分:使用四氯乙烯干洗和整烫时性能试验的程序(ISO 3175-2:1998,MOD)

　　FZ/T 01026　四组分纤维混纺产品定量化学分析方法

　　FZ/T 01053　纺织品　纤维含量的标识

　　FZ/T 01057.2　纺织纤维鉴别试验方法　第2部分:燃烧法

　　FZ/T 01057.3　纺织纤维鉴别试验方法　第3部分:显微镜法

　　FZ/T 01057.4　纺织纤维鉴别试验方法　第4部分:溶解法

　　FZ/T 01095　纺织品　氨纶产品纤维含量的试验方法

　　FZ/T 70007　针织上衣腋下接缝强力试验方法

　　FZ/T 73007—2002　针织运动服

　　FZ/T 80002　服装标志、包装、运输和贮存

　　SN/T 0756　进出口麻/棉混纺产品定量分析方法　显微投影仪法

3　号型规格

　　亚麻针织品号型或规格设置可按 GB/T 1335.1、GB/T 1335.2、GB/T 1335.3 或 GB/T 6411 的有关规定选用。

4　要求

4.1　要求包括分等规定、内在质量和外观质量要求。

4.2　分等规定

　　亚麻针织品的品等以件(套)为单位,按内在质量和外观质量的检验结果评定。内在质量按批评等,外观质量按件(套)评等,并以其中最低一项定等。分为优等品、一等品和合格品。

4.3　内在质量要求

4.3.1　内在质量包括纤维含量、胀破强度、腋下接缝强力、单件质量偏差率、起毛起球、水洗尺寸变化率、干洗尺寸变化率、水洗后扭曲率、耐洗色牢度、耐干洗色牢度、耐水色牢度、耐汗渍色牢度、耐摩擦色牢度、耐热压色牢度、耐光色牢度、耐光、汗复合色牢度、甲醛含量、pH、异味、可分解芳香胺染料。

4.3.2　内在质量要求见表1。

表 1　内在质量要求

项　目		优等品	一等品	合格品
纤维含量/%		按 FZ/T 01053 规定		
胀破强度/kPa　　≥		323		
腋下接缝强力/N　　≥		150		
单件质量偏差率/%　　≥		−5.0	−5.0	−7.0
起球/级　　≥		4	3-4	3
水洗尺寸变化率/%	直向	−4.0～+1.5	−5.0～+1.5	−7.0～+2.0
	横向	−4.0～+1.5	−6.0～+1.5	−7.0～+4.0
干洗尺寸变化率/%	直向	−1.0～+1.0	−1.5～+1.5	−2.0～+2.0
	横向	−1.0～+1.0	−1.5～+1.5	−2.0～+2.0
水洗后扭曲率/%　　≤	上衣	4.0	6.0	8.0
	下装	1.5	2.5	3.5

表1（续）

项　目			优等品	一等品	合格品
色牢度/级　≥	耐洗	变色	4	3-4	3
		沾色	4	3	3
	耐干洗	变色	4-5	4	3-4
		沾色	4-5	4	3-4
	耐水	变色	4	3	3
		沾色	3-4	3	3
	耐汗渍（酸、碱）	变色	4	3	3
		沾色	4	3	3
	耐摩擦	干摩	3-4	3	3
		湿摩	3	2-3	2-3
	耐热压	潮压棉布沾色	3-4	3	2-3
	耐光	深色	4	4	3
		浅色	4	3	3
	耐光、汗复合		3-4	3	2-3
甲醛含量/（mg/kg）			按 GB 18401 规定		
pH			按 GB 18401 规定		
异味			按 GB 18401 规定		
可分解芳香胺染料/（mg/kg）			按 GB 18401 规定		

注1：色别分档按 GB/T 4841.3 规定，>1/12 标准深度为深色，≤1/12 标准深度为浅色。
注2：加弹性纤维的产品横向不考核洗后尺寸变化率。
注3：抽条、镂空类织物及无法测试胀破强度的产品不考核胀破强度。
注4：仅上衣类带袖产品考核腋下接缝强力。
注5：标注只可干洗产品考核干洗尺寸变化率和耐干洗色牢度，但不考核水洗后扭曲率。
注6：仅上衣和长裤类产品考核水洗后扭曲率。

4.4 外观质量要求

外观质量包括主要部位规格尺寸偏差、同件尺寸差异、缝迹伸长率、领圈拉开尺寸、外观疵点及附件要求。

4.4.1 主要部位规格尺寸偏差见表2。

表2　规格尺寸偏差　　　　　　　　　　　　　　单位为厘米

项目	儿童			成人		
	优等品	一等品	合格品	优等品	一等品	合格品
胸宽	−1.0～+1.0		−1.5～+1.5	−1.0～+1.5		−1.5～+2.0
衣长	−1.0～+1.0		−1.5～+1.5	−1.5～+1.5		−2.0～+2.0

表 2（续）
单位为厘米

项目		儿童			成人		
		优等品	一等品	合格品	优等品	一等品	合格品
袖长	长袖	−1.0～+1.0	−1.5～+1.5		−1.5～+1.5		−2.0～+2.0
	中、短袖	−1.0～+1.0	−1.5～+1.5		−1.0～+1.0		−1.5～+1.5
全肩宽		−1.0～+1.0	−1.5～+1.5		−1.0～+1.0		−1.5～+1.5
挂肩		−0.5～+0.5	−1.0～+1.0		−0.5～+0.5		1.0～+1.0
腰宽		−1.0～+1.0	−1.5～+1.5		−1.5～+1.5		−2.0～+2.0
裤（裙）长		−1.0～+1.0	−1.5～+1.5		−1.5～+1.5		−2.0～+2.0
前后立裆		−1.0～+1.0	−1.5～+1.5		−1.0～+1.0		−1.5～+1.5
横裆		−1.0～+1.0	−1.5～+1.5		−1.0～+1.0		−1.5～+1.5

注 1：斜肩袖长和后领中量袖长、外衣身长和连衣裙长、粗针距胖花衫胸宽和松紧带裤腰宽偏差，各品等增加±0.5 cm。
注 2：加弹性纤维的服装以直向长度为主考核，横向规格作为参考，以适穿为原则。
注 3：裤（裙）长小于或等于 75 cm 及胸围小于或等于 60 cm 按儿童服装考核。
注 4：上衣、裤（裙）小部位偏差和其他小件针织品偏差按合约执行。

4.4.2 同件尺寸差异见表 3。

表 3 同件尺寸差异
单位为厘米

序号	项目		优等品、一等品不超过	合格品不超过
1	衣长不一	门襟	0.5	1.0
		前、后身及左右腰缝	1.0	1.5
2	袖长不一	长袖	0.5	1.0
		中、短袖	0.5	1.0
3	袖子肥瘦不一		0.5	1.0
4	左右肩宽不一	有肩带	0.5	1.0
		无肩带	1.0	1.5
5	挂肩不一		0.5	1.0
6	裤长不一	成人裤	1.0	2.0
		儿童裤	0.5	1.0
7	裤腿肥瘦不一		0.5	1.0
8	罗纹长短不一	下摆、裤腰	0.3	0.5
		裤（裙）口、袖口	0.5	1.0
9	口袋大小、高低不一		0.3	0.5

4.4.3 缝迹伸长率

平缝不小于 10%；

包缝不小于 20%；

链缝不小于 30%（包括手缝）。

4.4.4 领圈拉开尺寸见表 4。

表4 领圈拉开尺寸

单位为厘米

项 目	成 人	儿 童
拉开尺寸	≥28	≥26

注1：本规定只限于圆领、樽领领圈。

注2：胸围75 cm及以上为成人装。

4.4.5 外观疵点评等规定见表5。

表5 外观疵点评等规定

疵点分类	疵点名称	疵点程度	优等品	一等品	合格品
原料疵点	条干不匀	粗细不明显、云斑较浅	主要部位不允许	允许	允许
		粗细明显、云斑较深	不允许	主要部位不允许	允许
	粗、细节	粗细节明显	主要部位不允许	主要部位不允许	允许
	厚薄档	不明显	主要部位不允许	允许	允许
		明显	不允许	不允许	不允许
	色花	不明显	不允许	主要部位不允许	允许
		明显	不允许	不允许	不允许
	异性纤维及杂物	不明显	不允许	主要部位不允许	允许
		明显	不允许	不允许	不允许
编织疵点	单线	—	不允许	不允许	不允许
	花针、瘪针、三角针	不明显	不允许	主要部位不允许	允许
		分散、明显	不允许	主要部位不允许	允许
		密集明显	不允许	不允许	主要部位不允许
	针圈不匀	不明显	不允许	主要部位不允许	允许
		明显	不允许	不允许	主要部位不允许
	花纹错乱	不明显	不允许	主要部位不允许	允许
		明显	不允许	不允许	主要部位不允许
	纹路偏斜	直向	不允许	允许1 cm	允许1 cm
		横向	不允许	允许1 cm	允许1 cm
	纹路倒顺	不明显	不允许	主要部位不允许	允许
		明显	不允许	不允许	允许
裁缝、整理及其他疵点	拷缝及锈缝不良	不明显	不允许	主要部位不允许	允许
		明显	不允许	不允许	不允许
	锁眼、钉扣不良	—	不允许	不允许	不允许
	修痕	不明显	不允许	允许	允许
		明显	不允许	不允许	允许
	油污、水渍	不明显	不允许	主要部位不允许	允许
		明显	不允许	不允许	主要部位不允许
	色差	同件主件之间	≥4-5级	≥4级	≥3-4级

表 5（续）

疵点分类	疵点名称	疵点程度	优等品	一等品	合格品
裁缝、整理及其他疵点	色差	同件主件与副件、副件之间	≥4 级	≥3-4 级	≥3-4 级
		套装件与件之间	≥4 级	≥4 级	≥3-4 级
	色档	—	不允许	不允许	≥4 级
	串色、搭色	不明显	不允许	主要部位不允许	允许
		明显	不允许	不允许	主要部位不允许

注 1：次要部位规定见图 1。

上衣：大身边缝和袖底缝左右各 1/6（按尺寸比例计算）；

裤（裙）：裤（裙）腰口下裤（裙）长的 1/5 和裤内侧缝左右 1/6（按尺寸比例计算）。

注 2：次要部位以外为主要部位。

注 3：凡标准中未规定的其他外观疵点可参照相似疵点评等。

注 4：一般产品反面疵点以不影响正面外观和实物质量为原则。

注 5：对于单纱的横机产品纹路扭曲问题按以下要求掌握：产品摊开抖动平铺在台案上，摆缝倾斜距离应保持在 3 cm 以内（在下摆罗纹交接处度量）。

注 6：色差用 GB/T 250 评定。

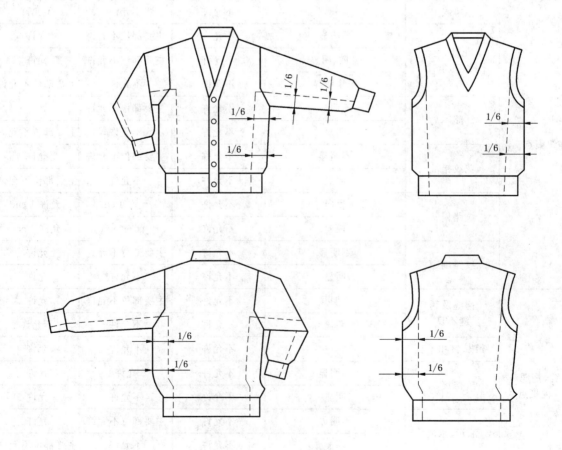

图 1　次要部位图

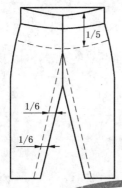 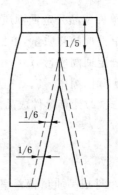

图 1（续）

4.4.6 优等品外观质量的总体要求

4.4.6.1 款式、花型美观，配色协调。

4.4.6.2 表面平整光洁，领型端正，四角平服。

4.4.6.3 产品纹路清晰、匀称、丰满、均匀，三口罗纹弹性好。

4.4.6.4 做工精细、考究。

4.4.6.5 手感柔软，色泽匀净。

4.4.7 采用适合于面料的纽扣、拉链、饰品等附件，附件应无残疵、无毛刺、缝钉牢固。经规定程序洗涤后不变形、不变色、不锈蚀。

5 试验方法

5.1 抽样规定

5.1.1 以相同原料成分、同纱支、同机型、同组织结构、同后整理方法为同一品种。

5.1.2 供物理指标试验用的样品，应在同一品种的成品中抽取。抽样数量应满足试验需要，一般不少于 5 件。

5.1.3 供色牢度试验用的样品，应包括同一品种的全部色号。

5.1.4 供单件重量试验用的样品，按批抽取 3%，但不得少于 5 件（小件针织品不少于 10 件），不同色号均匀搭配抽取。

5.2 各单项试验方法

5.2.1 纤维含量试验

按 GB/T 2910、FZ/T 01026、FZ/T 01057.2～01057.4、FZ/T 01095、SN/T 0756 执行。

5.2.2 胀破强度

按 GB/T 7742.1 执行。

5.2.3 腋下接缝强力

按 FZ/T 70007 执行。

5.2.4 单件质量偏差率试验方法

5.2.4.1 在温度 20 ℃±2 ℃、湿度 65%±4% 条件下，将抽取的若干件样品平铺，待样品吸湿平衡 24 h 后，逐件称重，精确至 0.5 g，并计算其平均值，其结果修约至小数点后一位，得到单件成品初质量 m_1。

5.2.4.2 从其中一件样品中裁取回潮率试样两份，每份重量不少于 10 g，按 GB/T 9995 测得试样的实际回潮率 R_1。

5.2.4.3 按式(1)计算单件成品公定回潮质量 m_0。

$$m_0 = \frac{m_1 \times (1 + R_0)}{1 + R_1} \quad \cdots\cdots(1)$$

385

式中：

m_0——单件成品公定回潮质量，单位为克(g)；

m_1——单件成品初质量，单位为克(g)；

R_0——公定回潮率，%；

R_1——实际回潮率，%。

5.2.4.4 按式(2)计算单件成品质量偏差率，精确至 0.1%。

$$D_G = \frac{m_0 - m}{m} \times 100 \qquad\qquad\qquad\qquad (2)$$

式中：

D_G——单件成品质量偏差率，%；

m_0——单件成品公定回潮质量，单位为克(g)；

m——工艺设计单件成品规定质量(或工贸协议规定的公定回潮质量)，单位为克(g)。

5.2.5 起球试验

按 GB/T 4802.3 执行，采用精纺织物翻转 14 400 r，若使用样照评级，使用精纺针织物起球样照。

5.2.6 水洗尺寸变化率试验

按 GB/T 8628、GB/T 8629—2001 中仿手洗和干燥程序 C、GB/T 8630 执行。试验数量 3 件。以 3 件算术平均值作为检测结果，若收缩和倒涨同时出现时，以收缩(或倒涨)的两件算术平均值作为检测结果。衣长、裤长、袖长等作为直向测量部位，胸宽、腰宽、袖宽、裆宽等作为横向测量部位。

5.2.7 干洗尺寸变化率试验

干洗程序按 GB/T 19981.2—2005 执行，无特殊声明时，选择"正常材料"干洗程序，整烫方法选用方法 B。试样的准备、标记及测量按 GB/T 8628 执行，洗涤和干燥后尺寸变化的测定按 GB/T 8630 执行。

5.2.8 耐洗色牢度试验

按 GB/T 3921—2008 中方法 3 执行。

5.2.9 耐干洗色牢度试验

按 GB/T 5711 执行。

5.2.10 耐水色牢度试验

按 GB/T 5713 执行。

5.2.11 耐汗渍色牢度试验

按 GB/T 3922 执行。

5.2.12 耐摩擦色牢度试验

按 GB/T 3920 执行。

5.2.13 耐热压色牢度试验

按 GB/T 6152—1997 中的潮压法执行。加压温度按照织物的纤维成分来确定。

纯亚麻：200 ℃±2 ℃。

混纺、捻、并产品试验温度采用其中温度低的一种(含量低于 10%可不考虑)：

a) 毛、粘胶、涤纶、丝：180 ℃±2 ℃；

b) 腈纶：150 ℃±2 ℃；

c) 锦纶：120 ℃±2 ℃。

5.2.14 耐光色牢度试验

按 GB/T 8427—2008 中方法 4 执行，标准要求最低 4 级者参比样为蓝色羊毛标样 4，标准要求最低 3 级者参比样为蓝色羊毛标准 3，曝晒周期控制到参比样达到灰色样卡 4 级。几种曝晒条件均可采用，但无论采用哪种曝晒条件，建议均使用蓝色羊毛标准 1~8。

5.2.15　耐光、汗复合色牢度试验

　　按 GB/T 14576 执行,仅测试耐光、汗复合色牢度级数。

5.2.16　水洗后扭曲率试验

　　按 FZ/T 73007—2002 中 5.4.3 执行,洗涤及干燥程序按本标准 5.2.6 规定执行。

5.2.17　甲醛含量试验

　　按 GB/T 2912.1 执行。

5.2.18　pH 试验

　　按 GB/T 7573 执行。

5.2.19　异味试验

　　按 GB 18401 规定的方法执行。

5.2.20　可分解芳香胺染料

　　按 GB/T 17592 执行。

6　外观检验及验收规则

6.1　外观质量检验条件

6.1.1　一般采用灯光检验,可用 40 W 青光或白光日光灯一只,上面加罩,罩内涂白漆,灯管与检验台面中心垂直距离为 80 cm±5 cm。如利用自然光源,应采用北昼光,光线射入方向为北向左(或右)上角为标准光源,不能使阳光直接照射在样品上。

6.1.2　检验时应将样品平摊在台面上,检验人员正视样品,目光与样品中心距离为 40 cm～50 cm。

6.1.3　检验规格尺寸用钢卷尺或钢直尺测量。

6.2　规格尺寸检验方法

　　将样品摊平放在平整光洁的台面上,在不受任何外力条件下进行测量。具体测量方法见图 2。

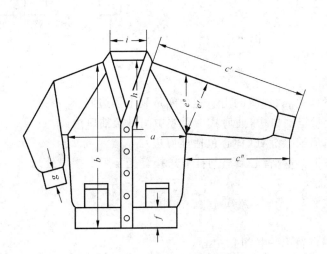

a——胸宽;	b——衣长;
c——全袖长;	c'——净袖长;
c''——下袖长;	d——肩宽;
e——挂肩;	e'——袖笼(袖根肥);
e''——挂肩垂直量;	f——下摆罗纹;
g——袖口罗纹;	h——领深;
i——领阔。	

图 2　测量部位图

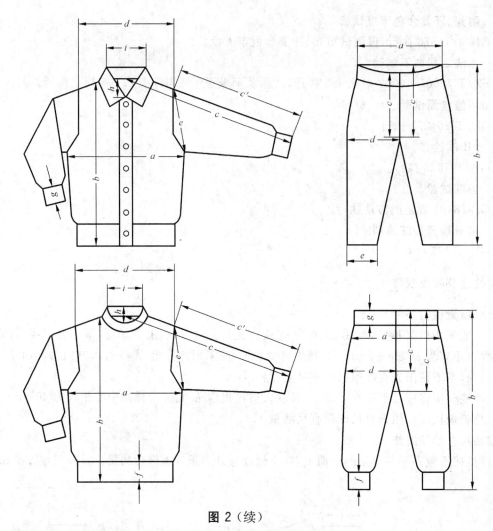

图 2（续）

6.2.1 上衣类

a) 胸宽：挂肩下 1.5 cm 处横量。

b) 衣长：领肩缝交接处量至下摆边底，连肩的由肩宽中间量到下摆边底。

c) 袖长：平肩式由肩袖接缝处量至袖口边，插肩式由后领中间量至袖口边。

d) 肩宽：左肩袖接缝处量至右肩袖接缝处（背心包括挂肩边）。

e) 挂肩：从肩接缝处顶端至腋下斜量（背心量肩与挂肩边接缝处至腋下接缝处）。

f) 下摆罗纹：从罗纹边至罗纹底。

g) 袖口罗纹：从罗纹边至罗纹底。

h) 领深

  V 领深（开衫）：后领接缝中点至第一粒纽扣中心。

  V 领深（套衫）、翻领领深：后领接缝中点至前领内口。

i) 领阔：指后领内口的宽度。

注 1：袖长名称

  全袖长 c：从后领接缝中点至袖口边。

  净袖长 c'：从肩缝接缝处至袖口边。

  下袖长 c''：从腋下沿袖底缝量至袖口边。

注 2：挂肩名称

  挂肩 e：肩袖接缝至腋下斜量。

  袖笼（袖根肥）e'：自腋下沿坯布横向针纹量至袖上边。

  挂肩垂直量 e''：沿身缝延伸线自腋下量至袖上边。

6.2.2 裤(裙)类

a) 腰宽:裤腰口或罗纹下 3 cm 处横量。

b) 裤长:裤腰上口量至裤脚边。

c) 裙长:裙腰上口垂直量至裙子底边。

d) 前(后)立裆:由前(后)裤腰边至立裆底直量。

e) 横裆:裆底单腿横量。

f) 裤口肥:裤口处横量。

g) 裤口罗纹:从罗纹边至罗纹底。

h) 裤腰:从罗纹边至罗纹底。

6.3 领圈拉开尺寸检验方法

领内口撑直拉足,量两点距离,即为领圈拉开尺寸。

6.4 缝迹伸长率检验及计算方法

将待检样品摊平,在大身摆缝(或袖缝)中段量取 10 cm,做好标记,握持标记两端,用力拉足并量得缝迹伸长尺寸。

按式(3)计算缝迹伸长率;

$$\text{缝迹伸长率}(\%)=\frac{\text{缝迹伸长尺寸(cm)}-10(cm)}{10(cm)}\times100 \qquad\qquad\cdots\cdots\cdots\cdots\cdots(\ 3\ )$$

6.5 验收规则

6.5.1 收货方应在进货时按本标准进行验收。以同一品种、同一品等、同一交货单元为一验收单元。

6.5.2 供货方应向收货方提供内在质量检验报告,如收货方需要试验时,可按本标准规定的试验方法进行。试验结果不符合品等规定时,可以退货返工整理。若其他试验结果符合品等规定,但单件重量不符品等率超过试验件数的 20% 以上时,该批产品亦可以退货返工整理,20% 及以内者按实际验出件数调换。

6.5.3 验收外观质量抽样数量为每批产品的 6%,但不得少于 10 件(每一规格不少于 5 件)。检验结果的不符品等率在 5% 及以内者,按实际验出件调换,在 5% 以上者,该批产品可以退货。

6.6 批量检验结果的判定

6.6.1 内在质量按纤维含量、胀破强度、腋下接缝强力、单件质量偏差率、起毛起球、水洗尺寸变化率、干洗尺寸变化率、耐洗色牢度、耐干洗色牢度、水洗后扭曲率、耐水色牢度、耐汗渍色牢度、耐摩擦色牢度、耐热压色牢度、耐光色牢度、耐光、汗复合色牢度、甲醛含量、pH、异味、可分解芳香胺染料检验结果综合评定。检验结果合格者,判定该批产品内在质量合格,检验结果不合格者,判定该批产品内在质量不合格。

6.6.2 外观质量按主要部位规格尺寸偏差、同件尺寸差异、领圈拉开尺寸、缝迹伸长率、外观疵点及附件综合评定。外观质量不符品等率在 5% 及以下者,判定该批产品外观质量合格;在 5% 以上者,判定该批产品外观质量不合格。

6.6.3 按内在质量和外观质量的检验结果综合评定,并以最低项判定该批产品合格与否。

6.7 复验

验收发生异议时,可复验,复验的试样数量应加倍,复验结果为最终结果。

7 标志和包装

标志和包装按 FZ/T 80002 执行。

8 其他

供需双方另有要求,可按合约执行。

附　录　A

（资料性附录）

外观疵点说明

A.1 条干不匀：由于纱支粗细均匀度不好，在织物表面形成稀疏或密集的针圈高低不匀，呈现或深或浅的云斑。

A.2 粗细节：条干明显不匀（短片段）影响织物外观，成品上形成针圈大而突出的横条为粗节，形成针圈小而凹进的为横条为细节。

A.3 厚薄档：条干长片段的明显粗细。表现在成品衣片上形成明显较厚或较薄部分。

A.4 异性纤维及杂物：纱线上附有其他纤维、草屑、麻粒、麻皮等杂质，影响产品外观者。

A.5 色花：原料染色时吸色不匀，造成成品全部或局部颜色深浅不一；或因不同原料、不同色泽混纺时混色不匀，使成品呈现局部颜色深浅不一。

A.6 单线：编织过程中一个针圈部分纱线（少于1/2）脱钩者。

A.7 花针：成圈过程中由于针或针舌不正常，使成品上出现较大而稍突出的线圈，反映在一个针柱上或分散在各部分。

瘪针：成品上花纹不突出，如胖花不胖，鱼鳞不起等。

三角针：在一个针眼内，两个线圈重叠，使成品上形成三角形的小孔。

A.8 针圈不匀

　　a) 由于码子松紧不一，在成品上形成针圈大小或松紧不一的线圈横档。或造成衣片两边松紧长短不一。

　　b) 编织过程中纱线受意外张力作用，造成紧线、紧度，使局部针圈较紧，形成凹进的横条。

　　c) 编织过程中个别针没有编织成圈，用针钩上后造成针圈较紧形成紧针。

　　d) 直向针圈的排列密度不正常，使成品上形成直行两个针圈柱排列间隔稍大或稍小，呈现稀路或密路状。

A.9 花纹错乱：板花、拨花、提花错误或多摇少摇使花位不正或花型错乱。

A.10 纹路偏斜：产品中直向和横向针纹偏斜者。

A.11 纹路倒顺：产品中一些变化组织，两片间由于纹路的倒顺，导致产品的色泽差异。

A.12 接缝不良：针迹过稀、缝线松紧、缝迹里出外进、漏缝、开缝针洞等，绣花花型走样、花位歪斜、颜色和花距不对等。

A.13 锁眼、钉扣不良：扣眼间距不一，明显歪斜，针迹不齐或扣眼开错（横、竖或左、右颠倒）；扣位与扣眼不符，缝结不牢。

A.14 修痕：织物经修补后留下了不良痕迹。

A.15 油污、水渍：由于织针、纱线不洁等原因，使产品表面呈现出油渍、污渍和水渍。

A.16 色差：同件产品主件之间、主件与副件之间和套装件与件之间，由于色光不同或深浅不同造成的色泽差异。

A.17 色档：在一个衣片内，由于颜色深浅不一，形成界限者。

A.18 串色、搭色：配色产品（包括缝线）整理定型或洗涤过程中由于染色牢度不好，造成掉色而互染者。

───────

ICS 59.080.30
W 63

中华人民共和国纺织行业标准

FZ/T 73016—2013
代替 FZ/T 73016—2000

针织保暖内衣 絮片型

Knitted thermal underwear—Wadding category

2013-10-17 发布

2014-03-01 实施

中华人民共和国工业和信息化部 发 布

前　言

本标准按照 GB/T 1.1—2009 给出的规则起草。

本标准代替 FZ/T 73016—2000《针织保暖内衣　絮片类》。与 FZ/T 73016—2000 相比主要技术变化如下：

——调整了标准名称；

——删除了原标准中术语部分(2000 年版的第 3 章)；

——增加了号型引用标准 GB/T 1335(所有部分)(见第 3 章)；

——增加了安全性考核指标 pH 值、可分解致癌芳香胺染料、异味、耐水色牢度(见 4.3.1)；

——调整了甲醛含量考核要求(见 4.3.1,2000 年版的 5.2)；

——调整了起球考核要求(见 4.3.1,2000 年版的 5.2)；

——删除了透气率考核项目(见 4.3.1,2000 年版的 5.2)；

——删除了拉伸弹性(伸长率、回复率)考核项目(见 4.3.1,2000 年版的 5.2)；

——删除了原表 1 中注 1 条款(见 4.3.1,2000 年版的 4.3.1)；

——调整了保温率、透湿量取样部位为含絮片部分,按整体结构叠加测试(见 4.3.2)；

——增加了顶破强力按成衣整体结构叠加测试,局部贴片部位除外的要求(见 4.3.4)；

——调整了外观质量要求的编写格式,将测量部位和要求等内容直接列入标准条款(见 4.4,2000 年版的 5.3)。

本标准由中国纺织工业联合会提出。

本标准由全国纺织品标准化技术委员会针织品分技术委员会归口(SAC/TC 209/SC 6)。

本标准起草单位:国家针织产品质量监督检验中心、浙江浪莎内衣有限公司、上海北极绒家居内衣服饰有限公司、上海波顺纺织品有限公司、上海帕兰朵高级服饰有限公司、浙江洁丽雅股份有限公司、上海三枪(集团)有限公司、重庆市金考拉服饰有限公司。

本标准主要起草人:刘凤荣、刘爱莲、吴一鸣、费海芬、方国平、石然羽、薛继凤、任忠泽。

本标准所代替标准的历次版本发布情况为:

——FZ/T 73016—2000。

针织保暖内衣 絮片型

1 范围

本标准规定了针织保暖内衣絮片型产品号型、要求、试验方法、判定规则、产品使用说明、包装、运输和贮存。

本标准适用于针织保暖内衣絮片型产品。本标准不适用于非絮片型产品。

2 规范性引用文件

下列文件对于本文件的应用是必不可少的。凡是注日期的引用文件,仅注日期的版本适用于本文件。凡是不注日期的引用文件,其最新版本(包括所有的修改单)适用于本文件。

GB/T 1335(所有部分) 服装号型

GB/T 2910(所有部分) 纺织品 定量化学分析

GB/T 2912.1 纺织品 甲醛的测定 第1部分:游离和水解的甲醛(水萃取法)

GB/T 3920 纺织品 色牢度试验 耐摩擦色牢度

GB/T 3921—2008 纺织品 色牢度试验 耐皂洗色牢度

GB/T 3922 纺织品耐汗渍色牢度试验方法

GB/T 4802.1—2008 纺织品 织物起毛起球性能的测定 第1部分:圆轨迹法

GB/T 4856 针棉织品包装

GB 5296.4 消费品使用说明 第4部分:纺织品和服装

GB/T 5713 纺织品 色牢度试验 耐水色牢度

GB/T 6411 针织内衣规格尺寸系列

GB/T 6529 纺织品 调湿和试验用标准大气

GB/T 7573 纺织品 水萃取液 pH 值的测定

GB/T 8878 棉针织内衣

GB 9994 纺织材料公定回潮率

GB/T 11048—1989 纺织品保温性能试验方法

GB/T 12704.1 纺织品 织物透湿性试验方法 第1部分 :吸湿法

GB/T 17592 纺织品 禁用偶氮染料的测定

GB 18401 国家纺织产品基本安全技术规范

GB/T 19976—2005 纺织品 顶破强力的测定 钢球法

FZ/T 01026 纺织品 定量化学分析 四组分纤维混合物

FZ/T 01053 纺织品 纤维含量的标识

FZ/T 01057(所有部分) 纺织纤维鉴别试验方法

FZ/T 01095 纺织品 氨纶产品纤维含量的试验方法

FZ/T 01101 纺织品 纤维含量的测定 物理法

GSB 16-1523 针织物起毛起球样照

GSB 16-2159 针织产品标准深度样卡(1/12)

GSB 16-2500 针织物表面疵点彩色样照

3 产品号型

针织保暖内衣絮片型产品号型按 GB/T 6411 或 GB/T 1335 执行。

4 要求

4.1 要求内容

要求分为内在质量和外观质量,内在质量包括顶破强力、纤维含量、甲醛含量、pH 值、异味、可分解致癌芳香胺染料、保温率、起球、透湿率、水洗尺寸变化率、耐水色牢度、耐皂洗色牢度、耐汗渍色牢度、耐摩擦色牢度等项指标。外观质量包括表面疵点、规格尺寸偏差、对称部位尺寸差异、缝制规定等。

4.2 分等规定

4.2.1 针织保暖内衣絮片型产品的质量等级分为优等品、一等品、合格品。

4.2.2 内在质量按批(交货批)评等,外观质量按件评等,两者结合以最低等级定等。

4.3 内在质量要求

4.3.1 内在质量要求见表 1。

表 1 内在质量要求

项目		优等品	一等品	合格品
顶破强力/ N ≥		400		
纤维含量/ %		按 FZ/T 01053 规定执行		
甲醛含量/(mg/kg)		按 GB 18401 规定执行		
pH 值				
异味				
可分解致癌芳香胺染料/(mg/kg)				
保温率/% ≥		55	45	
起球/级 ≥		3-4	3	
透湿率[g/(m² · 24 h)] ≥		5 000	3 000	2 500
水洗尺寸变化率/%	直向	−5.0～+1.0	−7.0～+2.0	−9.0～+2.0
	横向	−5.0～+1.0	−8.0～+2.0	−10.0～+2.0
耐水色牢度/级 ≥	变色	4	3-4	3
	沾色	3-4	3	3
耐皂洗色牢度/级 ≥	变色	4	3-4	3
	沾色	3-4	3	3
耐汗渍色牢度/级 ≥	变色	4	3-4	3
	沾色	3	3	3
耐摩擦色牢度/级 ≥	干摩	4	3-4	3
	湿摩	3	3(深 2-3)	2-3(深 2)
注:色别分档:按 GSB 16-2159,>1/12 标准深度为深色,≤1/12 标准深度为浅色。				

4.3.2 保温率、透湿率取样部位为含絮片部分,按整体结构叠加测试。

4.3.3 起球只考核成衣最外层面料,磨毛、起绒织物不考核。

4.3.4 顶破强力按成衣整体结构叠加测试,局部贴片部位除外。

4.3.5 内在质量各项指标,以试验结果最低一项作为该批产品的评等依据。

4.4 外观质量要求

4.4.1 外观质量分等规定

4.4.1.1 外观质量评等按表面疵点、规格尺寸偏差、对称部位尺寸差异、缝制规定的评等来决定。在同一件产品上发现不同品等的外观疵点时,按最低品等疵点评定。

4.4.1.2 在同一件产品上只允许有两个相同等级的极限表面疵点存在,超过者应降低一个等级。

4.4.2 表面疵点

表面疵点评等规定按 GB/T 8878 规定执行。表面疵点程度按 GSB 16—2500 执行。

4.4.3 测量部位及规定

4.4.3.1 上衣测量部位见图1。

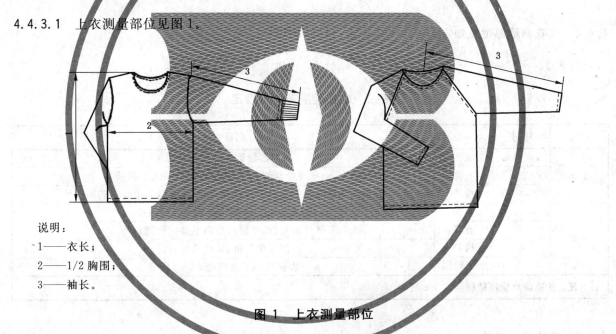

说明:
1——衣长;
2——1/2胸围;
3——袖长。

图 1 上衣测量部位

4.4.3.2 裤子测量部位见图2。

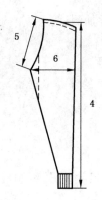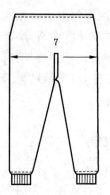

说明:

4——裤长;

5——直裆;

6——横裆;

7——1/2臀围。

图 2 裤子测量部位

4.4.4 成衣测量部位及规定

见表2。

表 2 成衣测量部位及规定

类别	序号	部位	测量方法
上衣	1	衣长	由肩缝最高处量到底边
	2	1/2胸围	由挂肩缝与侧缝缝合处向下2 cm水平横量
	3	袖长	由肩缝与袖笼缝的交点到袖口边,插肩式由后领中间量到袖口处
裤类	4	裤长	后腰宽的1/4处向下直量到裤口边
	5	直裆	裤身相对折,从腰边口向下斜量到裆角处
	6	横裆	裤身相对折,从裆角处横量
	7	1/2臀围	由腰边向下至裆底2/3处横量
注:各部位测量值精确至0.1 cm。			

4.4.5 规格尺寸偏差

见表3。

表 3 规格尺寸偏差   单位为厘米

项目	儿童、中童			成人		
	优等品	一等品	合格品	优等品	一等品	合格品
衣长	−1.0	−2.0		±1.0	±1.5	−2.5
1/2胸(臀)围	−1.0	−2.0		±1.0	±1.5	−2.0
袖长	−1.0	−2.0		−1.5	−1.5	−2.5
裤长	−1.5	−2.0		±1.5	±2.0	−2.5
直裆	±1.0	±1.5		±1.5	±2.0	±2.5
横裆	−1.0	−1.5		−1.5	−2.0	−2.5

4.4.6 对称部位尺寸差异

见表4。

表 4 对称部位尺寸差异 单位为厘米

项目	优等品 ≤	一等品 ≤	合格品 ≤
<15	0.5	0.5	0.8
15～76	0.8	1.0	1.2
>76	1.0	1.5	1.5

4.4.7 缝制规定(不分品等)

4.4.7.1 缝纫应牢固,线迹要平直、圆顺、松紧适宜。

4.4.7.2 缝制产品时应用强力、缩率、色泽与面料相适宜的缝纫线。装饰线除外。

4.4.7.3 产品领型端正、门襟平直,熨烫平整,线头修清。

5 试验方法

5.1 抽样数量

5.1.1 外观质量按批分品种、色别、规格尺寸随机采样 1.0%～3.0%,少于 20 件时,逐件检验。

5.1.2 内在质量按批分品种、色别、规格尺寸随机采样 5 件,不足时可增加件数。

5.2 外观质量检验条件

5.2.1 一般采用灯光检验,用 40 W 青光或白光日光灯一支,上面加灯罩,灯罩与检验台面中心垂直距离为(80±5)cm。

5.2.2 如在室内利用自然光检验,光源射入方向为北向左(或右)上角,不能使阳光直射产品。

5.2.3 检验时应将产品平摊在检验台上,台面铺白布一层,检验人员的视线应正视产品的表面,双目与产品中间距离为 35 cm 以上。

5.3 试样准备和试验条件

5.3.1 在产品的不同部位取样,所取的试样不应有影响试验的疵点。

5.3.2 顶破强力、保温率、透湿率、起球、水洗尺寸变化率试验前,需将试样在常温下展开平放 24 h,按 GB/T 6529 规定的标准大气进行预调湿、调湿符合要求后再进行试验。

5.4 试验项目

5.4.1 顶破强力试验

按 GB/T 19976—2005 规定执行。钢球直径采用(38±0.02)mm。

5.4.2 纤维含量试验

按 GB/T 2910、FZ/T 01057、FZ/T 01095、FZ/T 01026、FZ/T 01101 规定执行。结合公定回潮率计算,公定回潮率按 GB 9994 执行。

5.4.3　甲醛含量试验

按 GB/T 2912.1 规定执行。

5.4.4　pH 值试验

按 GB/T 7573 规定执行。

5.4.5　异味试验

按 GB 18401 规定执行。

5.4.6　可分解致癌芳香胺染料试验

按 GB/T 17592 规定执行。

5.4.7　保温率试验

按 GB/T 11048—1989 方法 A 规定执行。

5.4.8　起球试验

按 GB/T 4802.1—2008 中 E 法规定执行,评级根据织物风格和起球形状按 GSB 16-1523 评定。

5.4.9　透湿率试验

按 GB/T 12704.1 规定执行,采用试验条件 a)。

5.4.10　水洗尺寸变化率试验

按 GB/T 8878 规定执行。

5.4.11　耐水色牢度试验

按 GB/T 5713 规定执行。

5.4.12　耐皂洗色牢度试验

按 GB/T 3921—2008 规定执行,试验条件按 A(1)执行。

5.4.13　耐汗渍色牢度试验

按 GB/T 3922 规定执行。

5.4.14　耐摩擦色牢度试验

按 GB/T 3920 规定执行,只做直向。

6　判定规则

6.1　外观质量

外观质量按品种、色别、规格尺寸计算不符品等率。凡不符品等率在 5.0%及以内者,判定该批产品合格,不符品等率在 5.0%以上者,判定该批产品不合格。

6.2 内在质量

6.2.1 纤维含量、甲醛含量、pH 值、异味、可分解致癌芳香胺染料、顶破强力、起球、透湿率检验结果合格者,判定该批产品合格,有一项不合格者判定该批产品不合格。

6.2.2 保温率检验结果合格者判定该批产品合格,不合格者判定该批产品不合格。若产品明示保温率,其检验结果按明示指标判定。

6.2.3 水洗尺寸变化率以全部试样的算术平均值作为检验结果,平均合格为合格。若同时存在收缩与倒涨试验结果时,以收缩(或倒涨)的两件试样的算术平均值作为检验结果,合格者判定该批产品合格,不合格者判定该批产品不合格。

6.2.4 耐水色牢度、耐皂洗色牢度、耐汗渍色牢度、耐摩擦色牢度检验结果合格者,判定该批产品合格,不合格者分色别判定该批产品不合格。

6.3 复验

6.3.1 任何一方对检验结果有异议时,均可要求复验。

6.3.2 复验结果按本标准 6.1、6.2 规定执行,判定以复检结果为准。

7 产品使用说明、包装、运输和贮存

7.1 产品使用说明按 GB 5296.4 和 GB 18401 规定执行。

7.2 产品包装按 GB/T 4856 规定执行或企业自定。

7.3 产品装箱运输应防潮、防火、防污。

7.4 产品应放在阴凉、通风、干燥、清洁的库房内,防蛀、防霉。

ICS 59.080.30
W 63

中华人民共和国纺织行业标准

FZ/T 73017—2008
代替 FZ/T 73017—2000

针 织 家 居 服

Knitted homewear

2008-04-23 发布
2008-10-01 实施

中华人民共和国国家发展和改革委员会 发 布

FZ/T 73017—2008

前　言

本标准根据美国试验与材料协会标准 ASTM D 4234—2001《女式成人及儿童针织晨衣、睡衣、睡袍、便服、衬裙和内衣织物的标准性能规格》起草。本标准与 ASTM D 4234—2001 的一致性程度为非等效。

本标准代替 FZ/T 73017—2000《针织睡衣》。

本标准与 FZ/T 73017—2000 相比主要变化如下：

——修改了标准名称，由"针织睡衣"改为"针织家居服"；

——根据 GB/T 1.1—2000 修订了标准的格式；

——增加了规格型号；

——取消了产品分类；

——增加了 pH 值、可分解芳香胺染料、异味、起球、印花耐洗色牢度、印花耐摩擦色牢度、耐水色牢度等指标；

——修改细化了弹子顶破强力考核指标；

——修改了水洗尺寸变化率分类，由按面料结构改成按原料成分分类；

——取消了水洗尺寸变化率倒涨指标；

——增加了水洗后扭曲率考核指标；

——增加了水洗后质量要求；

——增加了圆领衫的图示；

——取消了素色产品纹路歪斜的考核指标；

——增加了表面疵点中的印花疵点；

——增加了三针机、四针机和宽紧带机的针迹密度考核要求；

——修改细化了采样、试验条件规定；

——修改了弹子顶破强力试验方法；

——修改细化了水洗尺寸变化率试验方法；

——修改细化了检验规则；

——修改了内包装标志差错，由"按件计算"改成"按件计算不符合品等率"；

——增加了运输和储存。

本标准由中国纺织工业协会提出。

本标准由全国纺织品标准化技术委员会针织品分会归口。

本标准主要起草单位：江苏省纤维检验所（江苏省纺织产品质量监督检验测试中心）、国家针织品质量监督检验测试中心、中山市康妮雅服饰有限公司、深圳市雪仙丽实业发展有限公司、红豆集团有限公司、广东美标服饰实业有限公司。

本标准主要起草人：唐祖根、吴培枝、唐伟、马庆成、葛东瑛、林声展。

本标准所代替标准的历次版本发布情况为：

——FZ/T 73017—2000。

针 织 家 居 服

1 范围

本标准规定了针织家居服的规格号型、要求、试验方法、判定规则、标志、包装、运输和储存。

本标准适用于鉴定以针织面料为主加工制成的针织家居服的品质。家居服包括:睡衣类、家居休闲服等以家居穿着为主的产品。

2 规范性引用文件

下列文件中的条款通过本标准的引用而成为本标准的条款。凡是注日期的引用文件,其随后所有的修改单(不包括勘误的内容)或修订版均不适用于本标准,然而,鼓励根据本标准达成协议的各方研究是否可使用这些文件的最新版本。凡是不注日期的引用文件,其最新版本适用于本标准。

GB 250 评定变色用灰色样卡(GB 250—1995,idt ISO 105-A02:1993)

GB 251 评定沾色用灰色样卡(GB 251—1995,idt ISO 105-A03:1993)

GB/T 1335(所有部分) 服装号型

GB/T 2910 纺织品 二组分纤维混纺产品定量化学分析方法(GB/T 2910—1997, eqv ISO 1833:1977)

GB/T 2911 三组分纤维混纺产品定量化学分析方法(GB/T 2911—1997, eqv ISO 5088:1976)

GB/T 2912.1 纺织品 甲醛的测定 第1部分:游离水解的甲醛(水萃取法)

GB/T 3920 纺织品 色牢度试验 耐摩擦色牢度(GB/T 3920—1997,eqv ISO 105-X12:1993)

GB/T 3921.1 纺织品 色牢度试验 耐洗色牢度:试验1(GB/T 3921.1—1997, eqv ISO 105-C01:1989)

GB/T 3922 纺织品 耐汗渍色牢度试验方法(GB/T 3922—1995,eqv ISO 105-E04:1994)

GB/T 4802.1 纺织品 织物起球试验 圆轨迹法

GB/T 4856 针棉织品包装

GB 5296.4 消费品使用说明 纺织品和服装使用说明

GB/T 5713 纺织品 色牢度试验 耐水色牢度(GB/T 5713—1997,eqv ISO 105-E01:1994)

GB/T 6411 棉针织内衣规格尺寸系列

GB/T 7573 纺织品 水萃取液 pH 值得测定(GB/T 7573—2002,ISO 3071:1980,MOD)

GB/T 8170 数值修约规则

GB/T 8629 纺织品 试验用家庭洗涤和干燥程序(GB/T 8629—2001,eqv ISO 6330:2000)

GB/T 8878 棉针织内衣

GB/T 14801 机织物与针织物纬斜和弓纬的试验方法

GB/T 17592 纺织品 禁用偶氮染料的测定

GB 18401 国家纺织产品基本安全技术规范

GB/T 19976 纺织品 顶破强力的测定 钢球法

FZ/T 01053 纺织品 纤维含量的标识

FZ/T 01057(所有部分) 纺织纤维鉴别试验方法

FZ/T 01095 纺织品 氨纶产品纤维含量的试验方法

FZ/T 43004 桑蚕丝纬编针织绸

GSB 16-1523—2002　针织物起毛起球样照

3　规格号型

针织家居服号型按 GB/T 6411 或 GB/T 1335(所有部分)规定执行。

4　要求

4.1　要求内容

要求分内在质量和外观质量两个方面,内在质量包括弹子顶破强力、纤维含量及偏差、甲醛含量、pH 值、水洗尺寸变化率、水洗后扭曲率、耐洗色牢度、耐水色牢度、耐汗渍色牢度、耐摩擦色牢度、印花耐洗色牢度、印花耐摩擦色牢度、起球、异味、可分解芳香胺染料,外观质量包括表面疵点、规格尺寸偏差、本身尺寸差异、缝制规定、水洗后外观质量。

4.2　分等规定

4.2.1　针织家居服的质量等级分为优等品、一等品、合格品。

4.2.2　针织家居服的质量定等:内在质量按批(交货批)评等;外观质量按件评等。二者结合以最低品等定等。

4.3　内在质量要求

4.3.1　内在质量要求见表 1。

表 1　内在质量要求

项目			优等品	一等品	合格品
弹子顶破强力/N　　≥		单面、罗纹织物	135		
		双面、绒织物	220		
纤维含量(净干含量)及偏差/%			按 FZ/T 01053 规定执行		
甲醛含量/(mg/kg)　　≤			75		
pH 值			4.0～7.5		
水洗尺寸变化率/%　≥	蚕丝织物	直向	-7.0	-8.0	-10.0
		横向			
	纤维素纤维含量 50%及以上织物	直向	-5.0	-7.0	-9.0
		横向	-5.0	-8.0	-10.0
	纤维素纤维含量 50%以下织物	直向	-5.0	-5.0	-7.0
		横向	-5.0	-6.0	-7.0
水洗后扭曲率/%　　≤		上衣	4.0	6.0	8.0
		裤子	3.0	4.0	5.0
耐洗色牢度/级　　≥		变色	4	3—4	3
		沾色	3—4	3—4	3
耐水色牢度/级　　≥		变色	4	3—4	3
		沾色	3—4	3	3
耐汗渍色牢度/级　　≥		变色	4	3—4	3
		沾色	3—4	3	3

表 1（续）

项　　　目		优等品	一等品	合格品
耐摩擦色牢度/级 ≥	干摩	4	3	3
	湿摩	3(深2—3)	2—3(深2)	2—3(深2)
印花耐洗色牢度/级 ≥	变色	3—4	3	
	沾色	3—4	3	
印花耐摩擦色牢度/级 ≥	干摩	3	3	
	湿摩	2—3	2	
起球 /级 ≥		4.0	3.0	
异味		无		
可分解芳香胺染料/（mg/kg） ≤		20		

注：色别分档：＞1/12 标准深度为深色，≤1/12 标准深度为浅色。

4.3.2 抽条、烂花、镂空提花类织物、花边织物及含氨纶单面织物不考核顶破强力。

4.3.3 弹性织物、起皱织物和罗纹织物横向不考核水洗尺寸变化率。

4.3.4 镂空织物、花边织物、磨毛、起绒织物不考核起球。

4.3.5 内在质量各项指标，以试验结果最低一项作为该产品的评等依据。

4.4　外观质量要求

4.4.1 测量部位及规定见图1～图6及表2。

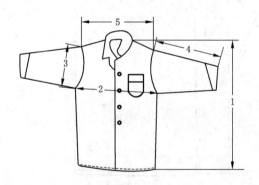

1——衣长；

2——$\frac{1}{2}$胸围；

3——袖长；

4——挂肩；

5——肩宽。

图 1　开襟上衣

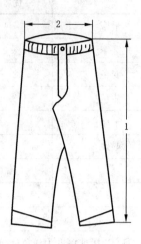

1——裤长；
2——腰围。

图2　裤

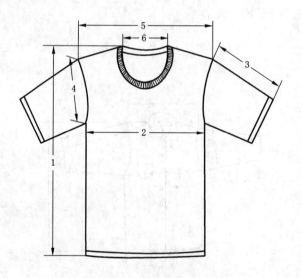

1——衣长；

2——$\frac{1}{2}$胸围；

3——袖长；

4——挂肩；

5——肩宽；

6——领宽。

图3　圆领短袖衫

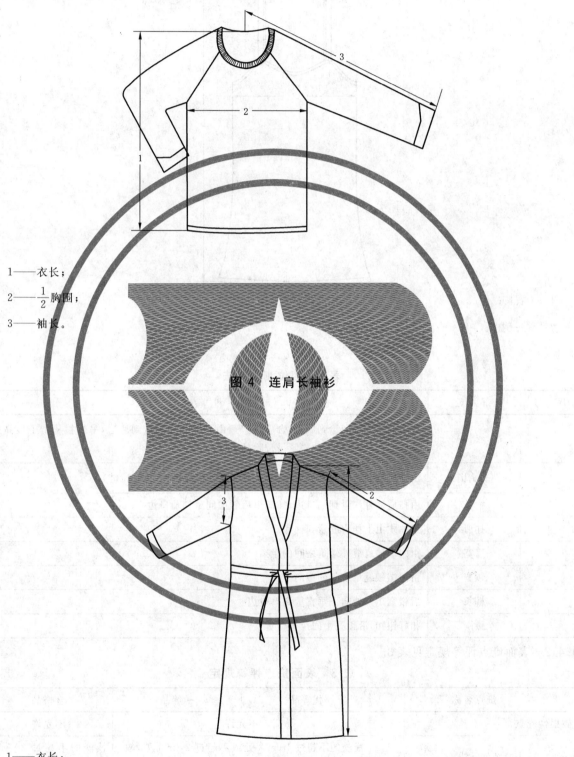

1——衣长；

2——$\frac{1}{2}$胸围；

3——袖长。

图 4　连肩长袖衫

1——衣长；

2——袖长；

3——挂肩。

图 5　袍

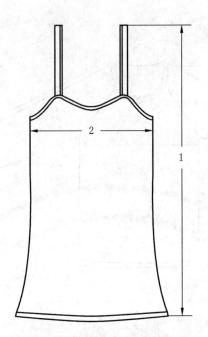

1——衣长；

2——$\frac{1}{2}$胸围。

图 6 裙

表 2 部位测量方法

序 号	部 位	测 量 方 法
1	衣长	连肩的由领中间量到底边,合肩(拷肩)由肩缝最高处量到底边,吊带衫从带子最高处量到底边(可调吊带和松紧吊带除外)
2	$\frac{1}{2}$胸围	由挂肩缝与肋缝交叉处向下 2 cm 处平量(扣好钮扣,拉好拉链)
3	袖长	由挂肩缝外端到袖口边;插肩由后领中间量到袖口边
4	挂肩	平袖式由上挂肩缝量到袖底
5	肩宽	由两端挂肩缝外端量之间的距离
6	领宽	由两端领缝量之间的距离
7	裤长	后腰宽1/4处向下垂直量到裤口边
8	腰围	扣好钮扣,沿腰宽中间拉直横量

4.4.2 表面疵点评等规定见表3。

表 3 表面疵点评等规定

疵点名称		优等品	一等品	合格品
破损性疵点		不允许		不允许
缝制疵点	缝纫油污线	浅淡的不超过 1 cm 3 处或不超过 2 cm 1 处,领、襟、袋部位不允许		浅淡的不超过 20 cm,深的不超过 10 cm
	线头	不超过 0.5 cm	0.5 cm～1.0 cm 允许 2 处	0.5 cm 以上允许 3 处
	底边脱针	每面1针3处,但不得连续,骑缝处三线包缝不超过3针,四、五线包缝不超过3针		超出一等品要求的

表 3（续）

疵点名称		优等品	一等品	合格品
缝制疵点	底边明针	不超过 0.15 cm,骑缝处不超过 0.25 cm,单面长度不超过 3 cm		允许
	明线曲折高低	主要部位不超过 0.2 cm,其他部位不超过 0.5 cm		不超过 0.5 cm
	对条对格	互差不超过 0.4 cm		互差不超过 0.7 cm
印花疵点	印花搭色	胸花周围 2 cm 以内,0.5 cm 2 处(人的面部不允许),满身花 0.5 cm 5 处或不影响美观者		不严重者允许
	印花沙眼、干版露底、印花缺花	不明显者允许		较明显者允许
	套版不正	人的面部不允许,其他部位 0.2 cm		人的面部 0.1 cm,其他部位 0.4 cm
	阴色渗花	细线条不超过 1 倍,粗线条 0.2 cm		不严重者允许
熨烫变黄、变色、水渍亮光		不允许		不允许
色差		主料之间 4 级,主副料之间 3—4 级		主料之间 3—4 级,主副料之间 3 级
纹路歪斜/%	条格	3.0	6.0	8.0

注 1：未列入表内的疵点按 GB/T 8878 表面疵点评等规定执行。
注 2：表面疵点程度参照《针织内衣表面疵点彩色样照》执行。
注 3：主要部位指家居服前身及袖子外部的三分之二的部位。
注 4：纹路歪斜按 GB/T 14801 规定执行。

4.4.3 规格尺寸偏差见表 4。

表 4 规格尺寸偏差
单位为厘米

项 目		优等品	一等品	合格品
衣长		±1.0	+2.0 −1.5	−2.0
$\frac{1}{2}$胸围		±1.0	±1.5	±2.5
袖长	长袖	±1.5	+2.0 −1.5	−2.0
	短袖	−1.0	−1.0	−1.5
裤长		±1.5		±2.5
腰围		±1.5		±2.5

4.4.4 本身尺寸差异见表 5。

表 5 本身尺寸差异
单位为厘米

项 目		优等品 ≤	一等品 ≤	合格品 ≤
衣长不一	门襟	0.5		1
	前、后身及左右腰缝	1		1.5

表 5（续）
单位为厘米

项　　目		优等品 ≤	一等品 ≤	合格品 ≤
袖宽、挂肩不一		0.5	1	1.5
左右单肩宽窄不一		0.5	0.5	0.8
袖长不一	长袖	1.0	1.0	1.5
	短袖	0.5	0.8	1.2
胸宽不一	前、后片宽度不一	0.5	1.0	1.5
吊带不一		0.5	1.0	1.0
裤长不一		1.0	1.5	1.5

4.5　缝制规定

4.5.1　优等品、一等品、合格品按本标准执行。

4.5.2　合肩处应加固处理。

4.5.3　凡四线、五线包缝机合缝，袖口处应用套结或平缝封口加固。

4.5.4　领型端正，门襟平直，袖、底边宽窄一致，熨烫平整，线头修清，无杂物。

4.5.5　针迹密度规定见表6。

表 6　针迹密度规定

机　　种	平　缝	平双针	三针机	四针机	宽紧带机	包　缝	包缝卷边
针迹数/(针/2 cm) 不低于	9	8	9	8	7	8	7

4.5.6　测量针迹密度以一个缝纫过程的中间处计量。

4.5.7　锁眼机针迹密度，按角计量，每厘米长度8针～9针，两端各打套结2针～3针。

4.5.8　钉扣的针迹密度，每个扣眼不低于5针。

4.5.9　包缝机缝边密度，三线不低于0.4 cm，四线、五线不低于0.5 cm。

4.5.10　缝纫针脚密度低于规定，双针绷缝机的短针跳针一针分散两处，平缝机的跳针，每件成品允许一针分散两处，三针机中间跳针一针三处，一件作0.5件漏验计算。

4.5.11　条格产品，门襟，口袋均要对条对格。

4.5.12　带图案的面料，以主图为主，顺向一致。

4.5.13　水洗后外观质量

4.5.13.1　按标准规定水洗尺寸变化率的方法进行洗涤、干燥，评价衣服自身掉色而沾色、渗色，以及绣花线迹、贴花的质量。如多个样品一起试验，要有区分何种样品掉色的能力，可能有错判的风险。

4.5.13.2　衣服表面无沾色（≥4级）、无渗色（≥4级）。

4.5.13.3　绣花线与面料缩率相适应，如水洗后绣花位置严重起皱、绣花线迹严重松弛、贴花有脱开，熨烫后仍起皱或线迹松弛者，则可判该衣服水洗后质量不合格。

5　试验方法

5.1　抽样数量

5.1.1　外观质量按交货批分品种、色别、规格尺寸随机采取1%～3%，不少于20件。如批量少于20件，则全数检验。

5.1.2　内在质量按交货批分品种、色别、规格尺寸随机采取4件，不足时可增加取样数量。

5.2 外观质量检验条件

5.2.1 一般采用灯光检验,用 40 W 青光或白光日光灯一支,上面加灯罩,灯罩与检验台面中心距离垂直距离为 80 cm±5 cm,或在 D65 光源下。

5.2.2 如在室内利用自然光,光源射入方向为北向左(或右)上角,不能使阳光直射产品。

5.2.3 检验时应将产品平摊在检验台上,台面铺一层白布,检验人员的视线应正视产品的表面,目视距离为 35 cm 以上。

5.3 试样的准备和试验条件

5.3.1 所取的试样不能有影响试验的疵点。

5.3.2 进行弹子顶破强力、水洗尺寸变化率试验时,需将试样在常温下平摊在平滑的平面上放置20 h,在试验室温度为 20℃±2℃,相对湿度 65%±3%的条件下,调湿放置 4 h 后再进行试验。

5.4 试验项目

5.4.1 弹子顶破强力试验

按 GB/T 19976 执行。

5.4.2 纤维含量试验

按 GB/T 2910、GB/T 2911、FZ/T 01057、FZ/T 01095 执行。

5.4.3 甲醛含量试验

按 GB/T 2912.1 执行。

5.4.4 pH 值试验

按 GB/T 7573 执行。

5.4.5 水洗尺寸变化率试验

5.4.5.1 测量部位

上衣取身长与胸围作为直向和横向的测量部位,身长(直向)以前后身左右四处的平均值作为计算依据,胸围(横向)以腋下 5 cm 处作为测量部位,裤长(直向)以左右两处的平均值作为计算依据,中腿围(横向)以左右腿两处的平均值作为计算依据。

5.4.5.2 洗涤和干燥试验

洗涤和干燥试验按 GB/T 8629 执行,采用 5A 洗涤程序。试验件数为 3 件。干燥按 A 法(悬挂晾干)。蚕丝及蚕丝为主的混纺织物的水洗尺寸变化率按 FZ/T 43004 规定执行,采用 10A 洗涤程序,清水洗涤,干燥按 A 法。

上衣用竿穿过两袖。使胸围挂肩处保持平直,并从下端用手将前后身分开理平。裤子对折搭晾,使横档部位在晾竿上,并轻轻理平,将晾干后的试样,放置在温度为 20℃±2℃,相对湿度 65%±3%的条件下的平台上,放置 4 h 后,轻轻拍平折痕,再进行测量。

5.4.5.3 计算

按式(1)分别计算直向或横向的水洗尺寸变化率,负号(一)表示尺寸收缩,正号(十)表示尺寸伸长。最终结果按 GB/T 8170 修约到 0.1。

$$A = \frac{L_1 - L_0}{L_0} \times 100 \qquad \cdots\cdots\cdots\cdots\cdots\cdots (1)$$

式中:

A——直向或横向水洗尺寸变化率,%;

L_1——直向或横向水洗后尺寸的平均值,单位为厘米(cm);

L_0——直向或横向水洗前尺寸的平均值,单位为厘米(cm)。

5.4.6 水洗后扭曲率试验

5.4.6.1 将做完水洗尺寸变化率的上衣或裤子平铺在光滑的台上,用手轻轻拍平,每件上衣或裤以扭斜程度最大的一边测量,以 3 件(或 3 条)的扭曲率平均值作为计算结果。

5.4.6.2 水洗后扭曲率计算方法见式(2),最终结果按 GB/T 8170 修约到 0.1。

$$F = \frac{a}{b} \times 100 \qquad\cdots\cdots\cdots\cdots\cdots\cdots\cdots\cdots\cdots (2)$$

式中:

F——水洗后扭曲率,%;

a——上衣腋下(裤腰与侧缝交叉处)垂直到底边的点与水洗后侧缝与底边交点间的距离,单位为厘米(cm);

b——上衣腋下(裤腰与侧缝交叉处)垂直到底边的距离或裤裆垂直至底边的距离,单位为厘米(cm)。

5.4.7 耐洗色牢度、印花耐洗色牢度试验

按 GB/T 3921.1 执行。

5.4.8 耐水色牢度试验

按 GB/T 5713 执行。

5.4.9 耐汗渍色牢度试验

按 GB/T 3922 执行。

5.4.10 耐摩擦色牢度、印花耐摩擦色牢度试验

按 GB/T 3920 执行。只做直向。

5.4.11 起球试验

按 GB/T 4802.1 执行。其中压力 780 cN,起毛次数 0 次,起球次数 600 次。评级按 GSB 16-1523-2002 评定。

5.4.12 异味试验

按 GB 18401 执行。

5.4.13 可分解芳香胺染料试验

按 GB/T 17592 执行。

5.4.14 色牢度评级

按 GB 250、GB 251 评定。

6 判定规则

6.1 外观质量

6.1.1 外观质量按品种、色别、规格尺寸计算不符品等率。凡不符品等率在 5.0% 及以内者,判定该批产品合格,不符品等率 5.0% 以上者,判定批不合格。

6.1.2 水洗后外观质量按品种、色别、花型判定合格与否,凡不符合规定条件,分沾色、渗色、绣花线迹、贴花判该批产品水洗后外观质量不合格。

6.1.3 内包装标志差错按件计算不符合品等率,不允许有外包装差错。

6.2 内在质量

6.2.1 弹子顶破强力、纤维含量、甲醛含量、pH 值、水洗后扭曲率、起球、异味、可分解芳香胺染料检验结果合格者,判定该批产品合格,不合格者判定该批产品不合格。

6.2.2 水洗尺寸变化率以全部试样的算术平均值作为检验结果,合格者判定该批产品合格,不合格者判定该批产品不合格。若同时存在收缩与倒涨试验结果时,以收缩(或倒涨)的两件试样的算术平均值作为检验结果,合格者判定该批产品合格,不合格者判定该批产品不合格。

6.2.3 耐洗色牢度、耐水色牢度、耐汗渍色牢度、耐摩擦色牢度检验结果合格者,判定该批产品合格,不合格者分色别判定该批产品不合格。

6.2.4 印花耐洗色牢度、印花耐摩擦色牢度检验结果合格者,判定该批产品合格。不合格者判定该批

产品不合格。

6.3 复检

6.3.1 任何一方对所检验的结果有异议时,在规定期限内,对所有异议的项目均可要求复检。

6.3.2 提请复检时,应保留提请复检数量的全部。

6.3.3 复检时检验数量为初检时的数量,复检的判定规则按 6.1、6.2 规定执行,判定以复检结果为准。

7 标志、包装、运输和储存

7.1 标志按 GB 5296.4 规定执行。

7.2 产品包装按 GB/T 4856 或协议执行。

7.3 产品运输应防潮、防火、防污染。

7.4 产品应放在阴凉、通风、干燥、清洁库房内,并防蛀、防霉。

7.5 产品安全性标志应符合 GB 18401 要求标注类别。

ICS 59.080
W 63

中华人民共和国纺织行业标准

FZ/T 73018—2012
代替 FZ/T 73018—2002

毛 针 织 品

Wool knitting goods

2012-12-28 发布

2013-06-01 实施

中华人民共和国工业和信息化部　　发 布

前　言

本标准按照 GB/T 1.1—2009 给出的规则起草。

本标准是对 FZ/T 73018—2002《毛针织品》的修订。本标准与 FZ/T 73018—2002 相比,主要变化如下:

——适用范围改为:本标准适用于鉴定精、粗梳纯羊毛针织品和含羊毛 30％ 及以上的毛混纺针织品的品质。其他动物毛纤维亦可参照执行。

——修改了规范性引用文件。

——安全性要求中加入了应符合 GB 18401 的内容。

——物理指标评等主要修改内容有:

- 纤维含量改为按 FZ/T 01053 执行;
- 参照国际羊毛局产品标准 AK-1"针织服饰类产品"2011 版,修改了顶破强度的纱线线密度分档,备注改为:只考核平针部位面积占 30％ 及以上的产品;背心和小件服饰类不考核;
- 编织密度系数取消单位,备注改为:只考核粗梳平针、罗纹和双罗纹产品;
- 将外观质量评等中的扭斜角指标列入物理指标评等;
- 单件重量偏差率改为单件质量偏差率。

——参照国际羊毛局产品标准 AK-1"针织服饰类产品"2011 版,修改了水洗尺寸变化率有关要求,主要有:

- 将松弛洗涤程序和毡化洗涤程序分别对应松弛尺寸变化率和毡化尺寸变化率指标;
- 小心手洗开衫、套衫、背心类缩绒产品的总尺寸变化率长度方向指标要求由 —10％ 改为 —5％;
- 可机洗裤子、裙子类增加松弛洗涤程序 1×7A。

——染色牢度评等主要修改内容有:

- 取消"一等品允许有一项低半级;有一项低于一级或两项低于半级者降为二等品;凡低于二等品者降为等外品"的规定;
- 增加耐汗渍(酸性)、耐干洗指标;
- 耐光深色产品一等品要求由 3-4 级改为 4 级,耐洗、耐水的色泽变化由 3 级提高到 3-4 级;
- 增加二等品指标要求;
- 增加印花部位、吊染产品一等品耐汗渍、耐摩擦指标要求。

——外观质量评等主要修改内容有:

- 取消外观实物质量评等要求;
- 主要规格尺寸允许偏差宽度方向改为分档考核,分为:55 cm 及以上±1.5cm,55 cm 以下±1.0 cm;
- 外观疵点评等中需比照封样进行评等的项目改为按主观评等,增加"露线头"疵点和要求。

——试验方法主要修改内容有:

- 增加安全性要求检验方法;
- 顶破强度试验规定了试验面积;
- 扭斜角试验洗涤方法改为采用 1×7A;
- 耐汗渍试验改为使用两种方法(酸液、碱液);

- 增加耐干洗试验方法；
- 规格尺寸检验方法增加主要测量部位图示。

——更改内在质量和外观质量抽样和判定方法。

——更改规格尺寸标注规定，增加"也可按 GB/T 1335.1～1335.3 标注成衣号型"，其他产品改为标注主要部位规格尺寸。

——附录 A 中取消"纯毛产品纤维含量的有关规定"、"外观实物质量封样及疵点封样"，外观疵点说明增加"露线头"疵点规定，增加外观疵点程度说明。

本标准由中国纺织工业联合会提出。

本标准由全国纺织品标准化技术委员会毛纺织分技术委员会归口。

本标准起草单位：北京毛纺织科学研究所检验中心、恒源祥（集团）有限公司、江阴芗菲服饰有限公司、浙江千圣禧服饰有限公司、桐乡市圣百榕服饰制衣有限公司、北京雪莲集团有限公司。

本标准主要起草人：李立荣、何爱芳、周婉、陈建根、赵伟、邵志京。

本标准所代替标准的历次版本发布情况为：

——FZ/T 73018—2002；

——FZ/T 73003～73004—1991，FZ/T 24006—1995。

毛 针 织 品

1 范围

本标准规定了毛针织品的分类、技术要求、试验方法、检验及验收规则和包装、标志。

本标准适用于鉴定精、粗梳纯羊毛针织品和含羊毛30％及以上的毛混纺针织品的品质。其他动物毛纤维亦可参照执行。

2 规范性引用文件

下列文件对于本文件的应用是必不可少的。凡是注日期的引用文件,仅注日期的版本适用于本文件。凡是不注日期的引用文件,其最新版本(包括所有的修改单)适用于本文件。

GB/T 250 纺织品 色牢度试验 评定变色用灰色样卡

GB/T 1335 (所有部分)服装号型

GB/T 2828.1—2003 计数抽样检验程序 第1部分:按接收质量限(AQL)检索的逐批检验抽样计划

GB/T 2910 (所有部分)纺织品 定量化学分析

GB/T 3920 纺织品 色牢度试验 耐摩擦色牢度

GB/T 3922 纺织品耐汗渍色牢度试验方法

GB/T 4802.3 纺织品 织物起毛起球性能的测定 第3部分:起球箱法

GB/T 4841.3 染料染色标准深度色卡 2/1、1/3、1/6、1/12、1/25

GB/T 4856 针棉织品包装

GB 5296.4 消费品使用说明 第4部分:纺织品和服装

GB/T 5711 纺织品 色牢度试验 耐干洗色牢度

GB/T 5713 纺织品 色牢度试验 耐水色牢度

GB/T 7742.1—2005 纺织品 织物胀破性能 第1部分:胀破强力和胀破扩张度的测定 液压法

GB/T 8427—2008 纺织品 色牢度试验 耐人造光色牢度:氙弧

GB 9994 纺织材料公定回潮率

GB/T 9995 纺织材料含水率和回潮率的测定 烘箱干燥法

GB/T 12490—2007 纺织品 色牢度试验 耐家庭和商业洗涤色牢度

GB/T 16988 特种动物纤维与绵羊毛混合物含量的测定

GB 18401 国家纺织产品基本安全技术规范

FZ/T 01026 纺织品 定量化学分析 四组分纤维混合物

FZ/T 01053 纺织品 纤维含量的标识

FZ/T 01057(所有部分) 纺织纤维鉴别试验方法

FZ/T 01095 纺织品 氨纶产品纤维含量的试验方法

FZ/T 01101 纺织品 纤维含量的测定 物理法

FZ/T 20011—2006 毛针织成衣扭斜角试验方法

FZ/T 20018 毛纺织品中二氯甲烷可溶性物质的测定

FZ/T 30003　麻棉混纺产品定量分析方法　显微投影法

FZ/T 70008　毛针织物编织密度系数试验方法

FZ/T 70009　毛纺织产品经洗涤后松弛尺寸变化率和毡化尺寸变化率试验方法

3　分类

毛针织品可按下列方式进行分类：

a)　按品种划分，可分为：

  1)　开衫、套衫、背心类；

  2)　裤子、裙子类；

  3)　内衣类；

  4)　袜子类；

  5)　小件服饰类(包括帽子、围巾、手套等)。

b)　按洗涤方式划分，可分为：

  1)　干洗类；

  2)　小心手洗类；

  3)　可机洗类。

4　技术要求

4.1　安全性要求

毛针织品的基本安全技术要求应符合 GB 18401 的规定。

4.2　分等规定

毛针织品的品等以件为单位，按内在质量和外观质量的检验结果中最低一项定等，分为优等品、一等品和二等品，低于二等品者为等外品。

4.3　内在质量的评等

4.3.1　内在质量的评等按物理指标和染色牢度的检验结果中最低一项定等。

4.3.2　物理指标按表 1 和表 2 规定评等。

表 1

项 目			单位	限度	优等品	一等品	二等品	备注
纤维含量			%	—	按 FZ/T 01053 执行			—
顶破强度	精梳	纱线线密度≤31.2tex(≥32 Nm)	kPa	≥	245			只考核平针部位面积占 30％及以上的产品；背心和小件服饰类不考核
		纱线线密度>31.2tex(<32 Nm)			323			
	粗梳	纱线线密度≤71.4tex(≥14 Nm)			196			
		纱线线密度>71.4tex(<14 Nm)			225			

表1（续）

项目	单位	限度	优等品	一等品	二等品	备注
编织密度系数	—	≥	1.0			只考核粗梳平针、罗纹和双罗纹产品
起球	级	≥	3-4	3	2-3	—
扭斜角	(°)	≤	5			只考核平针产品
二氯甲烷可溶性物质	%	≤	1.5	1.7	2.5	只考核粗梳产品
单件质量偏差率	%	按供需双方合约规定				—

注：顶破强度中纱线线密度指编织所用纱线的总体线密度。

表2

分类	项目		单位	要求				
				开衫、套衫、背心类	裤子、裙子类	内衣类	袜子类	小件服饰类
小心手洗类	松弛尺寸变化率	长度	%	-10		10	—	
		宽度	%	+5，-8		+5	—	
		洗涤程序		1×7A	1×7A	1×7A	1×7A	1×7A
	毡化尺寸变化率	长度	%	—	—	—	-10	—
		面积	%	-8		-8	—	-8
		洗涤程序		1×7A	1×7A	1×5A	1×5A	1×7A
	总尺寸变化率	长度	%	-5	-5	—		
		宽度	%	-5	+5	—		
		面积	%	-8	—	—		
可机洗类	松弛尺寸变化率	长度	%	-10		10	—	
		宽度	%	+5，-8		+5	—	
		洗涤程序		1×7A	1×7A	1×7A	1×7A	1×7A
	毡化尺寸变化率	长度	%	—	—	—	-10	—
		面积	%	-8		-8	—	-8
		洗涤程序		2×5A	3×5A	5×5A	5×5A	2×5A
	总尺寸变化率	长度	%	—	-5	—		
		宽度	%	—	+5	—		

注1：小心手洗类和可机洗类产品考核水洗尺寸变化率指标，只可干洗类产品不考核。

注2：小心手洗类和可机洗类对非平针产品松弛尺寸变化率是否符合要求不作判定。

注3：小心手洗类中开衫、套衫、背心类非缩绒产品对其松弛尺寸变化率和毡化尺寸变化率按要求进行判定；缩绒产品对其总尺寸变化率按要求进行判定。

4.3.3 染色牢度按表3规定评等。印花部位、吊染产品色牢度一等品指标要求耐汗渍色牢度色泽变化和贴衬沾色应达到3级;耐干摩擦色牢度应达到3级,耐湿摩擦色牢度应达到2-3级。

表 3

项目		单位	限度	优等品	一等品	二等品
耐光	＞1/12标准深度(深色)	级	≥	4	4	4
	≤1/12标准深度(浅色)			3	3	3
耐洗	色泽变化	级	≥	3-4	3-4	3
	毛布沾色			4	3	3
	其他贴衬沾色			3-4	3	3
耐汗渍 (酸性、碱性)	色泽变化	级	≥	3-4	3-4	3
	毛布沾色			4	3	3
	其他贴衬沾色			3-4	3	3
耐水	色泽变化	级	≥	3-4	3-4	3
	毛布沾色			4	3	3
	其他贴衬沾色			3-4	3	3
耐摩擦	干摩擦	级	≥	4	3-4(深色3)	3
	湿摩擦			3	2-3	2-3
耐干洗	色泽变化	级	≥	4	3-4	3-4
	溶剂沾色			3-4	3	3

注1:内衣类产品不考核耐光色牢度。

注2:耐干洗色牢度为可干洗类产品考核指标。

注3:只可干洗类产品不考核耐洗、耐湿摩擦色牢度。

注4:根据GB/T 4841.3,＞1/12标准深度为深色,≤1/12标准深度为浅色。

4.4 外观质量的评等

4.4.1 总则

外观质量的评等以件为单位,包括主要规格尺寸允许偏差、缝迹伸长率、领圈拉开尺寸及外观疵点评等。

4.4.2 主要规格尺寸允许偏差

长度方向:80 cm 及以上 ±2.0 cm,80 cm 以下 ±1.5 cm;

宽度方向:55 cm 及以上 ±1.5 cm,55 cm 以下 ±1.0 cm;

对称性偏差:≤1.0 cm。

注1:主要规格尺寸偏差指毛衫的衣长、胸阔(1/2胸围)、袖长,毛裤的裤长、直档、横档,裙子的裙长、臀宽(1/2臀围),围巾的宽、1/2长等实际尺寸与设计尺寸或标注尺寸的差异。

注2:对称性偏差指同件产品的对称性差异,如毛衫的两边袖长、毛裤的两边裤长的差异。

4.4.3 缝迹伸长率

平缝不小于10％，包缝不小于20％，链缝不小于30％（包括手缝）。

4.4.4 领圈拉开尺寸

成人：≥30 cm；中童：≥28 cm；小童：≥26 cm。

4.4.5 外观疵点评等

外观疵点评等按表4规定。

表4

类别	疵点名称	优等品	一等品	二等品	备注
原料疵点	条干不匀	不允许	不明显	明显	—
	粗细节、松紧捻纱	不允许	不明显	明显	—
	厚薄档	不允许	不明显	明显	—
	色花	不允许	不明显	明显	—
	色档	不允许	不明显	明显	—
	纱线接头	≤2个	≤4个	≤7个	外表面不允许
	草屑、毛粒、毛片	不允许	不明显	明显	—
编织疵点	毛针	不允许	不明显	明显	—
	单毛	≤2个	≤3个	≤5个	—
	花针、瘪针、三角针	不允许	次要部位允许	允许	—
	针圈不匀	不允许	不明显	明显	—
	里纱露面、混色不匀	不允许	不明显	明显	—
	花纹错乱	不允许	次要部位允许	允许	—
	漏针、脱散、破洞	不允许	不允许	不允许	—
	露线头	≤2个	≤3个	≤4个	外表面不允许
裁缝整理疵点	拷缝及绣缝不良	不允许	不明显	明显	—
	锁眼钉扣不良	不允许	不明显	明显	—
	修补痕	不允许	不明显	明显	—
	斑疵	不允许	不明显	明显	—
	色差	≥4-5级	≥4级	≥3-4级	按GB/T 250执行
	染色不良	不允许	不明显	明显	—
	烫焦痕	不允许	不允许	不允许	—
注1：外观疵点说明、外观疵点程度说明见附录A。					
注2：次要部位指疵点所在部位对服用效果影响不大的部位，如上衣大身边缝和袖底缝左右各1/6处、裤子在裤腰下裤长的1/5和内侧裤缝左右各1/6处。					
注3：表中未列的外观疵点可参照类似的疵点评等。					

5 试验方法

5.1 安全性要求检验

按 GB 18401 规定的项目和试验方法执行。

5.2 内在质量检验

5.2.1 纤维含量试验

按 GB/T 2910、GB/T 16988、FZ/T 01026、FZ/T 01057、FZ/T 01095、FZ/T 01101 和 FZ/T 30003 执行。

5.2.2 顶破强度试验

按 GB/T 7742.1—2005 执行,试验面积采用 7.3 cm²(直径 30.5 mm)。

5.2.3 编织密度系数试验

按 FZ/T 70008 执行。

5.2.4 起球试验

按 GB/T 4802.3 执行,精梳产品翻动 14 400 r,粗梳产品翻动 7 200 r。

5.2.5 扭斜角试验

按 FZ/T 20011—2006 执行,洗涤程序采用 1×7A。

5.2.6 二氯甲烷可溶性物质试验

按 FZ/T 20018 执行。

5.2.7 单件质量偏差率试验

5.2.7.1 将抽取的若干件样品(见 6.1.5)平铺在温度 20 ℃±2 ℃、相对湿度 65%±4%条件下吸湿平衡 24 h 后,逐件称量,精确至 0.5 g,并计算其平均值,得到单件成品初质量(m_1)。

5.2.7.2 从其中一件试样上裁取回潮率试样两份,每份质量不少于 10 g,按 GB/T 9995 测得试样的实际回潮率。

5.2.7.3 按式(1)计算单件成品公定回潮质量,精确至 0.1 g(公定回潮率按 GB 9994 执行)。

$$m_0 = \frac{m_1 \times (1 + R_0)}{1 + R_1} \quad\cdots\cdots\cdots\cdots\cdots\cdots\cdots\cdots\cdots\cdots\cdots(1)$$

式中:

m_0——单件成品公定回潮质量,单位为克(g);

m_1——单件成品初质量,单位为克(g);

R_0——公定回潮率,%;

R_1——实际回潮率,%。

5.2.7.4 按式(2)计算单件成品质量偏差率,精确至 0.1%。

$$D_G = \frac{m_0 - m}{m} \times 100\% \qquad \cdots\cdots\cdots\cdots\cdots (2)$$

式中:

D_G——单件成品质量偏差率,%;

m_0——单件成品公定回潮质量,单位为克(g);

m ——单件成品规定质量,单位为克(g)。

5.2.8 水洗尺寸变化率试验

按 FZ/T 70009 执行。

5.2.9 耐光色牢度试验

按 GB/T 8427—2008 中方法 3 执行。

5.2.10 耐洗色牢度试验

按 GB/T 12490—2007 执行,小心手洗类产品执行 A1S 条件,可机洗类产品执行 B2S 条件。

5.2.11 耐汗渍色牢度试验

按 GB/T 3922 执行。

5.2.12 耐水色牢度试验

按 GB/T 5713 执行。

5.2.13 耐摩擦色牢度试验

按 GB/T 3920 执行。

5.2.14 耐干洗色牢度试验

按 GB/T 5711 执行。

5.3 外观质量检验

5.3.1 外观质量检验条件

5.3.1.1 一般采用灯光检验,用 40 W 日光灯两支,上面加灯罩,灯管与检验台面中心距离为 80 cm±5 cm。如利用自然光源,应以天然北光为准。

5.3.1.2 检验时应将成品平摊在台面上,检验人员正视产品,目光与产品中心距离约为 45 cm。

5.3.1.3 检验规格尺寸使用钢卷尺度量。

5.3.2 规格尺寸检验方法

成品主要部位规格尺寸测量方法按表 5 和图 1 规定。

表 5

类别		名称	测量方法
上衣类		衣长	肩最高处向下直量至下摆底边
		胸阔	腋下 1.5 cm 处横量
		袖长	平肩式由挂肩缝外端量至袖口边,插肩式由后领中间量至袖口边
裤类		裤长	后腰宽的 1/4 处向下直量至裤口边
		直裆	裤身相对折,从腰边口向下斜量至裆角处
		横裆	裤身相对折,从裆角处横量
裙类	半裙	裙长	后腰宽的 1/4 处向下直量至裙底边
		臀宽	裙腰下 20 cm 处横量(只考核直筒裙)
	连衣裙	裙长	肩最高处向下直量至裙底边
		胸阔	腋下 1.5 cm 处横量
		袖长	平肩式由挂肩缝外端量至袖口边,插肩式由后领中间量至袖口边
		臀宽	裙腰下 20 cm 处横量(只考核直筒裙)
围巾类		1/2 长	围巾长度方向对折取中直量(不包括穗长)
		宽	围巾取中横量

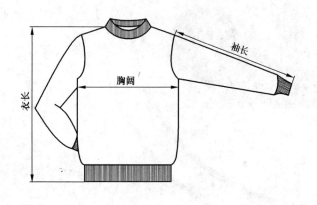 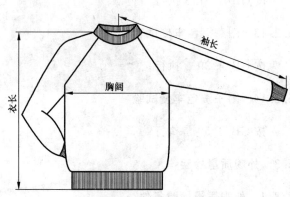

a) 上衣(平肩)   b) 上衣(插肩)

图 1

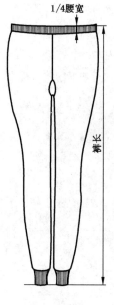

c) 裤子（正面）

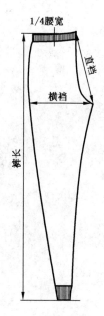

d) 裤子（侧面）

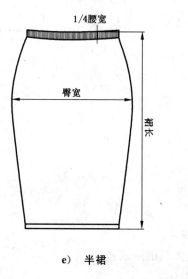

e) 半裙

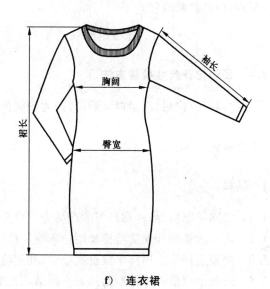

f) 连衣裙

图 1（续）

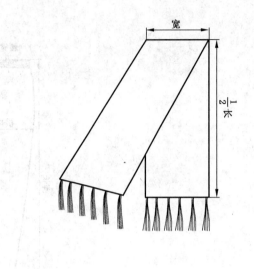

g) 围巾

图 1（续）

5.3.3 缝迹伸长率检验及计算方法

将产品摊平,在大身摆缝(或袖缝)中段沿缝迹量取 10 cm,作好标记,用力拉足并量取缝迹伸长尺寸,按式(3)计算缝迹伸长率:

$$缝迹伸长率 = \frac{缝迹伸长尺寸(cm) - 10(cm)}{10(cm)} \times 100\% \quad \cdots\cdots\cdots\cdots\cdots\cdots (3)$$

5.3.4 领圈拉开尺寸检验方法

领内口撑直拉足,测量两端距离,即为领圈拉开尺寸。

6 检验规则

6.1 抽样

6.1.1 以同一原料、品种和品等的产品为一检验批。

6.1.2 内在质量和外观质量检验用样本应从检验批中随机抽取。

6.1.3 物理指标检验用样本按批次抽取,其用量应满足各项物理指标试验需要。

6.1.4 染色牢度检验用样本的抽取应包括该批的全部色号。

6.1.5 单件质量偏差率检验用样本,按批抽取 3%(最低不少于 10 件)。当批量小于 10 件时,执行全检。

6.1.6 外观质量检验用样本的抽取数量,按 GB/T 2828.1—2003 中正常检验一次抽样方案、一般检验水平Ⅱ、接收质量限 AQL=2.5,具体方案见表 6。

表6

批量 N	样本量 n	接收数 Ac	拒收数 Re
2～8	5	0	1
9～15	5	0	1
16～25	5	0	1
26～50	5	0	1
51～90	20	1	2
91～150	20	1	2
151～280	32	2	3
281～500	50	3	4
501～1 200	80	5	6
1 201～3 200	125	7	8
＞3 200	200	10	11
注：若样本量超过批量，则执行全检。			

6.2 判定

6.2.1 内在质量的判定

按4.3对批样样本进行内在质量的检验，符合对应品等要求的，为内在质量合格，否则为不合格。如果所有样本的内在质量合格，则该批产品内在质量合格，否则为该批产品内在质量不合格。

6.2.2 外观质量的判定

按4.4对批样样本进行外观质量的检验，符合对应品等要求的，为外观质量合格，否则为不合格。如果所有样本的外观质量合格，或不合格样本数不超过表6的接收数 Ac，则该批产品外观质量合格；如果不合格样本数达到或超过表6的拒收数 Re，则该批产品外观质量不合格。

6.2.3 综合判定

6.2.3.1 各品等产品如不符合 GB 18401 的要求，均判定为不合格。

6.2.3.2 按标注品等，内在质量和外观质量均合格，则该批产品合格；内在质量和外观质量有一项不合格，则该批产品不合格。

7 验收规则

供需双方因批量检验结果发生争议时，可复验一次，复验检验规则按首次检验执行，以复验结果为准。

8 包装、标志

8.1 包装

毛针织品的包装按 GB/T 4856 执行。

8.2 标志

8.2.1 每一单件毛针织品的标志

按 GB 5296.4 和 GB 18401 执行。

8.2.2 规格尺寸或号型的标注规定

8.2.2.1 普通毛针织成衣标注主要规格,以厘米表示。上衣标注胸围,裤子标注裤长,裙子标注臀围。也可按 GB/T 1335.1～1335.3 标注成衣号型。

8.2.2.2 紧身或时装款毛针织成衣标注适穿范围,以厘米表示。如上衣标注 95 cm～105 cm,表示适穿范围为 95 cm～105 cm。也可按 GB/T 1335.1～1335.3 标注成衣适穿号型。

8.2.2.3 围巾类标注长×宽,以厘米表示。

8.2.2.4 其他产品标注主要部位规格尺寸。

9 其他

供需双方另有要求,可按合约规定执行。

附 录 A
（规范性附录）
几项补充规定

A.1 外观疵点说明

A.1.1 条干不匀:因纱线条干短片段粗细不匀,致使成品呈现深浅不一的云斑。

A.1.2 粗细节:纱线粗细不匀,在成品上形成针圈大而突出的横条为粗节,形成针圈小而凹进的横条为细节。

A.1.3 厚薄档:纱线条干长片段不匀,粗细差异过大,使成品出现明显的厚薄片段。

A.1.4 色花:因原料染色时吸色不匀,使成品上呈现颜色深浅不一的差异。

A.1.5 色档:在衣片上,由于颜色深浅不一,形成界限者。

A.1.6 草屑、毛粒、毛片:纱线上附有草屑、毛粒、毛片等杂质,影响产品外观者。

A.1.7 毛针:因针舌或针舌轴等损坏或有毛刺,在编织过程中使部分线圈起毛。

A.1.8 单毛:编织中,一个线圈内部分纱线(少于1/2)脱钩者。

A.1.9 花针:因设备原因,成品上出现较大而稍突出的线圈;

三角针(蝴蝶针):在一个针眼内,两个针圈重叠,在成品上形成三角形的小孔;

瘪针:成品上花纹不突出,如胖花不胖、鱼鳞不起等。

A.1.10 针圈不匀:因编织不良使成品出现针圈大小和松紧不一的针圈横档、紧针、稀路或密路状等。

A.1.11 里纱露面:交织品种,里纱露出反映在面上者;

混色不匀:不同颜色纤维混合不匀。

A.1.12 花纹错乱:板花、拨花、提花等花型错误或花位不正。

A.1.13 漏针(掉套)、脱散:编织过程中针圈没有套上,形成小洞,或多针脱散成较大的洞;

破洞:编织过程中由于接头松开或纱线断开而形成的小洞。

A.1.14 露线头:在编织、套口、手缝、修补等工序中产生的露于产品表面的纱线线头,长度超过1 cm者。

A.1.15 拷缝及绣缝不良:针迹过稀、缝线松紧不一、漏缝、开缝针洞等,绣花走样、花位歪斜、颜色和花距不对等。

A.1.16 锁眼钉扣不良:扣眼针距不一,明显歪斜,针迹不齐或扣眼开错;扣位与扣眼不符,缝结不牢等。

A.1.17 修补痕:织物经修补后留下的痕迹。

A.1.18 斑疵:织物表面局部沾有污渍,包括锈斑、水渍、油污渍等。

A.1.19 色差:成品表面色泽有差异。

A.1.20 染色不良:成衫染色造成的染色不匀、染色斑点、接缝处染料渗透不良等。

A.1.21 烫焦痕:成品熨烫定型不当,使纤维损伤致变质、发黄、焦化者。

A.2 外观疵点程度说明

A.2.1 不明显:指疵点比较模糊,检验员能隐约看到,一般消费者不易发现者。

A.2.2 明显:指疵点本身有比较明显的界限,能直接看到者。

ICS 59.080.30
W 63

中华人民共和国纺织行业标准

FZ/T 73019.1—2010
代替 FZ/T 73019.1—2004

针织塑身内衣 弹力型

Knitted constrictive in-wear—Elastic-style

2010-08-16 发布

2010-12-01 实施

中华人民共和国工业和信息化部 发 布

前　言

FZ/T 73019《针织塑身内衣》分为两个部分：

——第1部分：弹力型；

——第2部分：调整型。

本部分为 FZ/T 73019 的第1部分。

本部分代替 FZ/T 73019.1—2004《针织塑身内衣　弹力型》。

本部分与 FZ/T 73019.1—2004 相比主要变化如下：

——增加了可分解芳香胺染料、异味、耐水色牢度等指标；

——删除了顶破强力考核指标；

——修改了耐皂洗色牢度、耐摩擦色牢度、耐汗渍色牢度考核指标；

——修改了规格尺寸偏差考核指标；

——修改了缝制规定考核指标；

——修改了水洗尺寸变化率试验方法。

本部分由中国纺织工业协会提出。

本部分由全国纺织品标准化技术委员会针织品分技术委员会(SAC/TC 209/SC 6)归口。

本部分起草单位：深圳市计量质量检测研究院、国家针织产品质量监督检验中心、浙江美邦纺织有限公司、浙江浪莎内衣有限公司、安莉芳(中国)服装有限公司、北京爱慕内衣有限公司、浩沙实业(福建)有限公司、佛山市奥丽侬内衣有限公司、婷美集团保健科技有限公司、浙江顺时针服饰有限公司。

本部分主要起草人：滕万红、刘凤荣、王玲、刘爱莲、曹海辉、关春红、林献玺、何炳祥、周磊、龚益辉。

本部分所代替标准的历次版本发布情况为：

——FZ/T 73019.1—2004。

针织塑身内衣 弹力型

1 范围

FZ/T 73019 的本部分规定了针织塑身内衣弹力型产品的号型、要求、试验方法、判定规则、产品使用说明和包装。

本部分适用于鉴定弹力型针织塑身内衣及无侧边缝型针织塑身内衣产品的品质。

2 规范性引用文件

下列文件中的条款通过 FZ/T 73019 本部分的引用而成为本部分的条款。凡是注日期的引用文件,其随后所有的修改单(不包括勘误的内容)或修订版均不适用于本部分,然而,鼓励根据本部分达成协议的各方研究是否可使用这些文件的最新版本。凡是不注日期的引用文件,其最新版本适用于本部分。

GB/T 250 纺织品 色牢度试验 评定变色用灰色样卡

GB/T 251 纺织品 色牢度试验 评定沾色用灰色样卡

GB/T 2910(所有部分) 纺织品 定量化学分析

GB/T 2912.1 纺织品 甲醛的测定 第 1 部分:游离水解的甲醛(水萃取法)

GB/T 3920 纺织品 色牢度试验 耐摩擦色牢度

GB/T 3921 纺织品 色牢度试验 耐皂洗色牢度

GB/T 3922 纺织品耐汗渍色牢度试验方法

GB/T 4856 针棉织品包装

GB 5296.4 消费品使用说明 纺织品和服装使用说明

GB/T 5713 纺织品 色牢度试验 耐水色牢度

GB/T 7573 纺织品 水萃取液 pH 值的测定

GB/T 8170 数值修约规则与极限数值的表示和判定

GB/T 8629 纺织品 试验用家庭洗涤和干燥程序

GB/T 17592 纺织品 禁用偶氮染料的测定

GB 18401 国家纺织产品基本安全技术规范

FZ/T 01026 纺织品 定量化学分析 四组分纤维混合物

FZ/T 01053 纺织品 纤维含量的标识

FZ/T 01057(所有部分) 纺织纤维鉴别试验方法

FZ/T 01095 纺织品 氨纶产品纤维含量的试验方法

GSB 16-2159 针织产品标准深度样卡(1/12)

GSB 16-2500 针织物表面疵点彩色样照

3 术语和定义

下列术语和定义适用于 FZ/T 73019 的本部分。

3.1

针织塑身内衣 弹力型 knitted constrictive in-wear-elastic-style

通过编织成型(缝迹伸长率>100%),而对人体特定部位起到牵引或约束作用,从而保持或调整人体特定部位尺寸和形态的内衣。

4 号型

针织塑身内衣弹力型产品号型以厘米为单位标注适穿的人体净身高及净胸（腰）围的范围。例：155-165/80-90。

5 要求

5.1 要求内容

要求分为内在质量和外观质量两个方面，内在质量包括染色牢度、水洗尺寸变化率、纤维含量、甲醛含量、pH值、异味、可分解芳香胺染料。外观质量包括表面疵点、规格尺寸偏差、本身尺寸差异、缝迹伸长率、缝制规定。

5.2 分等规定

5.2.1 针织塑身内衣弹力型产品的质量等级分为优等品、一等品、合格品。

5.2.2 针织塑身内衣弹力型产品的质量定等，内在质量按批（交货批）评等，外观质量按件评等。内在质量和外观质量两者结合以最低等级定等。

5.3 内在质量要求

5.3.1 内在质量要求见表1。

表 1 内在质量要求

项　　目		优等品	一等品	合格品
耐皂洗色牢度/级 ≥	变色	4	3-4	3
	沾色	4	3-4	3
耐摩擦色牢度/级 ≥	干摩	4	3-4	3
	湿摩	3	3（深色2-3）	2-3（深色2）
耐汗渍色牢度/级 ≥	变色	4	3-4	3-4
	沾色	3	3	3
耐水色牢度/级 ≥	变色	4	3-4	3
	沾色	3	3	3
水洗尺寸变化率/% ≥	直向	−5.0	−6.0	−7.0
纤维含量（净干含量）/%		按 FZ/T 01053 规定执行		
甲醛含量/(mg/kg)		按 GB 18401 规定执行		
pH 值				
异味				
可分解芳香胺染料/(mg/kg)				

注：色别分档按 GSB 16-2159 标准执行，>1/12 标准深度为深色，≤1/12 标准深度为浅色。

5.3.2 内在质量各项指标，以试验结果最低一项作为该产品的评等依据。

5.4 外观质量要求

5.4.1 测量部位及规定见表2及图1。

表 2　部位测量方法

类别	序号	部位	测 量 方 法
上衣	1	衣长	连肩的由领中间量到底边,合肩(拷肩)由肩最高处量到底边
	2	胸宽	由挂肩缝与肋缝交叉点向下 2 cm 处平量(以放平测量为准)
	4	袖长	由挂肩缝外端量到袖口边;插肩由后领中间量到袖口处
裤类	1	裤长	后腰宽 1/4 处向下垂直量到裤口边
	3	腰宽	腰头中间横量

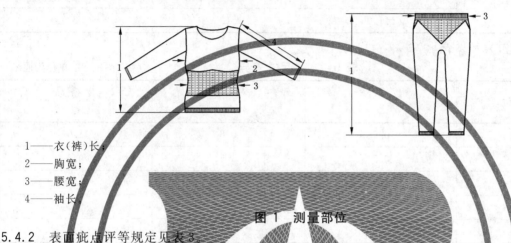

1——衣(裤)长;
2——胸宽;
3——腰宽;
4——袖长。

图 1　测量部位

5.4.2　表面疵点评等规定见表 3。

表 3　表面疵点评等规定

疵点类别		优 等 品	一 等 品	合 格 品
线状疵点	轻微	5.0 cm 及以内	5.0 cm 以上~10.0 cm	允许
	明显	1.0 cm 及以内	1.0 cm 以上~2.0 cm	2.0 cm 以上~5.0 cm
	显著	不允许		1.5 cm 及以内
条块状疵点	轻微	2.0 cm 及以内	2.0 cm 以上~5.0 cm	允许
	明显	不允许	1.0 cm 及以内	1.0 cm 以上~3.0 cm
	显著	不允许		1.0 cm 及以内
散布性疵点		不影响外观者允许		轻微者允许
同面料色差		≥4 级		3-4 级
缝制疵点	线头	0.5 cm 以上不允许		0.5 cm 以上允许三处
	缝纫曲折高低≤	0.2 cm	0.3 cm	0.5 cm
	跳针、漏缝	不允许		
破损性疵点		不允许		

注 1:线状疵点指一个针柱或一根纱线或宽度在 0.1cm 以内的疵点,超过者为条块状疵点。条块状疵点以直向
　　 最大长度加横向最大长度计量。
注 2:疵点程度描述:
　　 ——轻微:疵点在直观上不明显,通过仔细辨认才可看出。
　　 ——明显:不影响总体效果,但能感觉到疵点的存在。
　　 ——显著:疵点程度明显影响总体效果。
注 3:表中线状疵点和条块状疵点的允许值是指同一件产品上同类疵点的累计尺寸。
注 4:色差按 GB/T 250 评定。
注 5:表面疵点程度按 GSB 16-2500 执行。

5.4.3 规格尺寸偏差见表4。

表 4 规格尺寸偏差

单位为厘米

项目	优等品	一等品	合格品
衣长	±1.0	+2.0 -1.5	-2.0
胸宽	±1.0	±1.5	±2.0
袖长	-1.0	-1.5	-2.0
裤长	-1.0	-2.0	-2.5
腰宽	±1.0	±1.5	±2.0

5.4.4 本身尺寸差异见表5。

表 5 本身尺寸差异

单位为厘米

部 位	优 等 品 ≤	一 等 品 ≤	合 格 品 ≤
衣长不一	0.5	0.8	1.0
肩宽不一	0.5	0.5	0.8
袖长不一	1.0	1.0	1.5
裤口不一	0.5	0.5	0.8
裤长不一	1.0	1.5	1.5

5.4.5 袖缝、侧边缝、裤缝的缝迹伸长率不小于100%，不包括袖口缝、腰口缝、裤口缝、非弹性结构部位。

5.4.6 缝制规定

5.4.6.1 采用弹力缝纫线缝制。

5.4.6.2 加固部位:合肩处、裤裆叉子合缝处。袖口、领口、下摆、裤口应采用双针绷缝加固或用四线或五线包缝机缝制。

5.4.6.3 平缝机、包缝机的针迹缝到边口处,应打回针。

5.4.6.4 用夹边(嘴子)滚领、袖边、裤缝的合缝处应打回针。

5.4.6.5 针迹密度规定见表6。

表 6 针迹密度规定

单位为针迹数每2厘米

类别	平缝	平双针	三针机	四针机	滚领	滚带	宽紧带机	包缝	包缝卷边
≥	9	8	9	8	9	9	8	8	7
注:测量针迹密度以一个缝纫过程的中间处计量。									

5.4.6.6 包缝机缝边宽度,三线不低于0.3 cm,四线不低于0.4 cm,五线不低于0.6 cm。

5.4.6.7 缝纫针迹密度低于表6规定及双针绷缝机的跳针单针允许1针分散3处。

6 试验方法

6.1 抽样数量

6.1.1 外观质量按交货批分品种、色别、规格尺寸随机采样1%～3%,不少于20件。如批量少于20件,则全数检验。

6.1.2 内在质量按交货批分品种、色别、规格尺寸随机采样4件,不足时可增加件数。

6.2 外观质量检验条件

6.2.1 一般采用灯光检验,用40 W青光或白光日光灯一支,上面加灯罩,灯罩与检验台面中心垂直距离为(80±5)cm,或在 D65 光源下。

6.2.2 如在室内利用自然光,光源射入方向为北向左(或右)上角,不能使阳光直射产品。

6.2.3 检验时应将产品平摊在检验台上,台面铺一层白布,检验人员的视线应正视平摊产品的表面,目视距离为 35 cm 以上。

6.3 试样准备和试验条件

6.3.1 所取的试样不应有影响试验的疵点。

6.3.2 进行水洗尺寸变化率试验时,需将试样在常温下平摊在平滑的平面上放置 20 h,在实验室温度为(20±2)℃,相对湿度为(65±4)%条件下,调湿放置 4 h 后再进行试验。

6.4 试验项目

6.4.1 耐皂洗色牢度试验

按 GB/T 3921 方法 A(1)规定执行。

6.4.2 耐摩擦色牢度试验

按 GB/T 3920 规定执行,只做直向。

6.4.3 耐汗渍色牢度试验

按 GB/T 3922 规定执行。

6.4.4 耐水色牢度试验

按 GB/T 5713 规定执行。

6.4.4.1 色牢度评级

按 GB/T 250 及 GB/T 251 规定执行。

6.4.5 水洗尺寸变化率试验

6.4.5.1 标记、测量部位

上衣取衣长作为直向的测量部位,衣长以前后身左右四处的平均值作为计算依据。裤子取裤长作为直向的测量部位,裤长以左右两处的平均值作为计算依据。在测量时作出标记,以便水洗后测量,上衣测量部位见图 2,裤子测量部位见图 3。

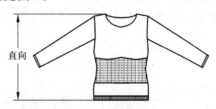

图 2　上衣水洗前后测量部位

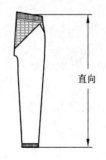

图 3　裤子水洗前后测量部位

6.4.5.2 洗涤和干燥试验

洗涤和干燥试验按 GB/T 8629 规定执行。洗涤程序采用 5A,试验件数 3 件。

干燥程序采用 A 法(悬挂晾干)。上衣用竿穿过两袖,使胸围挂肩处保持平直,并从下端用手将前

后身分开理平。裤子对折搭晾,使横裆部位在晾竿上,并轻轻理平。将晾干后的试样放置在温度为(20±2)℃,相对湿度为(65±4)%环境下的平台上。停放4 h后,轻轻拍平折痕,再进行测量。

6.4.5.3 结果计算和表示

按式(1)计算直向的水洗尺寸变化率,以负号(一)表示尺寸收缩,以正号(十)表示尺寸伸长。最终结果按 GB/T 8170 修约到 1 位小数。

$$A = \frac{L_1 - L_0}{L_0} \times 100 \qquad \cdots\cdots\cdots\cdots\cdots\cdots\cdots\cdots\cdots\cdots(1)$$

式中:

A——直向水洗尺寸变化率,%;

L_1——直向水洗后尺寸的平均值,单位为厘米(cm);

L_0——直向水洗前尺寸的平均值,单位为厘米(cm)。

6.4.6 纤维含量试验

按 FZ/T 01057(所有部分)、GB/T 2910(所有部分)、FZ/T 01026、FZ/T 01095 的规定执行。取样部位:上衣取前腰部位,裤子取腹部部位。

6.4.7 甲醛含量试验

按 GB/T 2912.1 规定执行。

6.4.8 pH 值试验

按 GB/T 7573 规定执行。

6.4.9 异味试验

按 GB 18401 规定执行。

6.4.10 可分解芳香胺染料试验

按 GB/T 17592 规定执行。

6.4.11 缝迹伸长率试验

将产品摊平,在袖缝、侧边缝或裤缝中段量取 10 cm,做好标记,用力拉伸足并量取缝迹伸长尺寸,按式(2)计算缝迹伸长率,最终结果按 GB/T 8170 修约到个数位。

$$B = \frac{L - 10}{10} \times 100 \qquad \cdots\cdots\cdots\cdots\cdots\cdots\cdots\cdots\cdots\cdots(2)$$

式中:

B——缝迹伸长率,%;

L——缝迹伸长尺寸,单位为厘米(cm)。

7 判定规则

7.1 外观质量

按品种、色别、规格尺寸计算不符品等率。内包装标志差错按件计算不符品等率,不允许有外包装差错。

凡不符品等率在 5.0% 及以内者,判定该批产品合格。不符品等率在 5.0% 以上者,判定该批产品不合格。

7.2 内在质量

7.2.1 纤维含量、甲醛含量、pH 值、异味、可分解芳香胺染料检验结果合格者,判定该批产品合格,不合格者判定该批产品不合格。

7.2.2 水洗尺寸变化率以全部试样的算术平均值作为检验结果,合格者判定该批产品合格,不合格者判定该批产品不合格。若同时存在收缩与倒涨试验结果时,以收缩(或倒涨)的两件试样的算术平均值作为检验结果,合格者判定该批产品合格,不合格者判定该批产品不合格。

7.2.3 耐皂洗色牢度、耐摩擦色牢度、耐汗渍色牢度、耐水色牢度检验结果合格者,判定该批产品合格,不合格者分色别判定该批产品不合格。

7.3 复验

7.3.1 任何一方对所检验的结果有异议时,在规定期限内,对所有异议的项目均可要求复验。

7.3.2 提请复验时,应保留提请复验数量的全部。

7.3.3 复验时检验数量为初检时数量的2倍,复验结果按7.1、7.2规定执行,判定以复验结果为准。

8 产品使用说明和包装

8.1 产品使用说明按GB 5296.4规定执行。

8.2 产品包装按GB/T 4856或协议执行。

ICS 59.080.30
W 63

中华人民共和国纺织行业标准

FZ/T 73019.2—2013
代替 FZ/T 73019.2—2004

针织塑身内衣 调整型

Knitted shape wear—Figured-style

2013-10-17 发布

2014-03-01 实施

中华人民共和国工业和信息化部   发 布

前　言

本标准按照 GB/T 1.1—2009 给出的规则起草。

本标准代替 FZ/T 73019.2—2004《针织塑身内衣　调整型》。

本标准与 FZ/T 73019.2—2004 相比主要技术变化如下：

——修改了产品分类和型号(见第4章,2004年版第4章);

——内在质量要求项目增加了耐水色牢度、异味、可分解致癌芳香胺染料(见5.3,2004年版5.2);

——修改了耐皂洗色牢度、耐汗渍色牢度、耐摩擦色牢度、甲醛含量、pH值的要求值(见5.3, 2004年版5.2);

——删除了内在质量要求中的接缝强力项目(见5.3,2004年版5.2);

——修改了拉伸弹性回复率的要求值(见5.3,2004年版5.2);

——修改了成衣规格测量部位及测量方法描述(见5.4.2,2004年版5.3.1);

——补充了成衣规格测量部位示意图(见5.4.2,2004年版5.3.1);

——修改了成衣规格尺寸偏差要求的部位描述及偏差要求(见5.4.3,2004年版5.3.2);

——增加了缝制规定的要求(见5.4.6);

——修改了拉伸弹性回复率试样的取样方式(见6.3.6,2004年版6.4.6)。

本标准由中国纺织工业联合会提出。

本标准由全国纺织品标准化技术委员会针织品分技术委员会(SAC/TC 209/SC 6)归口。

本标准起草单位:安莉芳(中国)服装有限公司、北京爱慕内衣有限公司、深圳汇洁集团股份有限公司、国家针织产品质量监督检验中心、广东奥丽侬内衣集团有限公司、丽晶维珍妮内衣(深圳)有限公司、都市丽人服饰股份有限公司、上海古今内衣有限公司、上海波顺纺织品有限公司、上海北极绒家居内衣服饰有限公司、浙江洁丽雅股份有限公司、重庆市金考拉服饰有限公司、必维申优质量技术服务江苏有限公司。

本标准主要起草人:曹海辉、关春红、苗凤香、单丽娟、何炳祥、林树坤、叶康云、费海芬、吴一鸣、石然羽、任忠泽、高铭。

针织塑身内衣　调整型

1　范围

本标准规定了针织塑身内衣调整型产品的术语和定义、产品分类和型号、要求、检验规则、判定规则、产品使用说明、包装、运输、贮存。

本标准适用于鉴定以经编、纬编针织面料为主要材料制成的针织塑身内衣调整型产品的品质。其他产品可参照执行。

2　规范性引用文件

下列文件对于本文件的应用是必不可少的。凡是注日期的引用文件,仅注日期的版本适用于本文件。凡是不注日期的引用文件,其最新版本(包括所有的修改单)适用于本文件。

GB/T 250　纺织品　色牢度试验　评定变色用灰色样卡

GB/T 2910(所有部分)　纺织品　定量化学分析

GB/T 2912.1　纺织品　甲醛的测定　第1部分:游离和水解的甲醛(水萃取法)

GB/T 3920　纺织品　色牢度试验　耐摩擦色牢度

GB/T 3921—2008　纺织品　色牢度试验　耐皂洗色牢度

GB/T 3922　纺织品耐汗渍色牢度试验方法

GB 5296.4　消费品使用说明　第4部分:纺织品和服装

GB/T 5713　纺织品　色牢度试验　耐水色牢度

GB/T 7573　纺织品　水萃取液pH值的测定

GB 9994　纺织材料公定回潮率

GB/T 17592　纺织品　禁用偶氮染料的测定

GB 18401　国家纺织产品基本安全技术规范

FZ/T 01026　纺织品　定量化学分析　四组分纤维混合物

FZ/T 01053　纺织品　纤维含量的标识

FZ/T 01057(所有部分)　纺织纤维鉴别试验方法

FZ/T 01095　纺织品　氨纶产品纤维含量的试验方法

FZ/T 70006　针织物拉伸弹性回复率试验方法

FZ/T 73012　文胸

FZ/T 80002　服装标志、包装、运输和贮存

GSB 16-2159　针织产品标准深度样卡(1/12)

GSB 16-2500　针织物表面疵点彩色样照

3　术语和定义

下列术语和定义适用于本文件。

3.1

针织塑身内衣　调整型　knitted shape wear—figured-style

对人体特定部位起到牵引或约束作用从而保持或调整人体特定部位形态的内衣。

4 产品分类和型号

型号以罩杯代码、适合于人体的胸围(下胸围)、腰围、身高的厘米数表示。罩杯代码和下胸围的定义按 FZ/T 73012 规定执行。具体规定如下:

a) 塑身胸衣:标注罩杯代码、下胸围。

示例:B75,表示 B 型罩杯,下胸围为 75 cm。

b) 有杯连体塑身衣/有杯连体塑裙:依次标注罩杯代码、下胸围、腰围,杯码与腰围之间以"/"分割。

示例:B75/64,表示 B 型罩杯,下胸围为 75 cm,腰围为 64 cm。

c) 塑身内裤/塑身腰封/短塑裙:标注腰围。

示例:64,表示腰围为 64 cm。

d) 挺背衣:标注身高和下胸围。

示例:160/75,表示身高为 160 cm,下胸围为 75 cm。

e) 连体挺背衣/连体塑裙:标注身高和腰围。

示例:160/64,表示身高为 160 cm,腰围为 64 cm。

5 要求

5.1 要求内容

要求分内在质量和外观质量。内在质量包括耐皂洗色牢度、耐水色牢度、耐汗渍色牢度、耐摩擦色牢度、纤维含量、拉伸弹性回复率、甲醛含量、pH 值、异味、可分解致癌芳香胺染料等十项;外观质量包括规格尺寸偏差、对称部位尺寸差异、表面疵点、缝制规定等指标。

5.2 分等规定

5.2.1 针织塑身内衣的质量等级分为优等品、一等品、合格品。

5.2.2 内在质量按批评等,外观质量按件评等,两者结合按最低等级定等。

5.3 内在质量要求

5.3.1 内在质量要求见表 1。

表 1 内在质量要求

项 目		优等品	一等品	合格品
耐皂洗色牢度/级 ≥	变色	4	3-4	3
	沾色	4	3-4	3
耐水色牢度/级 ≥	变色	4	3-4	3
	沾色	3-4	3	3
耐汗渍色牢度/级 ≥	变色	4	3-4	3
	沾色	3-4	3	3
耐摩擦色牢度/级 ≥	干摩	4	3-4	3
	湿摩	3-4(深色 3)	3(深色 2-3)	2-3(深色 2)

表 1（续）

项　　目		优等品	一等品	合格品
纤维含量/%		按 FZ/T 01053 规定执行		
拉伸弹性回复率/% ≥		85	80	70
甲醛含量/(mg/kg)		按 GB 18401 规定执行		
pH 值				
异味				
可分解致癌芳香胺染料/(mg/kg)				
注：色别分档按 GSB 16-2159 执行，＞1/12 标准深度为深色，≤1/12 标准深度为浅色。				

5.3.2　拉伸弹性回复率只考核产品的围度方向，非弹性材料不考核。

5.3.3　内在质量各项指标，以试验结果最低一项作为该批产品的评等依据。

5.4　外观质量要求

5.4.1　外观质量分等规定

外观质量分等按规格尺寸偏差、对称部位尺寸差异、表面疵点缝制规定执行。同一件产品上，发现属于不同品等的外观疵点时，按最低等疵点评定。

5.4.2　成衣规格测量部位及规定

5.4.2.1　成衣规格测量部位见表 2。

表 2　成衣规格测量部位

部位	序号	测　量　方　法
衣长	a	自然平摊后，由塑身内衣上端量至裆底或最底端
1/2 胸围	b	自然平摊后，沿罩杯下沿（或钢圈最低点）平量（可调式量最小尺寸）
1/2 腰围	c	塑身内衣腰部最窄处平量，塑裤在腰口位平量
注：规格尺寸的测量以成衣左或前侧为准，从左至右或从上至下测量。		

5.4.2.2　塑身胸衣测量部位见图 1。

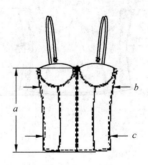

说明：

a ——衣长；

b ——1/2 胸围；

c ——1/2 腰围。

图 1　塑身胸衣测量部位

5.4.2.3 有杯连体塑身衣测量部位见图2。

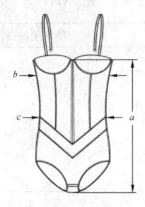

说明：

a ——衣长；

b ——1/2胸围；

c ——1/2腰围。

图 2　有杯连体塑身衣测量部位

5.4.2.4 塑身内裤测量部位见图3。

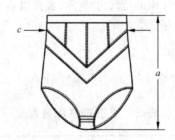

说明：

a ——衣长；

c ——1/2腰围。

图 3　塑身内裤测量部位

5.4.2.5 塑身腰封测量部位见图4。

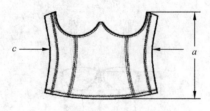

说明：

a ——衣长；

c ——1/2腰围。

图 4　塑身腰封测量部位

5.4.2.6 挺背衣测量部位见图5。

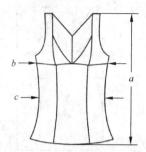

说明：

a ——衣长；

b ——1/2胸围；

c ——1/2腰围。

图 5　挺背衣测量部位

5.4.2.7　连体挺背衣测量部位见图 6。

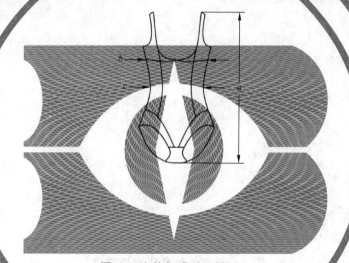

说明：

a ——衣长；

b ——1/2胸围；

c ——1/2腰围。

图 6　连体挺背衣测量部位

5.4.2.8　短塑裙测量部位见图 7。

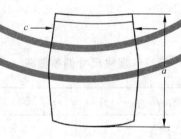

说明：

a ——衣长；

c ——1/2腰围。

图 7　短塑裙测量部位

5.4.2.9　连体塑裙测量部位见图 8。

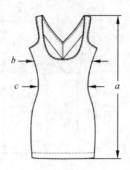

说明：

a ——衣长；

b ——1/2 胸围；

c ——1/2 腰围。

图 8 连体塑裙测量部位

5.4.2.10 有杯连体塑裙测量部位见图 9。

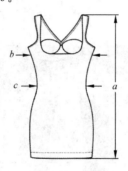

说明：

a ——衣长；

b ——1/2 胸围；

c ——1/2 腰围。

图 9 有杯连体塑裙测量部位

5.4.3 规格尺寸偏差要求

见表 3。

表 3 规格尺寸偏差要求   单位为厘米

部　位	优　等　品	一　等　品	合　格　品
衣长	±1.0	±1.5	±2.0
1/2 胸围	±0.6	±1.0	±1.4
1/2 腰围	±0.6	±1.0	±1.4

5.4.4 对称部位尺寸差异要求

见表 4。

表 4 对称部位尺寸差异要求

单位为厘米

基本尺寸	优等品	一等品	合格品
5.0以下	0.3	0.5	
5.0～20.0	0.6	0.8	
20.0以上	0.8	1.0	
注：基本尺寸以产品左或前侧为准。			

5.4.5 表面疵点评等规定

5.4.5.1 表面疵点评等规定见表5。

表 5 表面疵点评等规定

疵点类别		优 等 品	一 等 品	合 格 品
线状疵点	轻微	5.0 cm 及以内	5.0 cm 以上～10.0 cm	允许
	明显	1.0 cm 及以内	1.0 cm 以上～2.0 cm	2.0 cm 以上～5.0 cm
	显著	不允许		1.5 cm 及以内
条块状疵点	轻微	2.0 cm 及以内	2.0 cm 以上～5.0 cm	允许
	明显	不允许	1.0 cm 及以内	1.0 cm 以上～3.0 cm
	显著	不允许		1.0 cm 及以内
散布性疵点		轻微者允许		
同面料色差 ≥		4 级		3-4 级
缝制疵点	线头	0.5 cm 以上不允许		0.5 cm 以上允许三处
	缝纫曲折高低 ≤	0.2 cm		0.3 cm
	跳针、漏缝	不允许		

注1：线状疵点指一个针柱或一根纱线或宽度在0.1 cm以内的疵点,超过者为条块状疵点。条块状疵点以直向
　　最大长度加横向最大长度计量。
注2：疵点程度描述:
　　——轻微:疵点在直观上不明显,通过仔细辨认才可看出。
　　——明显:不影响总体效果,但能感觉到疵点的存在。
　　——显著:疵点程度明显影响总体效果。
注3：表中线状疵点和条块状疵点的允许值是指同一件产品上同类疵点的累计尺寸。
注4：表面疵点程度参照GSB 16-2500执行。

5.4.5.2 辅料应采用与所用织物性能相适应的衬料、缝纫线。

5.4.6 缝制规定

5.4.6.1 所有部位线迹松紧适度,确保拉伸后不断线。

5.4.6.2 绷缝、包缝宜采用弹力的缝纫线。

5.4.6.3 针迹密度规定见表6。

FZ/T 73019.2—2013

表 6　针迹密度规定　　　　　　　　　　　　　　单位为针迹数每 3 厘米

机种	平缝机	包缝机		绷缝机	
	平缝	三线	四线	双针	三针
针数 不低于	14	14	14	18	18

6　检验规则

6.1　抽样数量

6.1.1　外观质量按交货批分品种、色别、规格尺寸随机抽样 1%～3%，但不少于 20 件，若批量少于 20 件，则全部抽取。

6.1.2　内在质量按交货批分品种、色别、规格尺寸随机抽样，数量应能保证每单项内在质量试验做 1 次。

6.2　外观质量检验

6.2.1　一般采用灯光检验，用 40 W 青光或白光日光灯一支上面加灯罩，灯罩与检验台面中心垂直距离为 80 cm±5 cm。

6.2.2　如在室内利用自然光，光源射入方向为北向左(或右)上角，不能使阳光直射产品。

6.2.3　检验时应将产品平放在检验台上，台面铺白布一层，检验人员的视线应正视平摊产品的表面，目光与产品中间距离为 35 cm 以上。

6.2.4　每件产品正反两面均检验，单层产品以正面为准。

6.3　试验方法

6.3.1　耐皂洗色牢度试验

按 GB/T 3921—2008 方法 A(1)规定执行。

6.3.2　耐水色牢度试验

按 GB/T 5713 规定执行。

6.3.3　耐汗渍色牢度试验

按 GB/T 3922 规定执行。

6.3.4　耐摩擦色牢度试验

按 GB/T 3920 规定执行，只做面层直向。

6.3.5　纤维含量试验

按 GB/T 2910、FZ/T 01057、FZ/T 01026、FZ/T 01095 规定执行。结合公定回潮率计算，公定回潮率按 GB 9994 执行。

6.3.6 拉伸弹性回复率试验

按 FZ/T 70006 中"定力值一次拉伸弹性回复率和塑性变形率的测定"规定执行。定负荷值为 35 N，预加张力 1 N，试样的取样部位为成品横向，有效尺寸为 10 cm×5 cm，试样可包含车缝缝迹，车缝缝迹须位于试样长度方向的正中间，且车缝缝迹须垂直于试样的长度方向，如图 10 所示。

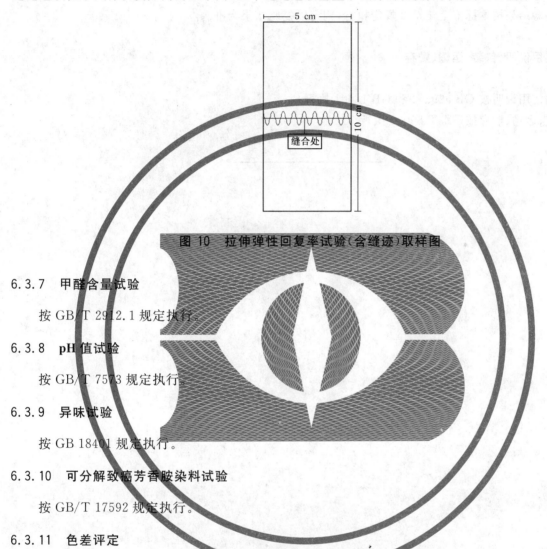

图 10　拉伸弹性回复率试验(含缝迹)取样图

6.3.7 甲醛含量试验

按 GB/T 2912.1 规定执行。

6.3.8 pH 值试验

按 GB/T 7573 规定执行。

6.3.9 异味试验

按 GB 18401 规定执行。

6.3.10 可分解致癌芳香胺染料试验

按 GB/T 17592 规定执行。

6.3.11 色差评定

按 GB/T 250 评定。

7 判定规则

7.1 外观质量

按品种、色别、型号分批计算不符品等率。凡不符品等率在 5.0% 及以内者，判定该批产品合格。不符品等率在 5.0% 以上者，判为该批产品不合格。

7.2 内在质量

7.2.1 纤维含量、拉伸弹性回复率、甲醛含量、pH 值、异味、可分解致癌芳香胺染料检验结果合格者，判定该批产品合格；不合格者判定该批产品不合格。

7.2.2 耐皂洗色牢度、耐水色牢度、耐汗渍色牢度、耐摩擦色牢度检验结果合格者,判定该批产品合格;不合格者分色别判定该批产品不合格。

7.3 复验

7.3.1 任何一方对检验结果有异议时,均可要求复验。

7.3.2 复验结果按本标准 7.1、7.2 规定执行,判定以复验结果为准。

8 产品使用说明、包装、运输、贮存

8.1 产品使用说明按 GB 5296.4 和 GB 18401 执行。

8.2 包装、运输、贮存按 FZ/T 80002 执行。

ICS 59.080.30
W 63

中华人民共和国纺织行业标准

FZ/T 73020—2012
代替 FZ/T 73020—2004

针 织 休 闲 服 装

Knitted casual wear

2012-12-28 发布
2013-06-01 实施

中华人民共和国工业和信息化部 发 布

前　言

本标准按照 GB/T 1.1—2009 给出的规则起草。

本标准代替 FZ/T 73020—2004《针织休闲服装》，与 FZ/T 73020—2004 相比主要技术变化如下：

——删除了对 10% 以下纤维含量的规定(2004 年版 4.2.3)；

——细化了表面疵点要求(见 4.4.4,2004 版 4.3.2.1)；

——增加了干洗尺寸变化率、耐干洗色牢度、耐光汗复合色牢度、耐水色牢度、异味、可分解致癌芳香胺染料、拼接互染色牢度、水洗后外观质量、耐唾液色牢度考核项目(见 4.3)；

——调整了水洗后扭曲率指标、耐光色牢度指标(见 4.3.1,2004 版 4.2.1)；

——细化了内在质量要求(见 4.3.5~4.3.9)；

——细化了对称部位尺寸差异规定(见 4.4.6,2004 版 4.3.4)；

——删除了裙子测量部位示例(图 3)(2004 版 4.3.5.3)；

——修改了成衣测量部位规定表 5(见 4.4.7.4,2004 版 4.3.5.4)；

——增加了规范性附录 A(见拼接互染程度测试方法)；

——增加水洗后扭曲率试验(见 5.2.4)。

本标准由中国纺织工业联合会提出。

本标准由全国纺织品标准化技术委员会针织品分会(SAC/TC 209/SC 6)归口。

本标准主要起草单位：国家针织产品质量监督检验中心、福建七匹狼实业股份有限公司、李宁(中国)体育用品有限公司、特步(中国)有限公司、安踏(厦门)体育用品有限公司、福建泉州匹克体育用品有限公司、阿迪达斯体育(中国)有限公司、耐克体育(中国)有限公司、国家纺织品服装产品质量监督检验中心(广州)、浙江太子龙服饰股份有限公司、安莉芳(中国)服装有限公司、上海帕兰朵高级服饰有限公司、红豆集团有限公司、福建哥仑步户外用品有限公司、上海三枪集团有限公司、江苏 AB 集团股份有限责任公司、江苏新雪竹国际服饰有限公司、劲霸(中国)经编有限公司、彪马(上海)商贸有限公司、浙江顺时针服饰有限公司、广东美标服饰实业有限公司、宁波狮丹努集团有限公司、冠华针织厂有限公司。

本标准主要起草人：刘凤荣、郭亚莉、徐明明、张宝春、李苏、吴培枝、戴建辉、黄剑萍、高质方、张玉莲、梁敏、曹海辉、方国平、葛东瑛、吴迁平、薛继凤、吴鸿烈、王锡良、林冬元、董颖、龚益辉、林声展、郭晓俊、刘晓明。

本标准所代替标准的历次版本发布情况为：

——FZ/T 73020—2004。

针 织 休 闲 服 装

1 范围

本标准规定了针织休闲服装的产品号型、要求、试验方法、判定规则、产品使用说明、包装、运输和贮存。

本标准适用于鉴定以纺织针织面料为主要材料制成的针织休闲服装的品质。

2 规范性引用文件

下列文件对于本文件的应用是必不可少的。凡是注日期的引用文件,仅注日期的版本适用于本文件。凡是不注日期的引用文件,其最新版本(包括所有的修改单)适用于本文件。

GB/T 251 纺织品 色牢度试验 评定沾色用灰色样卡

GB/T 1335(所有部分) 服装号型

GB/T 2910(所有部分) 纺织品 定量化学分析

GB/T 2912.1 纺织品 甲醛的测定 第1部分:游离和水解的甲醛(水萃取法)

GB/T 3920 纺织品 色牢度试验 耐摩擦色牢度

GB/T 3921—2008 纺织品 色牢度试验 耐皂洗色牢度

GB/T 3922 纺织品耐汗渍色牢度试验方法

GB/T 4802.1—2008 纺织品 织物起毛起球性能的测定:圆轨迹法

GB/T 4856 针棉织品包装

GB 5296.4 消费品使用说明 纺织品和服装使用说明

GB/T 5711 纺织品 色牢度试验 耐干洗色牢度

GB/T 5713 纺织品 色牢度试验 耐水色牢度

GB/T 6411 针织内衣规格尺寸系列

GB/T 7573 纺织品 水萃取液 pH 值的测定

GB/T 8170 数值修约规则与极限数值的表示和判定

GB/T 8427—2008 纺织品 色牢度试验 耐人造光色牢度:氙弧

GB/T 8629—2001 纺织品 试验用家庭洗涤和干燥程序

GB/T 8878 棉针织内衣

GB/T 14576 纺织品 色牢度试验 耐光、汗复合色牢度

GB 18401 国家纺织产品基本安全技术规范

GB/T 14801 机织物和针织物纬斜和弓纬试验方法

GB/T 17592 纺织品 禁用偶氮染料的测定

GB/T 19976—2005 纺织品 顶破强力的测定 钢球法

GB/T 23344 纺织品 4-氨基偶氮苯的测定

FZ/T 01026 纺织品 定量化学分析 四组分纤维混合物

FZ/T 01053 纺织品 纤维含量的标识

FZ/T 01057(所有部分) 纺织纤维鉴别试验方法

FZ/T 01095 纺织品 氨纶产品纤维含量的试验方法

FZ/T 73020—2012

FZ/T 01101　纺织品　纤维含量的测定　物理法
FZ/T 80007.3　使用粘合衬服装耐干洗测试方法
GSB 16-1523　针织物起毛起球样照
GSB 16-2159　针织产品标准深度样卡(1/12)
GSB 16-2500　针织物表面疵点彩色样照

3　产品号型

针织休闲服装号型按 GB/T 6411 或 GB/T 1335(所有部分)的规定执行。

4　要求

4.1　要求内容

要求分为内在质量和外观质量两个方面。内在质量包括顶破强力、水洗、干洗尺寸变化率、水洗后扭曲率、耐皂洗色牢度、耐汗渍色牢度、耐水色牢度、耐摩擦色牢度、耐干洗色牢度、印(烫)花耐皂洗色牢度、印(烫)花耐摩擦色牢度、耐光色牢度、耐光、汗复合色牢度、起球、甲醛含量、pH 值、异味、可分解致癌芳香胺染料、纤维含量、拼接互染程度、洗后外观质量等项指标。外观质量包括表面疵点、规格尺寸偏差、对称部位尺寸差异、缝制规定等项指标。

4.2　分等规定

4.2.1　针织休闲服装的质量等级分为优等品、一等品、合格品。

4.2.2　针织休闲服装的质量定等:内在质量按批(交货批)评等,外观质量按件评等,二者结合以最低等级定等。

4.3　内在质量要求

见表1。

表 1　内在质量要求

项　　目			优等品	一等品	合格品
顶破强力/N	≥		250		
水洗、干洗尺寸变化率/%		直向、横向	−3.0～+2.0	−5.5～+2.0	−6.5～+2.0
水洗后扭曲率/%　≤	上衣	条格	4.0	5.0	6.0
		素色	5.0	6.0	7.0
	长裤		1.5	2.5	3.5
耐皂洗色牢度/级　≥	变色		4	3-4	3
	沾色		4	3-4	3
耐汗渍色牢度/级　≥	变色		4	3-4	3
	沾色		4	3	3
耐水色牢度/级　≥	变色		4	3-4	3
	沾色		4	3	3

458

表 1（续）

项目		优等品	一等品	合格品
耐摩擦色牢度/级 ≥	干摩	4	3-4	3
	湿摩	3-4	3（深 2）	2-3（深色 2）
耐干洗色牢度 ≥	变色	4-5	4	3-4
	沾色	4-5	4	3-4
印（烫）花耐皂洗色牢度/级 ≥	变色	3-4	3	3
	沾色	3-4	3	3
印（烫）花耐摩擦色牢度/级 ≥	干摩	3-4	3	3
	湿摩	3	2-3	2-3（深 2）
耐光色牢度/级 ≥	深色	4-5	4	3
	浅色	4	3	3
耐光、汗复合色牢度（碱性）/级 ≥		4-5	3-4	3-4
起球/级 ≥		3-4	3	2-3
甲醛含量/（mg/kg）		按 GB 18401 的规定执行		
pH 值				
异味				
可分解致癌芳香胺染料/（mg/kg）				
纤维含量（净干含量）/%		按 FZ/T 01053 的规定执行		
拼接互染程度/级		4-5	4	4
洗后外观质量		印花部位不允许起泡、脱落、绣花部位缝纫线无严重不平整、贴花部位无脱开，附件无脱落、锈蚀		

注 1：弹力织物指织物中加入弹性纤维织物或罗纹织物。
注 2：色别分档按 GSB-2159 标准执行，>1/12 标准深度为深色，≤1/12 标准深度为浅色。

4.3.1 内在质量各项指标以检验结果最低一项作为该批产品的评等依据。

4.3.2 起球只考核正面，磨毛、起绒类产品不考核。

4.3.3 弹力织物、镂空、烂花等结构的产品不考核弹子顶破强力。

4.3.4 弹性纤维织物不考核横向水洗尺寸变化率，褶皱产品不考核褶皱方向水洗尺寸变化率。

4.3.5 拼接互染程度只考核深色和浅色相拼接的产品。

4.3.6 耐光、汗复合色牢度不考核非直接接触皮肤类产品。

4.3.7 对紧口类产品和非直摆上衣、裙类产品不考核水洗后扭曲率。

4.3.8 耐干洗色牢度只考核使用说明中标注可干洗产品，耐皂洗色牢度、印（烫）花耐皂洗色牢度只考核标识中可水洗产品。

4.3.9 干洗尺寸变化率只考核使用说明中标注可干洗产品，水洗尺寸变化率只考核使用说明中标注可水洗产品。

4.4 外观质量要求

4.4.1 外观质量评等按表面疵点、规格尺寸偏差、对称部位尺寸差异、缝制规定的最低等级评等。在同一件产品上发现属于不同品等的外观疵点时，按最低品等疵点评等。

4.4.2 在同一件产品上只允许有两个同等级的极限表面疵点,超过者降一个等级。

4.4.3 内包装标志差错按件计算,不允许有外包装差错。

4.4.4 表面疵点评等规定见表2。

表 2　表面疵点评等规定

疵 点 名 称		优等品	一等品	合格品
色差	≥	主料之间 4 级、主副料之间 3-4 级		主料之间 3-4 级 主副料之间 3 级
纹路歪斜(条格产品)/%	≤	4.0	4.0	6.0
缝纫曲折高低	≤	主要部位和明线部位 0.2 cm 其他部位 0.5 cm		0.5 cm
缝纫油污线	≤	浅淡的 1 cm 两处或 2 cm 一处 领、襟、袋部位不允许		浅淡的 20 cm 深的 10 cm
止口反吐		不允许	0.3 cm 及以内	0.5 cm 及以内
熨烫变黄、变色、水渍亮光、变质		不允许		不允许
缝纫不平服		不允许	轻微允许	明显允许、显著不允许
拉链不平服、不顺直		不允许	轻微允许	明显允许、显著不允许
丢工、错工、缺件、破损性疵点		不允许		

注 1:未列入表内的疵点按 GB/T 8878 标准中表面疵点评等规定执行。
注 2:表面疵点程度按照 GSB 16-2500《针织内衣表面疵点彩色样照》执行。
注 3:主要部位指上衣前身上部的三分之二(包括后领窝露面部位),裤类无主要部位。
注 4:轻微:直观上不明显,通过仔细辨认才可看出。
　　　明显:不影响整体效果,但能感觉到疵点的存在。
　　　显著:明显影响整体效果的疵点。

4.4.5 规格尺寸偏差见表3。

表 3　规格尺寸偏差　　　　　　　　　　　　　　　　　　　　　　单位为厘米

类　　别		优等品	一等品	合格品
长度方向 (衣长、袖长、裤长、裙长)	60 cm 及以上	±1.0	±2.0	±2.5
	60 cm 以下	±1.0	±1.5	±2.0
宽度方向(1/2胸围,1/2腰围)		±1.0	±1.5	±2.0

4.4.6 对称部位尺寸差异见表4。

表 4　对称部位尺寸差异　　　　　　　　　　　　　　　　　　　　单位为厘米

项　　目	优等品 ≤	一等品 ≤	合格品 ≤
<5 cm	0.2	0.3	0.4
5 cm~15 cm	0.5	0.5	0.8
15 cm~76 cm	0.8	1.0	1.2
>76 cm	1.0	1.5	1.5

4.4.7 成衣测量部位及规定(精确至 0.1 cm)

4.4.7.1 上衣测量部位示例见图 1。

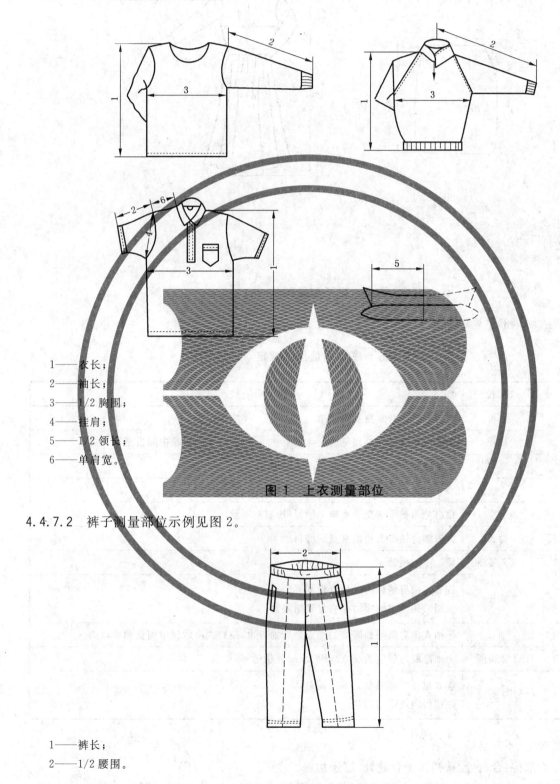

1——衣长；

2——袖长；

3——1/2 胸围；

4——挂肩；

5——1/2 领长；

6——单肩宽。

图 1 上衣测量部位

4.4.7.2 裤子测量部位示例见图 2。

1——裤长；

2——1/2 腰围。

图 2 裤子测量部位

4.4.7.3 裙子测量部位示例见图 3。

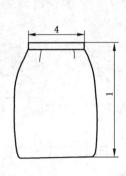 

1——裙长；

2——袖长；

3——1/2胸围；

4——1/2腰围。

图 3　裙子测量部位

4.4.7.4　成衣测量部位规定见表5。

表 5　成衣测量部位规定

类别	序号	部位	测量规定
上衣	1	衣长	由肩缝最高处垂直量到底边
	2	袖长	平袖式由肩缝与袖窿缝的交点量到袖口边,插肩式由后领中间量至袖口边
	3	1/2胸围	由袖窿缝与肋缝的交点向下2cm处横量
	4	1/2领长	领子对折,由里口横量。立领量上口
	5	肩宽	由肩缝与袖缝的交叉点摊平横量(连肩袖不量)
裤子	1	裤长	沿裤缝由侧腰头边垂直量到裤口边
	2	1/2腰围	腰边中间横量
裙子	1	裙长	连衣裙由肩缝最高处垂直量到底边； 短裙沿裙缝由侧腰边垂直量到裙底边
	2	袖长	平袖式由肩缝与袖窿缝的交点量到袖口边,插肩式由后领中间量到袖口边
	3	1/2胸围	由袖窿缝与侧缝的交点向下2 cm处横量
	4	1/2腰围	连衣裙在腰部最窄处平铺横量； 短裙由腰边中间横量

4.4.8　缝制规定(不分品等)

4.4.8.1　加固部位:合肩处、裤裆叉子合缝处、缝迹边缘。

4.4.8.2　加固方法:采用四线或五线包缝机缝制、双针绷缝、打回针、打套结或加辅料。

4.4.8.3　三线包缝机缝边宽度不低于0.3 cm,四线不低于0.4 cm,五线不低于0.6 cm。

4.4.8.4　缝制应牢固,线迹要平直、圆顺、松紧适宜。

4.4.8.5　缝制产品时使用强力、缩率、色泽与面料相适应的缝纫线。装饰线除外。

4.4.8.6 产品领型端正,门襟平直,拉链滑顺,熨烫平整,线头修清,无杂物。

5 试验方法

5.1 抽样数量、外观质量检验条件

按 GB/T 8878 的规定执行。

5.2 试样准备和试验条件

5.2.1 在产品的不同部位取样,所取的试样不应有影响试验的疵点。

5.2.2 顶破强力、水洗尺寸变化率、水洗后扭曲率、起球试验前,需将试样在常温下展开平放 20 h,在试验室温度为(20±2)℃,相对湿度为(65±4)%条件下,调湿放置 4h 后再进行试验。

5.3 试验项目

5.3.1 弹子顶破强力试验

按 GB/T 19976—2005 的规定执行,钢球直径为(38±0.02)mm。

5.3.2 水洗尺寸变化率试验

5.3.2.1 洗涤程序

按 GB/T 8629—2001 中 5A 的规定执行,明示"只可手洗"的产品按 GB/T 8629—2001 中"仿手洗"程序执行。试验件数 3 件(条)。

5.3.2.2 干燥方法

采用悬挂晾干,横机产品平摊晾干。上衣采用竿穿过两袖,使胸围挂肩处保持平直,并从下端用手将前后身分开理平。裤子采用对折搭晾,使裤裆部位在晾竿上。将晾干后的试样放置在(20±2)℃,相对湿度为(65±4)%环境的平面上,停放 4 h 后轻轻拍平折痕,再进行测量。

5.3.2.3 水洗尺寸变化率测量部位见表6。

表 6 水洗尺寸变化率测量部位

类别	部位	测 量 方 法
上衣 连衣裙	直向	测量衣长或裙长,由肩缝最高处垂直量到底边
	横向	测量后背宽,由袖窿缝与肋缝的交点向下 5 cm 处横量
裤子 短裙	直向	测量侧裤长或侧裙长,沿裤缝或裙缝由侧腰边垂直量到底边
	横向	裤子测量中腿宽,由横裆到裤口边的二分之一处横量 短裙测量臀宽,由腰下二分之一处横量

5.3.2.3.1 水洗尺寸变化率测量部位说明:上衣取衣长与后腰宽作为直向和横向的测量部位,衣长以前后身左右四处的平均值作为计算依据。裤子取裤长与中腿作为直向或横向的测量部位,裤长以左右侧裤长的平均值作为计算依据,横向以左、右中腿宽的平均值作为计算依据。短裙取裙长与臀宽作为直向和横向的测量部位,裙长以左右侧裙长的平均值作为计算依据。在测量时做出标记,以便水洗后测量。

5.3.2.3.2 上衣水洗前后测量部位示例见图4。

图 4　上衣水洗前后测量部位示例

5.3.2.3.3　裤子水洗前后测量部位示例见图 5。

图 5　裤子水洗前后测量部位示例

5.3.2.3.4　连衣裙水洗前后测量部位示例见图 6。

图 6　连衣裙水洗前后测量部位示例

5.3.2.3.5　短裙水洗前后测量部位示例见图 7。

图 7　短裙水洗前后测量部位示例

5.3.2.4　结果计算

按式(1)分别计算直向和横向的水洗尺寸变化率,以负号(一)表示尺寸收缩,以正号(+)表示尺寸伸长,最终结果按 GB/T 8170 修约到一位小数。

$$A = \frac{L_1 - L_0}{L_0} \times 100\% \quad \cdots\cdots\cdots\cdots\cdots\cdots (1)$$

式中:

A——直向或横向水洗尺寸变化率,%;

L_1——直向或横向水洗后尺寸的平均值,单位为厘米(cm);

L_0——直向或横向水洗前尺寸的平均值,单位为厘米(cm)。

5.3.3　干洗尺寸变化率试验

按 FZ/T 80007.3 的规定执行。

5.3.4　水洗后扭曲率试验

5.3.4.1　按水洗尺寸变化率方法进行洗涤、干燥,洗涤件数为3件。明示"只可手洗"的产品按 GB/T 8629—2001 中"仿手洗"程序执行。

5.3.4.2　水洗后测量方法:将水洗后的成衣平铺在光滑的台面上,用手轻轻拍平。每件成衣以扭斜程度最大的一边测量,以3件的扭曲率平均值作为计算结果。

5.3.4.3　成衣扭曲测量部位

5.3.4.3.1　上衣扭曲测量部位示例见图8。

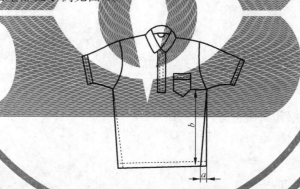

a——侧缝与袖窿交叉处垂直到底边的点与水洗后侧缝与底边交点间的距离;

b——侧缝与袖窿缝交叉处垂直到底边的距离。

图8　上衣扭曲测量部位示例

5.3.4.3.2　裤子扭曲测量部位示例见图9。

5.3.4.4　扭曲率计算方法按式(2)(最终结果按 GB/T 8170 修约精确到一位小数)

$$F = a/b \times 100\% \quad \cdots\cdots\cdots\cdots\cdots\cdots (2)$$

式中:

F——扭曲率,%。

a——侧缝与袖窿交叉处垂直到底边的点与扭后端点间的距离;

b——侧缝与袖窿交叉处垂直到底边的距离。

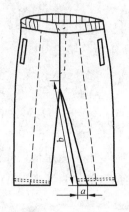

a ——内侧缝与裤口边交叉点与水洗后内侧缝与底边交点间的距离;

b ——裆底点到裤边口的内侧缝距离。

图 9　裤子扭曲测量部位示例

5.3.5　耐皂洗色牢度、印(烫)花耐皂洗色牢度试验

按 GB/T 3921—2008 试验方法 A(1)的规定执行。

5.3.6　耐汗渍色牢度试验

按 GB/T 3922 的规定执行。

5.3.7　耐水色牢度试验

按 GB/T 5713 的规定执行。

5.3.8　耐摩擦色牢度、印(烫)花耐摩擦色牢度试验

按 GB/T 3920 的规定执行,只做直向。

5.3.9　耐干洗色牢度试验

按 GB/T 5711 的规定执行。

5.3.10　耐光色牢度试验

按 GB/T 8427—2008 方法 3 的规定执行。

5.3.11　耐光、汗复合色牢度试验

按 GB/T 14576 的规定执行。

5.3.12　起球试验

按 GB/T 4802.1—2008 中 E 法的规定执行,评级根据织物风格和起球形状按 GSB 16-1523 针织物起毛起球样照评定。

5.3.13　甲醛含量试验

按 GB/T 2912.1 的规定执行。

5.3.14 pH 值试验

按 GB/T 7573 的规定执行。

5.3.15 异味试验

按 GB 18401 的规定执行。

5.3.16 可分解致癌芳香胺染料试验

按 GB/T 17592 和 GB/T 23344 的规定执行。一般先按 GB/T 17592 检测,当检出苯胺和/或 1,4-苯二胺时,再按 GB/T 23344 检测。

5.3.17 纤维含量试验

按 FZ/T 01057(所有部分)、GB/T 2910(所有部分)、FZ/T 01026、FZ/T 01095、FZ/T 01101 的规定执行。

5.3.18 纹路歪斜试验

按 GB/T 14801 的规定执行。

5.3.19 拼接互染程度试验

按附录 A 的规定执行。

5.3.20 洗后外观质量试验

按本标准规定的水洗尺寸变化率方法进行洗涤、干燥后,结合表 1 进行评价。

6 判定规则

6.1 外观质量

外观质量按品种、色别、规格尺寸计算不符品等率。凡不符品等率在 5.0% 及以内者,判定该批产品合格,不符品等率在 5.0% 以上者,判该批不合格。

6.2 内在质量

6.2.1 弹子顶破强力、水洗后扭曲率、起球检验结果,取全部被测试样的算数平均值,合格者判定该批产品合格,不合格者判定该批产品不合格。

6.2.2 甲醛含量、pH 值、异味、可分解致癌芳香胺染料、纤维含量等项指标检验结果合格者判定该批产品合格,不合格者判定该批产品不合格。

6.2.3 洗后外观质量检验结果至少 2 件及以上均合格者判定该批产品合格,不合格者判定该批产品不合格。

6.2.4 水洗尺寸变化率、干洗尺寸变化率以全部试样的算术平均值作为检验结果,合格者判定该批产品合格,不合格者判定该批产品不合格。若同时存在收缩与倒涨的试验结果时,以收缩(或倒涨)的两件试样的算术平均值作为检验结果,合格者判定该批产品合格,不合格者判定该批产品不合格。

6.2.5 耐皂洗色牢度、耐汗渍色牢度、耐水色牢度、耐摩擦色牢度、耐干洗色牢度、印(烫)花耐皂洗色牢度、印(烫)花耐摩擦色牢度、耐光色牢度、耐光、汗复合色牢度、拼接互染程度检验结果合格者判定该批产品合格,不合格者分色别判定该批产品不合格。

6.2.6 严重影响外观及服用性能的产品不允许。

6.3 复验

6.3.1 任何一方对所检验的结果有异议时,在规定期限内对所有异议的项目,均可要求复验。

6.3.2 提请复验时,必须保留提请复验数量的全部。

6.3.3 复验时检验数量为验收时检验数量的2倍,复验结果按本标准6.1、6.2规定执行,判定以复验结果为准。

7 产品使用说明、包装、运输和贮存

7.1 产品使用说明按 GB 5296.4 和 GB 18401 的规定执行。

7.2 包装按 GB/T 4856 的规定执行。

7.3 产品运输应防潮、防火、防污染。

7.4 产品应存放在阴凉、通风、干燥、清洁的库房内,注意防蛀、防霉。

附 录 A

（规范性附录）

拼接互染程度测试方法

A.1 原理

成衣中拼接的两种不同颜色的面料组合成试样，放于皂液中，在规定的时间和温度条件下，经机械搅拌，再经冲洗、干燥。用灰色样卡评定试样的沾色。

A.2 试验要求与准备

A.2.1 在成衣上选取面料拼接部位，以拼接接缝为样本中心，取样尺寸为 40 mm×200 mm，使试样的一半为拼接的一个颜色，另一半为另一个颜色。

A.2.2 成衣上无合适部位可直接取样的，可在成衣或该批产品的同批面料上分别剪取拼接面料的 40 mm×100 mm，再将两块试样沿短边缝合成组合试样。

A.2.3 对于拼接面料很窄或加牙产品的取样，以拼接面料或拆开加牙部位，剪取最大面积，再将两块试样沿短边缝合成组合试样。

A.3 试验操作程序

A.3.1 按 GB/T 3921—2008 进行洗涤测试，试验条件按方法 A(1)执行。

A.3.2 用 GB/T 251 样卡评定试样中浅色面料的沾色。

ICS 59.080.30
W 63

中华人民共和国纺织行业标准

FZ/T 73022—2012
代替 FZ/T 73022—2004

针 织 保 暖 内 衣

Knitted thermal underwear

2012-12-28 发布

2013-06-01 实施

中华人民共和国工业和信息化部　发 布

前　言

本标准按照 GB/T 1.1—2009 给出的规则起草。

本部分代替 FZ/T 73022—2004《针织保暖内衣》。与 FZ/T 73022—2004 相比主要技术变化如下：

——增加了耐水色牢度、可分解致癌芳香胺染料、异味、印花耐皂洗色牢度、印花耐摩擦色牢度考核项目和指标(见 4.3.1)；

——修改了一等品、合格品湿摩擦色牢度指标(见 4.3.1,2004 版 4.2.1)；

——修改了顶破强力指标(见 4.3.1,2004 版 4.2.1)；

——调整了保温率、透气率只考核产品主面料,局部加贴片层织物部位不考核(见 4.3.4)；

——增加了起球只考核成品正面,磨毛、起绒织物不考核(见 4.3.5)；

——增加了对于多层结构的产品,顶破强力叠加测试的规定(见 5.4.1)；

——修改了耐皂洗色牢度试验方法(见 5.4.12,2004 年版 5.4.9)；

——调整了规格尺寸偏差中个别指标(见 4.4.5,2004 年版 4.4.3)。

本标准由中国纺织工业联合会提出。

本标准由全国纺织品标准化技术委员会针织品分会(SAC/TC 209/SC 6)归口。

本标准主要起草单位:国家针织产品质量监督检验中心、浙江浪莎内衣有限公司、上海帕兰朵高级服饰有限公司、江苏新雪竹国际服饰有限公司、上海波顺纺织品有限公司、深圳汇洁集团股份有限公司、上海三枪集团有限公司、江苏 AB 集团股份有限公司、郡产贸易(上海)有限公司、浙江顺时针服饰有限公司、安莉芳(中国)服装有限公司、广东奥丽侬内衣集团有限公司、红豆集团有限公司、青岛即发集团股份有限公司、青岛雪达集团有限公司、旭化成纺织贸易(上海)有限公司、武汉爱帝高级服饰有限公司、冠华针织厂有限公司、浙江嘉明染整有限公司、珠海兆天贸易有限公司。

本标准主要起草人:王新丽、鲍进跃、方国平、王锡良、费海芬、董小英、薛继凤、吴鸿烈、盛燕、龚益辉、曹海辉、何炳祥、葛东瑛、解珍香、王显旗、莫合领、胡萍、刘晓明、杨广权、奚斌。

本标准所代替标准的历次版本发布情况为:

——FZ/T 73022—2004。

针 织 保 暖 内 衣

1 范围

本标准规定了针织保暖内衣产品号型、要求、试验方法、判定规则、产品使用说明和包装。

本标准适用于鉴定针织保暖内衣产品品质。

本标准不适用于絮片类产品。

2 规范性引用文件

下列文件对于本文件的应用是必不可少的。凡是注日期的引用文件,仅注日期的版本适用于本文件。凡是不注日期的引用文件,其最新版本(包括所有的修改单)适用于本文件。

GB/T 1335(所有部分) 服装号型

GB/T 2910(所有部分) 纺织品 定量化学分析

GB/T 2912.1 纺织品 甲醛的测定 第1部分:游离水解的甲醛(水萃取法)

GB/T 3920 纺织品 色牢度试验 耐摩擦色牢度

GB/T 3921—2008 纺织品 色牢度试验 耐皂洗色牢度

GB/T 3922 纺织品耐汗渍色牢度试验方法

GB/T 4802.1—2008 纺织品 织物起毛起球性能的测定 第1部分:圆轨迹法

GB/T 4856 针棉织品包装

GB 5296.4 消费品使用说明 纺织品和服装使用说明

GB/T 5453 纺织品 织物透气性的测定

GB/T 5713 纺织品 色牢度试验 耐水色牢度

GB/T 6411 针织内衣规格尺寸系列

GB/T 7573 纺织品 水萃取液 pH 值的测定

GB/T 8878—2009 棉针织内衣

GB/T 11048—1989 纺织品保温性能试验方法

GB/T 14801 机织物和针织物纬斜和弓纬的试验方法

GB/T 17592 纺织品 禁用偶氮染料的测定

GB 18401 国家纺织产品基本安全技术规范

GB/T 19976—2005 纺织品 顶破强力的测定 钢球法

GB/T 23344 纺织品 4-氨基偶氮苯的测定

FZ/T 01026 纺织品 四组分纤维混纺产品定量化学分析方法

FZ/T 01053 纺织品 纤维含量的标识

FZ/T 01057(所有部分) 纺织纤维鉴别试验方法

FZ/T 01095 纺织品 氨纶产品纤维含量的试验方法

FZ/T 01101 纺织品 纤维含量的测定 物理法

GSB 16-1523 针织物起毛起球样照

GSB 16-2159 针织产品标准深度样卡(1/12)

GSB 16-2500 针织物表面疵点彩色样照

3 产品号型

针织保暖内衣产品号型按 GB/T 6411 或 GB/T 1335(所有部分)执行。

4 要求

4.1 要求内容

要求分为内在质量和外观质量两个方面,内在质量包括顶破强力、纤维含量、甲醛含量、pH 值、异味、可分解致癌芳香胺染料、保温率、透气率、起球、水洗尺寸变化率、耐水色牢度、耐皂洗色牢度、耐汗渍色牢度、耐摩擦色牢度、印花耐皂洗色牢度、印花耐摩擦色牢度等项指标。外观质量包括表面疵点、规格尺寸偏差、对称部位尺寸差异、缝制规定。

4.2 分等规定

4.2.1 针织保暖内衣产品的质量等级分为优等品、一等品、合格品。

4.2.2 内在质量按批(交货批)评等,外观质量按件评等,二者结合以最低等级定等。

4.3 内在质量要求

4.3.1 内在质量要求见表1。

表 1 内在质量要求

项 目		优等品	一等品	合格品
顶破强力/N ≥		250		
纤维含量(净干含量)/%		按 FZ/T 01053 的规定执行		
甲醛含量/(mg/kg)		按 GB 18401 的规定执行		
pH 值				
异味				
可分解致癌芳香胺染料/(mg/kg)				
保温率/% ≥		30		
透气率/(mm/s) ≥		180		
起球/级(正面) ≥		3-4	3	
水洗尺寸变化率/%	直向	−5.0~+1.0	−7.0~+2.0	−9.0~+2.0
	横向	−5.0~+1.0	−8.0~+2.0	−10.0~+2.0
耐水色牢度/级 ≥	变色	4	3-4	3
	沾色	3-4	3	3
耐皂洗色牢度/级 ≥	变色	4	3-4	3
	沾色	3-4	3	3
耐汗渍色牢度/级 ≥	变色	4	3-4	3
	沾色	3	3	3

表 1（续）

项 目		优等品	一等品	合格品
耐摩擦色牢度/级 ≥	干摩	4	3-4	3
	湿摩	3	3(深 2)	2-3(深 2)
印花耐皂洗色牢度/级 ≥	变色	3-4	3	
	沾色	3-4	3	
印花耐摩擦色牢度/级 ≥	干摩	3-4	3	
	湿摩	2-3	2	
色别分档：按 GSB 16-2159，>1/12 标准深度为深色，≤1/12 标准深度为浅色。				

4.3.2 内在质量按各项指标试验结果中最低等级定等。

4.3.3 弹力织物产品不考核横向水洗尺寸变化率(弹力织物指罗纹织物和含弹性纤维的织物)。

4.3.4 保温率、透气率只考核产品主面料，局部加贴片层织物部位不考核。

4.3.5 起球只考核成品正面，多层结构产品只考核最外层面料，磨毛、起绒织物不考核。

4.4 外观质量要求

4.4.1 外观质量评等规定

4.4.1.1 外观质量评等按表面疵点、规格尺寸偏差、对称部位尺寸差异、缝制规定的评等来决定。在同一件产品上发现不同品等的外观疵点时，按最低品等疵点评定。

4.4.1.2 在同一件产品上只允许有两个相同等级的极限表面疵点存在，超过者应降低一个等级。

4.4.2 表面疵点

表面疵点按 GB/T 8878—2009 中 4.4.1.4.1 的规定执行。表面疵点程度按 GSB 16-2500 执行。

4.4.3 测量部位及规定

4.4.3.1 上衣测量部位见图 1。

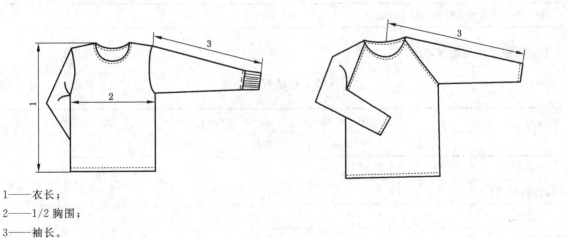

1——衣长；

2——1/2 胸围；

3——袖长。

图 1 上衣测量部位

4.4.3.2 裤子测量部位见图2。

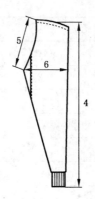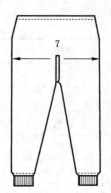

4——裤长；

5——直裆；

6——横裆；

7——1/2臀围。

图 2 裤子测量部位

4.4.4 成衣测量部位及规定见表2。

表 2 成衣测量部位及规定

类别	序号	部位	测 量 方 法
上衣	1	衣长	由肩缝最高处量到底边
	2	1/2 胸围	由挂肩缝与侧缝缝合处向下 2 cm 水平横量
	3	袖长	由肩缝与袖笼缝的交点到袖口边，插肩式由后领中间量到袖口处
裤类	4	裤长	后腰宽的 1/4 处向下直量到裤口边
	5	直裆	裤身相对折，从腰边口向下斜量到裆角处
	6	横裆	裤身相对折，从裆角处横量
	7	1/2 臀围	由腰边向下至裆底 2/3 处横量
注：各部位测量值精确至 0.1 cm。			

4.4.5 规格尺寸偏差见表3。

表 3 规格尺寸偏差　　　　　　　　　　　　单位为厘米

项目	儿童 中童			成人		
	优等品	一等品	合格品	优等品	一等品	合格品
衣长	−1.0		−2.0	±1.0	±1.5	−2.5
1/2 胸(臀)围	−1.0		−2.0	±1.0	±1.5	−2.0
袖长	−1.0		−2.0	−1.5	−1.5	−2.5
裤长	−1.5		−2.5	±1.5	±2.0	−3.0
直裆	±1.0		±2.0	±1.5	±2.0	±3.0
横裆	−1.0		−2.0	−1.5	−2.0	−3.0

4.4.6 对称部位尺寸差异见表4。

表4 对称部位尺寸差异   单位为厘米

项 目	优等品 ≤	一等品 ≤	合格品 ≤
<15 cm	0.5	0.5	0.8
15 cm~76 cm	0.8	1.0	1.2
>76 cm	1.0	1.5	1.5

4.4.7 缝制规定（不分品等）

4.4.7.1 加固部位：合肩处、裤裆叉子合缝处、缝迹边缘。

4.4.7.2 加固方法：采用四线或五线包缝机缝制、双针绷缝、打回针、打套结或加辅料。

4.4.7.3 三线包缝机缝边宽度不低于0.3 cm，四线不低于0.4 cm，五线不低于0.6 cm。

5 试验方法

5.1 抽样数量

5.1.1 外观质量按批分品种、色别、规格尺寸随机采样1.0%~3.0%，但不得少于20件。

5.1.2 内在质量按批分品种、色别、规格尺寸随机采样5件，不足时可增加件数。

5.2 外观质量检验条件

5.2.1 一般采用灯光检验，用40 W青光或白光日光灯一支，上面加灯罩，灯罩与检验台面中心垂直距离为(80±5)cm。

5.2.2 如在室内利用自然光检验，光源射入方向为北向左（或右）上角，不能使阳光直射产品。

5.2.3 检验时应将产品平摊在检验台上，台面铺白布一层，检验人员的视线应正视产品的表面，双目与产品中间距离为35 cm以上。

5.3 试样准备和试验条件

5.3.1 在产品的不同部位取样，所取的试样不应有影响试验的疵点。

5.3.2 在顶破强力、保温率、透气率、起球、水洗尺寸变化率试验前，需将试样在常温下展开平放20 h，在试验室温度为(20±2)℃，相对湿度为(65±4)%条件下，调湿放置4 h后再进行试验。

5.4 试验项目

5.4.1 顶破强力试验

按GB/T 19976—2005的规定执行。钢球直径采用(38±0.02)mm。对于多层结构产品，顶破强力叠加测试。

5.4.2 纤维含量试验

按GB/T 2910(所有部分)、FZ/T 01057(所有部分)、FZ/T 01095、FZ/T 01026、FZ/T 01101的规定执行。

5.4.3 甲醛含量试验

按 GB/T 2912.1 的规定执行。

5.4.4 pH 值试验

按 GB/T 7573 的规定执行。

5.4.5 异味试验

按 GB 18401 的规定执行。

5.4.6 可分解致癌芳香胺染料试验

按 GB/T 17592 和 GB/T 23344 的规定执行。一般先按 GB/T 17592 检测,当检出苯胺和/或1,4-苯二胺时,再按 GB/T 23344 检测。

5.4.7 保温率试验

按 GB/T 11048—1989 A 法的规定执行。

5.4.8 透气率试验

按 GB/T 5453 的规定执行,试样两侧压降为 100 Pa。

5.4.9 起球试验

按 GB/T 4802.1—2008 中 E 法的规定执行,评级根据织物风格和起球形状按 GSB 16-1523 针织物起毛起球样照评定。

5.4.10 水洗尺寸变化率试验

按 GB/T 8878—2009 中 5.4.2 的规定执行,试验件数 3 件。

5.4.11 耐水色牢度试验

按 GB/T 5713 的规定执行。

5.4.12 耐皂洗色牢度、印花耐皂洗色牢试验

按 GB/T 3921—2008 的规定执行,试验条件按方法 A(1)执行。

5.4.13 耐汗渍色牢度试验

按 GB/T 3922 的规定执行。

5.4.14 耐摩擦色牢度、印花耐摩擦色牢度试验

按 GB/T 3920 的规定执行,只做直向。

5.4.15 纹路歪斜试验

按 GB/T 14801 的规定执行。

6 判定规则

6.1 外观质量

外观质量按品种、色别、规格尺寸计算不符品等率。凡不符品等率在 5.0% 及以内者,判定该批产品合格,不符品等率在 5.0% 以上者,判定该批产品不合格。

6.2 内在质量

6.2.1 纤维含量、甲醛含量、pH 值、异味、可分解致癌芳香胺染料、透气率、顶破强力、起球检验结果合格者,判定该批产品合格,有一项不合格者判定该批产品不合格。

6.2.2 保温率检验结果合格者判定该批产品合格,不合格者判定该批产品不合格。若产品明示保温率,其检验结果按明示指标判定。

6.2.3 水洗尺寸变化率以全部试样的算术平均值作为检验结果,平均合格为合格。若同时存在收缩与倒涨试验结果时,以收缩(或倒涨)的两件试样的算术平均值作为检验结果,合格者判定该批产品合格,不合格者判定该批产品不合格。

6.2.4 耐水色牢度、耐皂洗色牢度、耐汗渍色牢度、耐摩擦色牢度、印花耐皂洗色牢度、印花耐摩擦色牢度检验结果合格者,判定该批产品合格,不合格者分色别判定该批产品不合格。

6.3 复验

6.3.1 任何一方对检验的结果有异议时,在规定期限内对所有异议的项目均可要求复验。

6.3.2 要求复验时,必须保留要求复验数量的全部。

6.3.3 复验时检验数量为初验时检验数量的 2 倍,复验结果按本标准 6.1、6.2 的规定执行,判定以复验结果为准。

7 产品使用说明和包装

7.1 产品使用说明

按 GB 5296.4、GB 18401 的规定执行。

7.2 产品包装

按 GB/T 4856 的规定执行或企业自定。

附　录　A

（资料性附录）

热阻试验方法和要求

A.1　热阻试验按照 GB/T 11048—2008《纺织品　生理舒适性　稳定条件下热阻和湿阻的测定》执行。

A.2　热阻指标参考值≥0.06 m² · K/W。

ICS 59.080.30
W 63

中华人民共和国纺织行业标准

FZ/T 73023—2006

抗 菌 针 织 品

Antibacterial knitwear

2006-03-07 发布

2006-08-01 实施

中华人民共和国国家发展和改革委员会　发 布

前　言

　　本标准用于天然纤维、化学纤维以及混纺纤维制成的抗菌针织品的质量评价。

　　本标准是在消化吸收国外最新研究成果并结合国内专家学者经验的基础上,通过国内多家测试机构大量的实验验证而制定。

　　本标准将抗菌针织品按耐洗涤次数及考核菌种不同分为 A 级、AA 级、AAA 级三个抗菌级别,其中 A 级产品耐洗涤次数考核指标为 10 次、考核菌种为金黄色葡萄球菌,并规定了相应的抑菌率考核指标;AA 级产品耐洗涤次数考核指标为 20 次、AAA 级产品耐洗涤次数考核指标 50 次,考核菌种为金黄色葡萄球菌、大肠杆菌(或肺炎杆菌)、白色念珠菌,特殊情况下另行增加考核菌种,并规定了相应的抑菌率考核指标。

　　参照 GB 7919《化妆品安全性评价程序和方法》及 GB 18401《国家纺织产品基本安全技术规范》,本标准规定了抗菌针织品及所用抗菌物质的安全性的考核要求。

　　本标准的附录 A、附录 B、附录 C、附录 D、附录 E 均为规范性附录。

　　本标准由中国针织工业协会提出。

　　本标准由全国纺织品标准化技术委员会针织品分会归口。

　　本标准负责起草单位:深圳市北岳海威化工有限公司、武汉市疾病预防控制中心、中国人民解放军总装备部航天医学工程研究所、广东省微生物分析检测中心、中国针织工业协会。

　　本标准参加起草单位:上海三枪集团有限公司、江苏 AB 集团有限公司、北京李宁体育用品有限公司、上海帕兰朵高级服饰有限公司、浙江浪莎袜业有限公司。

　　本标准主要起草人:邹海清、王俊起、王友斌、郑华英、白树民、欧阳友生、李晓聪。

抗 菌 针 织 品

1 范围

本标准规定了抗菌针织品的要求、试验方法、检验规则及包装、标志。

本标准适用于天然纤维、化学纤维以及混纺纤维制成的抗菌针织品。

2 规范性引用文件

下列文件中的条款通过本标准的引用而成为本标准的条款。凡是注日期的引用文件,其随后所有的修改单(不包括勘误的内容)或修订版均不适用于本标准,然而,鼓励根据本标准达成协议的各方研究是否可使用这些文件的最新版本。凡是不注日期的引用文件,其最新版本适用于本标准。

GB/T 4856 针棉织品包装

GB 5296.4 消费品使用说明 纺织品和服装使用说明

GB 7919 化妆品安全性评价程序和方法

GB/T 8629—2001 纺织品 试验用家庭洗涤及干燥程序

GB 18401—2003 国家纺织产品基本安全技术规范

3 术语和定义

下列术语和定义适用于本标准。

3.1

抗菌纤维 antibacterial fiber

含有抗菌物质且具有抗菌功能的化学纤维。

3.2

抗菌整理 antibacterial finish

运用抗菌物质对纺织品进行处理,使其具有抗菌功能的染整加工过程。

3.3

抗菌整理剂 antibacterial finishing agent

用作纺织品抗菌整理的抗菌物质。按其在织物纤维上的溶出特性可分为两大类:溶出型抗菌整理剂与非溶出型抗菌整理剂。

3.4

抗菌针织品 antibacterial knitwear

经过抗菌整理或含有抗菌纤维,能够抑制织物上的细菌、真菌生长、繁殖或使其失去活性功能的针织品。

4 产品分类及品种规格

4.1 按纤维原料,可将产品分为天然纤维、化学纤维以及混纺纤维针织品。

4.2 按产品结构,可将产品分为局部镶拼或贴补抗菌织物的针织品、整体由抗菌织物构成的针织品。

4.3 按产品用途,可将产品分为针织内衣、内裤、运动衣、T恤衫、袜子、帽子、文胸、腹带、泳装等针织品以及各种针织面料。

4.4 各类产品的品种规格按相应针织品正在使用的国家标准或行业标准规定执行。

5 要求

抗菌针织品的要求分为内在质量、外观质量、抗菌效果及安全性四个方面。

5.1 内在质量及外观质量

应符合相应针织品正在使用的国家标准或行业标准。

5.2 抗菌效果

5.2.1 试验标准菌株：

革兰氏阳性菌：金黄色葡萄球菌(ATCC 6538)；

革兰氏阴性菌：大肠杆菌(8099)或大肠杆菌(ATCC 29522)、肺炎杆菌(ATCC 4352)；

真菌：白色念珠菌(ATCC 10231)。

5.2.2 抗菌针织品按耐水洗次数及考核菌种的不同分为 A 级、AA 级及 AAA 级三个抗菌级别。对测试菌种的抑菌率指标要求见表1。表1的抑菌率指标应在本标准附录 A、附录 B、附录 C 中规定的标准空白样[1]、标准洗涤剂[1]和抗菌织物试样洗涤方法条件下，用本标准附录 D 中规定的试验方法测试。

表 1 抗菌针织品的抑菌率指标

抗菌级别	水洗次数	抑菌率/(%)		
		金黄色葡萄球菌	大肠杆菌	白色念珠菌
A 级	10	≥ 99	不考核	不考核
AA 级	20	≥ 80	≥70	≥60
AAA 级	50	≥ 80	≥70	≥60

5.2.3 对肺炎杆菌(ATCC 4352)，可由供需双方根据产品用途另行商定洗涤次数及抑菌率指标。若无约定，则参照大肠杆菌在相同洗涤次数的抑菌率指标执行。

5.2.4 根据产品用途可增加或采用另外的测试菌种，由供需双方另行商定洗涤次数及抑菌率指标，但在报告书中应注明试验方法。

5.2.5 用户可根据产品的性能，选择本标准附录 D 中的一种试验方法，测试抑菌率。

5.3 安全性

5.3.1 抗菌针织品所应用的抗菌物质必须经相关部门批准；具有有资质单位的检测报告(抗菌物质化学含量检测方法、急性口服毒性、皮肤刺激性、眼刺激性、致突变性以及与其产品要求相对应的试验报告)；抗菌物质生产厂家提供的使用说明，按厂家的功能宣传，应该出示与其功能宣传相对应的试验内容的检测报告。

5.3.2 抗菌针织品所应用的抗菌物质的溶出物对皮肤的刺激性及致过敏性，按 GB 7919 做人体斑贴试验为阴性。

5.3.3 抗菌针织品应符合 GB 18401—2003 的要求。

5.3.4 抗菌针织品所应用的抗菌物质的溶出性指标：抗菌织物洗涤一次后，抑菌圈宽度 $D \leqslant 5\ mm$。

6 试验方法

6.1 内在质量及外观质量检验

各类抗菌针织品的内在质量及外观质量的试验方法，按相应针织品正在使用的国家标准或行业标准规定执行。

6.2 抗菌效果检验

6.2.1 按本标准附录 D 中的奎因法、吸收法或振荡法检验。

---

1) 标准洗涤剂及标准空白样由国家授权的机构或单位统一发放。

6.2.2 A级产品仲裁检验方法按本标准附录D中的吸收法执行。

6.2.3 AA级产品及AAA级产品仲裁检验方法按本标准附录D中的振荡法执行。

6.3 抗菌针织品所应用的抗菌物质的溶出性检验

按本标准附录E所示晕圈法执行。

7 检验规则

7.1 各类抗菌针织品的抽样数量及规则,除按相应针织品正在使用的国家标准或行业标准执行外,在抽样中,再随机抽取约200 g抗菌织物样品用于抗菌效果检测及抗菌物质的溶出性检测。

7.2 各类抗菌针织品的内在质量及外观质量,按相应针织品正在使用的国家标准或行业标准进行评价。

7.3 各类抗菌针织品按GB 18401—2003中的规定,评价是否符合要求。

7.4 由国家具有资质的单位出具的相关检测报告,评价抗菌针织品所应用的抗菌物质。

7.5 由国家具有资质的单位出具的人体斑贴试验的检测报告,评价抗菌针织品所用的抗菌物质的溶出物对皮肤的刺激性及致过敏性。

7.6 随机抽取的抗菌织物样品,按本标准表1规定的抑菌率指标,评价抗菌效果。

7.7 随机抽取的抗菌织物样品,按本标准5.3.4规定的指标,评价抗菌物质的溶出性。

7.8 所评价产品的各项指标全部符合7.2、7.3、7.4、7.5、7.6及7.7规定者,判定该产品为合格品;若有任一条不符合要求,则判定该产品为不合格品。

7.9 本检验规则如有未尽事宜,可由行业归口部门另订补充细则。

8 包装和标志

8.1 各类抗菌针织品包装按GB/T 4856执行。

8.2 各类抗菌针织品标志按GB 5296.4执行。

8.2.1 在各类抗菌针织品包装上应附有产品使用说明书形式的产品标志。在使用说明书中,应在显著位置标明产品的抗菌级别;应说明产品的抗菌性能、特点及使用注意事项等内容;仅在局部镶拼或贴补抗菌织物的产品应指明其部位。

8.2.2 各类抗菌针织品可在产品或包装的显著位置标注抗菌标志,也可以用吊牌形式在产品上悬挂特定的抗菌标志。

附　录　A

（规范性附录）

标准空白样

A.1　标准空白样是十分重要的测试基准物，为便于比较，应采用统一的标准空白样。

A.2　标准空白样按下列工艺制备

纯棉针织坯布→煮炼（NaOH 15 g/L～20 g/L,100℃,浴比1：6,3 h）→水洗 →酸洗 →水洗 →中和→水洗 →漂白（H_2O_2 3 g/L～4 g/L,100℃,pH 10.5～11,浴比1：6,3 h）→热水洗（60℃～80℃）→水洗 → 烘干 → 检验。

> 注：上述工艺为工厂常用的常压煮漂工艺，织物上的杂质及油污必须充分去除，使其具有良好的外观及吸水性。一般情况下，用此工艺制备的织物，往往还要按附录C所示洗涤方法，不加洗涤剂，对其进行5次～10次洗涤后，才能得到合格的标准空白样。

A.3　检验方法

按本标准附录D中的吸收法做细菌生长试验，接种培养18 h后应可以达到生长活菌数 $M_b>10^7$ cfu/片，否则不合格，不能作为标准空白样。

附　录　B
（规范性附录）
标准洗涤剂

B.1　提示

本标准洗涤剂,参照 GB/T 8629—2001 的附录 A 所规定的 AATCC 1993 标准洗涤剂 WOB 无磷配方制定。

B.2　成分　　　　　　　　　　　　　　　　　　　　比例/(%)

成分	比例/(%)
直链烷基苯磺酸钠(LAS)	18.00
固体硅铝酸钠	25.00
碳酸钠	18.00
固体硅酸钠	0.50
硫酸钠	22.13
聚乙二醇	2.76
聚丙烯酸钠	3.50
有机硅消泡剂	0.04
水分	10.00
杂质	0.07
总和	100

注:按上述配方制成的粉状洗涤剂不够均匀,可再另加 40 份蒸馏水或去离子水将各组分充分溶解,加热并混匀,制成约为上述配方 71% 浓度的浆状物,使用时用量增加 1.4 倍,配制量至少 1 L。

附　录　C

（规范性附录）

抗菌织物试样洗涤试验方法

C.1　提示

为了正确评价织物抗菌性能的耐久性,需要规范的洗涤试验方法,才可使后续的抗菌性能测试结果具有良好的可比性。本方法参照日本标准 JIS L 0217 的 103 方法及 GB/T 8629 制定。

C.2　设备和材料

C.2.1　洗衣机:小型家用双桶(即洗衣桶、脱水桶)洗衣机,其波轮直径约 34 cm,转速约 290 r/min。市售各种型号家用双桶洗衣机的波轮尺寸及转速基本相同,选洗衣桶容积在 40 L～80 L 范围内的一种型号即可。

C.2.2　洗涤剂:本标准附录 B 所规定的洗涤剂。

C.2.3　陪洗织物:由若干块两层 100％的涤纶针织物或涤棉混纺机织物组成,其单位面积质量约为试验织物单位面积质量的±25％,每块尺寸为(30 cm±3 cm)×(30 cm±3 cm),两层织物的边缘应缝合在一起。

C.3　标准化的洗涤条件及程序

C.3.1　洗涤程序参照 GB/T 8629—2001 搅拌型洗衣机-B 型洗衣机的洗涤程序中 7B 程序,将洗涤时间改为 5 min,此程序相当于日本标准 JIS L 0217 的 103 方法。

C.3.2　在家用双桶洗衣机中加入本标准附录 B 所规定的洗涤剂 2 g/L 及自来水,浴比 1：30,水温 40℃±3℃,投入试样,洗涤 5 min。然后,于常温下用自来水清洗。

C.3.3　第一遍清洗 2 min,取出织物,脱水 30 s,然后,于常温下用自来水进行第二遍清洗。

C.3.4　第二遍清洗 2 min,取出织物,脱水 30 s。

C.3.5　上述 C.3.2,C.3.3,C.3.4 三步为一个循环,计为洗涤 1 次。重复这三个步骤,直到预定的洗涤次数。为防止残留的洗涤剂干扰抗菌测试,注意最后一次洗涤采用大量的自来水将其彻底清除,然后将织物脱水后烘干,即可用于抗菌性能测试。

C.4　简化的洗涤条件及程序

C.4.1　下述试验过程相当于 5 次洗涤(以 10 g 布样为例。实际试验应根据试样按比例增加水量及洗涤剂):

C.4.1.1　准备试样(10 g)和陪洗织物(90 g)。

C.4.1.2　加 3 L 自来水(40℃±3℃)和 6 g 洗涤剂于洗衣机中。

C.4.1.3　加入上述织物试样和陪洗织物。

C.4.1.4　洗涤 25 min,排水。

C.4.1.5　以 3 L 自来水注洗 2 min,然后取出织物,离心脱水 1 min,取出。

C.4.1.6　再以 3 L 自来水注洗 2 min,然后取出织物,离心脱水 1 min,取出。

C.4.2　上述 C.4.1.2,C.4.1.3,C.4.1.4,C.4.1.5,C.4.1.6 这几个步骤为一个循环,计为洗涤 5 次。重复这几个步骤,直到预定的洗涤次数。为防止残留的洗涤剂干扰抗菌测试,注意最后一个循环采用大量的自来水将其彻底清除,然后将织物脱水后烘干,即可用于抗菌性能测试。

附 录 D

（规范性附录）

抗菌织物测试方法

D.1 安全提示

本试验所采用的细菌都是能使人感染并致病的细菌,因此必须采用一切必要的预防措施,以免除对实验室人员和周围环境及有关人员的危害。试验应由在微生物检测技术方面训练有素且有经验的人员从事。并且,试验者应高度注意消毒及无菌操作,防止试样被杂菌污染。

D.2 仪器和试剂

D.2.1 仪器

D.2.1.1 恒温振荡器(摇床),温控精度为±1℃。

D.2.1.2 生化培养箱,温控精度为±1℃。

D.2.1.3 高压蒸汽消毒器(简称灭菌锅)。

D.2.1.4 天平,感量为±0.01 g。

D.2.1.5 生物安全柜或100级层流超净工作台。

D.2.1.6 5℃～10℃玻璃门冷藏箱。

D.2.1.7 保存菌种用冰箱。

D.2.1.8 40～100倍体式显微镜。

D.2.1.9 涡流振动器。

D.2.2 器皿

D.2.2.1 三角形烧瓶,容量为100 mL,250 mL,500 mL,1 000 mL。

D.2.2.2 生化培养皿(简称平皿),皿底直径为9 cm。

D.2.2.3 定量刻度吸管,容量为0.2 mL,0.5 mL,1 mL和10 mL。

D.2.2.4 试管,15 mm×100 mm,20 mm×100 mm。

D.2.2.5 带密封盖的管形瓶,直径26 mm～30 mm,容量为30 mL～50 mL。

D.2.2.6 酒精灯。

D.2.2.7 4 mm铂接种环。

D.2.2.8 游标卡尺。

D.2.3 试剂

D.2.3.1 蛋白胨,生化试剂。

D.2.3.2 牛肉浸膏,生化试剂。

D.2.3.3 琼脂,试剂级。

D.2.3.4 葡萄糖,试剂级。

D.2.3.5 氯化钠,分析纯。

D.2.3.6 氢氧化钠,分析纯。

D.2.3.7 磷酸氢二钠,分析纯。

D.2.3.8 磷酸二氢钾,分析纯。

D.2.3.9 吐温-80,分析纯。

D.2.3.10 氯化三苯四氮唑(TTC),分析纯。

D.3 试验培养基溶液的配制

D.3.1 营养肉汤：精确称取 3 g 牛肉膏和 5 g 蛋白胨，加 1 000 mL 蒸馏水放到一只烧瓶中混和，彻底地溶解，再用 0.1 mol/L 的氢氧化钠溶液将 pH 调至 6.8±0.2(25℃)。如有需要，取其中一部分放到一支试管中，盖上棉塞，在 103 kPa、121℃灭菌 15 min。若不立刻使用，把它放在 5℃～10℃的条件下保存。保存期不能超过一个月。

D.3.2 营养琼脂培养基：精确称取 3 g 牛肉膏、5 g 蛋白胨和 15 g 琼脂粉，加 1 000 mL 蒸馏水，放到一只烧瓶中混和，将烧瓶放于沸水浴中加热，充分地溶解，再用 0.1 mol/L 氢氧化钠溶液将 pH 调至 6.8±0.2，盖上棉塞，在 103 kPa、121℃灭菌 15 min。当稀释菌液时，把培养基的温度调整为 45℃～46℃。若不立刻使用，把它放在 5℃～10℃的条件下保存。保存期不能超过一个月。

D.3.3 沙氏琼脂培养基：精确称取 40 g 葡萄糖、10 g 蛋白胨和 20 g 琼脂粉，加 1 000 mL 蒸馏水，放到一只烧瓶中混和，将烧瓶放于沸水浴中加热，充分地溶解，再用 0.1 mol/L 氢氧化钠溶液将 pH 调至 5.6±0.2，盖上棉塞，在 103 kPa、121℃灭菌 15 min。当使用时，把培养基的温度调整为 45℃～46℃。若不立刻使用，把它放在 5℃～10℃的条件下保存。保存期不能超过一个月。

D.3.4 斜面培养基：向一支试管里面注入约 10 mL 营养琼脂培养基（或沙氏琼脂培养基），盖上棉塞，在 103 kPa、121℃灭菌 15 min。灭菌后以与水平面大约 15°的夹角放到无菌室中，使其凝固。当不立刻使用时，把它放在 5℃～10℃条件下保存。当没有出现冷凝水时，可加热熔化它再一次凝固后使用。保存期不能超过一个月。

D.3.5 0.03 mol/L PBS(磷酸盐)缓冲液：取磷酸氢二钠 2.84 g，磷酸二氢钾 1.36 g，蒸馏水 1 000 mL，配成 pH7.2～7.4 的缓冲液。用 250 mL 烧瓶分装后，在 103 kPa、121℃灭菌 15 min，备用。若不立刻使用，把它放在 5℃～10℃的条件下保存。保存期不能超过一个月。

D.3.6 稀释用生理盐水：精确称取 8.5 g 氯化钠，加 1 000 mL 蒸馏水，放到一只烧瓶中充分溶解。如有需要，取其中一部分放到试管中，在 103 kPa、121℃灭菌 15 min，备用。若不立刻使用，把它放在 5℃～10℃的条件下保存。保存期不能超过一个月。

D.3.7 洗脱试样活菌用生理盐水：精确称取 8.5 g 氯化钠，加 1 000 mL 蒸馏水，放到一只烧瓶中充分溶解，并加 2 g 非离子表面活性剂吐温-80。如有需要，取其中一部分放入试管或三角形瓶中，在 103 kPa、121℃灭菌 15 min，备用。若不立刻使用，把它放在 5℃～10℃的条件下保存。保存期不能超过一个月。

D.4 试验菌种及菌种保存

D.4.1 试验标准菌株：金黄色葡萄球菌（ATCC 6538）、大肠杆菌（8099）、白色念珠菌（ATCC 10231）。

D.4.2 标准菌株的替代：可用大肠杆菌（ATCC 29522）或肺炎杆菌（ATCC 4352）代替大肠杆菌（8099）。

D.4.3 菌种转种及保存：储存的菌种每一个月应转种一次，转种次数不应超过 10 代。而且转种保存一个月或更长时间，不能用来下一次转种。菌种转种后放于 5℃～10℃条件下保存。

D.5 接种菌液的制备

D.5.1 二步预培养程序制备细菌接种菌悬液：从 3～10 代的菌种试管斜面中取一接种环细菌，在平皿的营养琼脂培养基上划线，然后，在 37℃±1℃，培养 20 h～24 h。取营养肉汤 20 mL 放入 100 mL 三角形瓶中，用接种环从已培养 20 h～24 h 的平皿中挑一个典型的菌落，接种到营养肉汤中，在 37℃±1℃，130 r/min 振荡培养 18 h～20 h，即制成了接种菌悬液。此菌液用比浊法或稀释法测定，活菌数应达到 1×10^9 cfu/mL～5×10^9 cfu/mL。此新鲜菌液不可放在冰箱内中保存，应在尽可能短的时间内进行后续的稀释接种操作，以保证接种菌的活性。

D.5.2 预培养程序制备白色念珠菌等真菌接种菌悬液：从 3～10 代的菌种中取一接种环,在另一支装有沙氏琼脂培养基试管斜面上划线,培养 18 h～24 h,得新鲜培养物,再加 5 mL 0.03 mol/L PBS 缓冲液,反复吹吸,洗下新鲜菌苔,然后用 5 mL 吸管将洗液移至另一只无菌试管中,在手上振摇 80 次,使其均匀,即制成了接种菌悬液。此菌悬液用比浊法或稀释法测定,活菌数应达到 1×10^8 cfu/mL～5×10^8 cfu/mL。此新鲜菌液不可放在冰箱内中保存,应在尽可能短的时间内进行后续的稀释接种操作,以保证接种菌的活性。

D.6 抗菌织物的快速测试方法：奎因法

D.6.1 提示

本方法参照美国的 Quinn Test 法并作出适当改进,是一种比较简易和快速的测试方法,可用于细菌及部分真菌检测,适用于吸水性较好且颜色较浅的溶出型或非溶出型抗菌织物。未经抗菌处理织物试样是作为标准空白试样的参照物,如客户不能提供,则该试样的测试可省略。

D.6.2 试验准备

D.6.2.1 试样准备：各取抗菌织物试样、未经抗菌处理织物试样及由附录 A 制备的标准空白试样 5～6 块,试样尺寸为 2.5 cm×2.5 cm。每种试样各用一块小纸片包好,在 103 kPa、121℃灭菌 15 min,备用。

D.6.2.2 接种菌液准备：将 D.5.1 制备的细菌悬液（或 D.5.2 真菌悬液）,采用 0.03 mol/L PBS 溶液稀释,控制活菌数为 5×10^4 cfu/mL～1×10^5 cfu/mL（参考数值。金黄色葡萄球菌取上限,大肠杆菌及白色念珠菌取下限。活菌数太多培养后难以计数,太少培养后计数误差大）。对吸水性较差的试样,可在菌液中添加 0.05％的非离子表面活性剂吐温-80,以利菌液吸收。若添加了表面活性剂,应在试验报告中注明。

D.6.2.3 半固体培养基准备：将 1 份营养琼脂培养基（或沙氏琼脂培养基）溶解于 3 份的蒸馏水内,即制成了半固体培养基,分装烧瓶,封口,在 103 kPa、121℃灭菌 15 min,备用。在营养琼脂培养基配制的半固体培养基中可加入 1/100000 的氯化三苯四氮唑（TTC）染色剂,则细菌菌落为红色,十分便于观察。注意染色剂应在半固体培养基冷却至 60℃左右时加入,随用随配,温度太高或放置时间太长染色剂会变质不稳定。在沙氏琼脂培养基配制的半固体培养基中不必加入 TTC 染色剂,因其不能使白色念珠菌等真菌染色。

D.6.3 试验操作

D.6.3.1 接种：在已消毒的空平皿里,分别放上抗菌织物试样、未经抗菌处理织物试样及标准空白试样,吸取已准备好的菌液 0.1 mL,至少分 5 个点均匀地涂抹在每块试样上,应尽量使菌液吸收在布内。

D.6.3.2 干燥：在无杂菌污染的条件下,于 37℃左右置于生化培养箱内,放置干燥 1 h～3 h。注意,要让试样上已接种的菌液完全干透后,才可进行下一步的贴培养基操作,否则菌种可能会溢出试样外生长,造成计数误差。

D.6.3.3 贴试样：将营养琼脂培养基（或沙氏琼脂培养基）注入平皿内约 15 mL,冷却。再将已干燥好的试样平贴在培养基上,用无菌镊子轻压样片,使其紧贴于培养基表面。每个平皿内可贴一块标准空白试样、一块抗菌织物试样及未经抗菌处理织物试样。每次试验做两个平皿的平行样。

D.6.3.4 覆盖半固体培养基：用吸管吸取半固体培养基 0.3 mL～0.5 mL,将试样均匀覆盖,盖好平皿。

D.6.3.5 培养计数：将平皿倒置,放入培养箱中培养。金黄色葡萄球菌、大肠杆菌 37℃±1℃培养 24 h～36 h,即可用低倍显微镜观察菌落,计数。白色念珠菌培养温度 37℃±1℃,应在 24 h～36 h 用低倍显微镜观察菌落,初步计数,48 h 精确计数（72 h 后往往长成片难以计数了）。其他菌种根据其特点确定培养温度及时间。当试样的菌落数为 200 时已难以准确读数,可将试样上 1/4 区域的菌落数数出,然后再乘以 4 倍得出菌落数。

D.6.3.6 为降低误差,对同一试样至少应作三次平行测试,取平均值报告抑菌率。

D.6.4 试样抑菌率计算

试样抑菌率按式(D.1)计算。

$$Y = \frac{X_b - X_c}{X_b} \times 100\% \qquad\qquad\qquad\qquad\qquad (\text{D.1})$$

式中:

Y——抑菌率,%;

X_b——标准空白试样菌落数平均值;

X_c——抗菌织物试样或未经抗菌处理织物试样菌落数平均值。

D.6.5 试验有效性判断

当标准空白试样菌落数平均值 $200 \geqslant X_b \geqslant 50$ 时,判定试验有效,否则判定为无效,要重新进行试验。

D.7 抗菌织物测试方法:吸收法

D.7.1 提示

本方法参照日本标准 JIS L1902 及美国纺织化学家和染色家协会标准 AATCC 100 中的定量试验方法并作出适当改进,适用于溶出型抗菌织物,或吸水性较好且洗涤次数较少的非溶出型抗菌织物。未经抗菌处理织物试样是作为标准空白试样的参照物,如客户不能提供,则该试样的测试可省略。

D.7.2 试验准备

D.7.2.1 试样准备:精确称取 $0.4\,g \pm 0.05\,g$,边长约 18 mm 的正方形叠起来作为一个试样。准备 2 个按附录 A 制备的标准空白试样,1 个抗菌织物试样。另取 1 个未经抗菌处理织物试样,作阳性对照。做样时应小心,避免污染。

注1:2 个标准空白布试样,其中 1 个用于"0"接触时间测试接种菌数量,另 1 个用于 18 h 培养后测试生长菌数量。

D.7.2.2 试样灭菌:将试样分别放入管形瓶中,把管形瓶放入到一个网状金属篮子里,在篮子上面盖一层铝箔,并且各个管形瓶口用铝箔扎起来,把篮子放到灭菌锅里保持 103 kPa、121℃灭菌 15 min,让它自然冷却到 100℃,立即从灭菌锅里取出来,拿走篮子上的铝箔,放到超净工作台上晾干 1 h,注意扎紧管形瓶口的铝箔,不让其松散。

注2:如果试样容易卷曲,取 $0.4\,g \pm 0.05\,g$ 试样,叠成约 18 mm 的正方形,用一段玻璃棒压在试样的上面,把它放入管形瓶里灭菌。或者做成 $0.4\,g \pm 0.05\,g$ 约 18 mm 的正方形,在其一端或两端用细线把它固定好,灭菌。

注3:如果是棉花或毛状物,放 $0.4\,g \pm 0.05\,g$ 到管形瓶里,压上一段玻璃棒,灭菌。

注4:如果是纱线,把它们卷成 $0.4\,g \pm 0.05\,g$ 一束做成一个包状,压上一段玻璃棒,灭菌。

注5:如果是地毯或地毯状物,则剪下 $0.4\,g \pm 0.05\,g$ 放到管形瓶里,压上一段玻璃棒,灭菌。

D.7.2.3 接种菌液的准备:

  a) 用吸管从 D.5.1 制备的细菌悬液中吸 0.3 mL～1 mL(参考数值。由此步骤调整接种活菌数目,大肠杆菌取下限,金黄色葡萄球菌取上限),加入到装有 9 mL 营养肉汤的试管中,充分混合均匀后吸取 1 mL,加入到装有 9 mL 营养肉汤的试管中,充分混合均匀后吸取 1 mL,加入到装有 9 mL 0.03 mol/L PBS 缓冲液的试管中,充分混合均匀后吸取 1 mL,加入到装有 9 mL 0.03 mol/L PBS 缓冲液的试管中,充分混合均匀。由此固定的四步稀释操作程序,可将活菌数调整为 $0.7 \times 10^5\,cfu/mL$～$1.5 \times 10^5\,cfu/mL$(大肠杆菌取下限、金黄色葡萄球菌取上限),用来对试样接种。此接种菌液中约含 1% 的营养肉汤,用以提供试验菌的营养。此接种菌液不可放在冰箱里保存,应尽快使用,以保持接种菌的活性。

  b) 用 0.03 mol/L PBS 缓冲液作为稀释液,把 D.5.2 制备的白色念珠菌悬液稀释成含活菌数 $1.0 \times 10^5\,cfu/mL$～$1.3 \times 10^5\,cfu/mL$,用来对试样接种。此接种菌液不可放在冰箱里保存,应尽快使用,以保持接种菌的活性。

D.7.3　试验操作

D.7.3.1　试样接种:用一支吸管精确地吸取已准备好的接种菌液 0.2 mL,接种到已准备好的试样上面,在试样上均匀地以几个点滴上接种菌液,并把管形瓶盖子扎紧。

> 注6:当试样拒水,难于浸渍接种液时,可在接种菌液中另加入 0.05%非离子表面活性剂,如果加了表面活性剂,应记载在试验报告里。

D.7.3.2　试样培养:培养管形瓶里已接种的试样(3 个标准空白试样、3 个抗菌织物试样及 3 个未经抗菌处理织物试样),在 37℃±1℃培养 18 h±1 h。

D.7.3.3　洗脱试样上的活菌:

　　a)　标准空白试样接种后"0"接触时间洗脱。用于"0"接触时间测试接种菌数量的标准空白试样,接种后,立即向管形瓶中加入洗脱试样活菌用冰冷生理盐水 20 mL,扎紧管形瓶盖子,用手击打(30 次,幅度 30 cm)或振动器振荡(5 s、5 次),把试样上的活菌洗脱下来。

　　b)　接种培养 18 h 后的试样活菌洗脱。分别向接种了试验菌,并培养 18 h±1 h 后的 9 个试样中加入洗脱试样活菌用冰冷生理盐水 20 mL,扎紧管形瓶盖,用手击打(30 次,幅度 30 cm)或振动器振荡(5 s、5 次),把每个试样上的活菌洗脱下来。

D.7.3.4　洗脱液稀释:用 1 mL 吸管精确地从管形瓶里吸取 1 mL±0.1 mL 洗脱液,放入装有稀释用冷生理盐水 9 mL±0.1 mL 的试管,摇匀,然后用另一支 1 mL 吸管吸取 1 mL,放入到另一支装有稀释用冷生理盐水 9 mL±0.1 mL 的试管,摇匀,重复这些步骤,用 10 倍稀释法准备一个稀释系列。

D.7.3.5　浇皿培养:从各个稀释度的试管中每次吸取 1 mL±0.1 mL,分别放到 2 个平皿中作平行样,每次换一支吸管。在平皿中加入营养琼脂培养基(或沙氏琼脂培养基)约 15 mL,室温凝固。倒置平皿,放入生化培养箱培养,温度 37℃±1℃,时间 24 h ～48 h(白色念珠菌 48 h ～72 h)。选择菌落数在30～300 之间的合适稀释度的平皿计数。

> 注7:标准空白试样接种"0"接触时间洗脱浇皿培养后,在 10⁻⁴ 稀释度平皿中,平均菌落数应控制在 70～150 的范围,其中大肠杆菌宜控制在 70 左右,金黄色葡萄球菌宜控制在 150 左右,白色念珠菌宜控制在 110 左右,否则影响试验精度。

D.7.3.6　计算活菌数目:按照式(D.2)计算所获的活菌数目(保留两位有效数字)。

$$M = E \times N \times 20 \qquad\qquad\qquad (D.2)$$

式中:

　　M——试样的活菌数,cfu/片;

　　E——菌落数(两个平皿中的平均数);

　　N——稀释指数,$N = 10^0, 10^1, 10^2, \cdots\cdots$

　　20——生理盐水的体积,单位为毫升(mL)。

D.7.3.7　为降低误差,对同一试样至少应做三次平行测试,取其平均值报告抑菌率。

D.7.4　试样抗菌效果计算

试样抑菌率按式(D.3)计算。

$$Y = \frac{M_b - M_c}{M_b} \times 100\% \qquad\qquad\qquad (D.3)$$

式中:

　　Y——抑菌率,%;

　　M_b——18 h 培养后标准空白试样的活菌数;

　　M_c——18 h 培养后抗菌织物试样或未经抗菌处理织物试样的活菌数。

D.7.5　试验有效性的判断

按照式(D.4)计算生长值 F,对于金黄色葡萄球菌及大肠杆菌,当 $F \geqslant 1.5$,对于白色念珠菌,当 $F \geqslant$1.0 时,说明试验菌活性较强,试验可判定有效,否则判定为无效,要重新进行试验。

$$F = \lg M_b - \lg M_a \qquad\qquad\qquad (D.4)$$

式中：

F——生长值；

M_b——18 h 培养后标准空白试样的活菌数；

M_a——"0"接触时间标准空白试样的活菌数。

D.8 抗菌织物测试方法：振荡法

D.8.1 提示

本方法参考美国标准 ASTM E 2149 所示振荡烧瓶法并作出适当改进，对于试样的吸水性要求不高，纤维状，粉末状，有毛或羽的衣物，凹凸不平的织物等任意形状的试料都能应用，尤其适用于非溶出型抗菌织物。未经抗菌处理的织物试样是作为标准空白试样的参照物，如客户不能提供，则该试样的测试可省略。

D.8.2 试验准备

D.8.2.1 试样的准备

D.8.2.1.1 取样：将抗菌织物试样、未经抗菌处理织物试样及由附录 A 制备的标准空白试样，在样品中部取样。

D.8.2.1.2 剪样：将所有试样分别剪成 0.5 cm 大小的碎片。

D.8.2.1.3 称样：用小称量杯称取抗菌织物试样、未经抗菌处理织物试样及标准空白试样 0.75 g±0.05 g 多份。将试样用小纸片包好，在 103 kPa、121℃灭菌 15 min，备用。

D.8.2.2 接种菌液的准备

a) 用吸管从 D.5.1 制备的细菌悬液中吸取 2 mL～3mL（参考数值。由此步骤调整接种活菌数目，大肠杆菌取下限、金黄色葡萄球菌取上限），加入到装有 9 mL 营养肉汤的试管中，充分混合均匀后吸取 1 mL，加入到另一支装有 9 mL 营养肉汤的试管中，充分混合均匀后吸取 1 mL，加入到装有 9 mL 0.03 mol/L PBS 缓冲液的试管中，充分混合均匀后吸取 5 mL，加入到装有 45 mL 0.03 mol/L PBS 缓冲液的三角瓶中。充分混合均匀，稀释至含活菌数目 $3×10^5$ cfu/mL～$4×10^5$ cfu/mL（由此固定的 4 次稀释程序，此接种菌液中含有微量的营养肉汤），用来对试样接种。此接种菌液不可放在冰箱里保存，应尽可能快地使用，以保持接种菌的活性。

注 8：由于不同的实验室所用的牛肉膏、蛋白胨的品位不同，上述的 4 次稀释程序准备的接种菌液的营养可能会稍多了一点（对于大肠杆菌尤为明显），其表现为振荡 18h 后标准空白样长菌量与抗菌整理试样长菌量相差太小，拉不开差距。此时，宜采用另一种固定的 4 次稀释程序：用吸管从 D.5.1 制备的细菌悬液中吸取 2 mL～3 mL（参考数值。由此步骤调整活菌数，大肠杆菌取下限、金黄色葡萄球菌取上限），加入到装有 9 mL 营养肉汤的试管中，充分混合均匀后吸取 1 mL，加入到另一支装有 9 mL 0.03 mol/L PBS 缓冲液的试管中，充分混合均匀后吸取 1 mL，加入到装有 9 mL 0.03 mol/L PBS 缓冲液的试管中，充分混合均匀后吸取 5 mL，加入到装有 45 mL 0.03 mol/L PBS 缓冲液的锥形瓶中。充分混合均匀，稀释至含活菌数目 $3×10^5$ cfu/mL～$4×10^5$ cfu/mL（此接种菌液中含有更微量的营养肉汤），用来对试样接种。（可事先做一下预试验，选取抑菌率测试效果好的一种固定的 4 次稀释程序制备试样接种的细菌液。）

b) 用吸管从 D.5.2 制备的白色念珠菌悬液中吸取 2 mL～4 mL，加入到 9 mL 0.03 mol/L PBS 缓冲液中，进行 10 倍系列稀释操作，充分混合均匀后吸取 5 mL，加入到 45 mL 0.03 mol/L PBS 缓冲液中，充分混合均匀稀释至含活菌数 $2.5×10^5$ cfu/mL～$3×10^5$ cfu/mL，用来对试样接种。此接种菌液不可放在冰箱里保存，应尽快使用，以保持接种菌的活性。

D.8.3 试验操作

D.8.3.1 准备 4 个 250 mL 三角形烧瓶，在其中一个烧瓶中加入标准空白试样 0.75 g±0.05 g，一个烧瓶中加入抗菌织物试样 0.75 g±0.05 g，一个烧瓶中加入未经抗菌处理织物试样 0.75 g±0.05 g，另一个烧瓶不加试样用于阳性对照，然后在每个烧瓶中加入 70 mL±0.1 mL 0.03 mol/L PBS 缓冲液。

D.8.3.2 "0"接触时间制样：用吸管往标准空白试样烧瓶及阳性对照烧瓶中各加入 5 mL 已准备好的

接种菌液。盖上烧瓶盖,放在往复式振荡器上,在 24℃±1℃,以 250 r/min～300 r/min,振荡 1 min±5s,然后作下一步"0"接触时间取样。

D.8.3.3 "0"接触时间取样:用吸管在"0"接触时间制样的两个烧瓶中分别吸取 1 mL±0.1 mL 溶液,移入装有 9 mL±0.1 mL 0.03 mol/L PBS 缓冲液的试管中,摇匀。吸取 1 mL±0.1 mL 溶液移入另一支装有 9 mL±0.1 mL 0.03 mol/L PBS 缓冲液的试管中,摇匀,再从试管中吸取 1 mL±0.1 mL 加入灭菌的平皿中,接着往每一平皿中倒入营养琼脂培养基(或沙氏琼脂培养基)约 15 mL,室温凝固;倒置平皿,37℃±1℃培养 24 h～48 h(白色念珠菌 48 h～72 h)。各个试样浇注两个平皿作平行样。选择菌落数在 30～300 之间的合适稀释度的平皿计数。

> 注9:标准空白试样接种"0"接触时间取样并浇皿培养后,在 10^{-2} 稀释度平皿中,金黄色葡萄球菌及大肠杆菌的平均菌落数宜控制在 200～250 的范围,白色念珠菌的平均菌落数宜控制在 150～200 的范围,否则影响试验精确度。

D.8.3.4 定时振荡接触:用吸管往抗菌织物试样及未经抗菌处理织物试样的烧瓶中各加入 5 mL 已准备好的接种菌液,盖好瓶盖。已完成"0"接触时间取样且盖好瓶盖的另两个烧瓶不需再加接种菌液。再将此 4 个试样的烧瓶置于往复式振荡器上,在 24℃±1℃,以 150 r/min,振荡 18 h。

D.8.3.5 稀释培养计数:到规定时间后,从每个烧瓶中用吸管吸取 1 mL±0.1 mL 试液,放入有 9 mL±0.1 mL0.03 mol/L PBS 缓冲液的试管中,摇匀。重复这些步骤,用 10 倍稀释法进行系列稀释。用新吸管从每个稀释度的试管中分别取 1 mL±0.1 mL,放入两个平皿作平行样,再向每个平皿中倒入营养琼脂培养基(或沙氏琼脂培养基)约 15 mL,室温凝固,倒置平皿,37℃±1℃培养 24 h～48 h(白色念珠菌 48 h～72 h)。选择菌落数在 30～300 之间的合适稀释度的平皿计数。

D.8.3.6 记录结果,求出平均菌落数,即可按式(D.5)计算试样烧瓶内的活菌浓度(保留两位有效数字):

$$W = Z \times N \qquad\qquad (D.5)$$

式中:

W——试样烧瓶内的活菌浓度,cfu/mL;

Z——菌落数(两个平皿的平均值);

N——稀释指数,$N=10^0,10^1,10^2\cdots$

D.8.3.7 为降低误差,对同一试样至少应作三次平行测试,取其平均值报告抑菌率。

D.8.4 试样的抗菌效果计算

在振荡接触时间较长的情况下,细菌已经过多代繁殖,在标准空白试样的烧瓶内细菌一般会大大超过接种时的数量,此时,由比较抗菌织物试样或未经抗菌处理织物试样与标准空白试样烧瓶内的活菌数的方式计算出抑菌率。

试样的抑菌率按式(D.6)计算。

$$Y = \frac{W_b - W_c}{W_b} \times 100\% \qquad\qquad (D.6)$$

式中:

Y——抑菌率,%;

W_b——标准空白试样振荡接触 18 h 后烧瓶内的活菌浓度;

W_c——抗菌织物试样或未经抗菌处理织物试样振荡接触 18 h 后烧瓶内的活菌浓度。

D.8.5 试验有效性的判断

若对金黄色葡萄球菌及大肠杆菌等细菌:$\lg W_b - \lg W_a \geqslant 1.0$,对白色念珠菌等真菌:$\lg W_b - \lg W_a \geqslant 0.5$,且阳性对照样与标准空白试样烧瓶中的活菌浓度接近,说明试验菌活性较强,试验可判定有效,否则判定为无效,要重新进行试验。(式中:W_b——标准空白试样振荡接触 18 h 后烧瓶内的活菌浓度;W_a——标准空白试样"0"接触时间烧瓶内的活菌浓度。)

附 录 E
（规范性附录）
抗菌物质的溶出性测试方法 晕圈法

E.1 提示

本方法适用于抗菌织物所用抗菌物质的溶出性测试,可用于判定试样是否为溶出型抗菌织物,还可为抗菌织物的安全性提供判定依据。为防止抗菌织物在加工过程中残留的浮离化学物质的干扰,用于试验的织物试样均应按本标准规范性附录 C 进行一次洗涤然后测试。

E.2 试验准备

E.2.1 试样准备:将已各洗涤一次的标准空白试样、抗菌织物试样,各取 1.5 cm×1.5 cm 的试样 4～6 块。将试样用小纸片包好,在 103 kPa,121℃灭菌 15 min,备用。

E.2.2 接种菌液准备:将 D 5.1 制备的细菌悬液(或 D.5.2 真菌悬液),用 0.03 mol/L PBS 缓冲液稀释至活菌数为 1×10^6 cfu/mL～5×10^6 cfu/mL。注意接种浓度范围,太高或太低均会影响试验精度。

E.2.3 琼脂培养基的准备:向已消毒的平皿中倒入营养琼脂培养基(或沙氏琼脂培养基)约 15 mL,室温凝固。根据试样数目准备好试验用的琼脂培养基平皿。

E.3 试验操作

E.3.1 试样接种:用无菌棉拭子蘸取接种菌液,在平皿的琼脂培养基表面均匀涂抹 3 次,每涂抹 1 次,平皿转动 60°,最后将棉拭子绕平皿边缘涂抹一周。盖上盖,置室温干燥 5 min。

E.3.2 贴试样:将试样平贴在培养基上,用无菌镊子轻压样片,使其紧贴于培养基表面。每个平皿内可贴一块标准空白试样及一块抗菌织物试样。各样片边缘相距 1.5 cm 以上,与平皿边缘也相隔1.0 cm 以上,每次试验作两个平皿的平行样。

E.4 培养及测量

E.4.1 培养:倒置平皿,放入生化培养箱中培养。金黄色葡萄球菌、大肠杆菌 37℃±1℃培养 16 h～18 h,白色念珠菌 37℃±1℃培养 24 h～48 h。培养时间过长,部分细菌可恢复生长使抑菌圈变小。

E.4.2 测量:用游标卡尺测量两个平皿中的抑菌圈外沿总宽度及试样总宽度,求出平均值。测量时,应选择均匀而完全无菌生长的抑菌圈进行。

E.4.3 为降低误差,对同一试样,至少应做三次平行测试,取其平均值报告抑菌圈宽度。

E.5 抑菌圈宽度计算

用式(E.1)计算抑菌圈宽度。

$$D = \frac{T - R}{2} \qquad \cdots\cdots\cdots\cdots\cdots\cdots\cdots（E.1）$$

式中:

D——抑菌圈宽度,单位为毫米(mm);

T——抑菌圈外沿总宽度,单位为毫米(mm);

R——试样总宽度,单位为毫米(mm)。

E.6 试验有效性判断

阴性对照的标准空白试样,抑菌圈宽度 $D=0$,则判定试验有效,否则判定试验无效,需重做试验。

E.7 试样是否为溶出型抗菌织物的判断

若抗菌织物试样按附录 C 进行一次洗涤然后测试,抑菌圈宽度 $D>1$ mm,可判定为溶出型抗菌织物;若抑菌圈宽度 $D\leqslant1$ mm,则可判定为非溶出型抗菌织物。

ICS 61.020
W 63

中华人民共和国纺织行业标准

FZ/T 73024—2006

化 纤 针 织 内 衣

Knitted underwear in chemical fibres

2006-11-03 发布
2007-04-01 实施

中华人民共和国国家发展和改革委员会   发 布

FZ/T 73024—2006

前　言

本标准根据美国试验与材料协会标准 ASTM D 4234—2001《女式成人及儿童针织晨衣、睡衣、睡袍、便服、衬裙和内衣织物的标准性能规格》起草。本标准与 ASTM D 4234—2001 一致性程度为非等效。

本标准由中国纺织工业协会提出。

本标准由全国纺织品标准化技术委员会针织品分会归口。

本标准主要起草单位:国家针织产品质量监督检验中心、上海三枪(集团)有限公司、安莉芳(中国)服装有限公司、青岛大统纺织开发有限公司、江苏 AB 集团。

本标准主要起草人:赵晖、王新丽、薛继凤、宗跃刚、孙冰心、姜建英。

本标准首次发布。

化 纤 针 织 内 衣

1 范围

本标准规定了化纤针织内衣的产品号型、要求、试验方法、判定规则、产品使用说明、包装、运输、贮存。

本标准适用于鉴定纯化纤以及化纤含量大于50%的化学纤维与天然纤维混纺、交织的针织内衣的品质。

2 规范性引用文件

下列文件中的条款通过本标准的引用而成为本标准的条款。凡是注日期的引用文件,其随后所有的修改单(不包括勘误的内容)或修订版均不适用于本标准,然而,鼓励根据本标准达成协议的各方研究是否可使用这些文件的最新版本。凡是不注日期的引用文件,其最新版本适用于本标准。

GB 250 评定变色用灰色样卡(GB 250—1995,idt ISO 105-A02:1993)

GB 251 评定沾色用灰色样卡(GB 251—1995,idt ISO 105-A03:1993)

GB/T 1335.1~1335.3 服装号型

GB/T 2910 纺织品 二组分纤维混纺产品定量化学分析方法(GB/T 2910—1997,eqv ISO 1833:1977)

GB/T 2911 纺织品 三组分纤维混纺产品定量化学分析方法(GB/T 2911—1997,eqv ISO 5088:1976)

GB/T 2912.1 纺织品 甲醛的测定 第1部分:游离水解的甲醛(水萃取法)

GB/T 3920 纺织品 色牢度试验 耐摩擦色牢度(GB/T 3920—1997,eqv ISO 105-X12:1993)

GB/T 3921.1 纺织品 色牢度试验 耐洗色牢度:试验1(GB/T 3921.1—1997,eqv ISO 105-C01:1989)

GB/T 3922 纺织品耐汗渍色牢度试验方法(GB/T 3922—1995,eqv ISO 105-E04:1994)

GB/T 4802.1 纺织品 织物起球试验 圆轨迹法

GB/T 4856 针棉织品包装

GB 5296.4 消费品使用说明 纺织品和服装使用说明

GB/T 5713 纺织品 色牢度试验 耐水色牢度(GB/T 5713—1997,eqv ISO 105-E01:1994)

GB/T 6411 棉针织内衣规格尺寸系列

GB/T 7573 纺织品 水萃取液 pH值的测定(GB/T 7573—2002,ISO 3071:1980,MOD)

GB/T 8170 数值修约规则

GB/T 8878—2002 棉针织内衣

GB/T 17592 纺织品 禁用偶氮染料的测定

GB 18401—2003 国家纺织产品基本安全技术规范

FZ/T 01053 纺织品 纤维含量的标识

FZ/T 01057.1~01057.11 纺织纤维鉴别试验方法

FZ/T 01095 纺织品 氨纶产品纤维含量的试验方法

GSB 16-1523—2002 针织物起毛起球样照

3 产品号型

化纤针织内衣号型按 GB/T 6411 或 GB/T 1335.1~1335.3 规定执行。

4 要求

4.1 项目

要求分为内在质量和外观质量两个方面,内在质量包括弹子顶破强力、纤维含量及偏差、甲醛含量、pH 值、水洗尺寸变化率、耐洗色牢度、耐水色牢度、耐汗渍色牢度、耐摩擦色牢度、印花耐洗色牢度、印花耐摩擦色牢度、起球、异味、可分解芳香胺染料,外观质量包括表面疵点、规格尺寸偏差、本身尺寸差异、缝制规定。

4.2 分等规定

4.2.1 化纤针织内衣的质量等级分为优等品、一等品、合格品。

4.2.2 化纤针织内衣的质量定等:内在质量按批(交货批)评等;外观质量按件评等。二者结合以最低等级定等。

4.3 内在质量要求

4.3.1 内在质量要求见表 1。

表 1 内在质量要求

项　　目			优等品	一等品	合格品
弹子顶破强力/N ≥		单面、罗纹织物	135		
		双面、绒织物	220		
纤维含量(净干含量)及偏差/(%)			按 FZ/T 01053 规定执行		
甲醛含量/(mg/kg)		≤	75		
pH 值			4.0~7.5		
水洗尺寸变化率/(%)	纤维素纤维含量 50%及以上	直向 ≥	—5.0	—7.0	—9.0
		横向	—5.0~0	—8.0~+2.0	—10.0~+2.0
	纤维素纤维含量 50%以下	直向 ≥	—3.0	—5.0	—7.0
		横向	—3.0~0	—5.0~+2.0	—7.0~+2.0
耐洗色牢度/级 ≥		变色	4	3—4	3
		沾色	3—4	3	3
耐水色牢度/级 ≥		变色	4	3—4	3
		沾色	3—4	3	3
耐汗渍色牢度/级 ≥		变色	4	3—4	3
		沾色	3—4	3	3
耐摩擦色牢度/级 ≥		干摩	4	3	3
		湿摩	3(深 2—3)	2—3(深 2)	2—3(深 2)
印花耐洗色牢度/级 ≥		变色	3—4	3	
		沾色	3—4	3	
印花耐摩擦色牢度/级 ≥		干摩	3	3	
		湿摩	2—3	2	
起球/级 ≥			4.0	3.0	
异味			无		
可分解芳香胺染料			禁用		
注:色别分档　>1/12 标准深度为深色,≤1/12 标准深度为浅色。					

4.3.2　抽条、烂花、镂空提花类织物、花边织物及含氨纶单面织物不考核弹子顶破强力。

4.3.3　短裤产品不考核水洗尺寸变化率。

4.3.4　弹性产品横向不考核水洗尺寸变化率。

4.3.5　当一种纤维标注含量在 10% 及以下时，其实际含量不得少于本身标注含量值的 70%。

4.3.6　装饰性织物以及镶嵌的小于产品总面积 1/10 的织物不考核纤维含量。

4.3.7　镂空织物、花边织物、磨毛、起绒织物不考核起球。

4.3.8　内在质量各项指标，以试验结果最低一项作为该批产品的评等依据。

4.4　外观质量要求

4.4.1　外观质量评等规定

4.4.1.1　外观质量评等按表面疵点、规格尺寸偏差、本身尺寸差异、缝制规定的评等来决定。在同一件产品上发现不同品等的外观疵点时，按最低品等疵点评等。

4.4.1.2　在同一件产品上只允许有两个同等级的极限表面疵点存在，超过者应降低一个等级。

4.4.2　表面疵点

按 GB/T 8878—2002 中 4.4.1.3 执行。表面疵点程度参照《针织内衣表面疵点彩色样照》执行。

4.4.3　成衣的测量部位及规定

按 GB/T 8878—2002 中 4.4.2 执行。

4.4.4　规格尺寸偏差

按 GB/T 8878—2002 中 4.4.3 执行。

4.4.5　本身尺寸差异

按 GB/T 8878—2002 中 4.4.4 执行。

4.4.6　缝制规定

按 GB/T 8878—2002 中 4.4.5 执行。

5　试验方法

5.1　抽样数量、外观质量检验条件、试样的准备和试验条件

按 GB/T 8878—2002 规定执行。

5.2　试验项目

5.2.1　弹子顶破强力试验按 GB/T 8878—2002 执行。

5.2.2　纤维含量试验按 GB/T 2910、GB/T 2911、FZ/T 01057.1～01057.11、FZ/T 01095 执行。

5.2.3　甲醛含量试验按 GB/T 2912.1 执行。

5.2.4　pH 值试验按 GB/T 7573 执行。

5.2.5　水洗尺寸变化率试验按 GB/T 8878—2002 执行。

5.2.6　耐洗色牢度、印花耐洗色牢度试验按 GB/T 3921.1 执行。

5.2.7　耐水色牢度试验按 GB/T 5713 执行。

5.2.8　耐汗渍色牢度试验按 GB/T 3922 执行。

5.2.9　耐摩擦色牢度、印花耐摩擦色牢度试验按 GB/T 3920 执行。只做直向。

5.2.10　起球试验按 GB/T 4802.1 执行。其中压力 780 cN，起毛次数 0 次，起球次数 600 次。评级按 GSB 16-1523—2002 评定。

5.2.11　异味试验按 GB 18401—2003 执行。

5.2.12　可分解芳香胺染料按 GB/T 17592 执行，检出限为 20 mg/kg。

5.2.13　色牢度评级按 GB 250、GB 251 评定。

6 判定规则

6.1 外观质量

6.1.1 外观质量按品种、色别、规格尺寸计算不符品等率。凡不符品等率在 5.0% 及以内者,判定该批产品合格。不符品等率在 5.0% 以上者,判该批不合格。

6.1.2 内包装标志差错按件计算,不允许有外包装差错。

6.2 内在质量

6.2.1 弹子顶破强力、纤维含量、甲醛含量、pH 值、起球、异味、可分解芳香胺染料检验结果合格者,判定该批产品合格,不合格者判定该批产品不合格。

6.2.2 水洗尺寸变化率以全部试样的算术平均值作为检验结果,合格者判定该批产品合格,不合格者判定该批产品不合格。若同时存在收缩与倒涨试验结果时,以收缩(或倒涨)的两件试样的算术平均值作为检验结果,合格者判定该批产品合格,不合格者判定该批产品不合格。

6.2.3 耐洗色牢度、耐水色牢度、耐汗渍色牢度、耐摩擦色牢度检验结果合格者,判定该批产品合格,不合格者分色别判定该批产品不合格。

6.2.4 印花耐洗色牢度、印花耐摩擦色牢度检验结果合格者,判定该批产品合格。不合格者判定该批产品不合格。

6.3 复验

6.3.1 任何一方对所检验的结果有异议时,在规定期限内对所有异议的项目,均可要求复验。

6.3.2 提请复验时,必须保留提请复验数量的全部。

6.3.3 复验时检验数量为初验时的数量,复验的判定规则按 6.1、6.2 规定执行,判定以复验结果为准。

7 标志、包装、运输和贮存

7.1 产品标志按 GB 5296.4 规定执行。

7.2 产品包装按 GB/T 4856 或协议执行。

7.3 产品运输应防潮、防火、防污染。

7.4 产品应放在阴凉、通风、干燥、清洁库房内,并防蛀、防霉。

ICS 59.080.30
W 63

中华人民共和国纺织行业标准

FZ/T 73025—2013
代替 FZ/T 73025—2006

婴幼儿针织服饰

Knitted garment and adornment for infant

2013-10-17 发布

2014-03-01 实施

中华人民共和国工业和信息化部　　发 布

FZ/T 73025—2013

前　言

本标准按照 GB/T 1.1—2009 给出的规则起草。

本标准代替 FZ/T 73025—2006《婴幼儿针织服饰》。

本标准与 FZ/T 73025—2006 相比主要变化如下：

——调整了规范性引用文件(见第 2 章,2006 年版的第 2 章);

——调整了婴儿身高(见 3.1.1,2006 年版的 3.1.1);

——增加了可萃取重金属含量、燃烧性能、服用安全性、拼接互染项目(见 4.2.1,2006 年版的 4.2.1);

——增加了合格品等级(见 4.2.1,2006 年版的 4.2.1);

——调整了水洗尺寸变化率、耐皂洗色牢度指标(见 4.2.1,2006 年版的 4.2.1);

——调整了缝纫强力要求(见 4.2.1,2006 年版的 4.2.1);

——调整了附件规定内容(见 4.3.5.3,2006 年版的 4.3.5.3);

——调整了缝制规定内容(见 4.3.5.4,2006 年版的 4.3.5.4);

——调整了使用说明内容(见第 7 章,2006 年版的第 7 章)。

本标准由中国纺织工业联合会提出。

本标准由全国纺织品标准化技术委员会针织品分技术委员会(SAC/TC 209/SC 6)归口。

本标准起草单位:宁波申洲针织有限公司、金发拉比妇婴童用品股份有限公司、广东小猪班纳服饰股份有限公司、浙江红黄蓝服饰股份有限公司、国家针织产品质量监督检验中心、上海三枪(集团)有限公司、武汉爱帝高级服饰有限公司、青岛即发集团股份有限公司、青岛雪达集团有限公司、必维申优质量技术服务江苏有限公司、吉林省东北袜业纺织工业园发展有限公司、华测检测技术股份有限公司。

本标准主要起草人:杨树娟、林若文、曾荣华、叶显东、刘凤荣、薛继凤、胡萍、王红英、王显旗、高铭、綦绍新、孔蕾。

本标准所代替标准的历次版本发布情况为:

——FZ/T 73025—2006。

婴幼儿针织服饰

1 范围

本标准规定了婴幼儿针织服饰产品的术语和定义、号型规格、要求、试验方法、判定规则、产品使用说明、包装、运输和贮存。

本标准适用于针织面料为主料加工制成的婴幼儿针织服饰,包括内衣(套)、外衣、睡衣、连身装、裤子、袜子、脚套、帽子、围兜、肚围、手套、睡袋、包巾、床上用品等。

2 规范性引用文件

下列文件对于本文件的应用是必不可少的。凡是注日期的引用文件,仅注日期的版本适用于本文件。凡是不注日期的引用文件,其最新版本(包括所有的修改单)适用于本文件。

GB/T 250 纺织品 色牢度试验 评定变色用灰色样卡

GB/T 251 纺织品 色牢度试验 评定沾色用灰色样卡

GB/T 1335.3 服装号型 儿童

GB/T 2910(所有部分) 纺织品 定量化学分析

GB/T 2912.1 纺织品 甲醛的测定 第1部分:游离和水解的甲醛(水萃取法)

GB/T 3920 纺织品 色牢度试验 耐摩擦色牢度

GB/T 3921—2008 纺织品 色牢度试验 耐皂洗色牢度

GB/T 3922 纺织品耐汗渍色牢度试验方法

GB/T 3923.1 纺织品 织物拉伸性能 第1部分:断裂强力和断裂伸长率的测定 条样法

GB 5296.4 消费品使用说明 第4部分:纺织品和服装

GB/T 5713 纺织品 色牢度试验 耐水色牢度

GB/T 6411 针织内衣规格尺寸系列

GB/T 7573 纺织品 水萃取液 pH值的测定

GB/T 8878 棉针织内衣

GB 9994 纺织材料公定回潮率

GB/T 14644 纺织织物 燃烧性能 45°方向燃烧速率测定

GB/T 17592 纺织品 禁用偶氮染料的测定

GB/T 17593.1 纺织品 重金属的测定 第1部分:原子吸收分光光度法

GB/T 17593.2 纺织品 重金属的测定 第2部分:电感耦合等离子体原子发射光谱法

GB/T 17593.3 纺织品 重金属的测定 第3部分:六价铬 分光光度法

GB/T 17593.4 纺织品 重金属的测定 第4部分:砷、汞 原子荧光分光光度法

GB 18401 国家纺织产品基本安全技术规范

GB/T 18886 纺织品 色牢度试验 耐唾液色牢度

GB/T 22702 儿童上衣拉带安全规格

GB/T 22705 童装绳索和拉带安全要求

GB/T 24121 纺织制品 断针类残留物的检测方法

FZ/T 01026 纺织品 定量化学分析 四组分纤维混合物

FZ/T 01053　纺织品　纤维含量的标识

FZ/T 01057(所有部分)　纺织纤维鉴别试验方法

FZ/T 01095　纺织品　氨纶产品纤维含量的试验方法

FZ/T 80002　服装标志、包装、运输和贮存

GSB 16-2159　针织产品标准深度样卡(1/12)

GSB 16-2500　针织物表面疵点彩色样照

3　术语、定义和号型

3.1　术语和定义

下列术语和定义适用于本文件。

3.1.1

婴幼儿针织服饰产品　knitted garment and adornment for infant

年龄在 36 个月以内或身高 100 cm 及以下的婴幼儿使用的针织服饰用品。

3.2　产品号型及规格

婴幼儿针织服装(内衣、外衣、连身装、睡衣等)号型按 GB/T 6411 或 GB/T 1335.3 执行。其他产品标注主要部位规格,参照相应标准或由生产企业自行设计。

4　要求

婴幼儿针织服饰产品的要求分为内在质量和外观质量。内在质量包括纤维含量、甲醛含量、pH 值、异味、可分解致癌芳香胺染料、可萃取重金属含量、燃烧性能、水洗尺寸变化率、缝纫强力、色牢度(耐唾液、耐水、耐皂洗、耐汗渍、耐摩擦)、服用安全性、拼接互染指标。外观质量包括表面疵点、规格尺寸偏差、本身尺寸差异、使用附属材料及缝制规定等项指标。

4.1　分等规定

4.1.1　婴幼儿针织服饰产品的质量等级分为优等品、一等品、合格品。

4.1.2　婴幼儿针织服饰产品内在质量按批评等,外观质量按件评等,两者结合以最低等级定等。

4.2　内在质量要求

4.2.1　内在质量要求见表 1。

表 1　内在质量要求

项目	优等品	一等品	合格品
纤维含量/%	按 FZ/T 01053 规定执行		
甲醛含量/(mg/kg)	按 GB 18401 A 类规定执行		
pH 值			
异味			
可分解致癌芳香胺染料/(mg/kg)			

表 1（续）

项目		优等品	一等品	合格品
可萃取重金属含量/(mg/kg) ≤	锑	30.0		
	砷	0.2		
	铅	0.2		
	镉	0.1		
	铬	1.0		
	铬（六价）	低于检出限[a]		
	钴	1.0		
	铜	25.0		
	镍	1.0		
	汞	0.02		
燃烧性能	非绒面织物	火焰蔓延时间≥3.5s		
	绒面织物	火焰蔓延时间>7s，或闪燃时间在 0～7s，但未点燃底布或底布未熔融		
水洗尺寸变化率/%	直、横	—5.0～+1.5	—6.0～+2.5	
缝纫强力/N	衣带	70		
	纽扣	50		
色牢度/级 ≥	耐唾液（变色、沾色）	4	4	4
	耐水（变色、沾色）	4	3-4	3-4
	耐皂洗（变色、沾色）	4	3-4	3
	耐汗渍（变色、沾色）	4	3-4	3-4
	耐干摩擦	4	4	4
	耐湿摩擦	3-4	3	2-3
服用安全性	儿童上衣拉带安全要求	按 GB/T 22702 规定执行		
	童装绳索和拉带安全要求	按 GB/T 22705 规定执行		
	纽扣、装饰物、拉链等附件	应无毛刺、无可触及性锐利边缘、无可触及性锐利尖端及其他残次		
	残留金属针	成品中不得残留金属针		
拼接互染程度/级 ≥		4-5	4	4

注：色别分档：按 GSB 16-2159 标准>1/12 标准深度为深色，≤1/12 标准深度为浅色。

[a] 合格限量值：对铬（六价）为 0.5 mg/kg。

4.2.2 组合包装的产品，若使用面料相同，内在质量检验只选做一种有代表性产品即可。

4.2.3 可萃取重金属含量只考核纺织材料。

4.2.4 水洗尺寸变化率只考核成衣（内衣、外衣、睡衣、连身装）、床上用品。短裤、短裙，其他用品不考核。

4.2.5 弹力织物横向水洗尺寸变化率不考核。

注：弹力织物指织物中加入弹性纤维或罗纹织物。

4.2.6 四合扣、五爪扣不考核缝纫强力。

4.2.7 婴幼儿产品不得使用阻燃整理剂。

4.2.8 对于未提及的项目但强制性国家标准有要求的，按强制性国家标准要求执行。

4.2.9 内在质量各项指标，以试验结果最低一项作为该批产品的评等依据。

4.3 外观质量要求

4.3.1 外观质量分等规定

外观质量按表面疵点、规格尺寸偏差、对称部位尺寸差异、使用附属材料及缝制规定的评等来决定。在同一件产品上存在不同品等的外观疵点时，按最低等疵点评定。

4.3.2 表面疵点评等规定

见表2。

表 2　表面疵点评等规定

序 号	疵点名称	优等品	一等品、合格品
1	色差(不低于)	主料之间4级、主辅料之间3-4级	主料之间、主辅料之间3-4级
2	缝纫曲折高低(不大于)	明线部位0.2 cm	明线部位0.5 cm
3	缝纫油污线	领襟部位不允许，其他部位轻微者允许	
4	修疤、油棉飞花	不允许	
5	扣眼互差	扣与眼互差不大于0.2 cm	扣与眼互差不大于0.5 cm
6	印花缺花、套版不正、印花搭色、起毛不匀	不允许	不明显者允许
7	破损性疵点	不允许	不允许

注1：未列入表内的疵点按GB/T 8878中表面疵点评等规定执行。
注2：表面疵点程度按GSB 16-2500执行。

4.3.3 规格尺寸偏差

4.3.3.1 规格尺寸偏差要求见表3。

表 3　规格尺寸偏差　　　　　　　　　　　　　　单位为厘米

类 别	优等品	一等品	合格品
长度方向	±1.0	±2.0	±2.0
宽度方向	±1.0	±1.5	±1.5

注：除成衣外其他产品规格尺寸偏差按协议或工艺要求执行。

4.3.3.2 成衣测量部位示例见图1～图6。

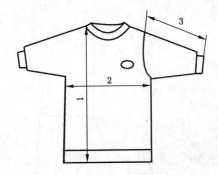

说明：

1——衣长；

2——1/2 胸围；

3——袖长。

图 1 小儿圆领衫

说明：

1——衣长；

2——1/2 胸围；

3——袖长。

图 2 小儿斜衿衫

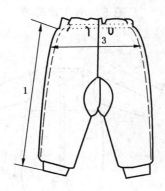

说明：

1——裤长；

3——1/2 腰围。

图 3 小儿开裆裤

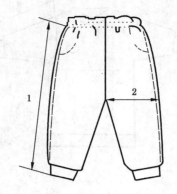

说明：
1——裤长；
2——横裆。

图 4 小儿长裤

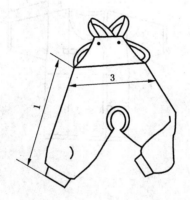

说明：
1——裤长；
3——1/2腰围。

图 5 小儿背带裤

说明：
1——衣长；
2——1/2胸围；
3——袖长。

图 6 小儿连身装

4.3.3.3 成衣测量部位规定见表4。

表 4 成衣测量部位规定

类　别	序　号	部　位	测　量　规　定
上 衣	1	衣　长	由肩缝最高处垂直量到底边,连身衣由肩缝最高处量到裤口边
	2	1/2胸围	由袖窿缝与肋缝的交点向下2 cm处横量
	3	袖　长	平袖式由肩缝与袖窿缝的交点量至袖口边,插肩式由后领中间量至袖口边
裤 子	1	裤　长	后腰宽的1/4处平行于裤子外侧缝量到裤口边
	2	横　裆	裤身相对折,从裆角处横量
	3	1/2腰围	腰边向下5 cm处横量
注:未规定产品的规格及测量部位按产品工艺要求执行。			

4.3.4 对称部位尺寸差异

优等品≤0.5 cm,一等品和合格品≤1.0 cm。

4.3.5 使用附属材料及缝制规定

4.3.5.1 原材料规定

4.3.5.1.1 按有关纺织面料的标准选用适合婴幼儿的面料。

4.3.5.1.2 使用衬布应与面料水洗尺寸变化率相适宜,使洗后产品不起皱、不变形。

4.3.5.1.3 带图案面料以主图为主,全身顺向一致。

4.3.5.2 缝线规定

4.3.5.2.1 绣花产品花型不走型、不起皱,帽子绣花产品绣花后不影响帽身弹性。

4.3.5.2.2 使用与面料性能颜色相似的绣花线(装饰线除外)。钉扣线应与扣的色泽相适应。不应使用链式线迹缝纫。

4.3.5.3 附件规定

4.3.5.3.1 绳带、松紧带:采用适合所用面料质量的绳带、松紧带(装饰带除外)。

4.3.5.3.2 纽扣、拉链及金属附件:采用适合面料颜色的纽扣(装饰扣除外)、拉链及金属附件。拉链光滑、咬合良好、拉头不可脱卸;洗涤后不变形、不变色、不生锈;不得使用粘合纽扣。

4.3.5.3.3 不应使用在外观上和食物相似的附件。

4.3.5.4 缝制规定

4.3.5.4.1 产品领型端正、门襟平直。

4.3.5.4.2 线头应修清。与婴幼儿皮肤直接接触的面不得有易损伤皮肤的线头和接缝。

4.3.5.4.3 下装门襟部位不可使用功能性拉链。

4.3.5.4.4 婴幼儿服装上的耐久性标签应为柔软材料制作,对于缝制在内衣上的耐久性标签,应置于皮肤不直接接触的地方。

4.3.5.4.5 各部位缝制不能错工、丢工。

4.3.5.5 针迹密度规定

4.3.5.5.1 针迹密度规定见表 5。

表 5 针迹密度规定　　　　　　　　　　　　　　单位为针迹数每 2 厘米

机种	平缝机	四线包缝机	双针绷缝机	平双针机压条机	三针机	宽紧带机	包缝卷边机	捏缝机
针迹数不低于	8	8	7	8	9	7	7	8

4.3.5.5.2 测量针迹密度以一个缝纫过程的中间处计量。

4.3.5.5.3 锁眼机针迹密度按角计量,每厘米长度 8 针～9 针,两端各打套结 2 针～3 针。

4.3.5.5.4 包缝机缝边宽度不低于 0.5 cm。

5 试验方法

5.1 抽样数量

5.1.1 外观质量按批随机采样 1%～3%,但至少不得少于 20 件,少于 20 件时逐件检验。

5.1.2 内在质量按批随机采样成衣 4 件～5 件,满足试验要求。

5.2 外观质量检验条件

按 GB/T 8878 规定执行。

5.3 试样准备和试验条件

按 GB/T 8878 规定执行。

5.4 试验项目

5.4.1 水洗尺寸变化率试验

按 GB/T 8878 规定执行。

5.4.2 纤维含量试验

按 GB/T 2910、FZ/T 01057、FZ/T 01095、FZ/T 01026 等标准规定执行。

结合公定回潮率计算,公定回潮率按 GB 9994 执行。

5.4.3 甲醛含量试验

按 GB/T 2912.1 规定执行。

5.4.4 pH 值试验

按 GB/T 7573 规定执行。

5.4.5 异味试验

按 GB 18401 规定执行。

5.4.6 可分解致癌芳香胺染料试验

按 GB/T 17592 规定执行。

5.4.7 可萃取重金属含量

按 GB/T 17593.1～17593.4 规定执行。

5.4.8 燃烧性能

按 GB/T 14644 规定执行。

5.4.9 缝纫强力试验

按 GB/T 3923.1 规定执行。结果取最低值,四合扣、五爪扣不考核缝纫强力。试验取样方法如下:

a) 衣带部位取样:在带子与衣服缝合部位(包括全部衣带部位,边缘部位无法取样衣带除外),以缝合线为中心线左右各剪取 115 mm,以带子缝合线的中心点剪取宽 50 mm 的试样,钳口夹距为 100 mm±1 mm,拉伸速度 100 mm/min,逐一进行试验,取样见图 7。

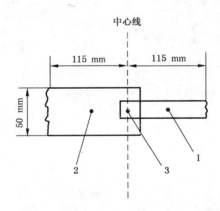

说明:

1——带子;

2——衣服面料;

3——缝合线。

图 7 衣带部位取样示意图

b) 纽扣部位取样:将衣、裤门襟纽扣自然系好(包括全部纽扣,边缘部位无法取样纽扣除外),以纽扣为中心点,与门襟平行方向为宽度剪取试样 50 mm;与门襟垂直方向为长度剪取 230 mm 的试样,钳口距为 100 mm±1 mm,拉伸速度 100 mm/min,逐一进行试验,取样见图 8。

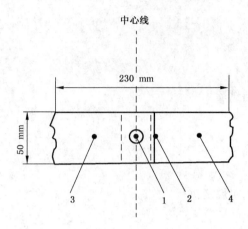

说明:
1 ——纽扣;
2 ——衣、裤门襟;
3,4——衣服面料。

图 8　纽扣部位取样示意图

5.4.10　耐水色牢度试验

按 GB/T 5713 规定执行。

5.4.11　耐皂洗色牢度试验

按 GB/T 3921—2008 试验方法 A(1)规定执行。

5.4.12　耐汗渍色牢度试验

按 GB/T 3922 规定执行。

5.4.13　耐摩擦色牢度试验

按 GB/T 3920 规定执行(只做直向)。

5.4.14　耐唾液色牢度试验

按 GB/T 18886 规定执行。

5.4.15　拼接互染程度试验

按附录 A 规定执行。

5.4.16　色差评定

按 GB/T 250 评定。

5.4.17　残留金属针检测

按 GB/T 24121 规定执行,采用检测灵敏度(标准铁球测试卡):1.0 mm。

6　判定规则

6.1　外观质量

6.1.1　外观质量按件计算不符品等率。不符品等率在 5.0% 及以内者,判定该批产品合格。不符品等率在5.0%以上者,判该批产品不合格。

6.1.2 内包装标志差错按件计算,不允许有外包装差错。

6.2 内在质量

6.2.1 水洗尺寸变化率以全部试样的算术平均值作为检验结果,合格者判定该批产品合格,不合格者判定该批产品不合格。若同时存在收缩与倒涨试验结果时,以收缩(或倒涨)的两件试样的算术平均值作为检验结果,合格者判定该批产品合格,不合格者判定该批产品不合格。

6.2.2 纤维含量、甲醛含量、pH值、异味、可分解致癌芳香胺染料、可萃取重金属、燃烧性能、缝纫强力、色牢度(耐唾液、耐水、耐皂洗、耐汗渍、耐摩擦)检验结果合格者判定该批产品合格,不合格者判定该批产品不合格。

6.2.3 严重影响服用性能的产品不允许。

6.3 复验

6.3.1 任何一方对检验结果有异议时,均可要求复验。

6.3.2 复验结果按本标准6.1、6.2规定执行,判定以复检结果为准。

7 产品的使用说明、包装、运输和贮存

7.1 产品使用说明按GB 5296.4和GB 18401规定执行。婴幼儿服饰应在使用说明上标明"婴幼儿用品"和"不可干洗"字样。

7.2 标志、包装、运输和贮存按FZ/T 80002执行。

7.3 塑料薄膜袋上宜有类似下述警示:
—— "请及时将包装袋收好,避免婴幼儿玩耍引起的窒息!"
—— "应远离婴幼儿,塑料薄膜会吸附在鼻子和嘴上并使人窒息!"

附　录　A
（规范性附录）
拼接互染程度测试方法

A.1　原理

成衣中拼接的两种不同颜色的面料组合成试样,放于皂液中,在规定的时间和温度条件下,经机械搅拌,再经冲洗、干燥。用灰色样卡评定浅色(白色)试样的沾色。

A.2　试验要求与准备

A.2.1　在成衣上选取拼接部位,以拼接接缝为样本中心,取样尺寸为 40 mm×200 mm,使试样的一半为拼接的一个颜色,另一半为另一个颜色。

A.2.2　成衣上无合适部位可直接取样的,可在成衣上分别剪取拼接面料的 40 mm×100 mm,再将两块试样沿短边缝合成组合试样。

A.2.3　对于拼接面料很窄或加牙产品的取样,以拼接面料或拆开加牙部位,剪取最大面积,再将两块试样沿短边缝合成组合试样。

A.3　试验操作程序

A.3.1　按 GB/T 3921—2008 方法 A(1)进行洗涤测试。

A.3.2　用 GB/T 251 样卡评定试样中浅色面料的沾色。

ICS 59.080.30
W 63

中华人民共和国纺织行业标准

FZ/T 73026—2006

针 织 裙 套

Knitted skirt suit

2006-11-03 发布

2007-04-01 实施

中华人民共和国国家发展和改革委员会　　发 布

前　言

本标准 4.3.1 中甲醛含量、pH 值、异味、可分解芳香胺染料的质量要求为强制性条文，7.1 为强制性条文。

本标准参照美国试验与材料协会标准 ASTM D 4156—2001《女式成人及儿童针织运动服用织物的标准性能规格》并结合试验研究起草。本标准与 ASTM D 4156—2001 标准的一致性程度为非等效。

本标准由中国纺织工业协会提出。

本标准由全国纺织品标准化技术委员会针织品分会归口。

本标准主要起草单位：深圳市计量质量检测研究院、深圳市日神实业集团有限公司。

本标准主要起草人：杨志敏、滕万红 、杨永 、刘畅。

本标准首次发布。

针 织 裙 套

1 范围

本标准规定了针织裙套产品的号型、要求、试验方法、判定规则、标志、包装、运输和贮存。

本标准适用于鉴定以针织面料为主要材料制成的针织裙及裙套等针织裙类产品的品质。

2 规范性引用文件

下列文件中的条款通过本标准的引用而成为本标准的条款。凡是注日期的引用文件,其随后所有的修改单(不包括勘误的内容)或修订版均不适用于本标准,然而,鼓励根据本标准达成协议的各方研究是否可使用这些文件的最新版本。凡是不注日期的引用文件,其最新版本适用于本标准。

GB 250 评定变色用灰色样卡(GB 250—1995,idt ISO 105-A02:1993)

GB/T 1335.2 服装号型 女子

GB/T 1335.3 服装号型 儿童

GB/T 2910 纺织品 二组分纤维混纺产品定量化学分析方法(GB/T 2910—1997,eqv ISO 1833:1977)

GB/T 2911 纺织品 三组分纤维混纺产品定量化学分析方法(GB/T 2911—1997,eqv ISO 5088:1976)

GB/T 2912.1 纺织品 甲醛的测定 第1部分:游离水解的甲醛(水萃取法)

GB/T 3920 纺织品 色牢度试验 耐摩擦色牢度(GB/T 3920—1997,eqv ISO 105-X12:1993)

GB/T 3921.1 纺织品 色牢度试验 耐洗色牢度:试验1(GB/T 3921.1—1997,eqv ISO 105-CO1:1989)

GB/T 3922 纺织品耐汗渍色牢度试验方法(GB/T 3922—1995,eqv ISO 105-E04:1994)

GB/T 4802.1 纺织品 织物起球试验 圆轨迹法

GB/T 4856 针棉织品包装

GB 5296.4 消费品使用说明 纺织品和服装使用说明

GB/T 5711 纺织品 色牢度试验 耐干洗色牢度(GB/T 5711—1997,eqv ISO 105-D01:1993)

GB/T 5713 纺织品 色牢度试验 耐水色牢度(GB/T 5713—1997,eqv ISO 105-D01:1994)

GB/T 6411 棉针织内衣规格尺寸系列

GB/T 7573 纺织品 水萃取液 pH 值的测定

GB/T 8170 数值修约规则

GB/T 8427 纺织品 色牢度试验 耐人造光色牢度:氙弧(GB/T 8427—1998,eqv ISO 105-B02:1994)

GB/T 8629 纺织品 试验用家庭洗涤和干燥程序(GB/T 8629—2001,eqv ISO 6330:2000)

GB/T 8878 棉针织内衣

GB/T 14801 机织物和针织物纬斜和弓纬试验方法

GB 18401 国家纺织产品基本安全技术规范

FZ/T 01026 纺织品 四组分纤维混纺产品定量化学分析方法

FZ/T 01030 针织物和弹性机织物接缝强力和扩张度的测定 顶破法

FZ/T 01053 纺织品 纤维含量的标识

FZ/T 01057.1～01057.11 纺织纤维鉴别试验方法

FZ/T 01095　纺织品　氨纶产品纤维含量的试验方法

FZ/T 43015—2001　桑蚕丝针织服装

FZ/T 80007.3　使用粘合衬服装耐干洗测试方法

GSB 16-1523—2002　针织物起毛起球样照

3　产品号型

针织裙套号型按 GB/T 1335.2、GB/T 1335.3 或 GB/T 6411 规定执行。

4　要求

4.1　项目

要求分为内在质量和外观质量两个方面。内在质量包括弹子顶破强力、接缝强力、水洗尺寸变化率、水洗后扭曲率、干洗尺寸变化率、耐洗色牢度、耐干洗色牢度、耐水色牢度、耐汗渍色牢度、耐摩擦色牢度、印花耐洗色牢度、印花耐摩擦色牢度、耐人造光色牢度、起球、甲醛含量、pH 值、异味、可分解芳香胺染料、纤维含量等项指标。外观质量包括表面疵点、规格尺寸偏差、本身尺寸差异、缝制规定等项指标。

4.2　分等规定

4.2.1　针织裙套的质量等级分为优等品、一等品、合格品。

4.2.2　针织裙套的质量定等:内在质量按批(交货批)评等,外观质量按件评等,二者结合以最低等级定等。

4.3　内在质量要求

4.3.1　内在质量要求见表 1。

表 1　内在质量要求

项　目		优等品	一等品	合格品
弹子顶破强力/N　　　≥		135		
接缝强力/N　　　≥		150		
水洗尺寸变化率/(%)	直向	−4.0～+2.0	−5.0～+2.0	−5.0～+2.0
	横向	−4.0～+2.0	−5.0～+2.0	−5.0～+2.0
水洗后扭曲率/(%)　　　≤	上衣	4.0	5.0	6.0
	裙子	2.0	3.0	4.0
干洗尺寸变化率/(%)	直向	−1.0～+1.0	−1.5～+1.5	−2.0～+2.0
	横向	−1.0～+1.0	−1.5～+1.5	−2.0～+2.0
耐洗色牢度/级　　　≥	变色	4	3—4	3
	沾色	4	3	3
耐干洗色牢度/级　　　≥	变色	4—5	4	3—4
	沾色	4—5	4	3—4
耐水色牢度/级　　　≥	变色	4	3—4	3
	沾色	4	3	3
耐汗渍色牢度/级　　　≥	变色	4	3—4	3
	沾色	4	3	3

表 1(续)

项 目		优等品	一等品	合格品
耐摩擦色牢度/级 ≥	干摩	4	3—4	3
	湿摩	3—4(深色3)	3(深色2—3)	3(深色2—3)
印花耐洗色牢度/级 ≥	变色	3—4	3	3
	沾色	3—4	3	3
印花耐摩擦色牢度/级 ≥	干摩	3—4	3	3
	湿摩	3	2	2
耐光色牢度/级 ≥	深色	4	4	3
	浅色	4	3	3
起球/级 ≥		4.0	3.5	3.0
甲醛含量/(mg/kg)		按 GB 18401 规定		
pH 值		按 GB 18401 规定		
异味		按 GB 18401 规定		
可分解芳香胺染料		按 GB 18401 规定		
纤维含量(净干含量)/(%)		按 FZ/T 01053 规定		

注1：色别分档 >1/12标准深度为深色，≤1/12标准深度为浅色。
注2：蚕丝及以蚕丝为主的混纺织物的水洗尺寸变化率允许程度按 FZ/T 43015 的规定执行。
注3：蚕丝及以蚕丝为主的混纺织物的色牢度允许程度按 FZ/T 43015 的规定执行。
注4：耐干洗色牢度、干洗尺寸变化率只考核使用说明中标注可干洗的产品。
注5：耐汗渍色牢度考核直接接触皮肤的产品。
注6：采用针织牛仔布的产品其色牢度允许程度按 GB 18401 的规定执行。

4.3.2 内在质量各项指标以检验结果最低一项作为该批产品的评等依据。

4.3.3 当织物中一种纤维的标注含量在10%及以下时，其实测含量不得少于其本身标注含量值的70%。

4.3.4 磨毛、起绒类产品不考核起球。

4.3.5 镂空、烂花等结构的产品及含氨纶的产品不考核弹子顶破强力。

4.3.6 弹力产品不考核横向水洗尺寸变化率。

4.4 外观质量要求

4.4.1 外观质量评等按表面疵点、规格尺寸偏差、本身尺寸差异、缝制规定的评等来决定。在同一件产品上发现不同品等的外观疵点时，按最低品等疵点评等。

4.4.2 表面疵点评等规定见表2。在同一件产品上只允许有两个同等级的极限表面疵点，超过者降一个等级。

表 2 表面疵点评等规定

疵 点 名 称		优等品	一等品	合格品
色差 ≥		主料之间 4—5 级、主副料之间 4 级 相同面料上下装之间 3—4 级		主料之间 4 级 主副料之间 3—4 级
纹路歪斜(条格产品) ≤		2.0%	3.0%	4.0%
缝纫曲折高低 ≤		0.3 cm		0.5 cm

表 2（续）

疵 点 名 称		优等品	一等品	合格品
缝纫油污线	≤	浅淡的 1 cm 两处或 2 cm 一处 领、襟、袋部位不允许		浅淡的 20 cm 深的 10 cm
熨烫变黄、变色、水渍、极光		不允许		不允许
破损性疵点		不允许		不允许

注 1：未列入表内的疵点按 GB/T 8878 中表面疵点评等规定执行。

注 2：表面疵点程度参照《针织物表面疵点彩色样照》执行。

4.4.3 规格尺寸偏差见表 3。

表 3　规格尺寸偏差　　　　　　　　　　　　单位为厘米

类　　别		优等品	一等品	合格品
直向 （衣长、袖长、裙长）	60 cm 及以上	±1.0	±2.0	±2.5
	60 cm 以下	±1.0	±1.5	±2.0
横向（胸宽、腰宽、臀宽）		±1.0	±1.5	±2.0

注：臀宽只考核筒裙类产品。

4.4.4 本身尺寸差异（对称部位）见表 4。

表 4　本身尺寸差异　　　　　　　　　　　　单位为厘米

尺寸		优等品	一等品	合格品
50 cm 及以下	≤	0.5	0.8	1.0
50 cm 以上	≤	0.8	1.0	1.2

4.4.5 成衣测量部位及规定（精确至 0.1 cm）

4.4.5.1 上衣测量部位示例见图 1。

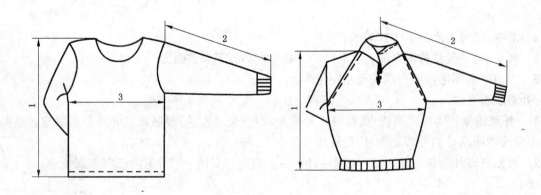

1——衣长；

2——袖长；

3——胸宽。

图 1　上衣测量部位示例

4.4.5.2 裙子测量部位示例见图 2。

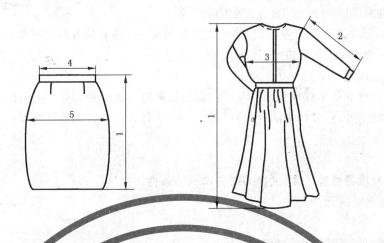

1——裙长；
2——袖长；
3——胸宽；
4——腰宽；
5——臀宽。

图 2 裙子测量部位示例

4.4.5.3 成衣测量部位规定见表5。

表 5 成衣测量部位规定

类别	序号	部位	测 量 规 定
上衣	1	衣长	由肩缝最高处垂直量到底边
	2	袖长	平袖式由肩缝与袖窿缝的交点量到袖口边；插肩式由后领中间量到袖口边
	3	胸宽	由袖窿缝与肋缝的交点向下 2cm 处横量
裙子	1	裙长	连衣裙由肩缝最高处垂直量到底边 短裙沿裙缝由侧腰边垂直量到裙底边
	2	袖长	平袖式由肩缝与袖窿缝的交点量到袖口边；插肩式由后领中间量到袖口边
	3	胸宽	由袖窿缝与肋缝的交点向下 2 cm 处横量
	4	腰宽	连衣裙在腰部最窄处平铺横量 短裙由腰边横量
	5	臀宽	腰边向下 18 cm 处平铺横量

4.4.6 缝制规定

4.4.6.1 缝制应牢固,线迹要平直、圆顺,松紧适宜。

4.4.6.2 合缝处应用四线及以上包缝或绷缝。

4.4.6.3 平缝时针迹边口处应打回针加固。

4.4.6.4 缝制产品时应用强力、缩率、色泽与面料相适应的缝纫线。装饰线除外。

4.4.6.5 产品领型端正,门襟平直,拉链滑顺,熨烫平整,线头修清,无杂物,根据产品要求选择衬布。

4.4.6.6 针迹密度规定见表6。

表 6 针迹密度规定　　　　　　　　　　　　　　　单位为针迹数每 2 cm

机 种	平缝机	四 线 包缝机	双 针 绷缝机	平双针机压条机	三 针 机	宽紧带机	包 缝 卷边机
针迹数 不低于	9	8	7	8	9	7	7

注：装饰性缝迹除外。

4.4.6.7 测量针迹密度以一个缝纫过程的中间处计量。

4.4.6.8 锁眼机针迹密度按角计量,每厘米长度8针~12针,两套端各打套结2针~3针。

4.4.6.9 钉扣的针迹密度,每个扣眼不低于5针。

4.4.6.10 包缝机缝边宽度不低于0.5 cm。

4.4.6.11 缝纫针迹密度低于标准及双针绷缝机的短针跳针一针分散两处,一件作0.5件漏验计算,平缝机的跳针一针分散两处,三针机中间针跳针一针三处,一件作0.5件漏验计算。

5 试验方法

5.1 抽样数量、外观质量检验条件、试样的准备和试验条件

按 GB/T 8878 规定执行。

5.2 试验项目

5.2.1 弹子顶破强力试验按 GB/T 8878 执行。

5.2.2 接缝强力试验按 FZ/T 01030 方法 A 执行。

5.2.3 水洗尺寸变化率试验

5.2.3.1 水洗尺寸变化率试验方法按 GB/T 8878 执行。蚕丝及以蚕丝为主的混纺织物的水洗尺寸变化率按 FZ/T 43015—2001 的 6.1.5 规定执行。

5.2.3.2 水洗尺寸变化率的测量部位见表7。

表 7　水洗尺寸变化率测量部位

类　别	部　位	测　量　方　法
上　衣 连衣裙	直向	测量衣长或裙长,由肩缝最高处垂直量到底边。
	横向	测量后背宽,由袖窿缝与肋缝的交点向下5 cm处横量。
短裙、筒裙	直向	测量侧裙长,沿裙缝由侧腰边垂直量到底边。
	横向	由裙长的1/2处横量。

5.2.3.3 水洗尺寸变化率测量部位说明:上衣或连衣裙取衣长或裙长与后背宽作为直向和横向的测量部位,衣长或裙长以前后身左右四处的平均值作为计算依据。短裙、筒裙取裙长与裙的1/2处作为直向和横向的测量部位,裙长以左右侧裙长的平均值作为计算依据。在测量时做出标记,以便水洗后测量。

5.2.3.4 上衣水洗前后测量部位示例见图3。

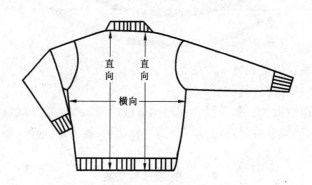

图 3　上衣水洗前后测量部位示例

5.2.3.5 连衣裙水洗前后测量部位示例见图4。

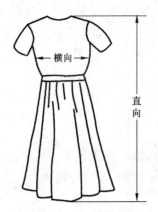

图 4 连衣裙水洗前后测量部位示例

5.2.3.6 短裙水洗前后测量部位示例见图 5。

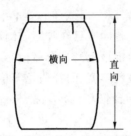

图 5 短裙、筒裙水洗前后测量部位示例

5.2.4 水洗后扭曲率试验

5.2.4.1 将做完水洗尺寸变化率的裙(上衣)平铺在光滑的台上,用手轻轻拍平,每件裙(上衣)以扭斜程度最大的一边测量,以 3 件的扭曲率平均值作为计算结果。

5.2.4.2 扭曲率计算方法见式(1),最终结果精确至 0.1:

$$F = (a/b) \times 100\% \quad \cdots\cdots\cdots\cdots\cdots\cdots (1)$$

式中:

F——扭曲率,%;

a——裙腰与侧缝交叉处或肋缝与袖窿交叉处垂直到底边的点与水洗后侧缝与底边交点间的距离,单位为厘米(cm);

b——裙腰与侧缝交叉处或肋缝与袖窿交叉处垂直到底边的距离,单位为厘米(cm)。

5.2.5 干洗尺寸变化率的测量部位按 5.2.3 执行;试验方法按 FZ/T 80007.3 执行;计算及结果表示按 GB/T 8878 执行。

5.2.6 耐洗色牢度、印花耐洗色牢度试验按 GB/T 3921.1 执行。

5.2.7 耐干洗色牢度试验按 GB/T 5711 执行。

5.2.8 耐水色牢度试验按 GB/T 5713 执行。

5.2.9 耐汗渍色牢度试验按 GB/T 3922 执行。

5.2.10 耐摩擦色牢度、印花耐摩擦色牢度试验按 GB/T 3920 执行,只做直向。

5.2.11 耐人造光色牢度试验按 GB/T 8427 方法 3 执行。

5.2.12 起球试验按 GB/T 4802.1 执行。其中压力为 780 cN,起毛次数 0 次,起球次数 600 次。评级按 GSB 16-1523—2002 评定。

5.2.13 甲醛含量试验按 GB/T 2912.1 执行。

5.2.14 pH 值试验按 GB/T 7573 执行。

5.2.15 异味试验按 GB 18401 执行。

5.2.16 可分解芳香胺染料试验按 GB 18401 执行。

5.2.17 纤维含量试验按 GB/T 2910、GB/T 2911、FZ/T 01057.1~01057.11、FZ/T 01095、FZ/T 01026 执行。

5.2.18 纹路歪斜试验按 GB/T 14801 执行。

5.2.19 色差评级按 GB 250 评定。

6 判定规则

6.1 外观质量

外观质量按品种、色别、规格尺寸计算不符品等率。凡不符品等率在 5.0% 及以内者,判定该批产品合格;不符品等率在 5.0% 以上者,判该批产品不合格。

6.2 内在质量

6.2.1 弹子顶破强力、接缝强力、水洗后扭曲率、起球、甲醛含量、pH 值、异味、可分解芳香胺染料、纤维含量检验结果合格者判定该批产品合格,不合格者判定该批产品不合格。

6.2.2 水洗尺寸变化率、干洗尺寸变化率以全部试样的算术平均值作为检验结果,合格者判定该批产品合格,不合格者判定该批产品不合格。若同时存在收缩与倒涨试验结果时,以收缩(或倒涨)的两件试样的算术平均值作为检验结果,合格者判定该批产品合格,不合格者判定该批产品不合格。

6.2.3 耐洗色牢度、耐干洗色牢度、耐水色牢度、耐汗渍色牢度、耐摩擦色牢度、印花耐洗色牢度、印花耐摩擦色牢度、耐人造光色牢度检验结果合格者判定该批产品合格,不合格者分色别判定该批产品不合格。

6.3 复验

6.3.1 任何一方对所检验的结果有异议时,在规定期限内对所有异议的项目,均可要求复验。

6.3.2 提请复验时,应保留提请复验数量的全部。

6.3.3 复验时检验数量为初验时的数量,复验的判定规则按 6.1、6.2 规定执行,判定以复验结果为准。

7 标志、包装、运输和贮存

7.1 产品使用说明按 GB 5296.4 及 GB 18401 规定执行。

7.2 产品包装按 GB/T 4856 或协议执行。

7.3 产品运输应防潮、防火、防污染。

7.4 产品应放在阴凉、通风、干燥、清洁库房内,并防蛀、防霉。

ICS 59.080.30
W 63

中华人民共和国纺织行业标准

FZ/T 73027—2008

针织经编花边

Knitted warp lace

2008-04-23 发布

2008-10-01 实施

中华人民共和国国家发展和改革委员会   发 布

前　言

　　本标准技术要求中的安全指标采用 GB 18401—2003《国家纺织产品基本安全技术规范》，其他要求结合针织经编花边产品的实际情况而制定的。

　　本标准由中国纺织工业协会提出。

　　标准由全国纺织品标准化技术委员会针织品分会归口。

　　本标准起草单位：国家针织产品质量监督检验中心、福建省纤维检验所、福建东龙针纺有限公司、福建省长乐市欣美针纺有限公司、晋江市百宏经编实业有限公司。

　　本标准主要起草人：林登光、卫敏、王新丽、虞学锋、林朝旺、郑自建、吴金銝。

　　本标准首次发布。

针织经编花边

1 范围

本标准规定了针织经编花边(含针织经编花边面料)的术语和定义、产品分类、要求、试验方法、判定规则、包装和产品使用说明。

本标准适用于鉴定针织经编花边成品(包括弹性针织经编花边和非弹性针织经编花边)的品质。

2 规范性引用文件

下列文件中的条款通过本标准的引用而成为本标准的条款。凡是注日期的引用文件,其随后所有的修改单(不包括勘误的内容)或修订版均不适用于本标准,然而,鼓励根据本标准达成协议的各方研究是否可使用这些文件的最新版本。凡是不注日期的引用文件,其最新版本适用于本标准。

GB 250 评定变色用灰色样卡

GB/T 2910 纺织品 二组分纤维混纺产品定量化学分析方法

GB/T 2911 纺织品 三组分纤维混纺产品定量化学分析方法

GB/T 3920 纺织品 色牢度试验 耐摩擦色牢度

GB/T 3921.1 纺织品 色牢度试验 耐洗色牢度:试验1

GB/T 3922 纺织品 耐汗渍色牢度试验方法

GB/T 4856 针棉织品包装

GB 5296.4—1998 消费品使用说明 纺织品和服装使用说明

GB/T 8170 数值修约规则

GB/T 8628 纺织品 测定尺寸变化的试验中织物试样和服装的准备、标记及测量

GB/T 8629 纺织品 试验用家庭洗涤和干燥程序

GB/T 8630 纺织品 洗涤和干燥后尺寸变化的测定

GB/T 8878 棉针织内衣

GB/T 14801 机织物与针织物纬斜和弓纬试验方法

GB 18401—2003 国家纺织产品基本安全技术规范

FZ/T 01026 四组分纤维混纺产品定量化学分析方法

FZ/T 01053 纺织品 纤维含量的标识

FZ/T 01057(所有部分) 纺织纤维鉴别试验方法

FZ/T 01095 纺织品 氨纶产品纤维含量的试验方法

FZ/T 70006 针织物拉伸弹性回复率试验方法

FZ/T 70010 针织物平方米干燥重量的测定

3 术语和定义

下列术语和定义适用于本标准。

3.1

花高 pattern depth

针织经编花边沿编织方向一个完整循环花型之间的距离。

3.2

花边宽度 pattern width

针织经编花边垂直于花边编织方向,花形两侧最高点平行线之间的距离。

4 产品分类

4.1 针织经编花边按织物底网中是否含有弹性纤维分为弹性针织经编花边和非弹性针织经编花边。

4.2 针织经编花边按花边宽度分为花边和花边面料,幅宽小于 80 cm 的为花边,幅宽大于或等于80 cm 的为花边面料。

5 要求

5.1 要求内容

针织经编花边要求分为内在质量和外观质量。内在质量包括纤维含量、平方米干燥质量、单位长度质量、弹子顶破强力、水洗尺寸变化率、水洗后散边、弹性伸长率、耐洗色牢度、耐汗渍色牢度、耐摩擦色牢度、耐水色牢度、耐唾液色牢度、甲醛含量、pH 值、可分解芳香胺染料、异味;外观质量分为规格尺寸偏差率、色差、纹路歪斜、局部性疵点和散布性疵点等项指标。

5.2 评等规定

5.2.1 针织花边以卷(或匹)为单位,质量等级分为优等品、一等品、合格品。按内在质量和外观质量检验结果最低一项评等。

5.2.2 内在质量各项指标以检验结果最低一项作为该批产品的评等依据。评等规定见表1。

表 1 内在质量评等规定

项　　目			优等品	一等品	合格品
纤维含量偏差/%			按 FZ/T 01053 规定执行		
平方米干燥质量偏差/%			±6	±10	±15
单位长度干燥质量偏差/%			±6	±8	±15
弹子顶破强力/N		≥	90	70	
水洗尺寸变化率/%	直向		±3	±4	±6
	横向				
水洗后散边			不允许	不允许	轻微
弹性伸长率/%		≥	160	140	120
染色牢度/级 ≥	耐洗色牢度	变色	4	3—4	3
		沾色	3—4	3	3
	耐(酸、碱)汗渍色牢度	变色	4	3—4	3
		沾色	3—4	3	3
	耐摩擦色牢度	干摩	4	3—4	3
		湿摩	3—4	3	3
耐水色牢度/级			不分品等,根据产品用途确定安全技术类别,按 GB 18401—2003 规定执行		
耐唾液色牢度/级					
甲醛含量/(mg/kg)					
pH 值					
可分解芳香胺染料/(mg/kg)					
异味					

注1：花边考核单位长度干燥质量允许偏差,花边面料考核平方米干燥质量允许偏差。

注2：花边幅宽小于 6 cm,或者弹性针织经编花边在弹子动程范围内顶不破者,或者镂空网眼组织试验时弹子头滑脱者不考核弹子顶破强力。

注3：幅宽小于 5 cm 的花边不考核宽度方向水洗尺寸变化率。

注4：弹性伸长率只考核弹性针织花边的长度方向,非弹性花边不考核。

5.2.3 外观质量以卷(或匹)为单位,按规格尺寸偏差率、色差、纹路歪斜、局部性疵点、散布性疵点的评等来决定,在同一卷(或匹)产品上发现不同品等的外观疵点时,按最低品等评定。评等规定见表2。

表 2 外观质量评等规定

项　　目		优等品		一等品		合格品	
		花边	花边面料	花边	花边面料	花边	花边面料
规格尺寸偏差率/%	花边宽度	±3	±3	±5	±5	±8	±8
	花高	±3	±3	±5	±5	±8	±8
同卷(或匹)色差/级 ≥		4—5		4			
同批色差/级 ≥		4		3—4			
纹路歪斜/%		4		6		9	
局部性疵点/(只/m) ≤		0.10	0.20	0.25	0.40	0.40	0.50
散布性疵点		不允许		轻微		明显	

5.2.4 外观疵点按其对使用性能的影响程度与出现状态不同,分局部性疵点与散布性疵点两种,分别予以评等。花边的外观局部性疵点结辫和散布性疵点评等规定见表3,花边面料的外观局部性疵点结辫和散布性疵点评等规定见表4。

表 3 花边的外观局部性疵点结辫和散布性疵点评等规定

疵点类别	疵点名称	局部性疵点结辫			散布性疵点		开剪或说明
		优等品	一等品	合格品	一等品	合格品	
原料疵点	毛丝、缰丝、粗细丝、污渍丝	轻微,直向 1 cm～5 cm		明显,直向 1 cm～5 cm	轻微	明显	毛丝两条以上加降一等,间距 2.5 cm 以内算一条
	丝拉紧、油针、毛针	轻微,直向 1 cm～5 cm		明显,直向 1 cm～5 cm	轻微	明显	油针、毛针两条以上加降一等,间距 2.5 cm 以内算一条
织造疵点	停车痕	轻微,直向 15 cm		明显,1 cm～15 cm	不允许	明显	平摊看不出不计
	漏针、坏针	1 针～3 针,12 cm 以内			不允许	不允许	—
	断纱	直向 10 cm 以内			不允许	不允许	超过 10 cm 开剪
	破洞	直向 2 cm 以内			不允许	不允许	超过 2 cm 开剪
	错花	直向 10 cm 以内			不允许	不允许	超过 10 cm 开剪
	大结头	轻微		明显,2 mm～5 mm	不允许	明显	平摊看不出不计
	错原料	不允许			不允许	不允许	—
染整疵点	色花	不允许	轻微,直向 50 cm	明显,直向 50 cm	不允许	轻微	严重者另行处理
	污渍	轻微,0.5 cm～15 cm 明显,0.5 cm～5 cm		明显,5 cm～10 cm	不允许	轻微	严重土污渍者开剪
	定型色档	不允许	轻微,直向 15 cm	明显,直向 15 cm	不允许	轻微	—

533

表 3（续）

疵点类别	疵点名称	局部性疵点结辫			散布性疵点		开剪或说明
		优等品	一等品	合格品	一等品	合格品	
染整疵点	边疵（脱边、环边、双边、卷边、荷叶边）	轻微，直向 10 cm	轻微，直向 20 cm	明显，直向 10 cm	不允许	不允许	直向超过 20 cm、横向超过 3 cm 者开剪

注1：凡平摊看不出者不作计疵处理。凡表中未规定的疵点，可参照相似疵点酌情处理。
注2：测量外观疵点时以最大长度计量。
注3：局部性疵点每处结辫一个。外观疵点距针刺 1 cm 内，不予结辫。
注4：轻微疵点：疵点在直观上不明显，通过仔细辩认才可看到。
注5：明显疵点：不影响总体效果，但能目测到疵点的存在。
注6：显著疵点：破损性疵点和明显影响总体效果的疵点。
注7：分条疵点：烂边、毛边、牙不均匀等每出现 1 处计 1 个疵点。
注8：剪线线头：长度应在 5 mm 以内，超过者计 1 处疵点。

表 4 花边面料的外观局部性疵点结辫和散布性疵点评等规定

疵点类别	疵点名称	局部性疵点结辫			散布性疵点		开剪或说明
		优等品	一等品	合格品	一等品	合格品	
原料疵点	毛丝、缰丝、粗细丝、污迹丝	轻微，直向 1 cm～50 cm		明显，直向 1 cm～50 cm	轻微	明显	油针、毛针、毛丝二条以上加降一等，间距 2.5 cm 以内算一条
织造疵点	丝拉紧、油针、毛针	轻微，直向 1 cm～50 cm		明显，直向 1 cm～50 cm	轻微	明显	油针、毛针、毛丝二条以上加降一等，间距 2.5 cm 以内算一条
	停车痕	轻微，直向 15 cm		明显，1 cm～15 cm	不允许	明显	平摊看不出不计
	漏针、坏针	1 针～3 针，25 cm 以内			不允许	不允许	—
	断纱	直向 10 cm 以内			不允许	不允许	超过 20 cm 开剪
	破洞	直径 3 cm 以下			不允许	不允许	3 cm 内有若干破洞同时存在仍作一处计算，破洞引起的漏针、坏针在 10 cm 以内不计，超过者作漏针、坏针计
	错花	直向 10 cm 以内			不允许	不允许	超过 10 cm 开剪
	大结头	轻微		明显，2 mm～5 mm	不允许	明显	平摊看不出不计
	错原料	不允许			不允许	不允许	—
染整疵点	色花	不允许	轻微，直向 50 cm	明显，直向 50 cm	不允许	轻微	严重者另行处理
	色渍、油渍、土污迹	轻微，0.5 cm～20 cm 明显，0.5 cm～10 cm		明显，10 cm～15 cm	不允许	轻微	浅淡土污渍不予结辫

表 4（续）

疵点类别	疵点名称	局部性疵点结辫			散布性疵点		开剪或说明
		优等品	一等品	合格品	一等品	合格品	
染整疵点	定型色档	不允许	轻微,直向 15 cm	明显,直向 50 cm	不允许	轻微	—
	边疵(脱边、环边、双边、卷边、荷叶边)	轻微,直向 10 cm	轻微,直向 20 cm	明显,直向 20 cm	不允许	不允许	直向超过 20 cm、横向超过 5 cm 者开剪
注 1：凡平摊看不出者不作计疵处理。凡表中未规定的疵点,可参照相似疵点酌情处理。							
注 2：测量外观疵点时以最大长度计量。							
注 3：局部性疵点每处结辫一个。外观疵点距针刺 1 cm 内,不予结辫。							
注 4：轻微疵点：疵点在直观上不明显,通过仔细辩认才可看到。							
注 5：明显疵点：不影响总体效果,但能目测到疵点的存在。							
注 6：显著疵点：破损性疵点和明显影响总体效果的疵点。							

5.2.5 局部性疵点,按表 3、表 4 规定范围结辫放码,每个放码 10 cm。

6 试验方法

6.1 内在质量试验方法

6.1.1 试验取样规定

6.1.1.1 按交货批分品种、规格、色别随机抽样,取样应满足所有试验用的足够数量(其中水洗尺寸变化率试验取样 700 mm 全幅 3 块)。

6.1.1.2 取样距布头至少 1.5 m,所取试样不允许有影响试验结果的疵点。

6.1.1.3 弹子顶破强力、水洗尺寸变化率、弹性伸长率试验时,将试样在常温下展平放置 20 h,然后在实验室温度 20℃±2℃,相对湿度 65%±3% 的条件下,放置 4 h 后进行试验。

6.1.2 纤维含量试验按 FZ/T 01057、GB/T 2910、GB/T 2911、FZ/T 01026、FZ/T 01095 等规定执行。

6.1.3 平方米、单位长度干燥质量试验：平方米干燥质量试验按 FZ/T 70010 规定执行。单位长度干燥质量试验按花边整个幅宽,沿长度方向按一个或若干个完整花型均匀取 3 块,量取长度,烘干称量并计算其单位长度干燥质量。不均匀结构花边面料的平方米干燥质量可采用单位长度干燥质量试验的方法取样,量取样品的长度和宽度,烘干称量并计算其平方米干燥质量。

6.1.4 弹子顶破强力试验：按 GB/T 8878 规定执行。

6.1.5 水洗尺寸变化率、水洗后散边试验

6.1.5.1 试样的准备：按 GB/T 8628 规定执行,样品数量为 3 块,水洗尺寸变化率与水洗后散边试验采用相同样品。洗涤后花边的边结构严重破坏者为散边,不影响使用的散边为轻微散边。

6.1.5.2 试验操作：按 GB/T 8629 中的 5A 程序规定执行,其中干燥方法采用方法 C：平摊晾干。

6.1.5.3 试验后测量按 GB/T 8630 规定执行,以 3 块试样的平均值作为试验结果,若结果中有涨有缩,则分别计算,分别报告其结果。

6.1.6 拉伸弹性伸长率试验：按 FZ/T 70006 规定执行。
  弹性伸长率为定力一次拉伸弹性伸长率,定力值按每 10 mm 加 1 N。

6.1.7 耐洗色牢度试验：按 GB/T 3921.1 执行。

6.1.8 耐汗渍色牢度试验：按 GB/T 3922 规定执行。

6.1.9 耐摩擦色牢度试验：按 GB/T 3920 规定执行,只做直向。

6.1.10 耐水色牢度、耐唾液色牢度、甲醛含量、pH 值、可分解芳香胺染料、异味试验根据产品用途按

GB 18401—2003 规定执行。

6.1.11 数值计算结果按 GB/T 8170 规定修约。

6.2 外观质量检验方法

6.2.1 检验规则

6.2.1.1 外观质量检测方法采用目测。

6.2.1.2 外观质量按交货批号分品种、规格、色别随机抽样,抽样数量不少于2%,但不少于2卷(或匹)。

6.2.2 检验条件

外观质量检验以产品正面为主,采用验布机检验或在水平检验台上进行,采用正常白昼北光或日光灯照明,照度不低于 750 lx,目光与布面距离 60 cm 左右。验布机车速为 16 m/min～18 m/min。

6.2.3 规格尺寸检验

6.2.3.1 工具:钢直尺或钢卷尺,其长度需大于试样的幅宽,精度为 0.1 cm。

6.2.3.2 试验操作:测量花高和花边宽度时,各测量 5 处,分别求得其偏差,以偏差绝对值计算其算术平均值作为结果,修约至一位小数。

6.2.4 色差检验

按 GB 250 规定执行。

6.2.5 纹路歪斜检验

按 GB/T 14801 规定执行。

6.2.6 开剪规定

6.2.6.1 1 m 内允许结辫3个。

6.2.6.2 花边开剪规定按表3;花边面料开剪规定按表4。

6.2.6.3 直向 10 cm 之内,有 3 个破损性疵点(如破洞、漏针、坏针、断纱等)同时存在时,应开剪。

6.2.6.4 严重影响外观质量的其他疵点(如密集的深油污、色渍等),应根据实际情况开剪。

6.2.6.5 假开剪:凡是应开剪的,不开剪作假开剪处理,每匹允许 2 处。

6.2.7 拼匹与放码规定

6.2.7.1 以 100 m 为 1 卷,面料以 10 段为限,花边 8 段为限,每段不少于 5 m,每开剪 1 处放码 20 cm。

6.2.7.2 机头布每匹放码 10 cm,拼匹每段放码 10 cm,拼匹比例按协议规定。

6.2.7.3 拼匹应同原料、同花型、同幅宽、同色泽、同等级。

6.2.7.4 按质量计算的,其拼匹与放码规定可根据其实际宽度及放码长度换算成相应的质量。

7 判定规则

7.1 外观质量按品种、规格、色别计算不符品等率。不符品等率在5%及以内者,判定该批产品合格,否则判该批产品不合格。

7.2 内在质量按品种、规格、色别判定,各项指标均合格者,判定该批产品合格,否则判定该批产品不合格。

8 包装和产品使用说明

8.1 包装:按 GB/T 4856 或协议执行。

8.2 产品使用说明:每个包装单元应附使用说明,产品使用说明按 GB 5296.4—1998 规定执行。其中产品规格为:幅宽×长度×平方米干燥质量(或单位长度干燥质量)。

8.3 用户有特殊要求者,供需双方另定协议。

ICS 59.080.30
W 63

中华人民共和国纺织行业标准

FZ/T 73028—2009

针织人造革服装

Knitted artificial leather garment

2009-11-17 发布
2010-04-01 实施

中华人民共和国工业和信息化部　发 布

前　言

本标准由中国纺织工业协会提出。

本标准由全国纺织品标准化技术委员会针织品分技术委员会归口(SAC/TC 209/SC 6)。

本标准起草单位:深圳市计量质量检测研究院、国家针织产品质量监督检测中心。

本标准主要起草人:滕万红、杨志敏、梁海保、陈国强、邢志贵。

针 织 人 造 革 服 装

1 范围

本标准规定了针织人造革服装产品的分类、要求、检验(测试)方法、检验及判定规则、标志、包装、运输和贮存。

本标准适用于以各种针织人造革(以针织布料为基布,以合成树脂为主要原料加工而成)为主要面料,成批生产的各类服装。

2 规范性引用文件

下列文件中的条款通过本标准的引用而成为本标准的条款。凡是注日期的引用文件,其随后所有的修改单(不包括勘误的内容)或修订版均不适用于本标准,然而,鼓励根据本标准达成协议的各方研究是否可使用这些文件的最新版本。凡是不注日期的引用文件,其最新版本适用于本标准。

GB/T 250 纺织品 色牢度试验 评定变色用灰色样卡

GB/T 251 纺织品 色牢度试验 评定沾色用灰色样卡

GB/T 1335(所有部分) 服装号型

GB/T 2910(所有部分) 纺织品 定量化学分析

GB/T 2911 纺织品 三组分纤维混纺产品定量化学分析方法

GB/T 2912.1 纺织品 甲醛的测定 第1部分:游离和水解的甲醛(水萃取法)

GB/T 3920 纺织品 色牢度试验 耐摩擦色牢度

GB/T 3921 纺织品 色牢度试验 耐皂洗色牢度

GB/T 3922 纺织品耐汗渍色牢度试验方法

GB 5296.4 消费品使用说明 纺织品和服装使用说明

GB/T 5713 纺织品 色牢度试验 耐水色牢度

GB/T 7573 纺织品 水萃取液 pH 值的测定

GB/T 8629 纺织品 试验用家庭洗涤和干燥程序

GB/T 8878—2002 棉针织内衣

GB/T 8948 聚氯乙烯人造革

GB/T 8949 聚氨酯干法人造革

GB/T 17592 纺织品 禁用偶氮染料的测定

GB 18401 国家纺织产品基本安全技术规范

FZ/T 01053 纺织品 纤维含量的标识

FZ/T 01057(所有部分) 纺织纤维鉴别试验方法

FZ/T 80002 服装标志、包装、运输和贮存

FZ/T 80004 服装成品出厂检验规则

3 分类

本标准产品按照款式分为上装、下装、全身装:

——上装:西服、夹克衫、猎装、马甲、衬衫等;

——下装:裙、裤等;

——全身装:风衣、大衣等。

4 要求

4.1 使用说明

4.1.1 人造革面料只标注人造革种类,其余产品使用说明按 GB 5296.4 规定执行。

4.1.2 产品的基本安全技术类别按 GB 18401 规定执行。

4.1.3 产品等级划分:优等品、一等品、合格品。

4.2 号型规格

4.2.1 号型按 GB/T 1335(所有部分)规定执行。

4.2.2 成品主要部位规格按 GB/T 1335(所有部分)的有关规定自行设计。规格偏差按表1规定。

表 1 成品主要部位规格偏差 单位为厘米

类 别		优 等 品	一 等 品	合 格 品
长度方向 (衣长、袖长、裤长、裙长)	60 cm 及以上	±1.0	±1.5	±2.5
	60 cm 以下	±1.0	±1.0	±2.0
宽度方向	胸围	±1.5	±2.0	±2.0
	肩宽	±0.6	±0.8	±0.8
	腰围	±1.0	±1.5	±1.5

4.3 原材料

4.3.1 面料

按 GB/T 8949 或有关人造革标准选用适合于服装的面料。面料整体平整光滑,花纹清晰、色泽深浅一致,革面纹理细致均匀,无油腻感。人造革柔软,无脱层、色花、气泡。革层厚薄、粗细、色泽基本一致。

4.3.2 里料

采用与面料的色泽相适宜的里料(特殊设计除外)。

4.3.3 辅料

4.3.3.1 衬布、垫肩:采用与所用人造革面料相适宜的粘合衬和垫肩,其质量应符合相应产品标准的规定。

4.3.3.2 缝线:采用适合所用面辅料的缝线,钉扣线应与扣的色泽相适宜,钉商标线应与商标底色相适宜(装饰线除外)。

4.3.3.3 拉链、钮扣、附件:采用适合所用面料的拉链、钮扣、附件。无残疵,耐用、光滑、松紧适宜。钮扣、附件经洗涤和熨烫后不变形、不变色、不生锈。

4.4 主要部位用料外观质量要求

主要部位用料外观质量要求应符合表2规定,特殊风格的产品除外。

表 2 主要部位用料外观质量要求

部 位 用 料	质 量 要 求
领面	表面光洁,花纹清晰、色泽深浅一致,无残疵
左右前身、裤(裙)前后片	面料花纹清晰、色泽深浅一致、无色差; 不允许存在脱层、气泡、针孔、道痕、料块(焦疤杂质)、布基透油、布折、底基破裂等疵点
后身	与前身颜色深浅适宜,左右摆缝处色差不低于 4-5 级,后身下 1/2 处,不明显的轻微残疵不得超过 2 处
大袖面	表面光洁、细致。与大身颜色差异不低于 4 级。袖底缝两边用料不超过 2 cm 处,有轻微残疵不得超过 2 处。大袖面不允许有疵点
小袖面	与袖面颜色差异不低于 4-5 级,袖缝色差不得低于 4 级
腰头、腰带及配件	与大身用料要求基本相同,表面允许有轻微伤残

4.5 缝制质量

4.5.1 针距密度规定见表3。

表 3 针距密度规定

项　　目		针距密度	备　　注
明暗线	≥	10 针/3 cm	—
包缝线	≥	9 针/3 cm	—
三角针	≥	5 针/3 cm	以单面计算
手工针	≥	7 针/3 cm	用于衣里袖隆不少于9针
锁眼	细线 ≥	12 针/cm	—
	粗线 ≥	9 针/cm	—
钉扣	细线 ≥	6 根线/每眼	缠脚线高度与止口厚度相适宜
	粗线 ≥	8 根线/每眼	

注：装饰线除外。

4.5.2 各部位缝制平服、线路顺直、整齐、牢固、针迹均匀、上下线松紧适宜，起止针处及袋口两端应打回针缉牢。

4.5.3 商标位置端正，号型标志、成分标志、洗涤标志准确清晰。

4.5.4 领子平服，不反翘，领子部位不允许有接线。

4.5.5 绱袖圆顺，前后基本一致。

4.5.6 袋与袋盖方正、圆顺，前后高低一致。袋布的垫料要折光边或包缝。

4.5.7 袖隆、袖缝、底边、袖口、挂面里口、大衣摆缝等部位叠针牢固。

4.5.8 四合扣松紧适宜，上、下扣要对位。挂钩与钩环位置准确，钉扣、钉挂钩须牢固。

4.5.9 绱拉链缉线平服，拉链带顺直，左右高低一致。

4.5.10 领子部位和主要部位不允许跳针，其他部位30 cm内不得超过2处单跳针，链式线迹不允许跳针。

4.5.11 面料表面无针板及送料牙所造成的痕迹；滚条、压条平服，宽窄一致。

4.6 外观质量要求

外观质量要求应符合表4的规定。

表 4 外观质量要求

序号	部位名称	质量要求
1	领子	领面平服，领窝圆顺，左右领尖对称、不翘
2	驳头	串口、驳口顺直，左右驳头宽窄、领嘴大小对称
3	前身	左右对称，面、里、衬平服
4	肩	肩部平服，肩缝顺直，肩省长短一致，左右对称
5	袖	绱袖圆顺，吃势均匀，两袖前后、长短一致，互差不大于0.3 cm，袖口大小（宽度）互差不大于0.3 cm
6	后背、开叉	平服，背（摆）开叉不搅，不豁，平顺，长短相差不大于0.3 cm
7	底边	平服顺直，无倒翘、起皱，折边宽窄一致
8	袢	左右高低、长短、大小一致，不得歪斜，牢固，互差不大于0.3 cm
9	门襟、里襟	顺直平服，门襟不短于里襟，长短相差大于0.3 cm

表 4（续）

序号	部位名称	质 量 要 求
10	摆缝	顺直、平服,衣里松紧适宜
11	口袋	左右袋高低、前后对称,袋盖与袋宽相适应,互差不大于 0.3 cm
12	扣眼	扣与眼位相对,应边距相等,不歪斜,扣眼之间距离相差不大于 0.2 cm
13	腰头	面、里、衬平服,松紧适宜,左右宽窄一致
14	前、后裆	圆顺、平服
15	串带	长短、宽窄一致、位置准确、对称,前后、高低相差不大于 0.3 cm
16	裤腿	两裤腿长短、肥瘦一致,互差不大于 0.3 cm;两裤脚口大小(宽度)互差不大于 0.3 cm
17	夹里	与面料相适应,坐势松紧适宜
注:整体要求应周身平服,松紧适宜,不得打裥、吊紧或拔宽,粘合衬部位不得出现开胶、气泡,整体不得有污迹、烫痕、划破、掉扣、拉链头脱落损坏、严重异味等。		

4.7 整烫质量

4.7.1 表面各部位平服,里子各部位熨烫平服、整洁,无烫黄、水渍、亮光。

4.7.2 覆粘合衬部位不允许有脱胶、渗胶及起皱。

4.8 内在质量要求

4.8.1 内在质量要求见表 5。

表 5　内在质量要求

项　　目		优 等 品	一 等 品	合 格 品
撕裂强力/N	≥	16	16	14
剥离强力/N	≥	15	15	14
低温耐折牢度		—10 ℃,3 千次,表面不裂		
抗粘连性/级	≥	4		
耐碱液水解牢度		表层无龟裂、表里层不分离		
弹子顶破强力/N	≥	220		
原料成分与含量/%		面料按 4.1.1 规定,里料按 FZ/T 01053 规定		
甲醛含量/(mg/kg)	≤	按 GB 18401 规定		
pH 值		按 GB 18401 规定		
耐洗色牢度/级 ≥	变色	4-5	4	3
	沾色	4-5	4	3
耐汗渍色牢度/级 ≥	变色	4	3-4	3
	沾色	4	3-4	3
面料耐摩擦色牢度/级 ≥	干摩(50 次)	4-5		3
	湿摩(10 次)	4-5	4	3
里料耐摩擦色牢度/级 ≥	干摩	4	3-4	3-4
	湿摩	4	3-4	3-4
耐水色牢度/级 ≥	变色	4	3-4	3
	沾色	4	3-4	3
可分解芳香胺染料		按 GB 18401 规定		
注 1:撕裂强力、剥离强力、低温耐折牢度、抗粘连性、耐碱液水解牢度、弹子顶破强力只测面料。				
注 2:耐洗色牢度、耐汗渍色牢度、耐水色牢度只测里料。				
注 3:纤维含量只考核里料,人造革面料只标注人造革的种类。				
注 4:甲醛含量、pH 值、耐摩擦色牢度、可分解芳香胺染料面料及里料均测。				

4.8.2 有喷涂、绣花、印花图案的产品,经洗涤后图案变色不低于4级,图案不脱落。

5 检验(测试)方法

5.1 检验工具

5.1.1 钢卷尺,分度值为1 mm。

5.1.2 评定变色用灰色样卡(GB/T 250)。

5.1.3 评定沾色用灰色样卡(GB/T 251)。

5.2 规格测量

成品主要部位规格测量方法按表6规定,测量部位见图1。

表6 成品主要部位规格测量方法

类别	序号	部位	测量方法
上衣	1	衣长	由前身左肩缝最高处垂直量到底边,或由后领窝中间垂直量至底边
	2	袖长	圆袖:由肩袖缝的交点量至袖口边中间; 连肩袖:由后领中间沿肩袖交叉点量至袖口边中间
	3	胸围	扣好钮扣或拉上拉链,前后身摊平,沿袖窿底缝水平横量(周围计算)
	4	总肩宽	由肩袖缝的交叉点摊平横量(连肩袖不考核)
	5	领大	领子摊平横量,立领量上口,其他领子量下口(特殊领口除外)
裙子	6	裙长	短裙:由腰上口沿裙侧缝垂直量至底边
	7	裙腰围	短裙:扣上挂钩(钮扣)沿腰宽中间横量(周围计算)
裤子	8	裤长	由腰上口沿裤侧缝垂直量至裤脚口
	9	腰围	扣上裤钩(钮扣)沿腰宽中间横量(周围计算)

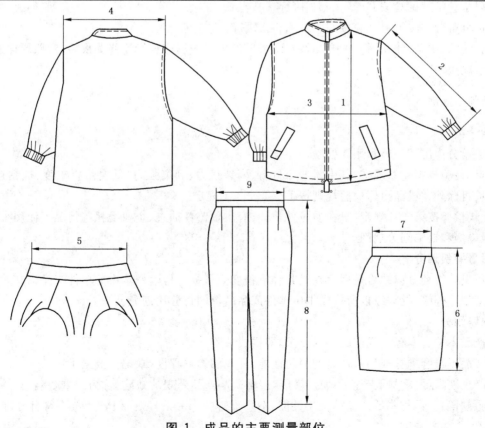

图1 成品的主要测量部位

5.3 外观质量

5.3.1 原材料及成品主要部位用料按 4.3、4.4 规定。

5.3.2 成品测定色差程度时,入射光与织物表面约成 45°角,观察方向大致垂直于产品表面,距离 60 cm 目测,并按表 2 规定与 GB/T 250 样卡对比。

5.3.3 成品的缝制质量按 4.5 规定。

5.3.4 成品的外观质量按 4.6 规定。

5.3.5 成品的整烫质量按 4.7 规定。

5.4 内在质量

5.4.1 撕裂强力、剥离强力、抗粘连性试验按 GB/T 8949 的有关规定执行。

5.4.2 低温耐折牢度试验按 GB/T 8948 的有关规定执行。

5.4.3 耐碱液水解牢度:制取 3 块尺寸为 4 cm×6 cm 的试样。将待测试样和温度为 21°~25 ℃、浓度 为 5% 的氢氧化钠溶液一起放入玻璃平底容器中。必要时通过在试样上添加额外的质量使待测试样完 全浸入溶液中。然后将所有的样本置于室温下 24 h。从溶液中取出试样,用去离子水冲洗干净,室温 下晾干后观察试样的变化。

5.4.4 弹子顶破强力试验按 GB/T 8878 中 5.4.1 执行。

5.4.5 面料成分及里料纤维成分和含量试验按 GB/T 2910(所有部分)、GB/T 2911、FZ/T 01057(所 有部分)等执行。

5.4.6 甲醛含量试验按 GB/T 2912.1 执行。

5.4.7 pH 值试验里料按 GB/T 7573 执行。

5.4.8 耐洗色牢度试验按 GB/T 3921 执行。

5.4.9 耐汗渍色牢度试验按 GB/T 3922 执行。

5.4.10 耐摩擦色牢度试验按 GB/T 3920 执行。

5.4.11 耐水色牢度试验按 GB/T 5713 执行。

5.4.12 可分解芳香胺染料试验按 GB/T 17592 执行。

5.4.13 有喷涂、绣花、印花图案的产品按 GB/T 8629 中 5A 程序连续洗涤 3 次后,对照原样进行评定, 其中变色情况按 GB 250 评定。

6 检验及判定规则

6.1 检验分类

成品检验分为出厂检验和型式检验。

6.1.1 出厂检验按第 4 章规定,其中 4.3 原材料、撕裂强力、剥离强力、低温耐折牢度、抗粘连性、弹子 顶破强力项目除外。成品出厂检验规则按 FZ/T 80004 规定。

6.1.2 型式检验按第 4 章规定(只在质量仲裁、政府质量监督抽查、企业委托等情况下使用)。

6.2 质量等级和缺陷划分规则

6.2.2 质量等级划分

成品质量等级划分以缺陷是否存在及其轻重程度为依据。检验样本中的单件产品以缺陷的数量及 其轻重程度划分等级,批等级以所检样本中单件产品品等的百分比划分。

6.2.2 缺陷划分

单件产品不符合本标准规定的技术要求,即构成缺陷。

按照产品不符合本标准和对产品的使用性能、外观的影响程度,缺陷分成三类:

a) 严重缺陷:严重降低产品的使用性能,严重影响产品外观的缺陷,称为严重缺陷。

b) 重缺陷:不严重降低产品的使用性能,不严重影响产品的外观,但较严重不符合标准规定的缺 陷,称为重缺陷。

    c) 轻缺陷:不符合标准的规定,但对产品的使用性能和外观影响较小的缺陷,称为轻缺陷。

6.2.3 质量缺陷判定

质量缺陷判定依据见表7。

表7 质量缺陷判定

项目	序号	轻 缺 陷	重 缺 陷	严 重 缺 陷
使用说明	1	商标不端正,明显歪斜;钉商标线与商标底色的色泽不相适宜	使用说明内容不准确	使用说明内容缺项
外观质量	2	领型左右不一致,互差 0.6 cm 以上,领窝轻微起兜,底领外露	领窝严重起兜	—
	3	衣里熨烫不平服,熨烫有亮光	轻微烫黄,变色	变质,残破
	4	表面有长于 1.0 cm 的死线头 3 根以上,有轻度污渍	有明显污渍,污渍＞2.0 cm²;水花＜4.0 cm²	有严重污渍,污渍大于 30 cm²
	5	领子不平服、领面松紧不适宜	领面有疵点	—
	6	领子止口不顺直,止口反吐;领尖长短不一致,互差 0.3 cm～0.5 cm;绱领不平服,绱领偏斜 0.6 cm～0.9 cm	领角长短互差大于 0.5 cm,绱领偏斜大于 1.0 cm,绱领严重不平服	领角毛出
	7	缝制线路不顺直,宽窄不均匀,不平服,毛脱漏＜1.0 cm,接线处明显双轨＞1.0 cm,起落针处没有回针;30 cm 有两处单跳针,上下线轻度松紧不适宜	1.0≤毛脱漏＜2.0 cm,上下线松紧严重不适宜,影响牢度	毛、脱、漏≥2.0 cm,链式线路跳线、断线、破损
	8	压领线、滚条、宽窄不一致,下炕,反面线距大于 0.4 cm 或上炕	后领圈与挂面的外口漏毛茬	—
	9	门、里襟不顺直,不平服,长短互差 0.4 cm～0.6 cm,门襟短于里襟	门、里襟有钉眼或拆痕,长短互差大于 0.7 cm	—
	10	后背、背(摆)叉又不平顺	—	—
	11	裤门里襟长短互差大于 0.3 cm;门襟止口明显反吐,装拉链明显不平服	—	—
	12	裤(裙)腰头左右宽窄互差大于 0.5 cm	裤侧缝、裙缝吃抻明显不平服	—
	13	四合扣上扣与下扣互差大于 0.3 cm	四合扣按开过松或过紧	—
	14	里料钉眼外露(布边)不长于 3 cm	面料钉眼外露(布边)不长于 1 cm,里料钉眼外露(布边)长于 3 cm	—
	15	口袋歪斜;不平服;辑线明显宽窄;左右口袋高低大于 0.4 cm,前后大于 0.6 cm;袋盖及贴袋大小不适宜	—	—
	16	装拉链不平服,露牙不一致	装拉链明显不平服	—
	17	裤侧袋口明显不平服、不顺直,袋口大小互差大于 0.5 cm	袋口角明显毛碴	—
	18	两裤腿长短不一致,互差大于 0.5 cm;裤脚口左右大小不一致,互差大于 0.4 cm	两裤腿长短不一致,互差大于 1.0 cm;裤脚口左右大小不一致,互差大于 0.6 cm	—

表 7（续）

项目	序号	轻 缺 陷	重 缺 陷	严 重 缺 陷
外观质量	19	绱袖：不圆顺，吃势不均匀；前后不适宜；袖底十字缝错位，大于 0.7 cm	—	—
	20	袖缝不顺直，两袖长短互差大于 0.8 cm	—	—
	21	袖头：左右不对称；止口反吐；宽窄大于 0.3 cm，长短大于 0.6 cm	—	—
	22	袖开叉长短大于 0.5 cm	—	—
	23	肩、袖窿、袖缝、合缝不均匀，倒向不一致，两肩大小互差大于 0.5 cm	两肩大小互差大于 1.0 m	—
	24	底边：折边宽窄不一致，不顺直，轻度倒翘	严重倒翘	—
规格偏差	25	规格超过本标准规定 50% 及以内	规格超过本标准规定 50% 以上	规格超过本标准规定 100% 及以上
辅料	26	线、衬等辅料的色泽与面料不相适应，钉商标线与商标底色的色泽不相适宜，扣与眼位互差≥0.3 cm（包括金属扣），拉链明显不平服、不顺直	扣与眼位互差≥0.6 cm（包括金属扣），拉链宽窄互差＞0.5 cm	钮扣、金属扣（包括附件等）脱落，金属件锈蚀，拉链缺齿，拉链锁头脱落，上述配件在洗涤试验后出现脱落或锈蚀
主要部位用料	27	—	存在本标准表 2 规定的不允许存在的疵点	使用粘合衬部位脱胶、渗胶、起皱
色差	28	表面部位色差不符合本标准规定的 1 级以内	表面部位色差超过本标准规定 1 级以上	—
扣、配件	29	扣间距互差≥0.5 cm，偏斜≥0.3 cm	四合扣按开松紧不适宜	—
针距	30	低于本标准规定 2 针以内（含 2 针）	低于本标准规定 2 针以上	
洗后外观	31	—	—	不符合 4.8.2 规定

注 1：以上各缺陷按序号逐项累计计算。
注 2：本规则未涉及到的缺陷可根据标准规定，参照规则相似缺陷酌情判定。
注 3：凡属丢工、少序、错序，均为重缺陷；缺件为严重缺陷。

6.3 抽样规定

抽样数量按产品批量：

——500 件（套）及以下抽验 10 件（套）。

——500 件（套）以上至 1 000 件（套）[含 1 000 件（套）]抽验 20 件（套）。

——1 000 件（套）以上抽验 30 件（套）。

6.4 判定规则

6.4.1 单件（样本）判定

优等品：严重缺陷数＝0　　重缺陷数＝0　　轻缺陷数≤4

一等品：严重缺陷数＝0　　重缺陷数＝0　　轻缺陷数≤6 或

严重缺陷数＝0　　重缺陷数≤1　　轻缺陷数≤3

合格品:严重缺陷数＝0   重缺陷数＝0   轻缺陷数≤7 或

          严重缺陷数＝0   重缺陷数≤1   轻缺陷数≤4 或

          严重缺陷数＝0   重缺陷数≤2   轻缺陷数≤2

6.4.2 批量判定

内在质量有一项或一项以上不合格,即为该抽验批不合格。

优等品批:样本中的优等品数≥90%,一等品和合格品数≤10%。内在质量达到优等品指标要求。

一等品批:样本中的一等品以上的产品数≥90%,合格品数≤10%(不含不合格品)。内在质量达到一等品指标要求。

合格品批:样本中的合格品以上的产品数≥90%,不合格品数≤10%(不含严重缺陷不合格品)。内在质量达到合格品指标要求。

当外观质量判定与内在质量判定不一致时,执行低等级判定。

6.4.3 抽验中各批量判定数符合上述规定为等级品出厂。

7 标志、包装、运输和贮存

成品的标志、包装、运输和贮存按 FZ/T 80002 执行。

_____

ICS 59.080.30
W 63

中华人民共和国纺织行业标准

FZ/T 73029—2009

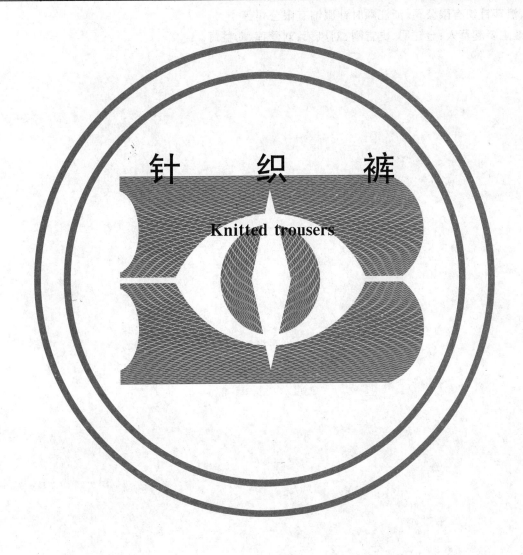

针 织 裤

Knitted trousers

2009-11-17 发布　　　　　　　　　　　　2010-04-01 实施

中华人民共和国工业和信息化部　　发 布

FZ/T 73029—2009

前　言

本标准由中国纺织工业协会提出。

本标准由全国纺织品标准化技术委员会针织品分技术委员会(SAC/TC 209/SC 6)归口。

本标准主要起草单位:浙江嘉梦依袜业有限公司、浙江耐尔集团有限公司、国家针织产品质量监督检验中心、浪莎针织有限公司、浙江顺时针服饰有限公司等。

本标准主要起草人:金建明、史吉刚、刘凤荣、刘爱莲、龚益辉。

针 织 裤

1 范围

本标准规定了针织裤(九分裤、七分裤、五分裤)的术语和定义、产品分类、要求、检验规则、判定规则、产品使用说明、包装、运输和贮存。

本标准适用于鉴定纯化纤、棉与化纤交织或毛(混纺纱)与化纤交织针织裤(九分裤、七分裤、五分裤)的品质。其他纤维的针织裤可参照执行。

2 规范性引用文件

下列文件中的条款通过本标准的引用而成为本标准的条款。凡是注日期的引用文件,其随后所有的修改单(不包括勘误的内容)或修订版均不适用于本标准,然而,鼓励根据本标准达成协议的各方研究是否可使用这些文件的最新版本。凡是不注日期的引用文件,其最新版本适用于本标准。

GB/T 250 纺织品 色牢度试验 评定变色用灰色样卡(GB/T 250—2008,ISO 105-A02:1993,IDT)

GB/T 251 纺织品 色牢度试验 评定沾色用灰色样卡(GB/T 251—2008,ISO 105-A03:1993,IDT)

GB/T 2910(所有部分) 纺织品 定量化学分析

GB/T 2912.1 纺织品 甲醛的测定 第 1 部分:游离和水解的甲醛(水萃取法)

GB/T 3920 纺织品 色牢度试验 耐摩擦色牢度(GB/T 3920—1997,eqv ISO 105-X12:1993)

GB/T 3921 纺织品 色牢度试验 耐皂洗色牢度 (GB/T 3921—2008,ISO 105-C01:2006,MOD)

GB/T 3922 纺织品耐汗渍色牢度试验方法(GB/T 3922—1995,eqv ISO 105-E04:1994)

GB/T 4802.3 纺织品 织物起球法试验 起球箱法

GB/T 4856 针棉织品包装

GB 5296.4 消费品使用说明 纺织品和服装使用说明

GB/T 5713 纺织品 色牢度试验 耐水色牢度(GB/T 5713—1997,eqv ISO 105-E01:1994)

GB/T 7573 纺织品 水萃取液 pH 值的测定

GB/T 8170 数值修约规则与极限数值的表示和判定

GB 18401 国家纺织产品基本安全技术规范

GB/T 18886 纺织品 色牢度试验 耐唾液色牢度

GSB 16-1523—2002 针织物起毛起球样照

GSB 16-2159—2007 针织产品标准深度样卡(1/12)

FZ/T 01053 纺织品 纤维含量的标识

FZ/T 01057(所有部分) 纺织纤维鉴别试验方法

FZ/T 01095 纺织品氨纶产品纤维含量的试验方法

3 术语和定义

下列术语和定义适用于本标准。

3.1

针织九分裤 knitted ankle length trousers

腿部无拼缝、无绷缝,下裤口穿到人体脚踝处的裤子。

3.2

针织七分裤 knitted three-quarter trousers

腿部无拼缝、无绷缝,下裤口穿到人体膝盖下的裤子。

3.3

针织五分裤 knitted half-length trousers

无拼缝、无绷缝,下裤口穿到人体膝盖上的裤子。

4 产品分类

产品按原料分为:弹力锦纶(涤纶)丝/氨纶包芯纱、棉/氨纶包芯纱、毛(混纺纱)/氨纶包芯纱、氨纶包芯纱(俗称天鹅绒)及其他纤维的产品。

5 要求

5.1 要求内容

要求分为外观质量和内在质量两个方面,外观质量包括规格尺寸及公差、表面疵点、缝制要求。内在质量包括直向延伸值、横向延伸值、纤维含量、甲醛含量、pH 值、耐皂洗色牢度、耐水色牢度、耐汗渍色牢度、耐摩擦色牢度、耐唾液色牢度、起球、异味、可分解芳香胺染料等项指标。

5.2 分等规定

针织裤的质量定等以条为单位,分为一等品、合格品。针织裤的质量分等,外观质量按条评等,内在质量按批评等,两者结合按最低品等定等。

5.3 外观质量要求和分等规定

5.3.1 针织裤各部位名称规定见图1。

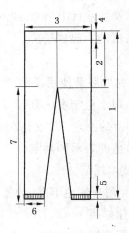

1——总长;

2——直裆;

3——腰宽;

4——腰高;

5——下口高;

6——下口宽;

7——裤筒长。

图 1 针织裤各部位名称规定

5.3.2 规格尺寸及公差见表1～表3。

表 1 弹力锦纶(涤纶)丝/氨纶包芯纱针织裤规格尺寸及公差　　单位为厘米

类别		总长≥	直裆	直裆公差	腰高≥	腰宽≥	下口高≥	下口宽	下口宽公差
130 cm～150 cm	九分裤	65						6.5	±1
	七分裤	58	20	-3	2	17	1	8.5	
	五分裤	26						10	+2 -1
150 cm～175 cm	九分裤	75		-3				8	±1
	七分裤	65	24		3	22	2	10	
	五分裤	34		-2				12	+2 -1

表 2 棉、毛(混纺纱)/氨纶包芯纱针织裤规格尺寸及公差　　单位为厘米

类别		总长≥	总长公差	直裆	直裆公差	腰高≥	腰宽≥	下口高≥	下口宽	下口宽公差
130 cm～150 cm	九分裤	68	-4	24	-2	2	22	1	6.5	±1
	七分裤	60							8	
	五分裤	28	8						9.5	
150 cm～175 cm	九分裤	85	-5	28	-2	3	28	2	8	+2 -1
	七分裤	70							9.5	
	五分裤	36	-3						12	

表 3 氨纶包芯纱(天鹅绒)针织裤规格尺寸及公差　　单位为厘米

类别		总长≥	腰高≥	腰宽≥	下口高≥	下口宽	下口宽公差
130 cm～150 cm	九分裤					6.5	±1
	七分裤	—	1	17	0.8	8.5	
	五分裤	—				10	+2 -1
150 cm～175 cm	九分裤	—				8	±1
	七分裤	—	2	22	1.5	10	
	五分裤	—				12	+2 -1

5.3.3 规格尺寸分等规定见表4。

表 4 规格尺寸分等规定　　单位为厘米

项目		一等品	合格品
总长	弹力锦纶(涤纶)丝/氨纶包芯纱针织裤		-3.5
	棉/氨纶包芯纱针织裤		-3
	毛(混纺毛)/氨纶包芯纱针织裤		-2.5
下口高	针织裤	符合标准及公差	超出一等品标准公差-0.5
下口宽			超出一等品标准公差-0.5
腰高			超出一等品标准公差-0.5
腰宽			超出一等品标准公差-1
直裆			超出一等品标准公差-1

5.3.4 表面疵点见表5。

表 5 表面疵点

序号	疵点名称	一等品	合格品
1	粗丝(线)	轻微的:裤筒部位限 1 cm,其他部位累计限 0.5 圈	明显的:裤筒部位累计限 0.5 圈,其他部位 0.5 圈以内限 3 处
2	断纱	不允许	不允许
3	稀路针	轻微的:裤筒部位限 3 条,明显的:腰口、下口部位允许	明显的:裤筒部位限 3 条,腰口、下口部位允许
4	抽丝,松紧纹	轻微的抽丝裤筒部位 1 cm 2 处,其他部位 1.5 cm 2 处,轻微的抽丝和松紧纹允许	轻微的抽丝 2.5 cm 2 处,明显的抽丝和松紧纹允许
5	花型变形	不影响美观者	稍影响美观者两裤筒相似
6	宽紧口松紧	轻微的允许	明显的允许
7	拼缝漏缝	不允许	不允许
	拼缝针路线圈太紧、强拉会断裂	不允许	不允许
8	色花、油污渍、沾色	轻微的不影响美观允许	明显允许
9	色差	同一条裤允许 4-5 级,加档裤的档部与裤筒允许 3-4 级	同一条裤允许 4 级,加档裤的档部与裤筒允许 3 级
10	裤筒长短不一、宽度不一	裤筒长短差异 2 cm 内允许,宽度差异 0.8 cm 内允许	裤筒长短差异超出一等品 1.5 cm 内允许,宽度差异超出一等品 0.5 cm 内允许
11	修疤	不允许	不允许
12	原丝不良	不允许	轻微允许
13	粗丝、结丝	加档部允许,裤筒部位 0.5 cm 允许 1 处	裤筒部位 0.5 cm 允许 3 处
14	断芯	不允许	轻微允许
15	坏针、漏针、针洞	不允许	不允许
16	花针	腿部不连续小花针限 5 个,包芯纱(天鹅绒)不允许	轻微允许
17	缝档高低头	腰部橡筋缝合处上、下高低差异 0.5 cm 及以内	腰部橡筋缝合处上、下高低差异 0.7 cm 及以内
18	缝纫打褶	腰口、脚口部位不允许,其他部位轻微允许	轻微允许
19	抽丝	分散状 0.5 cm 3 处或 1 cm 1 处	分散状 0.5 cm 5 处或 1 cm 2 处
20	修痕	轻微的允许	允许
21	勾丝	不允许	棉、毛类轻微允许

表 5（续）

序号	疵点名称	一等品	合格品
22	线头	0.5 cm～1.5 cm之内允许	允许
23	不配对	不允许	轻微允许
24	错挡	挡缝未缝住或缝出裤部网眼不允许	
25	缝挡头	缝挡头打结处散口不允许	

注1：测量外观疵点长度，以疵点最长长度（直径）计量。

注2：疵点程度描述：

　　轻微——疵点在直观上不明显，通过仔细辨认才可看出。

　　明显——不影响总体效果，但能感觉到疵点的存在。

　　显著——疵点程度明显影响总体效果。

5.3.5 缝制规定

5.3.5.1 裤子合挡用三线及以上包缝机缝制，缝边（刀门）宽度为0.3 cm～0.4 cm，针迹密度三线包缝不低于10针/cm，四线以上包缝不低于8针/cm，缝迹直向拉伸不脱不散，合挡后两腿的防脱散横列上下差异不超过1.5 cm。防脱散缝合长度不低于1.5 cm。

5.3.5.2 压下口和腰口用两针两线或者用三针五线压缝口，压线要直，横向交接处要在1 cm～1.5 cm。

5.3.5.3 针织裤用弹力缝纫线缝制。

5.3.5.4 缝合处不允许有断纱的针洞。

5.4 内在质量要求和分等规定

5.4.1 内在质量要求

5.4.1.1 针织裤直向、横向延伸值及公差见表6～表8。

表 6　弹力锦纶（涤纶）丝/氨纶包芯纱交织针织裤直向、横向延伸值及公差　单位为厘米

类　别		横向延伸值					直向延伸值			
		腰口	下口	上裤筒	下裤筒	臀宽	公差	直挡	公差	总长	公差
130 cm～150 cm	九分裤	48	20	32	26	50	−2	48	−4	170	−10
	七分裤		22	32	28	50		48		150	
	五分裤		28	30		50		48		100	
150 cm～175 cm	九分裤	64	25	37	28	72	−2	72	−4	220	−10
	七分裤		28	37	32	72		72		180	
	五分裤	62	34	36		70		70		120	

表 7　棉、毛（混纺纱）/氨纶包芯纱交织针织裤直向、横向延伸值及公差　单位为厘米

类　别		横向延伸值					直向延伸值			
		腰口	下口	上裤筒	下裤筒	臀宽	公差	直挡	公差	总长	公差
130 cm～150 cm	九分裤	46	20	26	24	48	−2	48	−4	160	−8
	七分裤	46	22	26	28	48		48		140	
	五分裤	46	25	26	—	48		48		80	

表 7（续）　　　单位为厘米

类　别		横向延伸值						直向延伸值			
		腰口	下口	上裤筒	下裤筒	臀宽	公差	直裆	公差	总长	公差
150 cm~175 cm	九分裤	64	26	36	28	70	−2	70	−4	210	−8
	七分裤	64	28	36	30	68		68		180	
	五分裤	64	34	36	—	68		68		100	

表 8　氨纶包芯纱（天鹅绒）针织裤直向、横向延伸值及公差　　　单位为厘米

类　别		横向延伸值						直向延伸值			
		腰口	下口	上裤筒	下裤筒	臀宽	公差	直裆	公差	总长	公差
130 cm~150 cm	九分裤	50	21	33	27	52	−2	48	−4	170	−10
	七分裤	50	24	33	27	52		48		150	
	五分裤	49	29	31	—	52		48		100	
150 cm~175 cm	九分裤	65	25	37	28	72	−2	72	−4	230	−10
	七分裤	65	28	37	32	72		72		190	
	五分裤	64	35	36	—	71		70		130	

5.4.1.2　内在质量其他要求见表9。

表 9　内在质量其他要求

项　目			一等品	合格品
甲醛含量/（mg/kg）			按 GB 18401 规定执行	
pH 值				
异味				
可分解芳香胺染料/（mg/kg）				
纤维含量（净干含量）/%			按 FZ/T 01053 执行	
起球/级		≥	3	2.5
耐皂洗色牢度/级　≥	变色、沾色		3	
耐水色牢度/级　≥	变色、沾色	A 类	3-4	
		B 类	3	
耐酸、碱汗渍色牢度/级　≥	变色、沾色	A 类	3-4	
		B 类	3	
耐摩擦色牢度/级　≥	干摩	A 类	4	
		B 类	3	
	湿摩		3（深 2-3）	
耐唾液色牢度/级　≥	变色、沾色	A 类	4	

　注1：色别分档：按 GSB 16-2159—2007 标准，＞1/12 标准深度为深色，≤1/12 标准深度为浅色。
　注2：A 类为婴幼儿类，B 类为直接接触皮肤类。
　注3：羊绒、羊毛为主要原料的产品考核起球。

5.4.2 内在质量分等规定

见表10。

表 10 内在质量分等规定

项 目		一等品	合格品
横向延伸值/cm	下口、裤筒	符合标准及公差。两只裤筒的差异：弹力锦纶(涤纶)丝/氨纶包芯纱交织裤1.5 cm内允许，棉、毛(混纺纱)/氨纶包芯纱交织裤2 cm内允许，氨纶包芯纱(天鹅绒)裤3 cm内允许	棉、毛(混纺纱)/氨纶包芯纱交织裤、弹力锦纶(涤纶)丝/氨纶包芯纱交织裤超出一等品标准公差—2 cm内允许，其他类裤超出一等品公差—3 cm内允许，裤筒差异超出一等品公差1 cm内允许
	腰口、臀宽	符合标准规定	超出一等品公差—5 cm内允许
直向延伸值/cm	直档	符合标准规定	超出一等品公差—4 cm内允许
	总长		超出一等品公差—6 cm内允许
染色牢度/级		符合本标准规定	
甲醛含量/(mg/kg)		符合本标准规定	
pH值			
起球			
可分解芳香胺染料/(mg/kg)			
异味			
纤维含量(净干含量)/%			

6 检验规则

6.1 抽样数量

外观质量按交货批，分品种、色别、规格(规格尺寸及公差、表面疵点、缝制要求)随机采样2%~3%，但不少于6条(含内在质量检验试样)，内在质量按交货批，分品种、色别、规格(直向延伸值、横向延伸值、纤维含量、染色牢度、甲醛含量、pH值、可分解芳香胺染料、异味等)随机采样3条。

6.2 外观质量检验条件

6.2.1 一般采用灯光检验。用40 W青光或白光日光灯一只，上面加灯罩，灯罩与检验台面中心垂直距离50 cm±5 cm或在D_{65}光源下。

6.2.2 如采用室内自然光，应光线适当，光线射入方向为北向左(或右)上角，不能使阳光直射产品。

6.2.3 检验时产品平摊在检验台上，检验人员应正视产品表面，如遇可疑疵点涉及到内在质量时，可仔细检查或反面检查，但评等以平铺直视为准。(薄丝裤检验时须带手套)

6.2.4 检验规格尺寸时，应在不受外界张力条件下测量。

6.3 试验准备与试验条件

6.3.1 内在质量试样不得有影响试验准确性的疵点。

6.3.2 试验前，需在常温下展开平放20 h，然后在试验室温度为20 ℃±2 ℃，相对湿度为65%±4%的条件下放置4 h后再进行试验。

6.4 试验方法

6.4.1 规格尺寸试验

6.4.1.1 试验工具：量尺，其长度需大于试验长度，精确至0.1 cm。

6.4.1.2 试验操作：测量直档长时，将裤子平放在光滑平面上，以量尺对裤子腰口和档底的两端点进行测量,测量总长时,以量尺对裤子腰口和下口的两端点进行测量。

6.4.2 直向、横向延伸值试验

6.4.2.1 试验仪器

多功能拉伸仪:拉力 0.1 N~98 N 范围内可调,长度测量范围(15~300)cm±1 cm,移动杠杆行进速度 120 mm/s±6 mm/s,标准拉力 47 N±0.8 N。

6.4.2.2 试验部位

a) 腰口横向延伸部位:腰口中部。

b) 臀宽横向延伸部位:腰口下 10 cm 处。

c) 上裤筒横向延伸部位:直裆下 6 cm 处。

d) 下裤筒横向延伸部位:距下口上 10 cm 处。

e) 直裆直向延伸部位:腰口中部至裆底延长线处。

f) 裤筒长直向延伸部位:由裆底延长线至距下口 1.5 cm 处。

6.4.2.3 试验操作

6.4.2.3.1 用多功能拉伸仪测试针织裤,标准拉力 47 N±0.8 N。

6.4.2.3.2 针织裤拉伸试验:先做横向部位拉伸,停放 30 min 后再做直向部位拉伸。

6.4.2.3.3 针织裤的两个裤筒要分别进行试验。

6.4.2.3.4 直裆拉伸试验将腰口至裆底左右相对折重合后再进行拉伸试验。

6.4.2.3.5 试验时如遇试样在拉钩上滑脱情况,应换样重做试验。

6.4.2.3.6 计算方法:按式(1)计算合格率,结果按 GB/T 8170 修约至整数。

$$A = \frac{n}{N} \times 100\% \quad \cdots\cdots\cdots\cdots\cdots\cdots\cdots\cdots\cdots\cdots\cdots (1)$$

式中:

A——为合格率,%;

n——为测试合格总处数;

N——为测试总处数。

6.4.3 染色牢度试验

6.4.3.1 耐皂洗色牢度试验按 GB/T 3921 规定执行,试验条件按 A(1)执行。

6.4.3.2 耐酸碱汗渍色牢度试验按 GB/T 3922 规定执行。

6.4.3.3 耐摩擦色牢度试验按 GB/T 3920 规定执行。

6.4.3.4 耐水色牢度试验按 GB/T 5713 规定执行。

6.4.3.5 耐唾液色牢度按 GB/T 18886 执行。

6.4.3.6 色牢度评级按 GB/T 250 及 GB/T 251 评定。

6.4.4 纤维含量试验

按 GB/T 2910、FZ/T 01057、FZ/T 01095 执行。试验部位:一般剪取裤筒部位。对裤筒部位由于编制结构复杂或提花花型的不对称难以取样的产品,根据实际情况协商后取样,但应注明剪取部位。

6.4.5 甲醛含量试验

按 GB/T 2912.1 执行。

6.4.6 pH 值试验

按 GB/T 7573 执行。

6.4.7 异味试验

按 GB 18401 执行。

6.4.8 可分解芳香胺染料

按 GB 18401 执行。

6.4.9 起球试验

按 GB/T 4802.3 执行。

7 判定规则

7.1 外观质量

以条为单位,凡不符品等率超过 5.0%以上或破洞、漏针在 3.0%以上者,判定为不合格。

7.2 内在质量

7.2.1 直、横向延伸值以测试 6 条裤子的合格率达 80%及以上为合格,在一般情况下可在常温下测试。如遇争议时,以恒温恒湿条件下测试数据为准。

7.2.2 甲醛含量、pH 值、异味、可分解芳香胺染料、起球、纤维含量检验结果合格者,判定该产品合格,不合格者判定该产品不合格。

7.2.3 耐皂洗色牢度、耐水色牢度、耐唾液色牢度、耐酸碱汗渍色牢度、耐摩擦色牢度检验结果合格者,判定该产品合格,不合格者分色别判定该产品不合格。

7.3 复验

7.3.1 检验时任何一方对检验的结果有异议,在规定期限内对有异议的项目可要求复验。

7.3.2 复验数量为初验时数量。

7.3.3 复验结果按 7.1 和 7.2 规定处理,以复验结果为准。

8 产品使用说明、包装、运输和贮存

8.1 产品使用说明

8.1.1 产品使用说明按 GB 5296.4 规定。

8.1.2 纤维含量应标明产品裤筒部位含量,对裤筒部位编织结构复杂或提花花型不对称的产品,可根据实际情况确定取样方案,在纤维含量标识上注明。

8.1.3 规格标注:针织九分裤、七分裤、五分裤以厘米为单位标明适合穿的身高和臀围的范围。

8.2 包装

按 GB/T 4856 规定或协议规定。

8.3 运输

产品装箱运输应防火、防潮、防污染。

8.4 贮存

产品应存放在阴凉、通风、干燥、清洁的库房内,并防霉、防蛀。

FZ/T 73029—2009《针织裤》
第 1 号修改单

---

① 更改数值：

6.4.2.1 条第 2、3 行更改数值：

"移动杠杆行进速度 120 mm/s±6 mm/s"，更改为"移动杠杆行进速度 40 mm/s±2 mm/s"

② 更改条文：

6.4.2.2 条第 7 行改用新条文：

f) 总长直向延伸部位：由腰口至裤口 1.5 cm 处。

ICS 59.080.30
W 63

中华人民共和国纺织行业标准

FZ/T 73030—2009

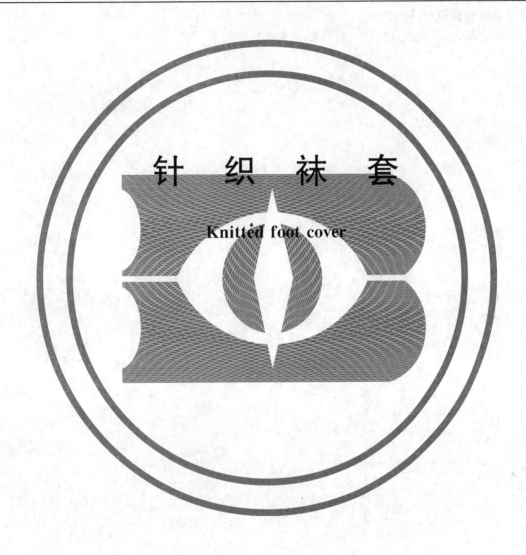

针 织 袜 套

Knitted foot cover

2009-11-17 发布　　　　　　　　　　　　2010-04-01 实施

中华人民共和国工业和信息化部　　发布

前　言

本标准由中国纺织工业协会提出。

本标准由全国纺织品标准化技术委员会针织品分技术委员会(SAC/TC 209/SC 6)归口。

本标准主要起草单位:浪莎针织有限公司、浙江耐尔集团有限公司、浙江嘉梦依袜业有限公司、国家针织产品质量监督检验中心。

本标准主要起草人:周洪强、史吉刚、刘凤荣、金建明。

针 织 袜 套

1 范围

本标准规定了针织袜套的术语和定义、产品规格、产品分类、要求、检验规则、判定规则、产品使用说明、包装、运输和贮存。

本标准适用于鉴定针织袜套产品。其他品种袜套可参照执行。

2 规范性引用文件

下列文件中的条款通过本标准的引用而成为本标准的条款。凡是注日期的引用文件,其随后所有的修改单(不包括勘误的内容)或修订版均不适用于本标准,然而,鼓励根据本标准达成协议的各方研究是否可使用这些文件的最新版本。凡是不注日期的引用文件,其最新版本适用于本标准。

GB/T 250 纺织品 色牢度试验 评定变色用灰色样卡(GB/T 250—2008,ISO 105-A02:1993,IDT)

GB/T 251 纺织品 色牢度试验 评定沾色用灰色样卡(GB/T 251—2008,ISO 105-A03:1993,IDT)

GB/T 2910(所有部分) 纺织品 定量化学分析

GB/T 2912.1 纺织品 甲醛的测定 第1部分:游离和水解的甲醛(水萃取法)

GB/T 3920 纺织品 色牢度试验 耐摩擦色牢度(GB/T 3920—1997,eqv ISO 105-X12:1993)

GB/T 3921 纺织品 色牢度试验 耐皂洗色牢度(GB/T 3921—2008,ISO 105-C10:2006,MOD)

GB/T 3922 纺织品耐汗渍色牢度试验方法(GB/T 3922—1995,eqv ISO 105-E04:1994)

GB/T 4856 针棉织品包装

GB 5296.4 消费品使用说明 纺织品和服装使用说明

GB/T 5713 纺织品 色牢度试验 耐水色牢度(GB/T 5713—1997,eqv ISO 105-E01:1994)

GB/T 7573 纺织品 水萃取液 pH 值的测定

GB 18401 国家纺织产品基本安全技术规范

GSB16-2159—2007 针织产品标准深度样卡(1/12)

FZ/T 01053 纺织品 纤维含量的标识

FZ/T 01057(所有部分) 纺织纤维鉴别试验方法

FZ/T 01095 纺织品 氨纶产品纤维含量的试验方法

FZ/T 73001 袜子

3 术语和定义

下列术语和定义适用于本标准。

3.1

针织袜套 knitted foot cover

无裆部、无袜脚、无拼缝、无绷缝的直筒形袜(腿)套,由上口、下口、袜筒组成。

4 产品规格

以厘米为单位,标注适穿的人体身高范围。如155~165,表示适合于身高 155 cm~165 cm 的人体穿着。

5 产品分类

5.1 按原料分为毛线袜套、化纤型袜套、棉型袜套、交织袜套。

5.1.1 毛线袜套:以各种毛线为原料编织而成的袜套。

5.1.2 化纤型袜套:以化纤丝为原料编织而成的袜套。

5.1.3 棉型袜套:以棉纤维纱线为主要原料编织而成的袜套。

5.1.4 交织袜套:由两种及两种以上不同原料纱线交织而成的袜套。

5.2 按产品款式分为短袜套、膝下中筒袜套、过膝中筒袜套。

5.2.1 短袜套:适合于从脚踝处穿到小腿部的袜套。

5.2.2 膝下中筒袜套:适合于从脚踝处穿到膝盖下的袜套。

5.2.3 过膝中筒袜套:适合于从脚踝处穿到膝盖上的袜套。

6 要求

6.1 要求内容

要求分为外观质量和内在质量两个方面,外观质量包括规格尺寸、表面疵点等要求。内在质量包括横向延伸值、纤维含量、甲醛含量、pH 值、耐皂洗色牢度、耐水色牢度、耐汗渍色牢度、耐摩擦色牢度、异味、可分解芳香胺染料等指标。

6.2 分等规定

6.2.1 针织袜套的质量定等以双为单位,分为一等品、合格品。

6.2.2 针织袜套的质量分等,内在质量按批评等,外观质量按双评等,两者结合按最低品等定等。

6.3 外观质量要求和分等规定

6.3.1 针织袜套各部位名称规定见图1。

1——总长;

2——上口宽;

3——下口宽。

图 1 袜套各部位名称规定

6.3.2 规格尺寸见表1~表2。

表 1 毛线袜套、棉型袜套(低弹类袜套)规格

单位为厘米

产品类别	总长 ≥	上口宽 ≥	下口宽 ≥
短袜套	25	7.5	7.5
膝下中筒袜套	35	9	7.5
过膝中筒袜套	45	10.5	7.5

表 2 高弹化纤类、交织类袜套规格

单位为厘米

产品类别	总长 ≥	上口宽 ≥	下口宽 ≥
短袜套	—	7	7
膝下中筒袜套	30	8.5	7
过膝中筒袜套	40	10	7

6.3.3 规格尺寸分等规定见表3。

表 3 规格尺寸分等规定

单位为厘米

项　目	一等品	合格品
短袜套总长	符合本标准	超出一等品标准－1
膝下中筒袜套总长	符合本标准	超出一等品标准－1
过膝中筒袜套总长	符合本标准	超出一等品标准－1.5

6.3.4 表面疵点见表4。

表 4 表面疵点

袜类	序号	疵点名称	一等品	合格品
毛线袜套	1	断纱	一处2 cm内允许	二处分散累计4 cm允许
	2	花型变形	轻微允许	轻微允许
	3	乱花纹	不允许	轻微允许
	4	单纱	一处2 cm内允许	二处累计3 cm内允许
	5	色花	轻微允许	明显允许
	6	破洞	不允许	不允许
	7	修痕、修疤	不影响美观允许	稍影响美观允许
	8	长短不一	允许差1 cm	允许差1.5 cm
化纤型、棉型、交织袜套	9	油污、色渍、沾色	轻微的不影响美观允许	较明显允许
	10	粗丝	限0.5圈	0.5圈以内限3处
	11	细丝	限0.5圈	轻微的允许
	12	紧稀路针	轻微的限3条	明显的限3条
	13	抽丝、松紧纹	轻微的抽丝1.5 cm 2处,轻微的抽紧和松紧纹允许	轻微的抽丝2.5 cm 2处,明显的抽紧和松紧纹允许
	14	花型变形	不影响美观允许	一双相似允许
	15	断纱	不允许	二处允许
	16	乱花纹	不允许	不允许
	17	破洞	不允许	不允许
	18	修痕、修疤	不影响美观允许	稍影响美观允许

表 4（续）

袜类	序号	疵点名称	一等品	合格品
化纤型、棉型、交织袜套	19	长短不一	在 1 cm 范围内	在 1.5 cm 范围内
	20	油污、色渍、沾色	轻微的不影响美观允许	明显允许
	21	单纱	一处 1.5 cm 允许	二处累计 2.5 cm 允许
	22	色花	轻微的不影响美观允许	明显允许

注 1：测量外观疵点长度，以疵点最长长度（直径）计量。

注 2：表面疵点外观形态按《袜子表面疵点彩色样照》评定。

注 3：凡遇条文未规定的外观疵点，参照 FZ/T 73001 标准疵点酌情处理。

注 4：疵点程度描述：

    轻微——疵点在直观上不明显，通过仔细辨认才可看出。

    明显——不影响总体效果，但能感觉到疵点的存在。

    显著——疵点程度明显影响总体效果。

6.4 内在质量要求和分等规定

6.4.1 横向延伸值见表 5～表 6。

表 5 毛线袜套、棉型（低弹类）袜套横向延伸值   单位为厘米

产品类别	上口、袜套中部延伸值 ≥	下口 ≥
短袜套	22	18
膝下中筒袜套	26	18
过膝中筒袜套	30	18

表 6 高弹化纤类、交织类袜套横向延伸值   单位为厘米

产品类别	上口、袜套中部延伸值 ≥	下口 ≥
短袜套	23	19
膝下中筒袜套	27	19
过膝中筒袜套	31	19

6.4.2 内在质量其他要求见表 7。

表 7 内在质量其他要求

项 目		一等品	合格品
甲醛含量/(mg/kg)			
pH 值			
异味		按 GB 18401 规定执行	
可分解芳香胺染料/(mg/kg)			
纤维含量（净干含量）/%		按 FZ/T 01053 规定执行	
耐水色牢度/级 ≥	变色、沾色	3	

表 7（续）

项　　目		一等品	合格品
耐汗渍色牢度/级　　≥	变色		3-4
	沾色		3
耐摩擦色牢度/级　　≥	干摩		3
	湿摩		3(深色 2-3)
耐皂洗色牢度/级　　≥	变色、沾色		3
注：色别分档：按 GSB16-2159—2007 标准，＞1/12 标准深度为深色，≤1/12 标准深度为浅色。				

6.4.3 内在质量分等规定见表 8。

表 8 内在质量分等规定

项　　目		一等品	合格品
横向延伸值	上口、袜套中部、下口	符合本标准规定	超出一等品标准—1 cm
染色牢度		符合本标准规定	
甲醛含量		符合 GB 18401 标准规定	
pH 值			
异味			
可分解芳香胺染料			
纤维含量（净干含量）		符合 FZ/T 01053 标准规定	
注：用多功能拉伸仪测试时，横向延伸值可减小 1.5 cm。				

7 检验规则

7.1 抽样数量

7.1.1 外观质量按交货批，分品种、色别、规格（规格尺寸、表面疵点）随机采样 2%～3%，但不少于 15 双。

7.1.2 内在质量按交货批，分品种、色别、规格（横向延伸值、染色牢度、甲醛含量、pH 值、可分解芳香胺染料、异味、纤维含量等）随机采样不低于 5 双。

7.2 外观质量检验条件

7.2.1 一般采用灯光照明检验。用 40 W 青光或白光日光灯一只，上面加灯罩，灯罩与检验台面中心垂直距离 50 cm±5 cm 或在 D_{65} 光源下。

7.2.2 如采用室内自然光，应光线适当，光线射入方向为北向左（或右）上角，不能使阳光直射产品。

7.2.3 检验时产品平摊在检验台上，检验人员应正视产品表面，如遇可疑疵点涉及到内在质量时，可仔细检查或反面检查，但评等以平铺直视为准。

7.2.4 检验规格尺寸时，应在不受外界张力条件下测量。

7.3 试验准备与试验条件

7.3.1 内在质量试样不得有影响试验准确性的疵点。

7.3.2 试验前，需将试样在常温下展开平放 20 h，然后在试验室温度为 20 ℃±2 ℃，相对湿度为 65%±4% 的条件下放置 4 h 后再进行试验。

7.4 试验方法

7.4.1 规格尺寸试验

7.4.1.1 试验工具：量尺，其长度需大于试验长度，精确至 0.1 cm。

7.4.1.2 试验操作:测量袜套长度时,将袜套平放在光滑平面上,以量尺对袜套两端顶点处平行进行测量。

7.4.2 横向延伸值试验

7.4.2.1 试验仪器

a) 电动横拉仪:标准拉力 25 N±0.5 N,移动杠杆行进速度为 40 mm/s±2 mm/s。

b) 多功能拉伸仪:拉力 0.1 N～100 N 范围内可调,长度测量范围(25～300)cm±1 cm,移动杠杆行进速度 40 mm/s±2 mm/s,标准拉力 25 N±0.5 N。

7.4.2.2 试验部位

7.4.2.2.1 上口宽横向延伸部位:有罗口的袜套为罗口中部,其他袜套为上口向下 1.5 cm～2 cm 处。

7.4.2.2.2 袜套中部横向延伸部位:袜套中部。

7.4.2.2.3 下口宽横向延伸部位:有罗口的袜套为罗口中部,其他袜套为下口向上 1.5 cm～2 cm 处。

7.4.2.3 试验操作

7.4.2.3.1 先做上口部位横向拉伸,再做中部横向拉伸。

7.4.2.3.2 试验时如遇试样滑脱情况,应换样重做试验。

7.4.2.3.3 计算方法:按式(1)计算合格率,结果按 GB/T 8170 修约至整数。

$$F = (A/B) \times 100\% \qquad \cdots\cdots\cdots\cdots\cdots\cdots\cdots(1)$$

式中:

F——合格率,%;

A——测试合格总处数;

B——测试总处数。

7.4.3 染色牢度试验

7.4.3.1 耐皂洗色牢度试验

按 GB/T 3921 规定执行,试验条件按 A(1)执行。

7.4.3.2 耐汗渍色牢度试验

按 GB/T 3922 执行。

7.4.3.3 耐摩擦色牢度试验

按 GB/T 3920 执行。

7.4.3.4 耐水色牢度试验

按 GB/T 5713 执行。

7.4.4 纤维含量试验

按 GB/T 2910、FZ/T 01057、FZ/T 01095 执行。

试验部位:通常剪取袜套中间部位。对结构复杂难以取样的产品,根据实际情况协商后确定具体取样方案,但须注明取样部位。

7.4.5 甲醛含量试验

按 GB/T 2912.1 执行。

7.4.6 pH 值试验

按 GB/T 7573 执行。

7.4.7 异味试验

按 GB 18401 执行。

7.4.8 可分解芳香胺染料试验

按 GB 18401 执行。

7.4.9 色牢度评级

按 GB/T 250 及 GB/T 251 评定。

8 判定规则

8.1 检验结果的处理方法

8.1.1 外观质量

以双为单位,凡不符品等率超过 5.0%以上或破洞、漏针在 3.0%以上者,判定为不合格。

8.1.2 内在质量

8.1.2.1 横向延伸值以测试 5 双袜套的合格率达到 80%及以上为合格,在一般情况下可在常温下测试。如遇争议时,以恒温恒湿条件下测试数据为准。

8.1.2.2 甲醛含量、pH 值、异味、可分解芳香胺染料、纤维含量检验结果合格者,判定该批产品合格,不合格者判定该批产品不合格。

8.1.2.3 耐皂洗色牢度、耐水色牢度、耐汗渍色牢度、耐摩擦色牢度检验结果合格者,判定该批产品合格,不合格者分色别判定该批产品不合格。

8.2 复验

8.2.1 检验时任何一方对检验的结果有异议,在规定期限内对有异议的项目可要求复验。

8.2.2 复验数量为初验时数量。

8.2.3 复验结果按 8.1 规定处理,以复验结果为准。

9 产品使用说明、包装、运输和贮存

9.1 产品使用说明

9.1.1 产品使用说明按 GB 5296.4 规定。

9.1.2 纤维含量通常标注袜套中部含量;对结构复杂的产品,可根据实际情况确定取样方案,并在纤维含量标识上注明取样部位。

9.1.3 标注产品款式。

9.2 包装

按 GB/T 4856 规定或协议规定。

9.3 运输

产品装箱运输应防火、防潮、防污染。

9.4 贮存

产品应存放在阴凉、通风、干燥、清洁的库房内,并防霉、防蛀。

ICS 59.080.30
W 63

中华人民共和国纺织行业标准

FZ/T 73031—2009

压　力　袜

Pressure socks

2009-11-17 发布

2010-04-01 实施

中华人民共和国工业和信息化部　发 布

FZ/T 73031—2009

前　言

本标准由中国纺织工业协会提出。

本标准由全国纺织品标准化技术委员会针织品分技术委员会(SAC/TC 209/SC 6)归口。

本标准主要起草单位:浙江耐尔集团有限公司、浪莎针织有限公司、浙江嘉梦依袜业有限公司、高要市金海岸织造厂有限公司、国家针织产品质量监督检验中心等。

本标准主要起草人:史吉刚、刘爱莲、金建明、于建军、戴正怡。

压 力 袜

1 范围

本标准规定了压力袜的术语和定义、产品分类、要求、试验方法、判定规则、产品使用说明、包装、运输和贮存。

本标准适用于鉴定化纤压力袜、棉(毛、化纤混纺纱)与化纤交织压力袜的品质。其他纤维压力袜可参照执行。

2 规范性引用文件

下列文件中的条款通过本标准的引用而成为本标准的条款。凡是注日期的引用文件,其随后所有的修改单(不包括勘误的内容)或修订版均不适用于本标准,然而,鼓励根据本标准达成协议的各方研究是否可使用这些文件的最新版本。凡是不注日期的引用文件,其最新版本适用于本标准。

GB/T 250 评定变色用灰色样卡(GB/T 250—2008,ISO 105-A 02:1993,IDT)

GB/T 251 评定沾色用灰色样卡(GB/T 251—2008,ISO 105-A 03:1993,IDT)

GB/T 2910(所有部分) 纺织品 定量化学分析

GB/T 2912.1 纺织品 甲醛的测定 第1部分:游离和水解的甲醛(水萃取法)

GB/T 3920 纺织品 色牢度试验 耐摩擦色牢度(GB/T 3920—1997,eqv ISO 105-X 12:1993)

GB/T 3921 纺织品 色牢度试验 耐皂洗色牢度(GB/T 3921—2008,ISO 105-C10:2006,MOD)

GB/T 3922 纺织品耐汗渍色牢度试验方法(GB/T 3922—1995,eqv ISO 105-E 04:1994)

GB/T 4856 针棉织品包装

GB 5296.4 消费品使用说明 纺织品和服装使用说明

GB/T 5713 纺织品 色牢度试验 耐水色牢度(GB/T 5713—1997,eqv ISO 105-E 01:1994)

GB/T 7573 纺织品 水萃取液 pH 值的测定(GB/T 7573—2002,ISO 3071:1980,MOD)

GB/T 8170 数值修约规则与极限数值的表示和判定

GB 18401 国家纺织产品基本安全技术规范

GSB 16-2159-2007 针织产品标准深度样卡(1/12)

FZ/T 01053 纺织品 纤维含量的标识

FZ/T 01057(所有部分) 纺织纤维鉴别试验方法

FZ/T 01095 纺织品 氨纶产品纤维含量的试验方法

3 术语和定义

下列术语和定义适用于本标准。

3.1

压力袜 pressure socks

以踝部至袜口方向的压力(毫米汞柱 mmHg)的梯度递减变化,穿着时有压迫感,运动时有舒张感的袜子。

4 产品分类

按原料分为弹力锦纶丝(涤纶丝)/氨纶包芯纱交织压力袜、棉(毛、化纤混纺纱)/氨纶包芯纱交织压力袜及化纤与其他纤维交织的压力袜。

5 要求

5.1 要求内容

　　要求分为外观质量和内在质量两个方面。外观质量包括规格尺寸、表面疵点、缝制要求。内在质量包括压力值、纤维含量、甲醛含量、pH 值、耐皂洗色牢度、耐水色牢度、耐汗渍色牢度、耐摩擦色牢度、异味、可分解芳香胺染料等项指标。

5.2 分等规定

5.2.1 压力袜的质量定等以双为单位,分为一等品、合格品。

5.2.2 压力袜的质量分等,外观质量按双评等,内在质量按批评等,二者结合并按最低品等定等。

5.3 外观质量要求和分等规定

5.3.1 外观质量要求

5.3.1.1 压力袜各部位名称规定见图1、图2。

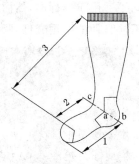

1——袜底;

2——脚面;

3——袜面;

a——提针起点;

b——踵点(袜跟圆弧对折与圆弧的交点);

c——提针延长线与袜面的交点。

图 1 压力袜各部位名称规定

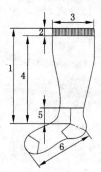

1——总长;

2——口高;

3——口宽;

4——筒长;

5——跟高;

6——底长。

图 2 压力袜各部位尺寸测量名称规定

5.3.1.2 规格尺寸及公差见表1~表6。

表1 弹力锦纶丝(涤纶丝)/氨纶包芯纱交织膝下中筒压力袜规格尺寸及公差　单位为厘米

袜 号	底 长	底 长公差	总 长≥	口 高≥	口 宽	口 宽公差
22—24	18					
24—26	20	±1	31	2	11.5	±1
26—28	22					
28—30	24					

注1：总长以压力袜套至模腿时，袜口高中部对准相应的压力值测试点为准。

注2：客户对规格尺寸另有要求的，按客户要求执行。

注3：露趾压力袜不考核底长。

表2 弹力锦纶丝(涤纶丝)/氨纶包芯纱交织过膝中筒压力袜规格尺寸及公差　单位为厘米

袜 号	底 长	底 长公差	总 长≥	口 高≥	口 宽	口 宽公差
22—24	18					
24—26	20	±1	55	3	12.5	±1
26—28	22					
28—30	24					

注1：总长以压力袜套至模腿时，袜口高中部对准相应的压力值测试点为准。

注2：客户对规格尺寸另有要求的，按客户要求执行。

注3：露趾压力袜不考核底长。

表3 弹力锦纶丝(涤纶丝)/氨纶包芯纱交织长筒压力袜规格尺寸及公差　单位为厘米

袜 号	底 长	底 长公差	总 长≥	口 高≥	口 宽	口 宽公差
22—24	18					
24—26	20	±1	70	3	13.5	±1
26—28	22					
28—30	24					

注1：总长以压力袜套至模腿时，袜口高中部对准相应的压力值测试点为准。

注2：客户对规格尺寸另有要求的，按客户要求执行。

注3：露趾压力袜不考核底长。

表 4 棉(毛、化纤混纺纱)/氨纶包芯纱交织膝下中筒压力袜规格尺寸及公差　单位为厘米

袜 号	底 长	底 长 公差	总 长 ≥	口 高 ≥	口 宽	口 宽 公差
22—24	19	±1	33	2	12.5	±1
24—26	21					
26—28	23					
28—30	25					

注1：总长以压力袜套至模腿时,袜口高中部对准相应的压力值测试点为准。

注2：客户对规格尺寸另有要求的,按客户要求执行。

注3：露趾压力袜不考核底长。

表 5 棉(毛、化纤混纺纱)/氨纶包芯纱交织过膝中筒压力袜规格尺寸及公差　单位为厘米

袜 号	底 长	底 长 公差	总 长 ≥	口 高 ≥	口 宽	口 宽 公差
22—24	19	±1	57	3	13.5	±1
24—26	21					
26—28	23					
28—30	25					

注1：总长以压力袜套至模腿时,袜口高中部对准相应的压力值测试点为准。

注2：客户对规格尺寸另有要求的,按客户要求执行。

注3：露趾压力袜不考核底长。

表 6 棉(毛、化纤混纺纱)/氨纶包芯纱交织长筒压力袜规格尺寸及公差　单位为厘米

袜 号	底 长	底 长 公差	总 长 ≥	口 高 ≥	口 宽	口 宽 公差
22—24	19	±1	72	3	14.5	±1
24—26	21					
26—28	23					
28—30	25					

注1：总长以压力袜套至模腿时,袜口高中部对准相应的压力值测试点为准。

注2：客户对规格尺寸另有要求的,按客户要求执行。

注3：露趾压力袜不考核底长。

5.3.2 规格尺寸分等规定

见表7。

表7 规格尺寸分等规定

单位为厘米

项 目			一等品	合格品
底长	袜号	22—30	符合表1~表6标准及公差	超出一等品标准公差—1.5
总长	弹力锦纶丝(涤纶丝)/氨纶交织膝下中筒压力袜			超出一等品标准公差—1.5
	弹力锦纶丝(涤纶丝)/氨纶交织过膝中筒压力袜、长筒压力袜			超出一等品标准公差—3
	棉(毛、化纤混纺纱)/氨纶交织膝下中筒压力袜			超出一等品标准公差—2
	棉(毛、化纤混纺纱)/氨纶交织过膝中筒压力袜、长筒压力袜			超出一等品标准公差—4
口高	袜号	22—30		超出一等品标准公差—0.5
口宽	袜号	22—30		超出一等品标准公差—1

5.3.3 表面疵点

见表8。

表8 表面疵点

序号	疵点名称	一等品	合格品
1	粗丝(线)	轻微的:脚面部位限1 cm,其他部位累计限0.5圈	明显的:脚面部位累计限0.5圈,其他部位0.5圈以内限3处
2	细纱	袜口部位不限;袜头跟处不允许,其他部位限0.5圈	轻微的:袜头跟处不允许,其他部位不限
3	紧稀路针	轻微的:袜面部位限3条,明显的:袜口部位允许	明显的:袜面部位限3条
4	抽丝、松紧纹	轻微的抽丝脚面部位1 cm 1处,其他部位1.5 cm 2处,轻微的抽紧和松紧纹允许	轻微的抽丝2.5 cm 2处,明显的抽紧和松紧纹允许
5	毛针、扎毛	袜面部位不允许,其他部位轻微的不影响外观者允许	明显的:袜面部位不允许,其他部位允许
6	花针	脚面部位不允许,其他部位不连续小花针限8个	脚面部位限2个,其他部位分散性允许
7	花型变形	不影响美观者	稍影响美观者一双相似
8	乱花纹	脚面部位限3处,其他部位轻微允许	允许
9	漏针	不允许	不允许
10	袜口、袜身泡泡点	轻微的允许	明显的允许

表 8（续）

序号	疵点名称	一等品	合格品
11	色花、油污渍、沾色	轻微的不影响美观允许	较明显的允许
12	里纱翻丝	轻微的：袜面部位不允许,袜头跟 0.3 cm 1 处	袜面部位 0.3 cm 2 处,袜头跟 0.3 cm 2 处
13	长短不一	限 0.5 cm	限 0.8 cm
14	纱线、氨纶轧断	不允许	不允许
15	表纱扎碎	轻微的：袜面部位 0.3 cm 1 处,袜头跟处不允许	轻微的：袜头跟处不允许,其他部位 0.5 cm 2 处
16	色差	同一双允许 4-5 级；同一只袜头、袜跟与袜身允许 3-4 级,异色头跟除外	同一双允许 4 级；同一只袜头、袜跟与袜身允许 3 级,异色头跟除外
17	缝头歪角	歪角：允许粗针 2 针,中针 3 针,细针 4 针,轻微松紧允许	歪角：允许粗针 4 针,中针 5 针,细针 6 针,明显松紧允许
18	缝头漏针、缝头破洞、缝头半丝、编织破洞	不允许	不允许
19	横道（缝头）不齐	允许 0.5 cm	允许 1 cm
20	修痕	脚面部位不允许,其他部位修痕 0.5 cm 内限 1 处	轻微修痕允许
21	修疤	不允许	不允许
22	破损性疵点	不允许	不允许

注1：测量外观疵点长度,以疵点最长长度（直径）计量。
注2：凡遇条文未规定的外观疵点,供需双方参照相应疵点酌情处理。
注3：疵点程度描述：
　　轻微——疵点在直观上不明显,通过仔细辨认才可看出。
　　明显——不影响总体效果,但能感觉到疵点的存在。
　　显著——疵点程度明显影响总体效果。
注4：粗针为96针及以下、中针为96针以上至180针、细针为180针以上。
注5：色差按 GB/T 250 评定。

5.3.4 缝制要求

压力袜用弹力缝纫线缝制。

5.4 内在质量要求和分等规定

5.4.1 内在质量要求

5.4.1.1 压力袜各产品各部位压力值要求见表9。

表 9 压力袜各部位压力值　　　　　　　　　　　　　单位为毫米汞柱ᵃ

产品类别			部位	压力值 ≥		
长筒压力袜	过膝中筒压力袜	膝下中筒压力袜	大腿跟部（F）			8
			大腿中部（E）		8	10
			胫骨初隆处,膝盖下（D）	8	10	10
			小腿周长最大处（C）	12	14	14
			跟腱与小腿肌转变处（B′）	16	16	16
			踝部周长最细处（B）	20	20	20

注 1：各产品的压力值必须在梯度条件下,除脚踝、袜口部位外,其余各部位的压力值比标准值小 2mmHg 内允许。

注 2：客户对压力值另有要求的,按客户要求执行。

ᵃ1 mmHg＝133.322 4 Pa。

5.4.1.2　内在质量其他要求见表 10。

表 10　内在质量其他要求

项　　目		一等品	合格品
纤维含量（净干含量）/%		按 FZ/T 01053 规定执行	
甲醛含量/（mg/kg）		按 GB 18401 规定执行	
pH 值			
异味			
可分解芳香胺染料/（mg/kg）			
耐水色牢度/级　　≥	变色	3-4	
	沾色	3	
耐汗渍色牢度/级　　≥	变色	3-4	
	沾色	3	
耐摩擦色牢度/级　　≥	干摩	3-4	
	湿摩	3（深色 2-3）	
耐皂洗色牢度/级　　≥	变色	3-4	
	沾色	3	

注：色别分档：按 GSB 16-2159-2007 标准,＞1/12 标准深度为深色,≤1/12 标准深度为浅色。

5.4.2　内在质量分等规定

见表 11。

表 11 内在质量分等规定

项目	一等品	合格品
压力值	符合本标准规定。同一双两只压力袜差异 2 mmHg 允许	超出一等品标准－1 mmHg 允许。同一双两只压力袜差异超出一等品差异 1 mmHg 允许
色牢度	符合本标准规定	
甲醛含量		
pH 值		
异味		
可分解芳香胺染料		
纤维含量(净干含量)		

6 试验方法

6.1 抽样数量

6.1.1 外观质量按交货批,分品种、色别、规格(规格尺寸及公差、表面疵点、缝制要求)随机采样 2%～3%,但不少于 15 双(含内在质量检验试样)。

6.1.2 内在质量按交货批,分品种、色别、规格、压力值、纤维含量、甲醛含量、pH 值、异味、可分解芳香胺染料、染色牢度等随机采样 5 双,以满足试验数量为准。

6.2 外观质量检验条件

6.2.1 一般采用灯光照明检验。用 40 W 青光或白光日光灯一只,上面加灯罩,灯罩与检验台面中心垂直距离 50 cm±5 cm 或在 D_{65} 光源下。

6.2.2 如采用室内自然光,应光线适当,光线射入方向为北向左(或右)上角,不能使阳光直射产品。

6.2.3 检验时产品平摊在检验台上,检验人员应正视产品表面,如遇可疑疵点涉及到内在质量时,可仔细检查或反面检查,但评等以平铺直视为准。

6.2.4 检验规格尺寸时,应在不受外界张力条件下测量。

6.3 试验准备与试验条件

6.3.1 内在质量试样不得有影响试验准确性的疵点。

6.3.2 试验前,需将试样在常温下展开平放 20 h,然后在试验室温度为 20 ℃±2 ℃,相对湿度为65%±4%的条件下放置 4 h 后再进行试验。

6.4 试验项目

6.4.1 规格尺寸试验

6.4.1.1 试验工具:量尺,其长度需大于试验长度,精确至 0.1 cm。

6.4.1.2 试验操作:

a) 测量压力袜底长时,将袜子平放在光滑平面上,以量尺对压力袜子踵点和袜尖的两端点进行测量。

b) 测量压力袜总长时,将袜子平放在光滑平面上,以量尺对压力袜子提针起点和口高的端点进行测量。

6.4.2 压力值试验

6.4.2.1 试验仪器

试验仪器包括:

a) 压力袜测试仪:可测压力范围在 0～80 mmHg。

b) 压力袜测试仪附件:模腿和检测探针。

6.4.2.2 模腿各部位周长

a) 大腿跟部(F) 54.5 cm　　　　　　精确至 0.1 cm

b) 大腿中部(E) 49.0 cm　　　　　　精确至 0.1 cm

c) 胫骨初隆处,膝盖下(D) 35.8 cm　　精确至 0.1 cm

d) 小腿周长最大处(C) 37.5 cm　　　精确至 0.1 cm

e) 跟腱与小腿肌转变处(B′) 30.0 cm　精确至 0.1 cm

f) 踝部周长最细处(B) 24.0 cm　　　精确至 0.1 cm

6.4.2.3 试验部位

6.4.2.3.1 膝下中筒压力袜试验部位见图3。

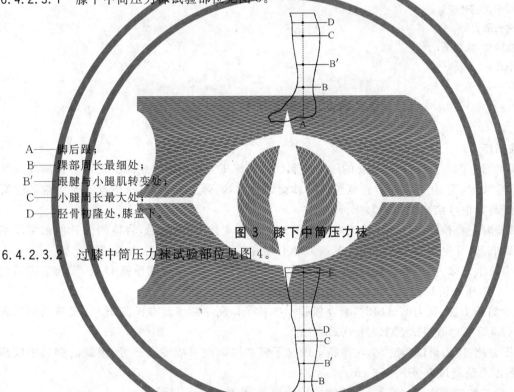

A——脚后跟;
B——踝部周长最细处;
B′——跟腱与小腿肌转变处;
C——小腿周长最大处;
D——胫骨初隆处,膝盖下。

图 3　膝下中筒压力袜

6.4.2.3.2 过膝中筒压力袜试验部位见图4。

A——脚后跟;
B——踝部周长最细处;
B′——跟腱与小腿肌转变处;
C——小腿周长最大处;
D——胫骨初隆处,膝盖下;
E——大腿中部。

图 4　过膝中筒压力袜

6.4.2.3.3 长筒压力袜试验部位见图5。

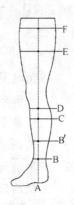

A——脚后跟；

B——踝部周长最细处；

B′——跟腱与小腿肌转变处；

C——小腿周长最大处；

D——胫骨初隆处，膝盖下；

E——大腿中部；

F——大腿跟部。

图 5　长筒压力袜

6.4.2.4　试验操作

6.4.2.4.1　用可测范围在 0～80 mmHg 的压力袜测试仪和该压力袜测试仪相配套的附件模腿及检测探针组合使用，测试棉（毛、化纤混纺纱）/氨纶包芯纱交织压力袜、弹力锦纶丝（涤纶丝）/氨纶包芯纱交织压力袜及化纤与其他纤维交织的压力袜。

6.4.2.4.2　试验时先将检测探针上的检测点对准模腿上的相应检测点，然后，将检测探针的末端固定在模腿的脚后跟底部（详见图 3～图 5 中的 A 点），套上相应的被测袜子进行压力值试验。

  a)　膝下中筒压力袜：压力值试验时，套在模腿上的袜子口高中部应对准模腿 D 处，模腿的脚后跟底部（A）距压力值测试点（D）为 40 cm。

  b)　过膝中筒压力袜：压力值试验时，套在模腿上的袜子口高中部应对准模腿 E 处，模腿的脚后跟底部（A）距压力值测试点（E）为 61 cm。

  c)　长筒压力袜：压力值试验时，套在模腿上的袜子口高中部应对准模腿 F 处，模腿的脚后跟底部（A）距压力值测试点（F）为 73 cm。

6.4.2.4.3　试验时如遇试样未对准模腿、检测探针的情况，应换样重新试验。

6.4.2.4.4　计算方法：按式（1）计算合格率，结果按 GB/T 8170 修约至整数。

$$F = \frac{a}{b} \times 100\% \qquad\qquad\qquad\cdots\cdots\cdots\cdots\cdots\cdots\cdots（1）$$

式中：

F——合格率，%；

a——测试合格总处数；

b——测试总处数。

6.4.3　耐皂洗色牢度试验

  按 GB/T 3921 规定执行，试验条件按 A(1) 执行。

6.4.4　耐酸碱汗渍色牢度试验

  按 GB/T 3922 规定（试验部位：剪取袜底部位）。

6.4.5　耐摩擦色牢度试验

  按 GB/T 3920 规定（试验部位：剪取袜底部位，只做直向）。

6.4.6 耐水色牢度试验

按 GB/T 5713 规定。

6.4.7 纤维含量试验

按 GB/T 2910、FZ/T 01057、FZ/T 01095 规定(试验部位:剪取跟高以上部位)。

6.4.8 甲醛含量试验

按 GB/T 2912.1 规定。

6.4.9 pH 值试验

按 GB/T 7573 规定。

6.4.10 异味、可分解芳香胺染料试验

按 GB 18401 规定。

6.4.11 色牢度评级

按 GB/T 250 及 GB/T 251 评定。

7 判定规则

7.1 检验结果的处理方法

7.1.1 外观质量

以双为单位,凡不符品等率超过 5.0% 以上或破洞、漏针在 3.0% 以上者,判定为不合格。

7.1.2 内在质量

7.1.2.1 压力值以测试 5 双(10 只)压力袜子的所有部位的测试点合格率达 80% 及以上为该批产品合格。在一般情况下可在常温下测试,如遇争议时,以恒温恒湿条件下测试数据为准。

7.1.2.2 甲醛含量、pH 值、耐皂洗色牢度、耐水色牢度、耐汗渍色牢度、耐摩擦色牢度、异味、可分解芳香胺染料、纤维含量检验结果合格者,判定该批产品合格,不合格者判定该批产品不合格。

7.2 复验

7.2.1 检验时任何一方对所检验的结果有异议,在供需双方规定期限内对有异议的项目可要求复验,双方会同进行。

7.2.2 复验数量为初验时数量。

7.2.3 复验结果按 7.1 规定处理,以复验结果为准。

8 产品使用说明、包装、运输和贮存

8.1 产品使用说明

8.1.1 产品使用说明按 GB 5296.4 规定执行。

8.1.2 纤维含量应标明产品跟高以上部位含量。

8.1.3 规格标注:膝下中筒压力袜、过膝中筒压力袜、长筒压力袜,以厘米为单位,标明袜号。

8.2 包装

按 GB/T 4856 规定或协议规定。

8.3 运输

产品装箱运输应防火、防潮、防污染。

8.4 贮存

产品应存放在阴凉、通风、干燥、清洁的库房内,并防霉、防蛀。

ICS 59.080.30
W 63

中华人民共和国纺织行业标准

FZ/T 73032—2009

针 织 牛 仔 服 装

Knitted jeanswear

2009-11-17 发布　　　　　　　　　　　　　　2010-04-01 实施

中华人民共和国工业和信息化部　　发 布

FZ/T 73032—2009

前　言

本标准由中国纺织工业协会提出。

本标准由全国纺织品标准化技术委员会针织品分技术委员会(SAC/TC 209/SC 6)归口。

本标准起草单位:江苏众恒染整有限公司、国家针织产品质量监督检验中心、国家服装质量监督检验中心等。

本标准主要起草人:周亚秋、刘炎英、刘凤荣、唐湘涛。

针 织 牛 仔 服 装

1 范围

本标准规定了针织牛仔服装产品的术语和定义、产品号型、要求、检验规则、判定规则、产品使用说明、包装、运输和贮存。

本标准适用于鉴定以纯棉、棉与化纤混纺面料为主要原料制成的针织牛仔服装产品的品质。

2 规范性引用文件

下列文件中的条款通过本标准的引用而成为本标准的条款。凡是注日期的引用文件,其随后所有的修改单(不包括勘误的内容)或修订版均不适用于本标准,然而,鼓励根据本标准达成协议的各方研究是否可使用这些文件的最新版本。凡是不注日期的引用文件,其最新版本适用于本标准。

GB/T 250 纺织品 色牢度试验 评定变色用灰色样卡(GB/T 250—1995,ISO 105-A02:1993,IDT)

GB/T 251 纺织品 色牢度试验 评定沾色用灰色样卡(GB/T 251—1995,ISO 105-A03:1993,IDT)

GB/T 1335(所有部分) 服装号型

GB/T 2910(所有部分) 纺织品 定量化学分析

GB/T 2912.1 纺织品 甲醛的测定 第1部分:游离和水解的甲醛(水萃取法)

GB/T 3920 纺织品 色牢度试验 耐摩擦色牢度(GB/T 3920—1997,eqv ISO 105-X12:1993)

GB/T 3922 纺织品耐汗渍色牢度试验方法(GB/T 3922—1995,eqv ISO 105-E04:1994)

GB/T 3923.1 纺织品 织物拉伸性能 第1部分:断裂强力和断裂伸长率的测定 条样法

GB 5296.4 消费品使用说明 纺织品和服装使用说明

GB/T 5713 纺织品 色牢度试验 耐水色牢度(GB/T 5713—1997,eqv ISO 105-E01:1994)

GB/T 6411 棉针织内衣规格尺寸系列

GB/T 7573 纺织品 水萃取液 pH 值的测定

GB/T 8170 数值修约规则与极限数值的表示和判定

GB/T 8427 纺织品 色牢度试验 耐人造光色牢度:氙弧

GB/T 8629 纺织品 试验用家庭洗涤及干燥程序(GB/T 8629—2001,eqv ISO 6330:2000)

GB/T 8878 棉针织内衣

GB 18401 国家纺织产品基本安全技术规范

GB/T 18886 纺织品 色牢度试验 耐唾液色牢度

FZ/T 01026 纺织品 四组分纤维混纺产品定量化学分析方法

FZ/T 01053 纺织品 纤维含量的标识

FZ/T 01057(所有部分) 纺织纤维鉴别试验方法

FZ/T 01095 纺织品 氨纶产品纤维含量的试验方法

FZ/T 80002 服装标志、包装、运输和贮存

GSB 16-2500—2008 针织物表面疵点彩色样照

3 术语和定义

下列术语和定义适用于本标准。

3.1

针织牛仔服装 knitted jeanswear

用针织织造方法和梭织牛仔布的染色工艺加工制成的具有牛仔风格的服装。

4 产品号型

4.1 针织牛仔服装的号型按 GB/T 1335.1～1335.3 或 GB/T 6411 执行。

4.2 成品主要部位规格按其产品款式要求自行设计。

5 要求

5.1 要求内容

要求分为内在质量和外观质量两个方面。内在质量包括顶破强力、裤子后裆接缝强力、水洗尺寸变化率、水洗后扭曲率、耐水色牢度、耐汗渍色牢度、耐干摩擦色牢度、耐唾液色牢度、耐光色牢度、甲醛含量、异味、pH 值、可分解芳香胺染料、纤维含量等项指标。外观质量包括表面疵点、成衣主要部位规格尺寸偏差、本身尺寸差异、缝制规定等项指标。

5.2 分等规定

5.2.1 针织牛仔服装的质量等级分为优等品、一等品、合格品。

5.2.2 针织牛仔服装的质量定等:内在质量按批(交货批)评等,外观质量按件评等,二者结合以最低等级定等。

5.3 内在质量要求

5.3.1 内在质量要求见表1。

表 1 内在质量要求

项　　目		优等品	一等品	合格品
顶破强力/N ≥		240		
裤子后裆接缝强力/N ≥		120		
水洗尺寸变化率/%	直向	−4.0～+1.5	−6.0～+2.0	−7.0～+2.0
	横向	−5.0～+1.5	−6.5～+2.0	−7.5～+2.0
水洗后扭曲率/%	上衣	4.0	5.0	
	裤子、长裙	3.0	3.5	4.5
耐水色牢度/级 ≥	变色、沾色	3-4	3(婴幼儿产品 3-4)	
耐汗渍色牢度/级 ≥	变色、沾色	3-4	3(婴幼儿产品 3-4)	
耐干摩擦色牢度/级 ≥		3-4(婴幼儿产品 4)	3(婴幼儿产品 4)	
耐唾液色牢度/级 ≥	变色、沾色	4(只考核婴幼儿产品)		
耐光色牢度/级 ≥		3-4	3	
甲醛含量 /(mg/kg)		按 GB 18401 规定		
异味				
pH 值				
可分解芳香胺染料/(mg/kg)				
纤维含量(净干含量)/%		按 FZ/T 01053 规定		

5.3.2 内在质量各项指标以检验结果最低一项作为该批产品的评等依据。

5.3.3 弹性产品不考核横向水洗尺寸变化率。

5.3.4 特殊设计和短裤、短裙不考核水洗后扭曲率。

5.4 外观质量要求

5.4.1 外观质量评等规定

5.4.1.1 外观质量评等按表面疵点、规格尺寸偏差、本身尺寸差异、缝制规定的评等来决定。在同一件产品上发现不同品等的外观疵点时,按最低品等疵点评等。

5.4.1.2 内包装标志差错按件计算,不允许有外包装差错。

5.4.2 表面疵点评等规定

5.4.2.1 表面疵点评等规定见表2。

5.4.2.2 在同一件产品上只允许有两个同等级的极限表面疵点,超过者降一个等级。

表 2 表面疵点评等规定

疵点名称		优等品	一等品	合格品
色差	不小于	主料之间4级、主副料之间3-4级		主料之间 3-4 级 主副料之间 3 级
大肚纱(两根)		不允许		允许
缝纫曲折高低	不大于	主要部位和明线部位 0.8 cm, 其他部位 0.5 cm	主要部位 0.5 cm	允许
缝纫油污线	不大于	领、襟、袋部位不允许	浅淡的 20 cm,深的 10 cm	允许
熨烫变黄、变色		不允许		
破损性疵点		不允许		
注1:未列入表内的疵点按 GB/T 8878 标准中表面疵点评等规定执行。				
注2:表面疵点及程度参照 GSB 16-2500—2008《针织物表面疵点彩色样照》执行。				
注3:主要部位:上衣前身上部的三分之二,裤类、裙类无主要部位。				

5.4.3 成品主要部位规格尺寸偏差

见表3。

表 3 成品主要部位规格尺寸偏差   单位为厘米

类　　别		优等品	一等品	合格品
直向(衣长、裤长、裙长)	60 cm 及以上	±1.0	±2.0	±2.5
	60 cm 以下	±1.0	±1.5	±2.0
横向(1/2胸围、1/2腰围、臀宽)		±1.0	±1.5	±2.0
注:臀围只考核裙类产品。				

5.4.4 本身尺寸差异

优等品≤0.5 cm,一等品≤1.0 cm,合格品≤1.5 cm。

5.4.5 成品规格测量部位规定

5.4.5.1 上衣规格测量部位示例见图1。

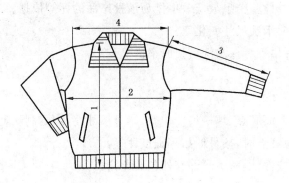

1——衣长；　　3——袖长；
2——1/2胸围；　4——总肩宽。

图 1　上衣规格测量部位

5.4.5.2　裤子、裙子规格测量部位示例见图2。

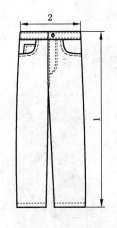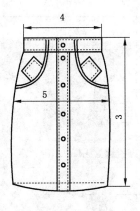

1——裤长；　　　　　　4——1/2腰围（裙子）；
2——1/2腰围（裤子）；　　5——1/2臀围（裙子）。
3——裙长；

图 2　裤子、裙子规格测量部位

5.4.5.3　成衣测量部位规定见表4。

表 4　成衣测量部位规定

类　别	序　号	部　位	测量部位规定
上衣	1	衣长	由肩缝最高处垂直量到底边
	2	1/2胸围	由袖窿缝与肋缝的交点向下2 cm处横量
	3	袖长	平袖式由肩缝与袖窿缝的交点量到袖口边
	4	总肩宽	由肩袖缝的交叉点摊平横量
裤子、裙子	1	裤长	沿裤缝由侧腰边垂直量到裤口边
	2	1/2腰围（裤子）	扣好钮扣,沿腰宽中间拉直横量
	3	裙长	沿裙缝由侧腰边垂直量到裙底边
	4	1/2腰围（裙子）	扣好钮扣,沿腰宽中间拉直横量
	5	1/2臀围（裙子）	腰边向下18 cm处平摊横量
注：测量精确至0.1 cm。			

5.4.6 缝制规定

5.4.6.1 针迹密度规定根据产品工艺要求而制定。

5.4.6.2 产品领型端正、门襟平直、拉链滑顺、熨烫平整。根据产品选择衬布。

5.4.6.3 各部位缝制线路顺直、整齐、牢固、松紧适宜。

5.4.6.4 各部位30 cm内不得有两处单跳针、连续跳针。

5.4.6.5 扣与眼不能错位,钉扣牢固。

5.4.6.6 绣花、烫钻等装饰物应牢固、平服。

6 检验规则

6.1 抽样数量、外观质量检验条件、试样的准备和试验条件

按GB/T 8878规定执行。

6.2 试验方法

6.2.1 顶破强力试验

按GB/T 8878执行。

6.2.2 裤子后裆接缝强力试验

按GB/T 3923.1规定,取样1条,只做1件。部位取样按附录A规定,接缝处应适当加宽取样,以免脱线影响试验结果。

6.2.3 水洗尺寸变化率

6.2.3.1 水洗尺寸变化率试验方法按GB/T 8878执行,试验件数3件。

6.2.3.2 水洗尺寸变化率测量部位见表5。

表5 水洗尺寸变化率测量部位

类 别	部 位	测量部位
上衣类	衣长	由肩缝最高处垂直量到底边
	1/2胸围	测量后胸宽,由袖窿缝与肋缝的交点向下5 cm处横量
裤子	裤长	沿裤缝由侧腰边垂直量到裤口边
	中腿宽	由横裆至裤口边的二分之一处横量
裙子	裙长	测量裙长,沿裙缝由侧腰边垂直量到裙底边
	1/2臀围	由裙长的二分之一处横量

6.2.3.3 水洗尺寸变化率测量部位说明:上衣取衣长与1/2胸围作为直向和横向的测量部位,衣长以前后身左右四处的平均值作为计算依据。裤子取裤长与中腿宽作为直向或横向的测量部位,裤长以左右侧裤长的平均值作为计算依据,横向以左、右中腿宽的平均值作为计算依据。裙子取裙长与1/2臀围作为直向和横向的测量部位,裙长以左右裙缝裙长的平均值作为计算依据。在测量时做出标记,以便水洗后测量。

6.2.3.4 上衣水洗前后测量部位见图3。

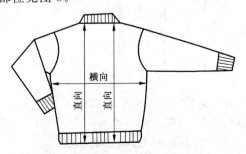

图3 上衣水洗前后测量部位

6.2.3.5 裤子水洗前后测量部位见图 4。

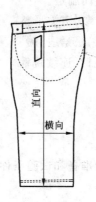

图 4　裤子水洗前后测量部位

6.2.3.6 裙子水洗前后测量部位见图 5。

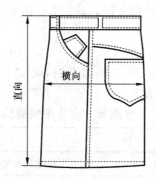

图 5　裙子水洗前后测量部位

6.2.4　水洗后扭曲率试验

6.2.4.1　将做完的水洗尺寸变化率的产品平摊在光滑的台面上,用手轻轻拍平,每件产品以扭斜程度最大的一边测量,以 3 件的扭曲率平均值作为计算结果。

6.2.4.2　上衣扭曲部位见图 6。

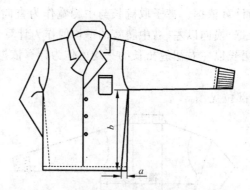

a——肋缝与袖窿缝交叉处垂直到底边的点与扭后端点间的距离;

b——肋缝与袖窿缝交叉处垂直到底边的距离。

图 6　上衣扭曲部位

6.2.4.3 裤子扭曲部位见图7。

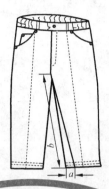

a——内侧缝与裤口边交叉点与扭后端点间的距离；
b——裆底点到裤边口的内侧缝距离。

图7 裤子扭曲部位

6.2.4.4 裙子扭曲部位见图8。

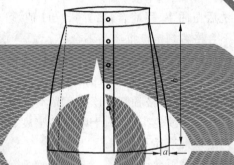

a——裙腰与侧缝交叉处垂直量到底边的点与扭后侧缝与底边交点间的距离；
b——裙腰与侧缝交叉处垂直量到底边的距离。

图8 裙子扭曲部位

6.2.4.5 扭曲率计算方法见式(1)，结果按 GB/T 8170 修约至小数点后一位。

$$F = \frac{a}{b} \times 100\% \quad\cdots\cdots\cdots\cdots\cdots\cdots\cdots\cdots(1)$$

式中：

F——扭曲率，%。

6.2.5 耐水色牢度试验

按 GB/T 5713 执行。

6.2.6 耐汗渍色牢度试验

按 GB/T 3922 执行。

6.2.7 耐干摩擦色牢度试验

按 GB/T 3920 执行。

6.2.8 耐光色牢度试验

按 GB/T 8427，方法 3 执行。

6.2.9 耐唾液色牢度试验

按 GB/T 18886 执行。

6.2.10 甲醛含量试验

按 GB/T 2912.1 执行。

6.2.11 异味试验

按 GB 18401 执行。

6.2.12 pH 值试验

按 GB/T 7573 执行。

6.2.13 可分解芳香胺染料试验

按 GB 18401 执行。

6.2.14 纤维含量试验

按 GB/T 2910、FZ/T 01057、FZ/T 01095、FZ/T 01026 执行。

6.2.15 色牢度评级

按 GB/T 250、GB/T 251 评定。

7 判定规则

7.1 外观质量

外观质量按品种、色别、规格尺寸计算不符品等率。凡不符品等率在 5.0% 及以内者,判定该批产品合格,不符品等率在 5.0% 以上者,判该批产品不合格。

7.2 内在质量

7.2.1 顶破强力、接缝强力、水洗后扭曲率、甲醛含量、异味、pH 值、可分解芳香胺染料、纤维含量检验结果合格者判定该批产品合格,不合格者判定该批产品不合格。

7.2.2 水洗尺寸变化率以全部试样的算术平均值作为检验结果,合格者判定该批产品合格,不合格者判定该批产品不合格,若同时存在收缩与倒涨试验结果时,以收缩(或倒涨)的两件试样的算术平均值作为检验结果,合格者判定该批产品合格,不合格者判定该批产品不合格。

7.2.3 耐唾液色牢度、耐水色牢度、耐汗渍色牢度、耐干摩擦色牢度、耐光色牢度检验结果合格者判定该批产品合格,不合格者分色别判定该批产品不合格。

7.2.4 严重影响外观及服用性能的产品不允许。

8 产品使用说明、包装、运输和贮存

8.1 产品使用说明按 GB 5296.4 规定执行。

8.2 产品包装按 FZ/T 80002 或企业自定。

8.3 产品运输应防潮、防火、防污染。

8.4 产品应存放在阴凉、通风、干燥库房内。

附 录 A
（规范性附录）
裤子后裆接缝强力试验取样部位示意图

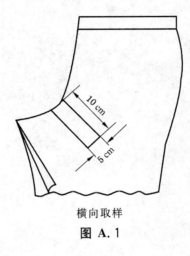

横向取样

图 A.1

ICS 59.080.30
W 63

中华人民共和国纺织行业标准

FZ/T 73033—2009

大豆蛋白复合纤维针织内衣

Soybean protein knitted underwear

2009-11-17 发布 　　　　　　　　　　　　2010-04-01 实施

中华人民共和国工业和信息化部　　发　布

FZ/T 73033—2009

前　言

本标准由中国纺织工业协会提出。

本标准由全国纺织品标准化技术委员会针织品分技术委员会(SAC/TC 209/SC 6)归口。

本标准由上海市毛麻纺织科学技术研究所、国家针织产品质量监督检验中心等起草。

本标准主要起草人:刘炜卿、曹宪华、张德良、邢志贵。

大豆蛋白复合纤维针织内衣

1 范围

本标准规定了大豆蛋白复合纤维针织内衣的产品分类和号型、要求、试验方法、判定规则、产品使用说明、包装、运输和贮存。

本标准适用于鉴定使用大豆蛋白复合纤维含量大于30%及以上的针织内衣的品质。

2 规范性引用文件

下列文件中的条款通过本标准的引用而成为本标准的条款。凡是注日期的引用文件,其随后所有的修改单(不包括勘误的内容)或修订版均不适用于本标准,然而,鼓励根据本标准达成协议的各方研究是否可使用这些文件的最新版本。凡是不注日期的引用文件,其最新版本适用于本标准。

GB/T 250 纺织品 色牢度试验 评定变色用灰色样卡(GB/T 250—2008,ISO 105-A02:1993,IDT)

GB/T 251 纺织品 色牢度试验 评定沾色用灰色样卡(GB/T 251—2008,ISO 105-A03:1993,IDT)

GB/T 1335.1 服装号型 男子

GB/T 1335.2 服装号型 女子

GB/T 1335.3 服装号型 儿童

GB/T 2910(所有部分) 纺织品 定量化学分析

GB/T 2912.1 纺织品 甲醛的测定 第1部分:游离和水解的甲醛(水萃取法)

GB/T 3920 纺织品 色牢度试验 耐摩擦色牢度(GB/T 3920—1997,eqv ISO 105-X12:1993)

GB/T 3921 纺织品 色牢度试验 耐皂洗色牢度(GB/T 3921—2008,ISO 105-C10:2006,MOD)

GB/T 3922 纺织品耐汗渍色牢度试验方法(GB/T 3922—1995,eqv ISO 105-E04:1994)

GB/T 4856 针棉织品包装

GB 5296.4 消费品使用说明 纺织品和服装使用说明

GB/T 5713 纺织品 色牢度试验 耐水色牢度(GB/T 5713—1997,eqv ISO 105-E01:1994)

GB/T 6411 棉针织内衣规格尺寸系列

GB/T 7573 纺织品 水萃取液pH值的测定

GB/T 8170 数值修约规则与极限数值的表示和判定

GB/T 8629 纺织品 试验用家庭洗涤和干燥程序(GB/T 8629—2001,eqv ISO 6330:2000)

GB/T 14801 机织物与针织物纬斜和弓纬的试验方法

GB/T 17592 纺织品 禁用偶氮染料的测定

GB 18401 国家纺织产品基本安全技术规范

GB/T 19976 纺织品 顶破强力的测定 钢球法

GSB 16-2159—2007 针织产品标准深度样卡(1/12)

FZ/T 01053 纺织品 纤维含量的标识

FZ/T 01095 纺织品 氨纶产品纤维含量的试验方法

FZ/T 70004 纺织品 针织物疵点术语

FZ/T 01102 纺织品 大豆蛋白复合纤维混纺产品定量化学分析方法

3 产品分类和号型

3.1 产品分类

大豆蛋白复合纤维针织内衣按织物组织结构分为单面织物、双面织物、绒织物三类产品。

3.2 产品号型

大豆蛋白复合纤维针织内衣号型按 GB/T 6411 规定或 GB/T 1335.1、GB/T 1335.2 和 GB/T 1335.3 规定执行。

4 要求

4.1 要求内容

要求分为内在质量和外观质量两个方面,内在质量包括顶破强力、纤维含量、甲醛含量、pH 值、异味、可分解芳香胺染料、水洗尺寸变化率、耐水色牢度、耐皂洗色牢度、耐汗渍色牢度、耐摩擦色牢度;外观质量包括表面疵点、规格尺寸偏差、本身尺寸差异、缝制规定。

4.2 分等规定

4.2.1 大豆蛋白复合纤维针织内衣的质量等级分为优等品、一等品、合格品。

4.2.2 大豆蛋白复合纤维针织内衣的质量定等:内在质量按批评等,外观质量按件评等,二者结合以最低等级定等。

4.3 内在质量要求

4.3.1 内在质量要求见表1。

表 1 内在质量要求

项　目		优等品	一等品	合格品
顶破强力/N　≥	单面、罗纹织物	120		
	双面、绒织物	180		
纤维含量/%		按 FZ/T 01053 规定执行		
甲醛含量/(mg/kg)		按 GB 18401 规定执行		
pH 值				
异味				
可分解芳香胺染料/(mg/kg)				
水洗尺寸变化率/%	绒织物 直向 ≥	−7.0	−8.0	−9.0
	绒织物 横向	−4.0～+3.0	−5.0～+3.0	−6.0～+3.0
	双面织物 直向 ≥	−5.0	−7.0	−9.0
	双面织物 横向	−5.0～0.0	−8.0～+2.0	−10.0～+2.0
	单面织物 直向 ≥	−5.0	−5.0	−6.0
	单面织物 横向	−5.0～0.0	−6.5～+2.0	−8.0～+2.0
	弹力织物 直向 ≥	−5.0	−6.0	−7.0
耐水色牢度/级　≥	变色	4	3-4	3
	沾色	4	3-4	3
耐皂洗色牢度/级　≥	变色	4	3-4	3
	沾色	4	3-4	3

表 1（续）

项 目		优等品	一等品	合格品
耐汗渍色牢度/级 ≥	变色	4	3-4	3
	沾色	3-4	3	3
耐摩擦色牢度/级 ≥	干摩	4	3-4	3
	湿摩	3	3（深 2）	2-3（深 2）

注 1：色别分档：按 GSB 16-2159—2007 标准，＞1/12 标准深度为深色，≤1/12 标准深度为浅色。

注 2：弹力织物指织物中加入弹性纤维或罗纹织物。

4.3.2 镂空和氨纶织物不考核顶破强力。

4.3.3 短裤不考核水洗尺寸变化率。

4.3.4 内在质量各项指标，以试验结果最低一项作为该批产品的评等依据。

4.4 外观质量要求

4.4.1 外观质量评等规定

4.4.1.1 外观质量评等按表面疵点、规格尺寸偏差、本身尺寸差异、缝制规定执行。在同一件产品上发现属于不同品等的外观疵点时，按最低等疵点评定。

4.4.1.2 在同一件产品上只允许有两个同等级的极限表面疵点存在，超过者应降低一个等级。

4.4.1.3 内包装标志差错按件计算，不允许有外包装差错。

4.4.2 表面疵点评等规定

4.4.2.1 表面疵点评等规定见表2。

表 2 表面疵点评等规定

序号	疵点名称	优等品	一等品	合格品
1	粗纱、大肚纱、油纱、色纱、面子跳纱、里子纱露面	主要部位:不允许;次要部位:轻微者允许	轻微者允许	主要部位:轻微者允许;次要部位:超出明显者不允许
2	油棉、飞花	主要部位:不允许;次要部位:无洞眼者 0.5 cm 一处		无洞眼者 0.5 cm 两处或 1 cm 一处
3	油针	主要部位:不允许;次要部位:轻微者允许 1 针 8 cm 一处		轻微者允许 1 针 15 cm 一处
4	色差	主料之间 4 级	主料之间 3-4 级	主料之间 2-3 级
		主、辅料之间 3-4 级	主、辅料之间 3 级	主、辅料之间 2 级
5	纹路歪斜	≤6%		≤9%
6	起毛露底、脱绒、起毛不匀、极光印、色花、风渍、折印、印花疵点（露底、搭色、套版不正等）	主要部位:不允许;次要部位:轻微者允许	轻微者允许	主要部位:轻微者允许;次要部位:超出明显者不允许
7	缝纫油污线	浅淡 1 cm 三处或 2 cm 一处，领圈部位不允许		浅淡的 20 cm 较深的 10 cm
8	缝纫曲折高低	0.5 cm	0.5 cm	1 cm

表 2（续）

序号	疵点名称	优等品	一等品	合格品
9	底边脱针	每面1针两处,但不得连续,骑缝处缝牢,脱针不超过1 cm		不考核
10	底边明针	小于0.2 cm,骑缝处0.3 cm,单面长不超过3 cm		允许
11	重针(单针机除外)	每个过程除合理接头外,限4 cm一处(不包括领圈部位)		限4 cm两处
12	浅淡油、污色渍	主要部位:不允许; 次要部位:两处累计1 cm	主要部位:两处累计1 cm; 次要部位:三处累计2 cm	累计6 cm
	较深油、污色渍	主要部位:不允许; 次要部位:两处累计0.5 cm	主要部位:两处累计0.5 cm; 次要部位:三处累计1.5 cm	累计2 cm
13	细纱、断里子纱、断面子纱、单纱、修疤、锈斑、烫黄、针洞、破洞	不允许		

注:主要部位是指上衣前身上部的三分之二(包括领窝露面部位),裤类无主要部位。

4.4.2.2 测量表面疵点的长度以疵点最长长度(直径)计量,如遇有较细(0.1 cm)长的污渍疵点,应按表2规定加一倍考核。

4.4.2.3 表面疵点长度及疵点数量均为最大极限值。

4.4.2.4 凡遇条文未规定的表面疵点参照相似疵点酌情处理。

4.4.2.5 色差按GB/T 250评定。

4.4.3 测量部位及规定

4.4.3.1 上衣测量部位见图1。

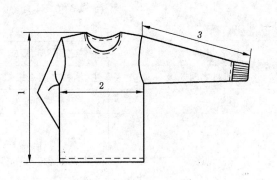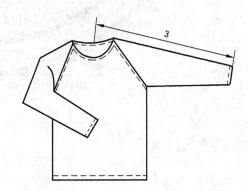

1——衣长;

2——1/2胸围;

3——袖长。

图 1 上衣测量部位

4.4.3.2 裤子测量部位见图2。

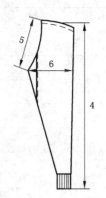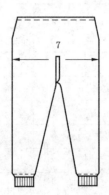

4——裤长；

5——直裆；

6——横裆；

7——1/2 臀围。

图 2　裤子测量部位

4.4.3.3　背心测量部位见图 3。

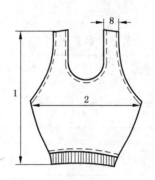

8——肩带宽。

图 3　背心测量部位

4.4.3.4　各部位的测量规定见表 3。

表 3　成衣测量部位规定

类别	序号	部位	测　量　方　法
上衣	1	衣长	由肩缝最高处量到底边
	2	1/2 胸围	由挂肩缝与侧缝缝合处向下 2 cm 水平横量
	3	袖长	由肩缝与袖隆缝的交点到袖口边，插肩式由后领中间量到袖口处
裤类	4	裤长	后腰宽的 1/4 处向下直量到裤口边
	5	直裆	裤身相对折，从腰边口向下斜量到裆角处
	6	横裆	裤身相对折，从裆角处横量
	7	1/2 臀围	由腰边向下至裆底 2/3 处横量
背心	8	肩带宽	肩带合缝处横量
注：各部位测量值精确至 0.1 cm。			

4.4.4　规格尺寸偏差

见表 4。

表 4 规格尺寸偏差
单位为厘米

项 目		儿童、中童			成人		
		优等品	一等品	合格品	优等品	一等品	合格品
衣长		−1.0	−2.0	±1.0	±1.5	−2.5
1/2胸(腰)围		−1.0	−2.0	±1.0	±1.5	−2.0
挂肩(背心)		−1.0	−2.0	−1.5	−1.5	−2.5
背心肩带		−0.5	−1.0	−0.5	−0.5	−1.0
袖长	长袖	−1.0	−2.0	−1.5	−1.5	−2.5
	短袖	−1.0	−1.5	−1.0	−1.0	−1.5
裤长	长裤	−1.5	−2.5	±1.5	±2.0	−3.0
	短裤	−1.0	−1.5	−1.0	−1.5	−2.0
直裆		±1.5	±2.0	±2.0	±2.0	±3.0
横裆		−1.5	−2.0	−2.0	−2.0	−3.0

4.4.5 本身尺寸差异(对称部分)

见表5。

表 5 本身尺寸差异
单位为厘米

项 目	优等品 ≤	一等品 ≤	合格品 ≤
<15 cm	0.5	0.5	0.8
15 cm~76 cm	0.8	1.0	1.2
>76 cm	1.0	1.5	1.5

4.4.6 缝制规定(不分品等)

4.4.6.1 加固部位:合肩处、裤裆叉子合缝处、缝迹边缘。

4.4.6.2 加固方法:采用四线或五线包缝机缝制、双针绷缝、打回针、打套结或加辅料。

4.4.6.3 三线包缝机缝边宽度不低于0.3 cm,四线不低于0.4 cm,五线不低于0.6 cm。

5 试验方法

5.1 抽样数量

5.1.1 外观质量按批分品种、色别、规格尺寸随机采样1%~3%,但至少不得少于20件。

5.1.2 内在质量按批分品种、色别、规格尺寸随机采样4件,不足时可增加件数。

5.2 外观质量检验条件

5.2.1 一般采用灯光检验,用40 W青光或白光日光灯一支,上面加灯罩,灯罩与检验台面中心垂直距离为80 cm±5 cm。

5.2.2 如在室内利用自然光检验,光源射入方向为北向左(或右)上角,不能使阳光直射产品。

5.2.3 检验时应将产品平摊在检验台上,台面铺白布一层,检验人员的视线应正视平摊产品的表面,目光与产品中间距离为35 cm以上。

5.3 试样准备和试验条件

5.3.1 所取的试样不应有影响试验的疵点。

5.3.2 进行顶破强力、水洗尺寸变化率试验前,需将试样平摊在平滑的平面上,试验室温度为(20±2)℃,相对湿度为(65±4)%,放置4 h再进行试验。

5.4 试验项目

5.4.1 顶破强力试验方法

按 GB/T 19976—2005 执行。球的直径为(38±0.02)mm。

5.4.2 水洗尺寸变化率试验

5.4.2.1 测量部位:上衣取身长与胸围作为直向和横向的测量部位,身长以前后身左右四处的平均值作为计算依据,裤子取裤长与中腿作为直向和横向的测量部位,裤长以左右两处的平均值作为计算依据。并在测量时作出标记,以便水洗后测量,上衣测量部位见图4,裤子测量部位见图5,背心测量部位见图6。

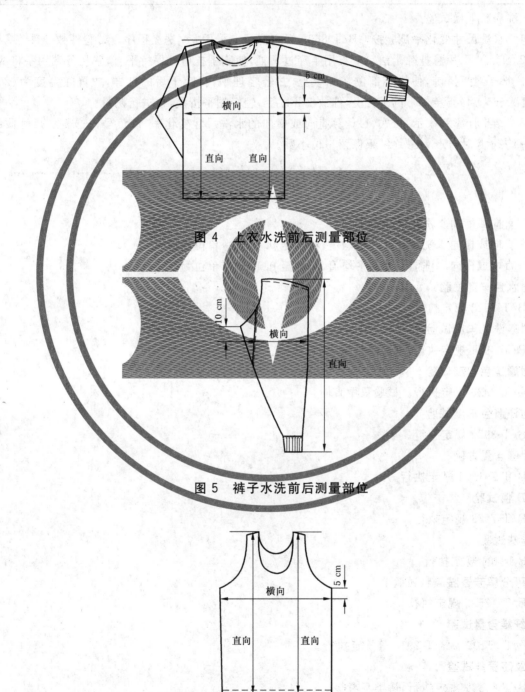

图 4 上衣水洗前后测量部位

图 5 裤子水洗前后测量部位

图 6 背心水洗前后测量部位

5.4.2.2 水洗尺寸变化率测量部位说明见表6。

表 6 水洗尺寸变化率测量部位说明

类别	部位	测 量 方 法
上衣	直向	连肩的由肩宽中间量到底边,合肩(拷肩)的由肩最高处量到底边
	横向	由挂肩缝向下5 cm处横量
裤类	直向	由后腰的1/4处向下直量到裤边
	横向	由横裆测量线向下10 cm(儿童、中童8 cm)处横量

5.4.2.3 洗涤和干燥试验

5.4.2.3.1 水洗尺寸变化率试验按GB/T 8629规定执行。采用5A洗涤程序。试验件数3件。

5.4.2.3.2 晾干:采用悬挂晾干法。上衣用竿穿过两袖,使胸围挂肩处保持平直,并从下端用手将两片分开理平。裤子对折搭晾,使横裆部位在晾竿上,并轻轻理平,将晾干后的试样,放置在温度为(20±2)℃,湿度为(65±4)%条件下的平台上,停放2 h以上,轻轻拍平折痕,再进行测量。

5.4.2.3.3 结果计算和表示:按式(1)计算直向或横向的水洗尺寸变化率,以负号(-)表示尺寸收缩,以正号(+)表示尺寸伸长。最终结果保留一位小数。

$$A = \frac{L_1 - L_0}{L_0} \times 100\% \qquad \cdots\cdots\cdots\cdots\cdots\cdots\cdots (1)$$

式中:

A——直向或横向水洗尺寸变化率,%;

L_1——直向或横向水洗后尺寸的平均值(精确至0.1 cm),单位为厘米(cm);

L_0——直向或横向水洗前尺寸的平均值(精确至0.1 cm),单位为厘米(cm)。

5.4.3 耐水色牢度试验

按GB/T 5713规定执行。

5.4.4 耐皂洗色牢度试验

按GB/T 3921规定执行,试验条件按A(1)执行。

5.4.5 耐摩擦色牢度试验

按GB/T 3920规定执行。试验只做直向。

5.4.6 耐汗渍色牢度试验

按GB/T 3922规定执行。

5.4.7 甲醛含量试验

按GB/T 2912.1规定执行。

5.4.8 pH值试验

按GB/T 7573规定执行。

5.4.9 异味试验

按GB 18401规定执行。

5.4.10 可分解芳香胺染料试验

按GB/T 17592规定执行。

5.4.11 纤维含量试验

按FZ/T 01102、GB/T 2910等规定执行。

5.4.12 纹路歪斜试验

按GB/T 14801规定执行,裤类不考核。

5.4.13 色牢度评级

按GB/T 250及GB/T 251评定。

5.4.14 色差评级

按 GB/T 250 评定。

6 判定规则

6.1 外观质量按品种、色别、规格尺寸计算不符品等率。凡不符品等率在 5%以内者,判定该批产品合格;不符品等率在 5%以上者,判定该批产品不合格。

6.2 内在质量

6.2.1 顶破强力取全部被测试样的算术平均值,合格者判定全批合格。

6.2.2 水洗尺寸变化率以全部试样的平均值作为试验结果,平均合格为合格。若同时存在收缩与倒涨试验结果时,其中两件试样在标准规定范围内,则判定为合格。

6.2.3 纤维含量、甲醛含量、pH 值、异味、可分解芳香胺染料检验结果合格者,判定该批产品合格。不合格者判定该批产品不合格。

6.2.4 耐水、耐皂洗、耐汗渍、耐摩擦色牢度试验结果合格者,判定该批产品合格。不合格者,分色别按该批产品不合格处理。

6.3 严重影响服用性能的产品不允许。

6.4 复验

6.4.1 检验时任何一方对所检验的结果有异议时,或交货时未经验收的产品在规定期限内对所有异议的项目,均可要求复验。

6.4.2 提请复验时,应保留提请复验数量的全部。

6.4.3 复验时检验数量为验收时检验数量的 2 倍,复验结果按本标准 6.1 和 6.2 规定处理。

7 产品使用说明、包装、运输和贮存

7.1 产品使用说明按 GB 5296.4 规定执行。

7.2 包装按 GB/T 4856 或企业自定。

7.3 产品的运输应防潮、防火、防污染。

7.4 产品应存放在阴凉、通风、干燥、清洁的库房内,并防蛀、防霉。

ICS 59.080.30
W 63

中华人民共和国纺织行业标准

FZ/T 73034—2009

半 精 纺 毛 针 织 品

Semi-worsted wool knitting goods

2009-11-17 发布　　　　　　　　　　　　　　　　2010-04-01 实施

中华人民共和国工业和信息化部　　发 布

前　言

本标准的附录 A 为规范性附录。

本标准由中国纺织工业协会提出。

本标准由全国纺织品标准化技术委员会毛纺织分技术委员会归口。

本标准负责起草单位：浙江省羊毛衫质量检验中心、中国毛纺织行业协会。

本标准参加起草单位：江阴芗菲服饰有限公司、浙江雀屏纺织化工股份有限公司。

本标准主要起草人：茅明华、彭燕丽、黄淑媛、孙晖、李椿和、周婉、杨豪杰、钟铿。

本标准首次发布。

半精纺毛针织品

1 范围

本标准规定了半精纺毛针织品的术语和定义、分类、技术要求、试验方法、检验规则、复验规则、包装和标志。

本标准适用于鉴定羊毛、羊绒纯纺,及与棉、丝、麻等天然纤维或化学纤维混纺的半精纺毛针织品的品质。

2 规范性引用文件

下列文件中的条款通过本标准的引用而成为本标准的条款。凡是注日期的引用文件,其随后所有的修改单(不包括勘误的内容)或修订版均不适用于本标准,然而,鼓励根据本标准达成协议的各方研究是否可使用这些文件的最新版本。凡是不注日期的引用文件,其最新版本适用于本标准。

GB/T 250 纺织品 色牢度试验 评定变色用灰色样卡(GB/T 250—2008,ISO 105-A02:1993,IDT)

GB/T 1335.1 服装号型 男子

GB/T 1335.2 服装号型 女子

GB/T 1335.3 服装号型 儿童

GB/T 2910(所有部分) 纺织品 定量化学分析

GB/T 3920 纺织品 色牢度试验 耐摩擦色牢度(GB/T 3920—2008,ISO 105-X12:2001,MOD)

GB/T 3922 纺织品 耐汗渍色牢度试验方法(GB/T 3922—1995,eqv ISO 105-E04:1994)

GB/T 4802.3 纺织品 织物起毛起球性能的测定 第3部分:起球箱法

GB/T 4856 针棉织品包装

GB 5296.4 消费品使用说明 纺织品和服装使用说明

GB/T 5711 纺织品 色牢度试验 耐干洗色牢度(GB/T 5711—1997,eqv ISO 105-D01:1993)

GB/T 5713 纺织品 色牢度试验 耐水色牢度(GB/T 5713—1997,eqv ISO 105-E01:1994)

GB/T 7742.1 纺织品 织物胀破性能 第1部分:胀破强力和胀破扩张度的测定 液压法(GB/T 7742.1—2005,ISO 13938-1:1999,MOD)

GB/T 8427—2008 纺织品 色牢度试验 耐人造光色牢度:氙弧(ISO 105-B02:1994,MOD)

GB 9994 纺织材料公定回潮率

GB/T 9995 纺织材料含水率和回潮率的测定 烘箱干燥法

GB/T 12490—2007 纺织品 色牢度试验 耐家庭和商业洗涤色牢度(ISO 105-C06:1994,MOD)

GB/T 16988 特种动物纤维与绵羊毛混合物含量的测定

GB 18401 国家纺织产品基本安全技术规范

FZ/T 01026 四组分纤维混纺产品定量化学分析方法

FZ/T 01048 蚕丝/羊绒混纺产品混纺比的测定

FZ/T 01053 纺织品 纤维含量的标识

FZ/T 01057(所有部分) 纺织纤维鉴别试验方法

FZ/T 01095 纺织品 氨纶产品纤维含量的试验方法

FZ/T 01101　纺织品　纤维含量的测定　物理法

FZ/T 20011　毛针织成衣扭斜角试验方法

FZ/T 20018　毛纺织品中二氯甲烷可溶性物质的测定(FZ/T 20018—2000,eqv ISO 3074:1975)

FZ/T 70008　毛针织物编织密度系数试验方法

FZ/T 70009　毛纺织产品经机洗后的松弛及毡化收缩试验方法

3　术语和定义

下列术语和定义适用于本标准。

3.1

半精纺毛针织纱线　semi-worsted wool knitting yarn

以长度为 25 mm～60 mm 的纺织纤维,经半精梳纺纱系统纺制的,专供针织用的纱线。

3.2

半精纺毛针织品　semi-worsted wool knitting goods

用半精纺毛针织纱线编织而成的,兼有精梳和粗梳风格的毛针织品。

4　半精纺毛针织品的分类

按品种分为:

——开衫、套衫、背心类;

——裤子、裙子类;

——小件服饰类(包括帽子、围巾、手套)。

5　技术要求

5.1　安全性要求

半精纺毛针织品的基本安全技术要求应符合 GB 18401 的规定。

5.2　分等规定

半精纺毛针织品的品等以件为单位,按内在质量和外观质量的检验结果中最低一项定等。分为优等品、一等品和二等品,低于二等品者为等外品。

5.3　内在质量的评等

内在质量的评等以批为单位,按纤维含量、物理指标、染色牢度和水洗尺寸变化率中最低一项定等。

5.3.1　纤维含量按 FZ/T 01053 规定执行。

5.3.2　物理指标的评等按表 1 规定。

5.3.3　染色牢度按表 2 规定评等。

表 1　物理指标评等

项　　目	限度	优等品	一等品	二等品	备　　注
顶破强度/kPa	≥		225		<71.4 tex(>14 Nm)为 196
编织密度系数/(mm·tex)	≥		1.0		只考核平针产品
起球/级	≥	3-4	3	2-3	
二氯甲烷可溶性物质/%	≤	1.5	1.7	2.5	
单件重量偏差率/%	—		按供需双方合约规定		

注:顶破强度只考核平针产品;背心及小件服饰类不考核。

表 2 染色牢度评等

项　　目		限度	优等品	一等品	二等品
耐光/级	＞1/12 标准深度(深色)	≥	4	4	3
	≤1/12 标准深度(浅色)		3	3	3
耐洗/级	色泽变化	≥	4	3-4	3
	毛布沾色		4	3	2-3
	棉布沾色		3-4	3	2-3
耐汗渍 (碱汗、酸汗)/级	色泽变化	≥	4	3-4	3
	毛布沾色		4	3	3
	棉布沾色		3-4	3	3
耐水/级	色泽变化	≥	4	3-4	3
	毛布沾色		4	3	3
	棉布沾色		3-4	3	3
耐摩擦/级	干摩擦	≥	4	3-4(深色3)	3
	湿摩擦		3-4	3(深色2-3)	2-3(深色2)
耐干洗/级	色泽变化	≥	4	4	3-4
	浴剂变化		4	4	3-4

注1："只可干洗"类产品不考核耐洗、耐湿摩擦色牢度。耐干洗色牢度只考核干洗类产品。
注2：毛混纺产品,棉布沾色应改为与混纺产品中主要非毛纤维同类的纤维布沾色。
注3：拼色产品耐洗色牢度沾色不低于4级。

5.3.4 不同洗涤方式产品的水洗尺寸变化率考核指标

5.3.4.1 小心手洗类产品按表3规定。

表 3 小心手洗类产品水洗尺寸变化率考核指标

项　　目		开套衫、背心	裤子、裙子	小件服饰类
松弛尺寸变化率/%	长度	-10	—	—
	宽度	+5,-8	—	—
洗涤程序		1×7A	—	—
毡化尺寸变化率/%	长度	—	—	—
	面积	-8	—	-8
洗涤程序		1×7A	—	1×7A+1×7A
总尺寸变化率/%	长度	-10	-5	—
	宽度	-5	+5	—
	面积	-8	—	—
洗涤程序		2×7A	2×7A	—

注1：松弛尺寸变化率只考核平针产品。
注2：开套衫、背心的非缩绒产品只考核松弛和毡化尺寸变化率;缩绒产品只考核总尺寸变化率。

5.3.4.2 可机洗类产品按表4规定。

表4 可机洗类产品水洗尺寸变化率考核指标

项 目		开套衫、背心	裤子、裙子	小件服饰类
松弛尺寸变化率/%	长度	−10	—	—
	宽度	+5,−8	—	—
洗涤程序		1×7A	—	—
毡化尺寸变化率/%	长度	—	—	—
	面积	−8	—	−8
洗涤程序		2×5A	—	1×7A+2×5A
总尺寸变化率/%	长度	—	−5	—
	宽度	—	+5	—
洗涤程序		—	3×5A	—
注:松弛尺寸变化率只考核平针产品。				

注:只可干洗类产品不考核水洗尺寸变化率。

5.4 外观质量的评等

外观质量的评等以件为单位,包括实物质量、规格尺寸允许偏差、缝迹伸长率、领圈拉开尺寸、扭斜角及外观疵点。

5.4.1 实物质量的评等

实物质量系指款式、花型、色泽、手感、做工等。符合优等品封样者为优等品;符合一等品封样者为一等品;明显差于一等品封样者为二等品;严重差于一等品封样者为等外品。

5.4.2 主要规格尺寸允许偏差

长度方向:80 cm 及以上,±2.0 cm;

80 cm 以下,±1.5 cm。

宽度方向:±1.0 cm。

对称性偏差:≤1.0 cm。

注1:主要规格尺寸偏差指毛衫的衣长、胸阔(1/2胸围)、袖长;毛裤的裤长、直裆、横裆;裙子的裙长、臀围;围巾的宽、1/2长等实际尺寸与设计尺寸或标注尺寸的差异。

注2:对称性偏差指同件产品的对称性差异,如毛衫的两边袖长、毛裤的两边裤长的差异。

5.4.3 缝迹伸长率

平缝不小于 10%;包缝不小于 20%;链缝不小于 30%(仅限于合缝)。

5.4.4 毛衫领圈拉开尺寸(合格水平)

成人:≥30 cm;中童:≥28 cm;小童:≥26 cm。

5.4.5 成衣扭斜角

成衣扭斜角≤5°(只考核平针产品)。

5.4.6 外观疵点评等

按表5规定。

表 5 外观疵点评等

类 别	疵点名称	优等品	一等品	二等品	备 注
原料疵点	1.条干不匀	不低于疵点封样	不低于疵点封样	较明显低于疵点封样	比照疵点封样
	2.粗细节、紧捻纱、弱捻纱、多股、缺股	不低于疵点封样	不低于疵点封样	较明显低于疵点封样	比照疵点封样
	3.厚薄档	不低于疵点封样	不低于疵点封样	较明显低于疵点封样	比照疵点封样
	4.色花	不低于疵点封样	不低于疵点封样	较明显低于疵点封样	比照疵点封样
	5.色档	不低于疵点封样	不低于疵点封样	较明显低于疵点封样	比照疵点封样
	6.异色纤维、异性纤维	不低于疵点封样	不低于疵点封样	较明显低于疵点封样	比照疵点封样
	7.纱线接头	≤2个	≤4个	≤7个	正面不允许
	8.草屑、毛粒、毛片	不低于疵点封样	不低于疵点封样	较明显低于疵点封样	比照疵点封样
编织疵点	9.毛针	不低于疵点封样	不低于疵点封样	较明显低于疵点封样	比照疵点封样
	10.单毛	≤2个	≤3个	≤5个	
	11.花针、瘪针、三角针	不允许	次要部位允许	允许	
	12.针圈不匀	不低于疵点封样	不低于疵点封样	较明显低于疵点封样	比照疵点封样
	13.里纱露面、混色不匀	不低于疵点封样	不低于疵点封样	较明显低于疵点封样	比照疵点封样
	14.花纹错乱	不允许	次要部位允许	允许	
	15.漏针、脱散、破洞	不允许	不允许	不允许	
裁缝整理疵点	16.拷缝及绣缝不良	不允许	不明显	较明显	
	17.锁眼钉扣不良	不允许	不明显	较明显	
	18.修补痕	不允许	不明显	较明显	
	19.斑疵	不允许	不明显	较明显	
	20.色差(同件产品各部位之间)	≥4-5级	≥4级	≥3-4级	对照 GB/T 250
	21.染色不良	不允许	不明显	较明显	
	22.烫焦痕	不允许	不允许	不允许	

注1：次要部位指疵点所在部位对服用效果影响不大的部位,具体如上衣:大身边缝和袖底缝左右各1/6;裤子:在裤腰下裤长的1/5和内侧裤缝左右各1/6。

注2：表中未列的外观疵点可参照类似的疵点评等。

注3：表中所指封样均指一等品封样。封样由各生产企业制定,供需双方共同确认。

6 试验方法

6.1 内在质量检验

6.1.1 纤维含量试验

按 GB/T 2910、GB/T 16988、FZ/T 01026、FZ/T 01048、FZ/T 01057(所有部分)、FZ/T 01095、FZ/T 01101 执行。折合公定回潮率计算(拆掉后不破坏产品整体结构的装饰性纤维,不参与含量的计算,但要注明"装饰除外"),公定回潮率按 GB 9994 执行。

6.1.2 顶破强度试验

按 GB/T 7742.1 执行,试样面积使用 7.3 cm²(直径 30.5 mm)。

6.1.3 编织密度系数试验

按 FZ/T 70008 执行。

6.1.4 起球试验

按 GB/T 4802.3 执行。试验的预置转数为 7 200 r。对照粗梳毛针织品样照进行评级。

6.1.5 二氯甲烷可溶性物质试验

按 FZ/T 20018 执行。

6.1.6 单件重量偏差率试验

6.1.6.1 将抽取的若干件样品平铺在温度 20 ℃±2 ℃、相对湿度 65%±4% 条件下吸湿平衡 24 h 后,逐件称重,精确至 0.5 g,并计算平均值,得到单件成品初重量(m_1)。

6.1.6.2 从其中一件试样中裁取回潮率试样两份,每份重量不少于 10 g,按 GB/T 9995 测试样的实际回潮率。

6.1.6.3 按式(1)计算单件成品公定回潮重量,精确至 0.1 g(公定回潮率按 GB 9994 执行)。

$$m_0 = \frac{m_1 \times (1+R_0)}{(1+R_1)} \qquad \cdots\cdots (1)$$

式中:

m_0——单件成品公定回潮重量,单位为克(g);

m_1——单件成品初重量,单位为克(g);

R_0——公定回潮率,%;

R_1——实际回潮率,%。

6.1.6.4 按式(2)计算单件成品重量偏差率,精确至 0.1%。

$$D_G = \frac{m_0 - m}{m} \times 100 \qquad \cdots\cdots (2)$$

式中:

D_G——单件成品重量偏差率,%;

m_0——单件成品公定回潮重量,单位为克(g);

m——单件成品规定重量,单位为克(g)。

6.1.7 水洗尺寸变化率试验

按 FZ/T 70009 执行。

6.1.8 耐光色牢度试验

按 GB/T 8427—2008 中的方法 3 执行。

6.1.9 耐洗色牢度试验

按 GB/T 12490—2007(小心手洗类产品按 A1S 试验条件;可机洗类产品按 B2S 试验条件)执行。

6.1.10 耐水色牢度试验

按 GB/T 5713 执行。

6.1.11 耐汗渍色牢度试验

按 GB/T 3922 执行。

6.1.12 耐摩擦色牢度试验

按 GB/T 3920 执行。

6.1.13 耐干洗色牢度试验

按 GB/T 5711 执行。

6.2 外观质量检验

6.2.1 外观质量检验条件

6.2.1.1 一般采用灯光检验,用 40 W 日光灯两支,上面加灯罩,灯管与检验台面中心距离为 80 cm±5 cm。如利用自然光源,应以天然北光为准。

6.2.1.2 检验时应将成品平摊在台面上,检验人员正视产品,目光与产品中心距离约为 45 cm。

6.2.1.3 检验规格尺寸用钢卷尺度量。

6.2.2 规格尺寸检验方法

6.2.2.1 上衣类

a) 衣长:领肩缝交接处量至下摆底边(连肩的由肩宽中间量到底边);

b) 胸阔:挂肩下 1.5 cm 处横量;

c) 袖长:平肩式由挂肩缝外端量至袖口边,插肩式由后领中间量至袖口边。

6.2.2.2 裤类

a) 裤长:后腰宽 1/4 处向下直量至裤口边;

b) 直裆:裤身相对折,从腰边口向下斜量到裆角处;

c) 横裆:裤身相对折,从裆角处横量。

6.2.2.3 裙类

a) 裙长:后腰宽 1/4 处向下直量至裙底边;

b) 臀围:裙腰下 20 cm 处横量。

6.2.2.4 围巾类

a) 围巾 1/2 长:围巾长度方向对折取中直量(不包括穗长);

b) 围巾宽:围巾取中横量。

6.2.3 领圈拉开尺寸检验方法

领内口撑直拉足,测量两端距离,即为领圈拉开尺寸。

6.2.4 缝迹伸长率检验及计算方法

将产品摊平,在大身摆缝(或袖缝)中段量取 10 cm,作好标记,用力拉足并量取缝迹伸长尺寸,按式(3)计算缝迹伸长率:

$$缝迹伸长率(\%) = \frac{缝迹伸长尺寸(cm) - 10(cm)}{10(cm)} \times 100 \quad \cdots\cdots\cdots(3)$$

6.2.5 扭斜角试验方法

按 FZ/T 20011 执行(试样应为"湿态"。即试样为浸湿后并脱水甩干的半精纺毛针织成衣)。

7 检验规则

7.1 抽样

7.1.1 以同一原料、同一品种、同一品等的产品为一检验批。

7.1.2 外观质量检验的样本应从检验批中随机抽取,抽样方案按表 6 规定。

FZ/T 73034—2009

表 6　外观质量检验抽样方案

批量 N	样本量 n	合格判定数 Ac	不合格判定数 Re
≤150	20	1	2
151～280	32	2	3
281～500	50	3	4
501～1 200	80	5	6
1 201～3 200	125	7	8
>3 200	200	10	11

7.1.3　内在质量检验的样本应从外观质量检验合格的样本中抽取,数量要满足各试验的要求。

7.1.4　染色牢度检验用的样本抽取应包括该批的全部色号。

7.1.5　单件重量偏差率试验的样本抽取数量按外观质量检验抽样方案。

7.1.6　外观质量检验当样本量 n 大于批量 N 时,实施全检,合格判定数 Ac 为 0。

7.2　判定

7.2.1　内在质量的判定

按 5.3 对批样样本进行内在质量的检验,符合对应品等要求的,为内在质量合格,否则为不合格。

7.2.2　外观质量的判定

按 5.4 对批样样本进行外观质量的检验,符合对应品等要求的,为外观质量合格,否则为不合格。如果所有样本的外观质量合格,或不合格样本数不超过表 6 的合格判定数 Ac,则该批产品外观质量合格;如果不合格样本数达到表 6 的不合格判定数 Re,则该批产品外观质量不合格。

7.2.3　综合判定

7.2.3.1　各品等产品如不符合 GB 18401 的要求,均判定为不合格。

7.2.3.2　按标注品等,内在质量和外观质量均合格,且同一批产品中件与件之间的色差不超过 3-4 级、批产品与封样之间色差不超过 3-4 级,则该批产品合格;内在质量和外观质量有一项不合格或同一批产品中件与件之间的色差超过 3-4 级,或批产品与封样之间色差超过 3-4 级,则该批产品不合格。

8　复验规则

验收双方因批量检验结果发生异议时,可复验一次,复验检验规则按首次检验执行,按复验结果判定。

9　包装、标志

9.1　包装

半精纺毛针织品的包装按 GB/T 4856 执行。

9.2　标志

9.2.1　每一单件半精纺毛针织品的标志按 GB 5296.4 执行。并标明所符合 GB 18401 的安全技术要求类别。

9.2.2　规格尺寸的标注规定

9.2.2.1　普通半精纺毛针织成衣以厘米表示主要规格尺寸。上衣标注胸围;裤子标注裤长(相当于 4 倍横裆);裙子标注臀围。或按 GB/T 1335.1～1335.3 标注号型。

9.2.2.2　紧身或时装款半精纺毛针织成衣标注适穿范围。例如上衣标注 95～105,表示适穿范围为胸围 95 cm～105 cm;裤子标注 100～110,表示适穿范围为裤子规格 100 cm～110 cm。或按 GB/T 1335.1～1335.3 标注号型。

9.2.2.3 围巾类标注长×宽,以厘米表示。

9.2.2.4 其他产品按相应的产品标准规定标注规格尺寸。

10 其他

供需双方另有要求,可按合约规定执行。

附 录 A

（规范性附录）

几项补充规定

A.1 外观实物质量封样及疵点封样

指生产部门自定的生产封样或供需双方共同确认的产品封样。

A.2 半精纺毛针织品外观疵点说明

A.2.1 条干不匀：因纱线条干短片段粗细不匀，致使成品呈现深浅不一的云斑。

A.2.2 粗细节：纱线粗细不匀，在成品上形成针圈大而凸出的横条为粗节，形成针圈小而凹进的横条为细节。

A.2.3 紧捻纱、弱捻纱：因机器或操作原因形成的捻度偏大或偏小的纱线。

A.2.4 厚薄档：纱线长片段不匀，粗细差异过大，使成品出现明显的厚薄片段。

A.2.5 色花：因原料染色时吸色不匀，使成品上呈现颜色深浅不一的差异。

A.2.6 色档：在衣片上，由于颜色深浅不一，形成界限者。

A.2.7 异色纤维：混入织品的其他颜色纤维。

A.2.8 异性纤维：织品中标注纤维含量之外的纤维。

A.2.9 草屑、毛粒、毛片：纱线上附有草屑、毛粒、毛片等杂质，影响产品外观者。

A.2.10 毛针：因针舌或针舌轴等损坏或有毛刺，在编织过程使部分线圈起毛。

A.2.11 单毛：编织中，一个针圈内部分纱线（少于1/2）脱钩者。

A.2.12 花针：因设备原因，成品上出现较大而稍凸出的线圈；

三角针（蝴蝶针）：在一个针眼内，二个针圈重叠，在成品上形成三角形的小孔；

瘪针：成品上花纹不突出，如胖花不胖、鱼鳞不起等。

A.2.13 针圈不匀：因编织不良使成品出现针圈大小和松紧不一的线圈横档、紧针、稀路或密路状等。

A.2.14 里纱露面：交织品中，里纱露出反映在面上者；

混色不匀：不同颜色纤维混和不匀。

A.2.15 花纹错乱：板花、拨花、提花等花型错误或花位不正。

A.2.16 漏针（掉套）、脱散：编织过程中针圈没有套上，形成小洞，或多针脱散成较大的洞；

破洞：编织过程中由于接头松开或纱线断开而形成的小洞。

A.2.17 拷缝及绣缝不良：针迹过稀、缝线松紧不一、漏缝、开缝针洞等、绣花走样、花位歪斜、颜色和花距不对等。

A.2.18 锁眼钉扣不良：扣眼间距不一、明显歪斜、针迹不齐或扣眼开错、扣位与扣眼不符、缝结不牢等。

A.2.19 修补痕：织物经修补后留下的痕迹。

A.2.20 斑疵：织物表面局部沾有污渍，包括黄斑、白斑、色斑、锈斑、水渍、油污等。

A.2.21 色差：成品表面色泽有差异。

A.2.22 染色不良：成衫染色造成的染色不匀、染色斑点、接缝处染料渗透不良等。

A.2.23 烫焦痕：成品熨烫定型不当，使纤维损伤致变质、发黄、焦化者。

A.2.24 扭斜角：由于纱线原因或单纱编织，造成纹路扭斜，与底边垂直方向成一定的角度。

———————————

ICS 59.080.30
W 63

中华人民共和国纺织行业标准

FZ/T 73035—2010

针织彩棉内衣

Knitted natural colour cotton underwear

2010-08-16 发布　　　　　　　　　　　　　　2010-12-01 实施

中华人民共和国工业和信息化部　　发 布

前　言

本标准的附录 A 为规范性附录。

本标准由中国纺织工业协会提出。

本标准由全国纺织品标准化技术委员会针织品分技术委员会(SAC/TC 209/SC 6)归口。

本标准起草单位:江苏省纺织产品质量监督检验研究院、上海朵彩棉服饰有限公司、浙江顺时针服饰有限公司、青岛即发集团股份有限公司、浙江浪莎内衣有限公司、国家针织产品质量监督检验中心。

本标准主要起草人:唐祖根、韩昌志、龚益辉、黄聿华、刘爱莲、单学蕾。

针 织 彩 棉 内 衣

1 范围

本标准规定了针织彩棉内衣的规格号型、要求、检验方法、判定规则、产品使用说明、包装、运输和储存。

本标准适用于鉴定以天然彩色棉(含量不小于20%)加工制成的针织彩棉内衣的品质。

2 规范性引用文件

下列文件中的条款通过本标准的引用而成为本标准的条款。凡是注日期的引用文件,其随后所有的修改单(不包括勘误的内容)或修订版均不适用于本标准,然而,鼓励根据本标准达成协议的各方研究是否可使用这些文件的最新版本。凡是不注日期的引用文件,其最新版本适用于本标准。

GB/T 250 纺织品 色牢度试验 评定变色用灰色样卡

GB/T 251 纺织品 色牢度试验 评定沾色用灰色样卡

GB/T 1335(所有部分) 服装号型

GB/T 2910(所有部分) 纺织品 定量化学分析

GB/T 2912.1 纺织品 甲醛的测定 第1部分:游离水解的甲醛(水萃取法)

GB/T 3920 纺织品 色牢度试验 耐摩擦色牢度

GB/T 3922 纺织品耐汗渍色牢度试验方法

GB/T 4802.1 纺织品 织物起球试验 圆轨迹法

GB/T 4856 针棉织品包装

GB 5296.4 消费品使用说明 纺织品和服装使用说明

GB/T 5713 纺织品 色牢度试验 耐水色牢度

GB/T 6411 针织内衣规格尺寸系列

GB/T 7573 纺织品 水萃取液pH值的测定

GB/T 8170 数值修约规则与极限数值的表示和判定

GB/T 8629 纺织品 试验用家庭洗涤和干燥程序

GB/T 8878 棉针织内衣

GB/T 14801 机织物与针织物纬斜和弓纬的试验方法

GB/T 17592 纺织品 禁用偶氮染料的测定

GB/T 17593.1 纺织品 重金属的测定 第1部分:原子吸收分光光度法

GB/T 17593.3 纺织品 重金属的测定 第3部分:六价铬 分光光度法

GB/T 17593.4 纺织品 重金属的测定 第4部分:砷、汞 原子荧光分光光度法

GB 18401 国家纺织产品基本安全技术规范

GB/T 18885 生态纺织品技术要求

GB/T 19976 纺织品 顶破强力的测定 钢球法

GB/T 20393—2006 天然彩色棉制品及含天然彩色棉制品通用技术要求

FZ/T 01053 纺织品 纤维含量的标识

FZ/T 01057(所有部分) 纺织纤维鉴别试验方法

FZ/T 01095　纺织品 氨纶产品纤维含量的试验方法

GSB 16-1523　针织物起毛起球样照

GSB 16-2500　针织物表面疵点彩色样照

3　规格号型

针织彩棉内衣号型按 GB/T 6411 或 GB/T 1335(所有部分)规定执行。

4　要求

要求分内在质量和外观质量两个方面,内在质量包括顶破强力、纤维含量、甲醛含量、pH 值、水洗尺寸变化率、耐水色牢度、耐汗渍色牢度、耐干摩擦色牢度、起球、异味、可萃取的重金属、可分解芳香胺染料,外观质量包括表面疵点、规格尺寸偏差、本身尺寸差异、缝制规定。

4.1　分等规定

4.1.1　针织彩棉内衣的质量等级分为优等品、一等品、合格品。

4.1.2　针织彩棉内衣的质量定等:内在质量按批(交货批)评等;外观质量按件评等。二者结合以最低品等定等。

4.2　内在质量要求

4.2.1　内在质量要求见表1。

表 1　内在质量要求

项　目			优等品	一等品	合格品
顶破强力/N　≥	单面、罗纹织物、绒织物		135		
	双面		220		
纤维含量(净干含量)/%			按 FZ/T 01053 规定执行		
甲醛含量/(mg/kg)			按 GB 18401 规定执行		
pH 值					
异味					
可分解芳香胺染料/(mg/kg)					
水洗尺寸变化率/%	双面、绒织物	直向	−6.0～+1.0	−7.0～+2.0	−9.0～+2.0
		横向	−6.0～+1.0	−8.0～+2.0	−10.0～+2.0
	单面、罗纹织物	直向	−5.0～+1.0	−5.0～+2.0	−7.0～+2.0
		横向	−5.0～+1.0	−6.0～+2.0	−7.0～+2.0
耐水色牢度/级　≥	变色		4	3-4	3
	沾色		3-4	3	3
耐汗渍色牢度/级　≥	变色		4	3-4	3
	沾色		3-4	3	3
耐干摩擦色牢度/级　≥			4	3-4	3
起球/级　≥			4	3	
可萃取的重金属/(mg/kg)			按 GB/T 18885 规定执行		

4.2.2 短裤不考核水洗尺寸变化率。

4.2.3 镂空和氨纶织物不考核顶破强力。

4.2.4 内在质量各项指标,以试验结果最低一项作为该批产品的评等依据。

4.2.5 镂空织物、花边织物、磨毛、起绒织物不考核起球。

4.2.6 内在质量各项指标,以试验结果最低一项作为该产品的评等依据。

4.3 外观质量要求

4.3.1 外观质量分等规定

4.3.1.1 外观质量分等按表面疵点、规格尺寸偏差、本身尺寸差异、缝制规定执行。在同一件产品上发现属于不同品等的外观疵点时,按最低等疵点评定。

4.3.1.2 在同一件产品上只允许有两个同等级的极限表面疵点存在,超过者应降低一个等级。

4.3.2 测量部位及规定

4.3.2.1 上衣测量部位见图1。

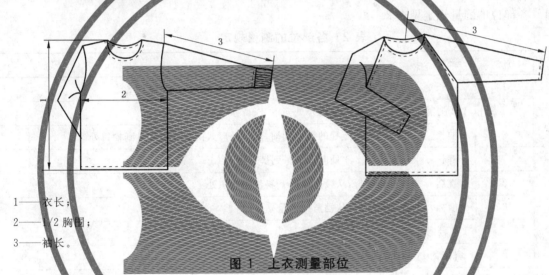

1——衣长;

2——1/2胸围;

3——袖长。

图 1　上衣测量部位

4.3.2.2 裤子测量部位见图2。

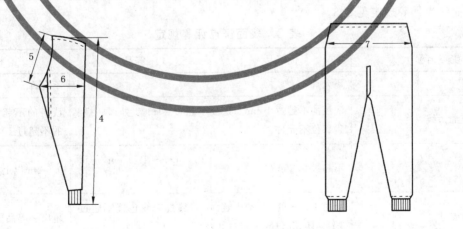

4——裤长;

5——直裆;

6——横裆;

7——1/2腰围。

图 2　裤子测量部位

4.3.2.3 背心测量部位见图3。

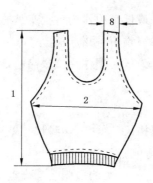

8——肩带宽。

图 3 背心测量部位

4.3.2.4 各部位的测量规定见表2。

表 2 各部位的测量规定

类别	序号	部位	测 量 方 法
上衣	1	衣长	由肩缝最高处量到底边,合肩(拷肩)由肩缝最高处量到底边
	2	1/2胸围	由挂肩缝与侧缝缝合处向下2 cm水平横量
	3	袖长	由肩缝与袖笼缝的交点到袖口边,插肩式由后领中间量到袖口处
裤类	4	裤长	后腰宽的1/4处向下直量到裤口边
	5	直裆	裤身相对折,从腰边口向下斜量到裆角处
	6	横裆	裤身相对折,从裆角处横量
	7	1/2腰围	侧腰边向下8 cm处横量
背心	8	肩带宽	肩带合缝处横量
注:各部位测量值精确至0.1 cm。			

4.3.3 表面疵点评等规定见表3。

表 3 表面疵点评等规定

疵点名称		优等品	一等品	合格品
破损性疵点		不允许		不允许
缝制疵点	缝纫油污线	浅淡的不超过1 cm 3处或不超过2 cm 1处,领、襟、袋部位不允许		浅淡的不超过20 cm,深的不超过10 cm
	线头	不超过0.5 cm	0.5 cm～1.0 cm 允许两处	0.5 cm以上允许三处
	底边脱针	每面1针3处,但不得连续,骑缝处三线包缝不超过3针,四、五包缝不超过3针		超出一等品要求的
	底边明针	不超过0.15 cm,骑缝处0.25 cm,单面长度不超过3 cm		允许
	明线曲折高低	主要部位不超过0.2 cm,其他部位不超过0.5 cm		不超过0.5 cm
	对条对格	互差不超过0.4 cm		互差不超过0.7 cm

表 3（续）

疵点名称		优等品	一等品	合格品
印花疵点	印花搭色	胸花周围 1 cm 以内,0.5 cm 不超过 2 处（人的面部图案不允许）满身花 0.5 cm 不超过 5 处或不影响美观者		不严重者允许
	印花沙眼、干版露底、印花缺花	不明显者允许		不严重者允许
	套版不正	人的面部图案不允许,其他部位 0.2 cm		人的面部图案 0.1 cm,其他部位 0.4 cm
	阴色渗花	细线条不超过一倍,粗线条 0.2 cm		不严重者允许
熨烫变黄、变色、水渍亮光		不允许		不允许
色差		主料之间 4 级,主副料之间 3-4 级		主料之间 3-4 级,主副料之间 3 级
纹路歪斜/%	条格	3.0	6.0	8.0

注 1：未列入表内的疵点按 GB/T 8878 表面疵点评等规定执行。

注 2：表面疵点程度按 GSB 16—2500 针织物表面疵点彩色样照执行。

注 3：主要部位指前身及袖子外部的三分之二的部位。

注 4：纹路歪斜按 GB/T 14801 执行。

4.3.4 规格尺寸偏差见表 4。

表 4　规格尺寸偏差　　　　　　　　　　　　单位为厘米

项　　目		优等品	一等品	合格品
衣长		±1.0	+2.0 −1.5	−2.0
1/2 胸围		±1.0	±1.5	±2.0
袖长	长袖	±1.5	+2.0 −1.5	−2.0
	短袖	−1.0	−1.0	−1.5
裤长	长裤	±1.5	±2.0	−3
	短裤	−1.0	−1.5	−2.0
1/2 腰围		±1.0	±1.5	−2.0

4.3.5 本身尺寸差异见表 5。

表 5　本身尺寸差异　　　　　　　　　　　　单位为厘米

项　　目		优等品 ≤	一等品 ≤	合格品 ≤
衣长不一	门襟	0.5	1.0	
	前、后身及左右腰缝	1.0	1.5	
袖宽、挂肩不一		0.5	1.0	1.5
左右单肩宽窄不一		0.5	0.5	0.8

表 5（续）

単位为厘米

项　　目		优等品 ≤	一等品 ≤	合格品 ≤
袖长不一	长袖	1.0	1.0	1.5
	短袖	0.5	0.8	1.2
胸宽不一	前、后片宽度不一	0.5	1.0	1.5
裤长不一		1.0	1.5	1.5

4.3.6 缝制规定

4.3.6.1 合肩处应加固处理。

4.3.6.2 凡四线、五线包缝机合缝，袖口处应用套结或平缝封口加固。

4.3.6.3 领型端正，门襟平直，袖、底边宽窄一致，熨烫平整，线头修清，无杂物。

4.3.6.4 针迹密度规定见表 6。

表 6　针迹密度规定

単位为针迹数每 2 厘米

机种	平缝	平双针	三针机	四针机	宽紧带机	包　缝	包缝卷边
针迹数　不低于	9	8	9	8	7	8	7
注 1：测量针迹密度以一个缝纫过程的中间处计量。							
注 2：厚重织物针迹密度可放宽 2 针。							

4.3.6.5 包缝机缝边宽度，三线不低于 0.4 cm，四线、五线不低于 0.5 cm。

4.3.6.6 缝纫针迹密度低于表 6 规定及双针绷缝机的短针跳针一针分散两处作 0.5 件漏验计算，平缝机的跳针，每件成品允许一针分散两处，三针机中间跳针一针三处，一件作 0.5 件漏验计算。

4.3.6.7 条格产品、门襟、口袋均要对条对格。

5　检验方法

5.1　抽样数量

5.1.1　外观质量按交货批分品种、色别、规格尺寸随机采取 1%～3%，不少于 20 件。如批量少于 20 件，则全数检验。

5.1.2　内在质量按交货批分品种、色别、规格尺寸随机采取 4 件，不足时可增加取样数量。

5.2　外观质量检验条件

5.2.1　一般采用灯光检验，用 40 W 青光或白光日光灯一支，上面加灯罩，灯罩与检验台面中心距离垂直距离为 80 cm±5 cm，或在 D65 光源下。

5.2.2　如在室内利用自然光，光源射入方向为北向左（或右）上角，不能使阳光直射产品。

5.2.3　检验时应将产品平摊在检验台上，台面铺一层白布，检验人员的视线应正视产品的表面，目视距离为 35 cm 以上。

5.3　试样的准备和试验条件

5.3.1　所取的试样不能有影响试验的疵点。

5.3.2　进行顶破强力、水洗尺寸变化率试验时，需将试样在常温下平摊在平滑的平面上放置 20 h，在实验室温度为 20 ℃±2 ℃，相对湿度 65%±4% 的条件下，调湿放置 4 h 后再进行试验。

5.4　试验方法

5.4.1　顶破强力试验

按 GB/T 19976 规定执行，采用直径为 38 mm±0.02 mm。

5.4.2　纤维含量试验

按 GB/T 2910（所有部分）、GB/T 20393—2006 附录 A 和附录 B、FZ/T 01057（所有部分）、

FZ/T 01095 规定执行。

5.4.3 甲醛含量试验

按 GB/T 2912.1 规定执行。

5.4.4 pH 值试验

按 GB/T 7573 规定执行。

5.4.5 水洗尺寸变化率试验

5.4.5.1 测量部位

测量部位及测量说明见表 7。

表 7 水洗尺寸测量说明

类 别	部 位	测 量 方 法
上衣	直向	连肩的由肩宽中间量到底边,合肩(拷肩)的由肩最高处量到底边
	横向	由挂肩缝向下 5 cm 处横量
裤	直向	由后腰的 1/4 处向下直量到裤边
	横向	由横裆测量线向下 10 cm 处横量

5.4.5.2 洗涤和干燥试验

5.4.5.2.1 洗涤和干燥试验按 GB/T 8629 执行,采用 5A 洗涤程序。试验件数为 3 件。干燥按 A 法(悬挂晾干)。

5.4.5.2.2 上衣用竿穿过两袖,使胸围挂肩处保持平直,并从下端用手将两前后身分开理平。裤子对折搭晾,使横裆部位在晾竿上,并轻轻理平,将晾干后的试样,放置在温度为 20 ℃±2 ℃,相对湿度 65%±4% 的条件下的平台上,放置 4 h 后,轻轻拍平折痕,再进行测量。

5.4.5.2.3 计算和报告

按式(1)分别计算直向或横向的水洗尺寸变化率,负号(一)表示尺寸收缩,正号(十)表示尺寸伸长。最终结果按 GB/T 8170 修约到一位小数。

$$A = \frac{L_1 - L_0}{L_0} \times 100\% \quad \cdots\cdots\cdots\cdots (1)$$

式中:

A——直向或横向水洗尺寸变化率,%;

L_1——直向或横向水洗后尺寸的平均值,单位为厘米(cm);

L_0——直向或横向水洗前尺寸的平均值,单位为厘米(cm)。

5.4.6 耐水色牢度试验

按 GB/T 5713 规定执行。

5.4.7 耐汗渍色牢度试验

按 GB/T 3922 规定执行。

5.4.8 耐干摩擦色牢度试验

按 GB/T 3920 规定执行,只做直向。

5.4.9 起球试验

按 GB/T 4802.1 参数 E 规定执行,评级按 GSB 16-1523 评定。

5.4.10 异味试验

按 GB 18401 规定执行。

5.4.11 可分解芳香胺染料试验

按 GB/T 17592 规定执行。

FZ/T 73035—2010

5.4.12 可萃取的重金属试验

按 GB/T 17593.1、GB/T 17593.3、GB/T 17593.4 执行。

5.4.13 色牢度评级

按 GB/T 250、GB/T 251 评定。

6 判定规则

6.1 外观质量

6.1.1 外观质量按品种、色别、规格尺寸计算不符品等率。凡不符品等率在 5.0% 及以内者,判定该批产品合格,不符品等率在 5.0% 以上者,判定批不合格。

6.1.2 内包装标志差错按件计算不符合品等率,不允许有外包装差错。

6.2 内在质量

6.2.1 顶破强力、纤维含量、甲醛含量、pH 值、起球、异味、可分解芳香胺染料、可萃取的重金属检验结果合格者,判定该批产品合格,不合格者判定该批产品不合格。

6.2.2 水洗尺寸变化率以全部试样的算术平均值作为检验结果,合格者判定该批产品合格,不合格者判定该批产品不合格。若同时存在收缩与倒涨试验结果时,以收缩(或倒涨)的两件试样的算术平均值作为检验结果,合格者判定该批产品合格,不合格者判定该批产品不合格。

6.2.3 耐水色牢度、耐汗渍色牢度、耐干摩擦色牢度检验结果合格者,判定该批产品合格,不合格者分色别判定该批产品不合格。

6.3 复验

6.3.1 任何一方对所检验的结果有异议时,在规定期限内对所有异议的项目,均可要求复验。

6.3.2 提请复验时,应保留提请复验数量的全部。

6.3.3 复验时检验数量为初检时数量的 2 倍,复验的判定规则按本标准 6.1、6.2 规定执行,判定以复验结果为准。

7 产品使用说明、包装、运输和储存

7.1 产品使用说明按 GB 5296.4 规定执行。

7.2 产品包装按 GB/T 4856 或协议执行。

7.3 产品运输应防潮、防火、防污染。

7.4 产品应放在阴凉、通风、干燥、清洁库房内,并防蛀、防霉。

7.5 产品安全性标志应符合 GB 18401 标准要求标注类别。

630

附　录　A

（规范性附录）

洗涤、晾晒和使用注意事项

A.1　天然彩色棉制品及含天然彩色棉制品洗涤要求

A.1.1　水温不超过 40 ℃。

A.1.2　不可漂白,中性洗涤剂。避免和强氧化剂接触。

A.1.3　机洗采用轻柔档。

A.2　中温熨烫。

A.3　不可曝晒。

ICS 61.020
W 63

中华人民共和国纺织行业标准

FZ/T 73036—2010

吸湿发热针织内衣

Moisture-absorption and heat-generating knitted underwear

2010-08-16 发布   2010-12-01 实施

中华人民共和国工业和信息化部   发布

前　言

本标准的附录 A 为规范性附录。

本标准由中国纺织工业协会提出。

本标准由全国纺织品标准化技术委员会针织品分技术委员会(SAC/TC 209/SC 6)归口。

本标准起草单位：中国针织工业协会、国家针织产品质量监督检验中心、婷美集团保健科技有限公司、浙江罗纳服饰有限公司、上海帕兰朵高级服饰有限公司、北京爱慕内衣有限公司、江苏 AB 集团有限责任公司、安莉芳(中国)服装有限公司、青岛即发集团股份有限公司、浙江浪莎内衣有限公司、江苏新雪竹国际服饰有限公司、珠海兆天贸易有限公司、浙江顺时针服饰有限公司、东洋纺织株式会社上海代表处、旭化成纺织贸易(上海)有限公司。

本标准主要起草人：王智、单丽娟、周磊、姚渊学、方国平、关春红、吴鸿烈、曹海辉、黄聿华、刘爱莲、王锡良、奚斌、龚益辉、胡怡然、莫合领。

吸湿发热针织内衣

1 范围

本标准规定了吸湿发热针织内衣的术语和定义、产品号型、要求、试验方法、判定规则、使用说明、包装、运输、贮存。

本标准适用于鉴定吸湿发热针织内衣的品质。

2 规范性引用文件

下列文件中的条款通过本标准的引用而成为本标准的条款。凡是注日期的引用文件,其随后所有的修改单(不包括勘误的内容)或修订版均不适用于本标准,然而,鼓励根据本标准达成协议的各方研究是否可使用这些文件的最新版本。凡是不注日期的引用文件,其最新版本适用于本标准。

GB 5296.4　消费品使用说明　纺织品和服装使用说明

GB/T 4856　针棉织品包装

GB/T 8170　数值修约规则与极限数值的表示和判定

GB/T 9995　纺织材料含水率和回潮率的测定　烘箱干燥法

3 术语和定义

下列术语和定义适用于本标准。

3.1

吸湿发热针织内衣　moisture-absorption and heat-generating knitted underwear

由吸湿发热材料编织而成,并满足本标准升温值指标要求的针织内衣。

4 产品号型

按针织内衣相关产品标准规定执行。

5 要求

5.1 要求内容

要求分为内在质量、外观质量两个方面,内在质量包括吸湿发热升温值指标和针织内衣相关产品标准规定的内在质量指标。外观质量按针织内衣相关产品标准执行。

5.2 分等规定

产品在达到吸湿发热升温值指标前提下,分等规定按针织内衣相关产品标准执行。

5.3 内在质量要求

5.3.1 吸湿发热升温值指标见表1。

表 1　吸湿发热升温值指标

项　　　目		温度/℃
最高升温值	≥	≥4.0
30 min内平均升温值	≥	≥3.0

5.3.2 其他内在质量按针织内衣相关产品标准规定执行。

5.4 外观质量

外观质量按针织内衣相关产品标准规定执行。

6 试验方法

6.1 抽样数量

吸湿发热针织内衣的升温值抽样数量为1件,其他内在质量和外观质量按针织内衣相关产品标准规定执行。

6.2 内在质量及外观质量检验

6.2.1 吸湿发热升温值的检验按附录A的规定执行。

6.2.2 其他内在质量和外观质量的检验,按针织内衣相关产品标准规定执行。

7 判定规则

7.1 吸湿发热升温值不合格,则判定该批产品不合格;吸湿发热升温值合格,按针织内衣相关产品标准进行判定。

7.2 复验

7.2.1 任何一方对所检验的结果有异议时,在规定期限内均可要求复验。

7.2.2 提请复验时,应保留提请复验数量的全部。

7.2.3 复验时检验数量为初验时数量的2倍,复验结果按7.1规定处理,以复验结果为准。

8 产品的使用说明、包装、运输和贮存

8.1 产品使用说明按GB 5296.4规定执行。产品执行标准编号:标明本标准的编号和执行的针织内衣相关产品标准的编号。

8.2 产品包装按GB/T 4856或协议执行。

8.3 产品运输应防潮、防火、防污染。

8.4 产品应放在阴凉、通风、干燥、清洁的库房内,并防蛀、防霉。

附　录　A
（规范性附录）
吸湿发热升温值的试验方法

A.1　设备和用具

A.1.1　恒温恒湿试验箱

A.1.1.1　箱内配备温度传感器,箱内温度为(20±0.5)℃,相对湿度为(90±3)%,风速0.2 m/s～0.6 m/s,试样温度测试传感器的精度为±(0.2%×|示值|+0.15)℃。

A.1.1.2　恒温恒湿试验箱放置在温度为(20±2)℃,相对湿度为(65±4)%的恒温恒湿室内。

A.1.2　温度记录仪,与恒温恒湿试验箱内的传感器相连接。

A.1.3　刻度尺。

A.1.4　涤纶缝纫线。

A.1.5　缝纫机。

A.1.6　剪刀。

A.1.7　称量瓶。

A.1.8　烘箱,符合GB/T 9995的规定。

A.1.9　干燥器。

A.2　试样制备

A.2.1　一般在成品上均匀取样,对于成品的组织结构变化较大的情况,应取组织结构较大面积的部位,所取面料要求平整、无折皱。

A.2.2　共制备3个组合试样。每个组合试样由两块60 mm×100 mm的试样组成,试样里层相贴合,沿三边缝合成一袋状插入目,形成一个组合试样,缝合线应与织物的长度或宽度方向相平行,采用涤纶缝纫线平缝,针迹密度为8针/2 cm～9针/2 cm。组合试样缝制方法如图A.1所示。

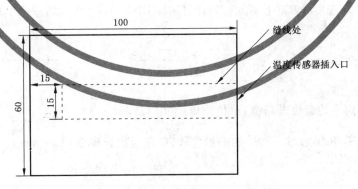

图 A.1　组合试样缝制方法示意图

A.3　试验步骤

A.3.1　将组合试样和称量瓶(打开盖子)一同放入烘箱内,烘燥时间按GB/T 9995规定的方法确定,烘燥温度为(105±2)℃。打开烘箱门,将试样迅速放入称量瓶中,盖严称量瓶的盖子,然后放入密封的干燥器中,在A.1.1.2规定的条件下平衡1 h。

A.3.2　启动恒温恒湿试验箱和温度记录仪,待仪器稳定到A.1.1.1规定参数,读取3个温度传感器的测试值,分别作为空白温度值。

A.3.3 将平衡 1 h 的试样从称量瓶中取出,打开恒温恒湿试验箱,在 30 s 内将 A.3.2 中读取空白值的 3 个温度传感器分别并完全插入 3 块组合试样,组合试样的摆放距恒温恒湿试验箱内壁至少 10 cm,避免重叠放置或卷装放置,关闭恒温恒湿试验箱,同时开启温度记录仪,试验时间为 30 min。

A.4 试验结果的计算和表示

A.4.1 在某个时间点上,温度升高值(ΔT)即为每块组合试样的温度值减去温度传感器的空白温度值所得结果。

A.4.2 根据试验结果,分别读取 3 个组合试样的升温最高值 ΔT_{max} 及 $(t_1, \Delta T_{max})$、$(0, \Delta T_0)$、$(10, \Delta T_1)$、$(20, \Delta T_2)$、$(30, \Delta T_3)$。在相同时间点上,组合试样的温度升高值以 3 个组合试样温度升高值的平均值作为结果,按 GB/T 8170 修约到一位小数。

A.4.3 绘制出组合试样升温值与时间的关系图,如图 A.2 所示。

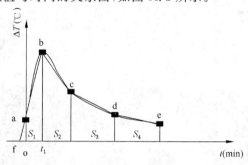

图 A.2 组合试样升温值与时间的关系图

A.4.4 将以上各点按横坐标由小到大的顺序依次命名为 a、b、c、d、e,分别连接 ba(延长至与横坐标相交于点 f)、bc、cd、de。

A.4.5 计算直线 ba 的方程,一次项系数按 GB/T 8170 修约到一位小数。

A.4.6 计算点 f 的坐标值,按 GB/T 8170 修约到一位小数。分别计算三角形面积 S_1 和梯形面积 S_2 至 S_4,结果按 GB/T 8170 修约到三位小数。

A.4.7 30 min 内平均温度升高值按式(A.1)计算,按 GB/T 8170 修约到一位小数。

$$\Delta \overline{T} = \frac{\sum_{i=1}^{4} S_i}{t} \quad \cdots\cdots\cdots\cdots\cdots\cdots\cdots(A.1)$$

式中:

$\Delta \overline{T}$——30 min 内平均温度升高值,单位为摄氏度(℃);

$\sum_{i=1}^{4} S_i$——三角形 S_1 和梯形 S_2 至 S_4 的面积总和,单位为摄氏度分(℃·min);

t——30 min。

ICS 59.090.30
W 63

中华人民共和国纺织行业标准

FZ/T 73037—2010

针 织 运 动 袜

Knitted sports socks

2010-08-16 发布   2010-12-01 实施

中华人民共和国工业和信息化部   发 布

FZ/T 73037—2010

前　言

本标准由中国纺织工业协会提出。

本标准由全国纺织品标准化技术委员会针织品分技术委员会(SA/TC 209/SC 6)归口。

本标准起草单位：海宁耐尔袜业有限公司、佛山市顺德区和亨袜业有限公司、李宁(中国)体育用品有限公司、浪莎针织有限公司、浙江梦娜袜业股份有限公司、浙江袜业有限公司、高要市金海岸织造厂有限公司、青岛即发集团股份有限公司、泉州市七匹狼体育用品有限公司、浙江嘉梦依袜业有限公司、红豆集团无锡长江实业有限公司、国家针织产品质量监督检验中心。

本标准主要起草人：史吉刚、胡艺成、徐明明、刘凤荣、刘爱莲、王海燕、洪冬英、戴正怡、黄聿华、郭沧旸、金建明、葛东瑛。

针 织 运 动 袜

1 范围

本标准规定了针织运动袜的术语和定义、产品分类、要求、试验方法、判定规则、产品使用说明、包装、运输、贮存。

本标准适用于鉴定棉（棉化纤混纺纱）与化纤交织运动袜、纯化纤运动袜的品质。其他纤维运动袜可参照执行。

2 规范性引用文件

下列文件中的条款通过本标准的引用而成为本标准的条款。凡是注日期的引用文件,其随后所有的修改单(不包括勘误的内容)或修订版均不适用于本标准,然而,鼓励根据本标准达成协议的各方研究是否可使用这些文件的最新版本。凡是不注日期的引用文件,其最新版适用于本标准。

GB/T 250 纺织品 色牢度试验 评定变色用灰色样卡

GB/T 251 纺织品 色牢度试验 评定沾色用灰色样卡

GB/T 2910(所有部分) 纺织品 定量化学分析

GB/T 2912.1 纺织品 甲醛的测定 第1部分:游离水解的甲醛(水萃取法)

GB/T 3920 纺织品 色牢度试验 耐摩擦色牢度

GB/T 3921 纺织品 色牢度试验 耐皂洗色牢度

GB/T 3922 纺织品耐汗渍色牢度试验方法

GB/T 4856 针棉织品包装

GB 5296.4 消费品使用说明 纺织品和服装使用说明

GB/T 5713 纺织品 色牢度试验 耐水色牢度

GB/T 7573 纺织品 水萃取液 pH 值的测定

GB/T 8170 数值修约规则与极限数值的表示和判定

GB/T 17592 纺织品 禁用偶氮染料的测定

GB 18401 国家纺织产品基本安全技术规范

FZ/T 01053 纺织品 纤维含量的标识

FZ/T 01057(所有部分) 纺织纤维鉴别试验方法

FZ/T 01095 纺织品 氨纶产品纤维含量的试验方法

FZ/T 73001 袜子

GSB 16-2159 针织产品标准深度样卡(1/12)

3 术语和定义

下列术语和定义适用于本标准。

3.1

运动袜 sports socks

脚踝、袜底脚凹二个部位中,至少一个部位有舒张圈,运动时起保护作用的袜子。

3.2

舒张圈 tubular stretch fabric

脚踝或袜底脚凹部位增加橡筋包芯纱或弹性纤维,起到减震、防护作用。

3.3

踝下运动袜 moving ankle socks

袜底脚凹中心部位有舒张圈,袜口位于脚踝及以下的运动袜。

3.4

短筒运动袜 crew sports socks

袜底脚凹中心部位或袜筒脚踝部位有舒张圈,袜口位于小腿下的运动袜。

3.5

中筒运动袜 kneehigh sports socks

袜底脚凹中心部位或袜筒脚踝部位有舒张圈,袜口位于膝盖下的运动袜。

3.6

长筒运动袜 overknee sports socks

袜底脚凹中心部位或袜筒脚踝部位有舒张圈,袜口位于膝盖以上的运动袜。

4 产品分类

按原料分为棉(棉化纤混纺纱)/氨纶包芯纱运动袜、棉(棉化纤混纺纱)/弹力锦纶丝(涤纶丝)运动袜、弹力锦纶丝(涤纶丝)运动袜、弹力锦纶丝(涤纶丝)/氨纶包芯纱运动袜,全部包括全毛圈、半毛圈运动袜。

5 要求

5.1 要求内容

要求分为外观质量和内在质量两个方面,外观质量包括规格尺寸、表面疵点、缝制要求。内在质量包括直向、横向延伸值、纤维含量、甲醛含量、pH 值、耐皂洗色牢度、耐水色牢度、耐汗渍色牢度、耐摩擦色牢度、异味、可分解芳香胺染料等项指标。

5.2 分等规定

5.2.1 运动袜的质量定等以双为单位,分为一等品、合格品。

5.2.2 运动袜内在质量按批评等、外观质量按双评等,两者结合并按最低品等定等。

5.3 外观质量要求和分等规定

5.3.1 外观质量要求

5.3.1.1 运动袜各部位名称规定见图1、图2。

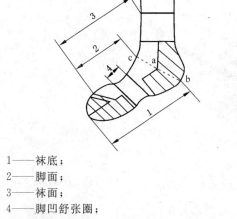 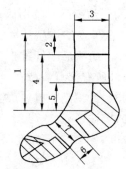

1——袜底;

2——脚面;

3——袜面;

4——脚凹舒张圈;

a——提针起点;

b——踵点(袜跟圆弧对折线与圆弧的交点);

c——提针延长线与袜面的交点。

a)

1——总长;

2——口高;

3——口宽;

4——筒长;

5——跟高;

6——脚凹舒张圈高;

7——脚凹舒张圈宽。

b)

注:图中剖面线为着力点部位。

图 1 踝下、短筒运动袜

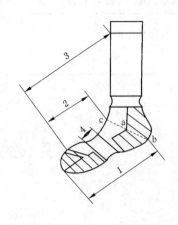

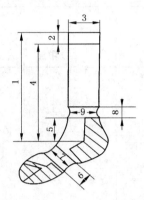

1——袜底；

2——脚面；

3——袜面；

4——脚凹舒张圈；

a——提针起点；

b——踵点(袜跟圆弧对折线与圆弧的交点)；

c——提针延长线与袜面的交点。

1——总长；

2——口高；

3——口宽；

4——筒长；

5——跟高；

6——脚凹舒张圈高；

7——脚凹舒张圈宽；

8——脚踝舒张圈高；

9——脚踝舒张圈宽。

a)　　　　　　　　　　　　b)

注：图中剖面线为着力点部位。

图 2　中、长筒运动袜

5.3.1.2　规格尺寸及公差见表1~表8。

表 1　棉(棉化纤混纺纱)/氨纶包芯纱交织踝下、短筒运动袜规格尺寸及公差

单位为厘米

袜号	底长	底长公差	总长公差		口高 ≥		口宽公差	脚凹、脚踝舒张圈高 ≥	脚凹舒张圈小于袜底宽度、脚踝舒张圈小于袜筒宽度
			踝下	短筒	踝下	短筒			
18~20	15	±1.2		−1.5			±0.5	2	0.5及以上
20~22	17								
22~24	19		−0.8		0.8	1.5		3	
24~26	21								
26~28	23	±1.5		−2			±0.8		
28~30	25							4	
30~32	27								

注1：需方对规格尺寸另有要求的,由供需双方另订协议执行。

注2：舒张圈为网状的不考核宽度。

表 2 棉(棉化纤混纺纱)/氨纶包芯纱交织中筒、长筒运动袜规格尺寸及公差　单位为厘米

袜号	底长	底长公差	总长 ≥ 中筒	总长 ≥ 长筒	口高 ≥	口宽公差	脚凹、脚踝舒张圈高 ≥	脚凹舒张圈小于袜底宽度、脚踝舒张圈小于袜筒宽度
18～20	15	±1.2	26	40		±0.5	2	0.5 及以上
20～22	17							
22～24	19		29	45	1.5		3	
24～26	21							
26～28	23	±1.5				±0.8		
28～30	25		32	50			4	
30～32	27							

注1：需方对规格尺寸另有要求的,由供需双方另订协议执行。

注2：舒张圈为网状的不考核宽度。

表 3 棉(棉化纤混纺纱)/弹力锦纶丝(涤纶丝)交织踝下、
短筒运动袜规格尺寸及公差　单位为厘米

袜号	底长	底长公差	总长公差 踝下	总长公差 短筒	口高 ≥ 踝下	口高 ≥ 短筒	口宽公差	脚凹、脚踝舒张圈高 ≥	脚凹舒张圈小于袜底宽度、脚踝舒张圈小于袜筒宽度
17～18	17	±1.2		−1.5			±0.5	2	0.5 及以上
19～20	19								
21～22	21							3	
23～24	23		−0.8		0.8	1.5			
25～26	25	±1.5		−2			±0.8		
27～28	27							4	
29～30	29								

注1：需方对规格尺寸另有要求的,由供需双方另订协议执行。

注2：舒张圈为网状的不考核宽度。

表 4 棉(棉化纤混纺纱)/弹力锦纶丝(涤纶丝)交织中筒、
长筒运动袜规格尺寸及公差　单位为厘米

袜号	底长	底长公差	总长 ≥ 中筒	总长 ≥ 长筒	口高 ≥	口宽公差	脚凹、脚踝舒张圈高 ≥	脚凹舒张圈小于袜底宽度、脚踝舒张圈小于袜筒宽度
17～18	17	±1.2	30	45		±0.5	2	0.5 及以上
19～20	19							
21～22	21		33	50			3	
23～24	23				1.5			
25～26	25	±1.5				±0.8		
27～28	27		36	56			4	
29～30	29							

注1：需方对规格尺寸另有要求的,由供需双方另订协议执行。

注2：舒张圈为网状的不考核宽度。

表5 弹力锦纶丝(涤纶丝)踝下、短筒运动袜规格尺寸及公差　　　　单位为厘米

袜号	底长	底长公差	总长公差		口高≥		口宽公差	脚凹、脚踝舒张圈高≥	脚凹舒张圈小于袜底宽度、脚踝舒张圈小于袜筒宽度
			踝下	短筒	踝下	短筒			
18~20	17	±1.2		−1.5			±0.5	2	
20~22	19								
22~24	21							3	
24~26	23		−0.8		0.8	1.5			0.5及以上
26~28	25	±1.5		−2			±0.8		
28~30	27							4	
30~32	29								

注1：需方对规格尺寸另有要求的，由供需双方另订协议执行。

注2：舒张圈为网状的不考核宽度。

表6 弹力锦纶丝(涤纶丝)中筒、长筒运动袜规格尺寸及公差　　　　单位为厘米

袜号	底长	底长公差	总长≥		口高≥	口宽公差	脚凹、脚踝舒张圈高≥	脚凹舒张圈小于袜底宽度、脚踝舒张圈小于袜筒宽度
			中筒	长筒				
18~20	17	±1.2	28	42		±0.5	2	
20~22	19							
22~24	21		31	48	12.5		3	
24~26	23							0.5及以上
26~28	25	±1.5	34	53		±0.8		
28~30	27						4	
30~32	29							

注1：需方对规格尺寸另有要求的，由供需双方另订协议执行。

注2：舒张圈为网状的不考核宽度。

表7 弹力锦纶丝(涤纶丝)/氨纶包芯纱交织踝下、
短筒运动袜规格尺寸及公差　　　　单位为厘米

袜号	底长	底长公差	总长公差		口高≥		口宽公差	脚凹、脚踝舒张圈高≥	脚凹舒张圈小于袜底宽度、脚踝舒张圈小于袜筒宽度
			踝下	短筒	踝下	短筒			
18~20	14	±1.2		−1			±0.5	2	
20~22	16								
22~24	18							3	
24~26	20		−0.8		0.8	1.5			0.5及以上
26~28	22	±1.5		−1.5			±0.8		
28~30	24							4	
30~32	26								

注1：需方对规格尺寸另有要求的，由供需双方另订协议执行。

注2：舒张圈为网状的不考核宽度。

表 8　弹力锦纶丝(涤纶丝)/氨纶包芯纱交织中筒、
长筒运动袜规格尺寸及公差

单位为厘米

袜号	底长	底长公差	总长 ≥		口高 ≥	口宽公差	脚凹、脚踝舒张圈高 ≥	脚凹舒张圈小于袜底宽度、脚踝舒张圈小于袜筒宽度
			中筒	长筒				
18～20	14	±1.2	24	37	1.5	±0.5	2	0.5及以上
20～22	16							
22～24	18		27	42			3	
24～26	20							
26～28	22	±1.5				±0.8		
28～30	24		30	47			4	
30～32	26							

注1：需方对规格尺寸另有要求的，由供需双方另订协议执行。
注2：舒张圈为网状的不考核宽度。

5.3.2　规格尺寸分等规定

规格尺寸分等规定见表9。

表 9　规格尺寸分等规定

单位为厘米

项　目			一等品	合格品
底长	袜号	17～24	符合表1～表8标准及公差	超出一等品标准－1.5以内
		24～32		超出一等品标准－2以内
总长	踝下运动袜			超出一等品标准－1以内
	短筒运动袜			超出一等品标准－2以内
	中筒运动袜			超出一等品标准－2以内
	长筒运动袜			超出一等品标准－3以内
口高	袜号	17～24		超出一等品标准－0.5以内
		24～32		
口宽	袜号	17～24		超出一等品标准公差－1以内
		24～32		
舒张圈高	袜号	17～24		超出一等品标准公差－0.5以内
		24～32		
舒张圈宽	袜号	17～24		超出一等品标准，在袜底、袜筒相应部位宽度以内
		24～32		

5.3.3　表面疵点

表面疵点见表10。

表 10　表面疵点

序号	疵点名称	一等品	合格品
1	粗丝（线）	轻微的,脚面部位限 1 cm,其他部位累计限 0.5 r	明显的:脚面部位累计限 0.5 r,其他部位 0.5 r 以内限 3 处
2	细纱	袜口部位不限,着力点处不允许,其他部位限 0.5 r	轻微的:着力点处不允许,其他部位不限
3	断纱	不允许	不允许
4	稀路针	轻微的:脚面部位限 3 条;明显的:袜口部位允许	明显的:袜面部位限 3 条
5	抽丝、松紧纹	轻微的抽丝脚面部位 1 cm 1 处,其他部位 1.5 cm 2 处,轻微的抽紧和松紧纹允许	轻微的抽丝 2.5 cm 2 处,明显的抽紧和松紧纹允许
6	花针	脚面部位不允许,其他部位分散累计允许 6 个	脚面部位分散 3 个,其他部位分散允许
7	花型变形	不影响美观允许	稍影响美观者一双相似
8	表纱扎碎	轻微的,脚面部位 0.3 cm 1 处,着力点处不允许	轻微的:着力点处不允许,其他部位 0.5 cm 2 处
9	里纱翻丝	轻微的:袜面部位不允许,袜头、袜跟 0.3 cm 1 处	袜面部位 0.3 cm 2 处,袜头、袜跟 0.3 cm 2 处
10	袜口不平整（起泡、起皱）	轻微的不影响美观允许	明显的允许
11	编织破洞	不允许	不允许
12	① 缝头漏针、缝头破洞、缝头半丝	不允许	不允许
	② 缝头歪角	允许粗针 2 针,中针 3 针,细针 4 针,轻微松紧允许	允许粗针 4 针,中针 5 针,细针 6 针,明显松紧允许
	③ 横道（缝头）不齐	允许 0.5 cm	允许 1 cm
13	色花、油污渍、沾色	轻微的不影响美观允许	较明显允许
14	色差	同一双允许 4-5 级;同一只袜头,袜跟与袜身允许 3-4 级,异色头跟除外	同一双允许 4 级;同一只袜头,袜跟与袜身允许 3 级,异色头跟除外
15	毛圈不良	脚面部位不允许,其他部位 0.5 cm 内限 3 处	较明显允许
16	长短不一	限 0.5 cm（两只相差 0.5 cm 及以下）	限 0.8 cm（两只相差 0.8 cm 及以下）
17	修疤	不允许	不允许
18	修痕	脚面部位不允许,其他部位修痕 0.5 cm 内限 1 处	轻微允许

注 1:测量外观疵点长度,以疵点最长长度(直径)计量。
注 2:如遇条文未规定的外观疵点,参照相应疵点酌情处理。
注 3:表面疵点外观形态按袜子表面疵点彩色样照评定。
注 4:色差按 GB/T 250 评定。
注 5:粗针为 96 针及以下,中针为 96 针以上至 180 针,细针为 180 针以上。
注 6:疵点程度描述:
　　——轻微:疵点在直观上不明显,通过仔细辨认才可看出。
　　——明显:不影响整体效果,但能感觉到疵点的存在。
　　——显著:疵点程度明显影响总体效果。

5.3.4 缝制要求

运动袜采用对目缝头（袜头为全毛圈允许盲缝），用弹力缝纫线缝制。

5.4 内在质量要求和分等规定

5.4.1 内在质量要求

5.4.1.1 直、横向延伸值见表11～表18。

表 11 棉（棉化纤混纺纱）/氨纶包芯纱交织踝下、
短筒运动袜直、横向延伸值　　　　　　　　　单位为厘米

袜号	直向延伸值(底长)≥		横向延伸值≥			
	一等品	合格品	袜口、袜筒		脚踝舒张圈	脚凹舒张圈
	踝下、短筒		踝下	短筒	短筒	踝下、短筒
18～20	25	23	18	17	16	15
20～22	29	27				
22～24	32	30	19	18	17	16
24～26	35	33				
26～28	38	36	20	19	18	17
28～30	41	39				
30～32	44	42	21	20	19	18

注1：需方对直、横向延伸值另有要求的，由供需双方另订协议执行。

注2：全毛圈运动袜的横向延伸值可减小1 cm。

注3：踝下运动袜袜筒横向延伸值不考核。

表 12 棉（棉化纤混纺纱）/氨纶包芯纱交织中筒、
长筒运动袜直、横向延伸值　　　　　　　　　单位为厘米

袜号	直向延伸值(底长)≥		横向延伸值≥					
	一等品	合格品	袜口		上袜筒		脚踝舒张圈	脚凹舒张圈
	中筒、长筒		中筒	长筒	中筒	长筒	中筒、长筒	中筒、长筒
18～20	25	23	21	24	21	24	16	15
20～22	29	27						
22～24	32	30	22	25	22	25	17	16
24～26	35	33						
26～28	38	36	23	26	23	26	18	17
28～30	41	39						
30～32	44	42	24	27	24	27	19	18

注1：需方对直、横向延伸值另有要求的，由供需双方另订协议执行。

注2：全毛圈运动袜的横向延伸值可减小1 cm。

表 13 棉(棉化纤混纺纱)/弹力锦纶丝(涤纶丝)交织踝下、短筒运动袜横向延伸值

单位为厘米

袜号	袜口、袜筒 ≥		脚踝舒张圈 ≥	脚凹舒张圈 ≥
	踝下	短筒	短筒	踝下、短筒
17~18				
19~20	18	17	16	15
21~22				
23~24				
25~26	19	18	17	16
27~28				
29~30	20	19	18	17

注1：需方对横向延伸值另有要求的，由供需双方另订协议执行。
注2：全毛圈运动袜的横向延伸值可减小 1 cm。
注3：踝下运动袜袜筒横向延伸值不考核。

表 14 棉(棉化纤混纺纱)/弹力锦纶丝(涤纶丝)交织中筒、长筒运动袜横向延伸值

单位为厘米

袜号	袜口 ≥		上袜筒 ≥		脚踝舒张圈 ≥	脚凹舒张圈 ≥
	中筒	长筒	中筒	长筒	中筒、长筒	中筒、长筒
17~18						
19~20	20	23	20	23	16	15
21~22						
23~24						
25~26	21	24	21	24	17	16
27~28						
29~30	22	25	22	25	18	17

注1：需方对横向延伸值另有要求的，由供需双方另订协议执行。
注2：全毛圈运动袜的横向延伸值可减小 1 cm。

表 15 弹力锦纶丝(涤纶丝)踝下、短筒运动袜横向延伸值

单位为厘米

袜号	袜口、袜筒 ≥		脚踝舒张圈 ≥	脚凹舒张圈 ≥
	踝下	短筒	短筒	踝下、短筒
18~20				
20~22	19	18	17	16
22~24				
24~26				
26~28	20	19	18	17
28~30				
30~32	21	20	19	18

注1：需方对横向延伸值另有要求的，由供需双方另订协议执行。
注2：全毛圈运动袜的横向延伸值可减小 1 cm。
注3：踝下运动袜袜筒横向延伸值不考核。

表 16　弹力锦纶丝（涤纶丝）中筒、长筒运动袜横向延伸值　　　　单位为厘米

袜号	袜口 ≥		上袜筒 ≥		脚裸舒张圈 ≥	脚凹舒张圈 ≥
	中筒	长筒	中筒	长筒	中筒、长筒	中筒、长筒
18～20						
20～22	21	24	21	24	17	16
22～24						
24～26						
26～28	22	25	22	25	18	17
28～30						
30～32	23	26	23	26	19	18

注 1：需方对横向延伸值另有要求的，由供需双方另订协议执行。
注 2：全毛圈运动袜的横向延伸值可减小 1 cm。

表 17　弹力锦纶丝（涤纶丝）/氨纶包芯纱交织踝下、
短筒运动袜直、横向延伸值　　　　单位为厘米

袜号	直向延伸值（底长） ≥		横向延伸值 ≥			
	一等品	合格品	袜口、袜筒		脚踝舒张圈	脚凹舒张圈
	踝下、短筒		踝下	短筒	短筒	踝下、短筒
18～20	26	24	19	18	17	16
20～22	30	28				
22～24	33	31	20	19	18	17
24～26	36	34				
26～28	39	37	21	20	19	18
28～30	42	40				
30～32	45	43	22	21	20	19

注 1：需方对直、横向延伸值另有要求的，由供需双方另订协议执行。
注 2：全毛圈运动袜的横向延伸值可减小 1 cm。
注 3：踝下运动袜袜筒横向延伸值不考核。

表 18　弹力锦纶丝（涤纶丝）/氨纶包芯纱交织中筒、
长筒运动袜直、横向延伸值　　　　单位为厘米

袜号	直向延伸值（底长） ≥		横向延伸值 ≥					
	一等品	合格品	袜口		上袜筒		脚踝舒张圈	脚凹舒张圈
	中筒、长筒		中筒	长筒	中筒	长筒	中筒、长筒	中筒、长筒
18～20	26	24	22	25	22	25	17	16
20～22	30	28						
22～24	33	31	23	26	23	26	18	17
24～26	36	34						
26～28	39	37	24	27	24	27	19	18
28～30	42	40						
30～32	45	43	25	28	25	28	20	19

注 1：需方对直、横向延伸值另有要求的，由供需双方另订协议执行。
注 2：全毛圈运动袜的横向延伸值可减小 1 cm。

5.4.1.2 内在质量其他要求见表19。

表 19　内在质量其他要求

项　目			一等品	合格品
纤维含量(净干含量)/%			按 FZ/T 01053 规定执行	
甲醛含量/(mg/kg)			按 GB 18401 规定执行	
pH 值				
异味				
可分解芳香胺染料/(mg/kg)				
染色牢度/级	耐水色牢度　≥	变色	3	
		沾色	3	
	耐酸、碱汗渍色牢度　≥	变色	3	
		沾色	3	
	耐摩擦色牢度　≥	干摩	3	
		湿摩	3(深色 2-3)	
	耐皂洗色牢度　≥	变色	3	
		沾色	3	
注:色别分档,按 GSB 16-2159 标准,>1/12 标准深度为深色,≤1/12 标准为浅色。				

5.4.2　内在质量分等规定

内在质量分等规定见表20。

表 20　内在质量分等规定

项　目		一等品	合格品
横向延伸值/cm	袜口、袜筒、脚踝舒张圈、脚凹舒张圈	符合本标准及公差。两只差异:棉/氨纶包芯纱运动袜、弹力锦纶丝/氨纶包芯纱运动袜和弹力锦纶丝运动袜 2 cm 内允许;棉/弹力锦纶丝运动袜 1.5 cm 内允许	超出一等品公差—1 cm 允许;两只差异超出一等品公差 1 cm 内允许
直向延伸值/cm	底长	符合本标准规定	符合本标准规定
染色牢度/级		符合本标准规定	
甲醛含量/(mg/kg)			
pH 值			
异味			
可分解芳香胺染料/(mg/kg)			
纤维含量(净干含量)/%			

6　试验方法

6.1　抽样数量、外观质量检验条件

按 FZ/T 73001 执行。

6.2 试验准备与试验条件

6.2.1 内在质量试验不得有影响试验准确性的疵点。

6.2.2 实验室温湿度要求,试验前,需将运动袜放在常温下展开 20 h,然后在实验室恒温恒湿条件下,温度为 20 ℃±2 ℃,相对湿度为 65%±4%放置 4 h 后再进行试验。

6.3 试验项目

6.3.1 规格尺寸试验

6.3.1.1 试验工具:量尺,其长度需大于试验长度,精确至 0.1 cm。

6.3.1.2 试验操作:

具体测量部位按图 1、图 2 所示。其中:

a) 测量袜底宽部位:将袜子平放在光滑平面上,从提针起点下距袜底脚凹舒张圈 1 cm 处,测量袜底宽。

b) 测量袜筒宽部位:将袜子平放在光滑平面上,从袜口下距袜筒脚踝舒张圈 1 cm 处,测量袜筒宽。

6.3.2 直向、横向延伸值试验

6.3.2.1 试验仪器

6.3.2.1.1 电动横拉仪:标准拉力 25 N±0.5 N,扩展标准拉力为 33 N±0.65 N,移动杠杆行进速度为 40 mm/s±2 mm/s。

6.3.2.1.2 多功能拉伸仪:拉力 0.1 N～100 N 范围内可调,长度测量范围(25 cm±1 cm)～(300 cm±1 cm),移动杠杆行进速度为 40 mm/s±2 mm/s,标准拉力 25 N±0.5 N,扩展标准拉力为 33 N±0.65 N。

6.3.2.2 试验部位

6.3.2.2.1 踝下、短筒运动袜试验部位:

a) 袜口横向延伸部位:袜口中部。

b) 袜筒横向延伸部位:筒长中部。

c) 脚踝横向延伸部位:脚踝舒张圈中部。

d) 脚凹横向延伸部位:脚凹舒张圈中部。

e) 袜底直向延伸部位:距袜尖 1.0 cm 处至过袜子踵点与袜底垂直线处。

6.3.2.2.2 中、长筒运动袜试验部位:

a) 袜口横向延伸部位:袜口中部。

b) 上袜筒横向延伸部位:中筒袜在袜口下 5 cm,长筒袜在袜口下 10 cm。

c) 脚裸横向延伸部位:脚裸舒张圈中部。

d) 脚凹横向延伸部位:脚凹舒张圈中部。

e) 袜底直向延伸部位:距袜尖 1.0 cm 处至过袜子踵点与袜底垂直线处。

6.3.2.3 试验操作

6.3.2.3.1 用扩展标准拉力测试,拉力为 33 N±0.65 N。

6.3.2.3.2 棉(棉化纤混纺纱)/氨纶包芯纱、弹力锦纶丝(涤纶丝)/氨纶包芯纱交织运动袜底长直向拉伸试验,将拉伸仪的两夹头分别夹持袜尖下 1.0 cm 处和过袜子踵点与袜底垂直线处,测定其拉伸值。

6.3.2.3.3 试验时如遇试样在拉钩上滑脱情况,应换样重做试验。

6.3.2.3.4 计算方法(最终结果按 GB/T 8170 修约到个数位):按式(1)计算合格率。

$$A = \frac{B_1}{B} \times 100 \qquad \qquad \cdots\cdots\cdots\cdots\cdots\cdots\cdots (1)$$

式中：

　　A——合格率,％;

　　B_1——测试合格总处数;

　　B——测试总处数。

6.3.3　染色牢度试验

6.3.3.1　耐皂洗色牢度试验方法

按 GB/T 3921 规定执行,试验条件按 A(1)规定执行。

6.3.3.2　耐酸、碱汗渍色牢度试验方法

按 GB/T 3922 规定执行,剪取袜底部位。

6.3.3.3　耐摩擦色牢度试验方法

按 GB/T 3920 规定执行,剪取袜底部位,只做直向。

6.3.3.4　耐水色牢度试验

按 GB/T 5713 规定执行。

6.3.4　纤维含量试验

按 GB/T 2910(所有部分)、FZ/T 01057(所有部分)、FZ/T 01095 规定执行,剪取脚面结构面积最大部位。

6.3.5　甲醛含量试验

按 GB/T 2912.1 规定执行。

6.3.6　pH 值试验

按 GB/T 7573 规定执行。

6.3.7　异味试验

按 GB 18401 规定执行。

6.3.8　可分解芳香胺染料试验

按 GB/T 17592 规定执行。

6.3.9　色牢度评级

按 GB/T 250 及 GB/T 251 评定。

7　判定规则

7.1　检验结果的处理方法

7.1.1　外观质量

以双为单位,凡不符品等率超过 5.0％以上或破洞在 3.0％以上者,判定该批产品为不合格。

7.1.2　内在质量

7.1.2.1　直、横向延伸值以测试 5 双袜子的合格率达 80％及以上为合格,在一般情况下可在常温下测试,如遇争议时,以恒温恒湿条件下测试数据为准。

7.1.2.2　甲醛含量,pH 值,耐皂洗色牢度,耐水色牢度,耐酸、碱汗渍色牢度,耐摩擦色牢度,异味,可分解芳香胺染料检验结果合格者,判定该批产品合格,不合格者判定该批产品不合格。

7.2　复验

7.2.1　检验时任何一方对检验的结果有异议,在规定期限内对有异议的项目可要求复验。

7.2.2　复验数量为初验时的数量。

7.2.3　复验结果按 7.1 规定处理,以复验结果为准。

8 产品使用说明、包装、运输、贮存

8.1 产品使用说明按 GB 5296.4 规定执行。

8.1.1 纤维含量标注脚面结构面积最大部位,并注明部位名称。

8.1.2 规格标注:以厘米为单位,标明袜号。

8.2 包装按 GB/T 4856 规定或协议规定执行。

8.3 产品装箱运输应防火、防潮、防污染。

8.4 产品应存放在阴凉、通风、干燥、清洁的库房内,并防霉、防蛀。

ICS 59.080.30
W 63

中华人民共和国纺织行业标准

FZ/T 73045—2013

针 织 儿 童 服 装

Knitted children's wear

2013-10-17 发布

2014-03-01 实施

中华人民共和国工业和信息化部　　发 布

FZ/T 73045—2013

前　言

本标准按照 GB/T 1.1—2009 给出的规则起草。

本标准由中国纺织工业联合会提出。

本标准由全国纺织品标准化技术委员会针织品分技术委员会(SAC/TC 209/SC 6)归口。

本标准起草单位:浙江森马服饰股份有限公司、浙江红黄蓝服饰股份有限公司、深圳市岁孚服装有限公司、金发拉比妇婴童用品股份有限公司、国家针织产品质量监督检验中心、起步(中国)儿童用品有限公司、宁波狮丹努集团有限公司、广东小猪班纳服饰股份有限公司、杭州娃哈哈童装有限公司、福建七匹狼实业股份有限公司、李宁(中国)体育用品有限公司、三六一度童装有限公司、福建泉州匹克体育用品有限公司、耐克体育(中国)有限公司、江苏 AB 集团股份有限公司、武汉爱帝高级服饰有限公司、宁波申洲针织有限公司、江苏众恒染整有限公司、浙江开俩服饰有限公司、北京铜牛集团有限公司、安莉芳(中国)服装有限公司、浩沙实业(福建)有限公司、广州市纤维产品检测院、青岛即发集团股份有限公司、北京远东正大商品检验有限公司、浙江嘉名染整有限公司、重庆市金考拉服饰有限公司、重庆市纤维检验局。

本标准主要起草人:徐波、叶显东、王建国、林若文、邢志贵、周建永、郭晓俊、曾荣华、俞云萍、郭亚莉、徐明明、陈志诚、戴建辉、高志方、吴鸿烈、胡萍、杨树娟、周亚秋、周学文、漆小瑾、曹海辉、孔令豪、张玉莲、郝丽红、郑桂兰、杨广权、任忠泽、何勇。

针 织 儿 童 服 装

1 范围

本标准规定了针织儿童服装的产品号型、要求、检验规则、判定规则、产品使用说明、包装、运输和贮存。

本标准适用于以针织面料为主要材料制成的 3 岁(身高 100 cm)以上 14 岁以下儿童穿着的针织服装。

本标准不适用于针织棉服装、针织羽绒服装。

2 规范性引用文件

下列文件对于本文件的应用是必不可少的。凡是注日期的引用文件,仅注日期的版本适用于本文件。凡是不注日期的引用文件,其最新版本(包括所有的修改单)适用于本文件。

GB/T 250 纺织品 色牢度试验 评定变色用灰色样卡

GB/T 251 纺织品 色牢度试验 评定沾色用灰色样卡

GB/T 1335.3 服装号型 儿童

GB/T 2910(所有部分) 纺织品 定量化学分析

GB/T 2912.1 纺织品 甲醛的测定 第 1 部分:游离和水解的甲醛(水萃取法)

GB/T 3920 纺织品 色牢度试验 耐摩擦色牢度

GB/T 3921—2008 纺织品 色牢度试验 耐皂洗色牢度

GB/T 3922 纺织品耐汗渍色牢度试验方法

GB/T 4802.1—2008 纺织品 织物起毛起球性能的测定 第 1 部分:圆轨迹法

GB/T 4856 针棉织品包装

GB 5296.4 消费品使用说明 第 4 部分:纺织品和服装

GB/T 5713 纺织品 色牢度试验 耐水色牢度

GB/T 6411 针织内衣规格尺寸系列

GB/T 6529 纺织品 调湿和试验用标准大气

GB/T 7573 纺织品 水萃取液 pH 值的测定

GB/T 8170 数值修约规则与极限数值的表示和判定

GB/T 8427—2008 纺织品 色牢度试验 耐人造光色牢度:氙弧

GB/T 8629—2001 纺织品 试验用家庭洗涤和干燥程序

GB/T 8878 棉针织内衣

GB 9994 纺织材料公定回潮率

GB/T 12704.1 纺织品 织物透湿性试验方法 第 1 部分:吸湿法

GB/T 14576 纺织品 色牢度试验 耐光、汗复合色牢度

GB/T 14801 机织物和针织物纬斜和弓纬试验方法

GB/T 17592 纺织品 禁用偶氮染料的测定

GB 18401 国家纺织产品基本安全技术规范

GB/T 19976—2005 纺织品 顶破强力的测定 钢球法

GB/T 22705　童装绳索和拉带安全要求

GB/T 24121　纺织制品　断针类残留物的检测方法

FZ/T 01026　纺织品　定量化学分析　四组分纤维混合物

FZ/T 01053　纺织品　纤维含量的标识

FZ/T 01057(所有部分)　纺织纤维鉴别试验方法

FZ/T 01095　纺织品　氨纶产品纤维含量的试验方法

FZ/T 01101　纺织品　纤维含量的测定　物理法

GSB 16-1523　针织物起毛起球样照

GSB 16-2159　针织产品标准深度样卡(1/12)

GSB 16-2500　针织物表面疵点彩色样照

3　产品号型

针织儿童服装号型按 GB/T 6411 或 GB/T 1335.3 规定执行。

4　要求

4.1　要求内容

要求分为内在质量和外观质量两个方面。内在质量包括顶破强力,水洗尺寸变化率,水洗后扭曲率,耐皂洗色牢度,耐汗渍色牢度,耐水色牢度,耐摩擦色牢度,印(烫)、绣花耐皂洗色牢度,印(烫)、绣花耐摩擦色牢度,耐光色牢度,耐光、汗复合色牢度,起球,透湿率,甲醛含量,pH 值,异味,可分解致癌芳香胺染料,纤维含量,拼接互染程度,洗后外观质量,服用安全性等项指标。外观质量包括表面疵点、规格尺寸偏差、对称部位尺寸差异、缝制规定等项指标。

4.2　分等规定

4.2.1　针织儿童服装的质量等级分为优等品、一等品、合格品。

4.2.2　针织儿童服装的质量定等:内在质量按批(交货批)评等,外观质量按件评等,两者结合以最低等级定等。

4.3　内在质量要求

4.3.1　内在质量要求见表1。

表 1　内在质量要求

项　　目		优等品	一等品	合格品
顶破强力/N　　　　　　　　　　　≥			250	
水洗尺寸变化率/%	直向、横向	−5.0～+1.0	−6.0～+2.0	−6.0～+3.0
水洗后扭曲率/%　　　　　≤	上衣	4.0	5.0	6.0
	长裤	2.0	3.0	4.0
耐皂洗色牢度/级　　　　　≥	变色	4	3-4	3
	沾色	4	3-4	3

表 1（续）

项　　目		优等品	一等品	合格品
耐汗渍色牢度/级　≥	变色	4	3-4	3
	沾色	4	3-4	3
耐水色牢度/级　≥	变色	4	3-4	3
	沾色	4	3-4	3
耐摩擦色牢度/级　≥	干摩	4	3-4	3
	湿摩	3-4	3	2-3(深色 2)
印(烫)、绣花耐皂洗色牢度/级　≥	变色	3-4	3	3
	沾色	3-4	3	3
印(烫)、绣花耐摩擦色牢度/级　≥	干摩	3-4	3	3
	湿摩	3	2-3	2-3(深色 2)
耐光色牢度/级　≥	深色	4	4	3
	浅色	4	3	3
耐光、汗复合色牢度(碱性)/级　≥		4	3-4	3
起球/级　≥		3-4	3	2-3
透湿率/[g/(m² · 24 h)]　≥		2 500		
甲醛含量/(mg/kg)		按 GB 18401 规定执行		
pH 值				
异味				
可分解致癌芳香胺染料/(mg/kg)				
纤维含量/%		按 FZ/T 01053 规定执行		
拼接互染程度/级　≥		4-5	4	4
洗后外观质量		印花部位不允许起泡、脱落、裂纹,绣花部位缝纫线无严重不平整,贴花部位无明显脱开,钮扣、装饰物、拉链及附件洗涤后无明显变形变色、不生锈		
服用安全性	童装绳索和拉带安全要求	按 GB/T 22705 规定执行		
	残留金属针	成品中不得残留金属针		

注：色别分档按 GSB 16-2159 执行,＞1/12 标准深度为深色,≤1/12 标准深度为浅色。

4.3.2　内在质量各项指标以检验结果最低一项作为该批产品的评等依据。

4.3.3　起球只考核正面,起毛、起绒类产品不考核。

4.3.4　弹力织物(指加入弹性纤维的织物和罗纹织物)、镂空、烂花等结构的产品不考核顶破强力。

4.3.5　弹力织物不考核横向水洗尺寸变化率、短裤和短裙不考核水洗尺寸变化率、褶皱产品不考核褶皱方向水洗尺寸变化率。

4.3.6　拼接互染程度只考核深色和浅色相拼接的产品。

4.3.7　耐光、汗复合色牢度只考核直接接触皮肤的外衣类产品。

4.3.8　透湿率仅考核服装大身和裤子部位使用覆膜或涂层的面料。

4.3.9 对紧口类产品和非直摆上衣、裙类产品及特殊款式设计的产品不考核水洗后扭曲率。

4.3.10 对于未提及的项目但国家强制性标准有要求的按国家强制性标准要求执行。

4.4 外观质量要求

4.4.1 外观质量评等按表面疵点、规格尺寸偏差、对称部位尺寸差异和缝制规定的最低等级评等。在同一件产品上发现属于不同品等的外观疵点时，按最低等疵点评定。

4.4.2 在同一件产品上只允许有两个同等级的极限表面疵点，超过者降一个等级。

4.4.3 内包装标志差错按件计算，不允许有外包装差错。

4.4.4 表面疵点评等规定见表2。

表 2 表面疵点评等规定

疵 点 名 称		优等品	一等品	合格品
色差	≥	主料之间 4 级、主副料之间 3-4 级		主料之间 3-4 级 主副料之间 3 级
纹路歪斜(条格产品)/%	≤	4.0	4.0	6.0
缝纫曲折高低	≤	主要部位和明线部位 0.2 cm 其他部位 0.5 cm		0.5 cm
缝纫油污线	≤	浅淡的 1 cm 两处或 2 cm 一处 领、襟、袋部位不允许		浅淡的 20 cm 深的 10 cm
止口反吐		不允许	0.3 cm 及以内	0.5 cm 及以内
缝纫不平服		不允许	轻微允许	明显允许、显著不允许
拉链不平服、不顺直		不允许	轻微允许	明显允许、显著不允许
熨烫变黄、变色、水渍亮光、变质		不允许		
丢工、错工、缺件、破损性疵点		不允许		

注1：特殊款式设计除外。

注2：未列入表内的疵点按 GB/T 8878 中表面疵点评等规定执行。

注3：表面疵点程度按照 GSB 16-2500 执行。

注4：主要部位指上衣前身上部的三分之二(包括后领窝露面部位)，裤类无主要部位。

注5：轻微：直观上不明显，通过仔细辨认才可看出。

明显：不影响整体效果，但能感觉到疵点的存在。

显著：明显影响整体效果的疵点。

4.4.5 规格尺寸偏差见表3。

表 3 规格尺寸偏差

单位为厘米

类 别		优等品	一等品	合格品
长度方向 (衣长、袖长、裤长、裙长)	60 及以上	±1.0	±1.2	−1.5～+2.0
	60 以下	±0.8	±1.0	−1.5～+2.0
宽度方向(1/2胸围，1/2腰围)		±1.0	±1.2	−1.5～+2.0

4.4.6 对称部位尺寸差异见表 4。

表 4 对称部位尺寸差异

单位为厘米

项　　目	优等品≤	一等品≤	合格品≤
<15	0.5	0.8	1.0
15～70	0.8	1.0	1.2
>70	1.0	1.0	1.2

4.4.7 成衣测量部位及规定(精确至 0.1 cm)如下:

　a) 上衣测量部位示例见图 1。

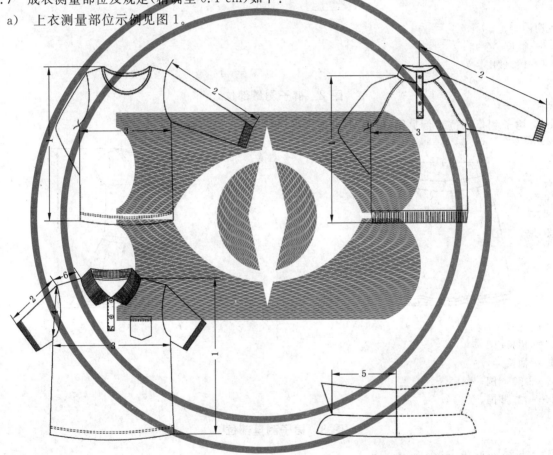

说明:

1——衣长;

2——袖长;

3——1/2胸围;

4——挂肩;

5——1/2领长;

6——单肩宽。

图 1 上衣测量部位

　b) 裤子测量部位示例见图 2。

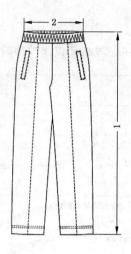

说明：

1——裤长；

2——1/2腰围。

图 2　裤子测量部位

c)　裙子测量部位示例见图3。

 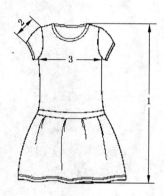

说明：

1——裙长；

2——袖长；

3——1/2胸围；

4——1/2腰围。

图 3　裙子测量部位

d)　成衣测量部位规定见表5。

表 5　成衣测量部位规定

类别	序号	部 位	测　量　规　定
上衣	1	衣长	由肩缝最高处垂直量到底边
	2	袖长	平袖式由肩缝与袖窿缝的交点量到袖口边，插肩式由后领中间量至袖口边
	3	1/2胸围	由袖窿缝与侧缝的交点向下2 cm处横量
	4	挂肩	大身和衣袖接缝处自肩到腋的直线距离
	5	1/2领长	领子对折，由里口横量；立领量上口
	6	单肩宽	由肩缝最高处量到肩缝与袖窿缝的交点

表 5（续）

类别	序号	部 位	测 量 规 定
裤子	1	裤长	沿裤缝由侧腰边垂直量到裤口边
	2	1/2腰围	腰边中间横量
裙子	1	裙长	连衣裙由肩缝最高处垂直量到底边 短裙沿裙缝由侧腰边垂直量到底边
	2	袖长	平袖式由肩缝与袖窿缝的交点量到袖口边,插肩式由后领中间量到袖口边
	3	1/2胸围	由袖窿缝与侧缝的交点向下2 cm处横量
	4	1/2腰围	连衣裙在腰部最窄处平铺横量 短裙由腰边中间横量

4.4.8 缝制规定(不分品等)

4.4.8.1 加固部位:合肩处、裤裆叉子合缝处、缝迹边缘。

4.4.8.2 加固方法:采用四线或五线包缝机缝制、双针绷缝、打回针、打套结或加辅料。

4.4.8.3 三线包缝机缝边宽度不低于0.3 cm,四线不低于0.4 cm,五线不低于0.6 cm。

4.4.8.4 缝制应牢固,线迹要平直、圆顺、松紧适宜。

4.4.8.5 缝制产品时使用强力、缩率、色泽与面料相适应的缝纫线。装饰线除外。

4.4.8.6 产品领型端正,门襟平直,拉链滑顺,熨烫平整,线头修清,无杂物。

4.4.8.7 使用拉链的部位,必须加衬内贴边。

5 检验规则

5.1 抽样数量、外观质量检验条件

按GB/T 8878规定执行。

5.2 试样准备和试验条件

5.2.1 在产品的不同部位取样,所取的试样不应有影响试验的疵点。

5.2.2 顶破强力、水洗尺寸变化率、水洗后扭曲率、起球试验前,需按GB/T 6529规定的标准大气进行预调湿,调湿符合要求后再进行试验。

5.3 试验方法

5.3.1 顶破强力试验

按GB/T 19976—2005规定执行,钢球直径为(38±0.02)mm。

5.3.2 水洗尺寸变化率试验

5.3.2.1 洗涤程序

按GB/T 8629—2001中的5A程序洗涤,明示"只可手洗"的产品按GB/T 8629—2001中"仿手洗"程序洗涤,洗涤一次。试验件数3件(条)。

5.3.2.2 干燥方法

采用悬挂晾干,横机产品平摊晾干。上衣用竿穿过两袖,使胸围挂肩处保持平直,并从下端用手将前后身分开理平。裤子对折搭晾,使横裆部位在晾竿上,并轻轻理平。将晾干后的试样放置在(20±2)℃、相对湿度为(65±4)%环境的平台上,平放2 h后轻轻拍平折痕,再进行测量。

5.3.2.3 测量部位

5.3.2.3.1 水洗尺寸变化率测量部位见表6。

表6 水洗尺寸变化率测量部位

类 别	部 位	测 量 方 法
上衣 连衣裙	直向	测量衣长或裙长,由肩缝最高处垂直量到底边
	横向	测量后腰宽,由袖窿缝与肋缝的交点向下5 cm处横量
裤子	直向	测量侧裤长,沿裤缝由侧腰边垂直量到底边
	横向	裤子测量中腿宽,由横裆到裤口边的二分之一处横量

5.3.2.3.2 水洗尺寸变化率测量部位:上衣取衣长与后腰宽作为直向和横向的测量部位,衣长以前后身左右四处的平均值作为计算依据。连衣裙取裙长与后腰宽作为直向和横向的测量部位,裙长以左右侧裙长的平均值作为计算依据。裤子取裤长与中腿作为直向和横向的测量部位,裤长以左右侧裤长的平均值作为计算依据,横向以左、右中腿宽的平均值作为计算依据。在测量时做出标记,以便水洗后测量。

5.3.2.3.3 上衣水洗前后测量部位示例见图4。

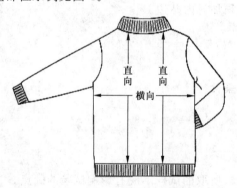

图4 上衣水洗前后测量部位示例

5.3.2.3.4 裤子水洗前后测量部位示例见图5。

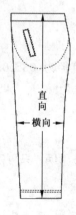

图5 裤子水洗前后测量部位示例

5.3.2.3.5 连衣裙水洗前后测量部位示例见图6。

图6　连衣裙水洗前后测量部位示例

5.3.2.4　结果计算

按式(1)分别计算直向和横向的水洗尺寸变化率,以负号(—)表示尺寸收缩,以正号(＋)表示尺寸伸长,最终结果按 GB/T 8170 修约到一位小数。

$$A = \frac{L_1 - L_0}{L_0} \times 100\% \quad \cdots\cdots\cdots\cdots\cdots (1)$$

式中:
A——直向或横向水洗尺寸变化率,%;
L_1——直向或横向水洗后尺寸的平均值,单位为厘米(cm);
L_0——直向或横向水洗前尺寸的平均值,单位为厘米(cm)。

5.3.3　水洗后扭曲率试验

5.3.3.1 按水洗尺寸变化率方法进行洗涤、干燥,洗涤件数为3件。明示"只可手洗"的产品按 GB/T 8629—2001 中"仿手洗"程序洗涤。

5.3.3.2 水洗后测量方法:将水洗后的成衣平铺在光滑的台面上,用手轻轻拍平。每件成衣以扭斜程度最大的一边测量,以3件样品的扭曲率的平均值作为计算结果。

5.3.3.3 成衣扭曲测量部位如下:

a) 上衣扭曲测量部位示例见图7。

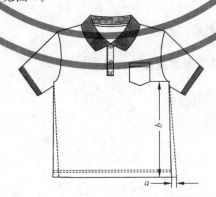

说明:
a——侧缝与袖窿交叉处垂直到底边的点与水洗后侧缝与底边交点间的距离;
b——侧缝与袖窿缝交叉处垂直到底边的距离。

图7　上衣扭曲测量部位示例

b) 裤子扭曲测量部位示例见图8。

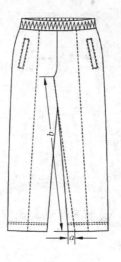

说明：

a——内侧缝与裤口边交叉点与水洗后内侧缝与底边交点间的距离；

b——裆底点到裤边口的内侧缝距离。

图 8 裤子扭曲测量部位示例

5.3.3.4 扭曲率计算方法按式(2)计算扭曲率(最终结果按 GB/T 8170 修约到一位小数)。

$$F = a/b \times 100\% \quad \cdots\cdots\cdots\cdots\cdots\cdots\cdots\cdots\cdots(2)$$

式中：

F——扭曲率，%。

5.3.4 耐皂洗色牢度，印(烫)、绣花耐皂洗色牢度试验

按 GB/T 3921—2008 试验方法 A(1)规定执行，采用单纤维贴衬。

5.3.5 耐汗渍色牢度试验

按 GB/T 3922 规定执行，采用单纤维贴衬。

5.3.6 耐水色牢度试验

按 GB/T 5713 规定执行，采用单纤维贴衬。

5.3.7 耐摩擦色牢度，印(烫)、绣花耐摩擦色牢度试验

按 GB/T 3920 规定执行，只做直向。

5.3.8 耐光色牢度试验

按 GB/T 8427—2008 方法 3 规定执行。

5.3.9 耐光、汗复合色牢度试验

按 GB/T 14576 规定执行。

5.3.10 透湿率试验

按 GB/T 12704.1 规定执行，在非印花及无装饰件部位取样，采用试验条件 a)。

5.3.11 起球试验

按 GB/T 4802.1—2008 中 E 法规定执行,评级根据织物风格和起球形状按 GSB 16-1523 评定。

5.3.12 甲醛含量试验

按 GB/T 2912.1 规定执行。

5.3.13 pH 值试验

按 GB/T 7573 规定执行。

5.3.14 异味试验

按 GB 18401 规定执行。

5.3.15 可分解致癌芳香胺染料试验

按 GB/T 17592 规定执行。

5.3.16 纤维含量试验

按 FZ/T 01057、GB/T 2910、FZ/T 01026、FZ/T 01095、FZ/T 01101 规定执行。结合公定回潮率计算,公定回潮率按 GB 9994 规定执行。

5.3.17 拼接互染程度试验

按附录 A 规定执行。

5.3.18 洗后外观质量试验

按本标准规定的水洗尺寸变化率方法进行洗涤、干燥后,结合表 1 进行评价。

5.3.19 童装绳索和拉带安全要求

按 GB/T 22705 规定执行。

5.3.20 残留金属针检验

缝针、断针等金属异物按 GB/T 24121 规定执行,采用检测灵敏度(标准铁球测试卡):1.0 mm。

5.3.21 纹路歪斜试验

按 GB/T 14801 规定执行。

5.3.22 色差评定

按 GB/T 250 规定执行。

6 判定规则

6.1 外观质量

外观质量按品种、色别、规格尺寸计算不符品等率。凡不符品等率在 5.0% 及以下者,判定该批产品合格,不符品等率在 5.0% 以上者,判该批不合格。

6.2 内在质量

6.2.1 顶破强力、水洗后扭曲率、起球、透湿率、甲醛含量、pH 值、异味、可分解致癌芳香胺染料、纤维含量、服用安全性指标检验结果合格者判定该批产品合格,不合格者判定该批产品不合格。

6.2.2 洗后外观质量检验结果至少 2 件及以上均合格者判定该批产品合格,不合格者判定该批产品不合格。

6.2.3 水洗尺寸变化率以全部试样的算术平均值作为检验结果,合格者判定该批产品合格,不合格者判定该批产品不合格。若同时存在收缩与倒涨的试验结果时,以收缩(或倒涨)的两件试样的算术平均值作为检验结果,合格者判定该批产品合格,不合格者判定该批产品不合格。

6.2.4 耐皂洗色牢度,耐汗渍色牢度,耐水色牢度,耐摩擦色牢度,印(烫)、绣花耐皂洗色牢度,印(烫)、绣花耐摩擦色牢度,耐光色牢度,耐光、汗复合色牢度,拼接互染程度检验结果合格者判定该批产品合格,不合格者分色别判定该批产品不合格。

6.2.5 严重影响外观及服用性能的产品不允许。

6.3 复验

6.3.1 任何一方对所检验的结果有异议时,均可要求复验。

6.3.2 复验结果按本标准 6.1、6.2 规定执行,判定以复验结果为准。

7 产品使用说明、包装、运输和贮存

7.1 产品使用说明按 GB 5296.4 和 GB 18401 规定执行。

7.2 包装按 GB/T 4856 规定执行,塑料薄膜袋上宜有类似下述警示:
"请及时将包装袋收好,避免儿童玩耍引起的窒息"。

7.3 产品运输应防潮、防火、防污染。

7.4 产品应存放在阴凉、通风、干燥、清洁的库房内,注意防蛀、防霉。

附　录　A
（规范性附录）
拼接互染程度测试方法

A.1　原理

　　成衣中拼接的两种不同颜色的面料组合成试样,放于皂液中,在规定的时间和温度条件下,经机械搅拌,再经冲洗、干燥。用灰色样卡评定试样的沾色。

A.2　试验要求与准备

A.2.1　在成衣上选取面料拼接部位,以拼接接缝为样本中心,取样尺寸为 40 mm×200 mm,使试样的一半为拼接的一个颜色,另一半为另一个颜色。

A.2.2　成衣上无合适部位可直接取样的,可在成衣或该批产品的同批面料上分别剪取拼接面料的 40 mm×100 mm,再将两块试样沿短边缝合成组合试样。

A.2.3　对于拼接面料很窄或加牙产品的取样,以拼接面料或拆开加牙部位,剪取最大面积,再将两块试样沿短边缝合成组合试样。

A.3　试验操作程序

A.3.1　按 GB/T 3921—2008 进行洗涤测试,试验条件按 A(1)执行。

A.3.2　用 GB/T 251 样卡评定试样中浅色面料的沾色。

ICS 59.080.30
W 63

中华人民共和国纺织行业标准

FZ/T 73047—2013

针 织 民 用 手 套

Knitted civil gloves

2013-10-17 发布　　　　　　　　　　　2014-03-01 实施

中华人民共和国工业和信息化部　　发 布

前　言

本标准按照 GB/T 1.1—2009 给出的规则起草。

本标准由中国纺织工业联合会提出。

本标准由全国纺织品标准化技术委员会针织品分技术委员会(SA/TC 209/SC 6)归口。

本标准起草单位:宜兴市艺蝶针织有限公司、宁波百富田工业股份有限公司、浙江康隆达特种防护科技股份有限公司、李宁(中国)体育用品有限公司、北京探路者户外用品股份有限公司、必维申优质量技术服务江苏有限公司、重庆市纤维检验局。

本标准主要起草人:储国平、彭诚、张间芳、徐明明、陈百顺、高铭、何勇。

针 织 民 用 手 套

1 范围

本标准规定了针织民用手套的号型、要求、试验方法、判定规则、产品使用说明、包装、运输、贮存。

本标准适用于鉴定以各类纺织纤维为主体的针织民用手套的品质(包括编织和缝制)。

2 规范性引用文件

下列文件对于本文件的应用是必不可少的。凡是注日期的引用文件,仅注日期的版本适用于本文件。凡是不注日期的引用文件,其最新版本(包括所有的修改单)适用于本文件。

GB/T 250 纺织品 色牢度试验 评定变色用灰色样卡

GB/T 2910(所有部分) 纺织品 定量化学分析

GB/T 2912.1 纺织品 甲醛的测定 第1部分:游离和水解的甲醛(水萃取法)

GB/T 3920 纺织品 色牢度试验 耐摩擦色牢度

GB/T 3921—2008 纺织品 色牢度试验 耐皂洗色牢度

GB/T 3922 纺织品耐汗渍色牢度试验方法

GB/T 4856 针棉织品包装

GB 5296.4 消费品使用说明 第4部分:纺织品和服装

GB/T 5713 纺织品 色牢度试验 耐水色牢度

GB/T 6529 纺织品 调湿和试验用标准大气

GB/T 7573 纺织品 水萃取液pH值的测定

GB 9994 纺织材料公定回潮率

GB/T 17592 纺织品 禁用偶氮染料的测定

GB 18401 国家纺织产品基本安全技术规范

FZ/T 01026 纺织品 定量化学分析 四组分纤维混合物

FZ/T 01053 纺织品 纤维含量的标识

FZ/T 01057(所有部分) 纺织纤维鉴别试验方法

FZ/T 01095 纺织品 氨纶产品纤维含量的试验方法

GSB 16-2159 针织产品标准深度样卡(1/12)

GSB 16-2610 袜子表面疵点彩色样照

3 手套号型

3.1 号

号是以毫米(mm)为单位表示手的长度,是设计手套长、短的依据。

3.2 型

型是以毫米(mm)为单位表示手掌的宽度,是设计手套宽、窄的依据。

3.3 号型表示方法

号表示手长,型表示手宽,以毫米(mm)为单位表示,并注明男子、女子或儿童。如男子手长 160 mm、手宽 80 mm,表示为 160/80 男;女子手长 150 mm、手宽 75 mm,表示为 150/75 女。弹力手套号型以毫米(mm)为单位表示适戴的手长和手宽,号以 10 mm 分档,型以 5 mm 分档,依次递增或递减。见附录 A。

4 要求

4.1 要求内容

要求分为外观质量和内在质量两个方面。外观质量包括规格尺寸偏差、表面疵点、缝制规定等项指标。内在质量包括甲醛含量、pH 值、可分解致癌芳香胺染料、异味、耐水色牢度、耐汗渍色牢度、耐摩擦色牢度、耐皂洗色牢度、纤维含量等项指标。

4.2 分等规定

4.2.1 针织民用手套质量定等以双为单位,分为一等品、合格品。

4.2.2 针织民用手套内在质量按批评等,外观质量按双评等,两者结合以最低等级定等。

4.3 外观质量要求

4.3.1 在同一双产品上发现属于不同品等的外观疵点时,按最低等疵点评定。

4.3.2 规格尺寸的测量部位见图 1 及表 1。

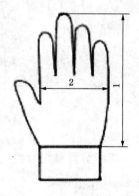

说明:
1——手套手长;
2——手套手宽。

图 1　规格尺寸的测量部位

表 1　规格尺寸的测量部位

序号	部位	测量方法
1	手套手长	连接桡骨茎突点和尺骨茎突点的掌侧面连线的中点至中指指尖点的直线距离
2	手套手宽	侧掌骨点至尺侧掌骨点直线距离

4.3.3 规格尺寸偏差见表 2。

表 2　规格尺寸偏差　　　　　　　　　　　　　　　　　　　　　　　　　　　　单位为厘米

项目	一等品	合格品
手套手长	±1.0	±1.5
手套手宽	±0.5	±1.0

4.3.4 表面疵点见要求表 3。

表 3　表面疵点要求

序号	疵点名称	一等品	合格品
1	跳针	不允许	一只手套允许 1 针
2	破洞、修疤、漏针、断橡筋	不允许	
3	色差	同一双允许 4-5 级	同一双允许 4 级
4	色花、油污、色渍、沾色、修痕、罗口松紧不一、手套口缝制松紧不一,缝边高低	轻微的允许	明显的允许
5	花型变形	轻微影响美观允许	明显影响美观者,一双相似允许
6	长短、宽度不一	同一双允许 5 mm 及以内	同一双允许 5 mm～10 mm
7	线头	5 mm 内允许	10 mm 内允许
8	橡筋线外露	不允许	轻微的允许
9	氨纶丝外露	5 mm 累计 1 转轻微的允许	5 mm 累计 3 转明显的允许
10	花针	一只允许轻微小花针 2 个	一只允许明显小花针 3 个
11	指头不圆滑	轻微允许	明显允许,显著不允许
12	指尖里层排须余线	5 mm 内允许	10 mm 内允许

　　注 1:测量外观疵点长度,以疵点最长长度计量。
　　注 2:表面疵点程度按 GSB 16-2610 评定。
　　注 3:疵点程度描述:
　　　　——轻微:疵点在直观上不明显,通过仔细辨认才可看到。
　　　　——明显:不影响总体效果,但能感觉到疵点的存在。
　　　　——显著:破损性疵点和明显影响总体效果的疵点。

4.3.5 缝制规定:手套的缝合部位圆顺,缝迹处拉伸不脱不散。

4.4　内在质量要求

4.4.1 内在质量要求见表 4。

表 4　内在质量要求

项目	一等品	合格品
甲醛含量 /(mg/kg)		
pH 值	按 GB 18401 规定执行	
可分解致癌芳香胺染料/(mg/kg)		
异味		

表 4（续）

项目		一等品	合格品
耐水色牢度/级 ≥	变色	3-4	3
	沾色		
耐汗渍色牢度/级 ≥	变色	3-4	3
	沾色		
耐摩擦色牢度/级 ≥	干摩	3-4	3
	湿摩	3-4	3(深色2-3)
耐皂洗色牢度/级 ≥	变色	3-4	3
	沾色		
纤维含量/%		按 FZ/T 01053 规定执行	
注：色别分档按 GSB 16-2159 标准执行，＞1/12 标准深度为深色，≤1/12 标准深度为浅色。			

4.4.2 内在质量各项指标，以试验结果最低一项作为该批产品的评等依据。

5 试验方法

5.1 抽样数量

5.1.1 外观质量按批分品种、色别、号型随机采样 1%～3%，不少于 20 双。如批量少于 20 双，则全数检验。

5.1.2 内在质量按批分品种、色别、号型随机采样 10 双，不足时可增加取样数量。

5.2 外观质量检验条件

5.2.1 一般采用灯光检验，用 40 W 青光或白光日光灯一支，上面加灯罩，灯罩与检验台面中心垂直距离为 50 cm±5 cm，或在 D65 光源下。

5.2.2 如采用室内自然光，光线射入方向为北向左（或右）上角，不能使阳光直射产品。

5.2.3 检验规格尺寸时，应在不受外界张力条件下测量。

5.2.4 检验时应将产品平摊在检验台上，台面铺一层白布，检验人员的视线应正视产品的表面，目视距离为 35 cm 以上。

5.3 试验准备与试验条件

5.3.1 内在质量试样不得有影响试验准确性的疵点。

5.3.2 实验室温湿度要求，试样按 GB/T 6529 的标准大气进行调湿，调湿符合要求后再进行试验。

5.4 试验项目

5.4.1 规格尺寸试验

5.4.1.1 试验工具：量尺，其长度需大于试验长度，精确至 0.1 cm。

5.4.1.2 试验操作：具体测量部位按图 1 所示规定。

5.4.2 甲醛含量试验

按 GB/T 2912.1 规定执行。

5.4.3 pH 值试验

按 GB/T 7573 规定执行。

5.4.4 可分解致癌芳香胺染料试验

按 GB/T 17592 规定执行。

5.4.5 异味试验

按 GB 18401 规定执行。

5.4.6 染色牢度试验

5.4.6.1 耐水色牢度试验

按 GB/T 5713 规定执行。

5.4.6.2 耐汗渍色牢度试验

按 GB/T 3922 规定执行。

5.4.6.3 耐摩擦色牢度试验

按 GB/T 3920 规定执行,只做直向。

5.4.6.4 耐皂洗色牢度试验

按 GB/T 3921—2008 方法 A(1)规定执行。

5.4.7 色差评级

按 GB/T 250 规定执行。

5.4.8 纤维含量试验

按 GB/T 2910、FZ/T 01057、FZ/T 01026、FZ/T 01095 规定执行。结合公定回潮率计算,公定回潮率按 GB 9994 执行。建议取手掌部位。

6 判定规则

6.1 外观质量

外观质量按品种、色别、号型计算不符品等率,以双为单位,凡不符品等率超过 5.0%以上或破洞、漏针在 3.0%以上者,判定该批产品为不合格。

6.2 内在质量

6.2.1 纤维含量、甲醛含量、pH 值、异味、可分解致癌芳香胺染料检验结果均合格者,判定该批产品合格,否则,判定该批产品不合格。

6.2.2 耐水色牢度、耐汗渍色牢度、耐摩擦色牢度、耐皂洗色牢度检验结果均合格者,判定该批产品合格,否则,分色别判定该批产品不合格。

6.3 复验

6.3.1 任何一方对检验结果有异议时,均可要求复验。

6.3.2 复验结果按本标准 6.1、6.2 规定执行,判定以复检结果为准。

7 产品使用说明、包装、运输、贮存

7.1 产品使用说明按 GB 18401 和 GB 5296.4 规定执行。

其中号型标注:针织手套以毫米为单位标明号型,并注明男子、女子或儿童。

7.2 包装按 GB/T 4856 规定或协议规定执行。

7.3 产品装箱运输应防火、防潮、防污染。

7.4 产品应存放在阴凉、通风、干燥、清洁的库房内,并防霉、防蛀。

附　录　A
（规范性附录）
手套号型

A.1　男式手套号型见表 A.1。

表 A.1　男式手套号型　　　　　　　　　　　　单位为毫米

号	型					
160	70	75	80			
170	70	75	80	85	90	
180	70	75	80	85	90	
190	70	75	80	85	90	95
200		75	80	85	90	95
210			80	85	90	95

A.2　女式手套号型见表 A.2。

表 A.2　女式手套号型　　　　　　　　　　　　单位为毫米

号	型				
150	65	70	75		
160	65	70	75	80	
170	65	70	75	80	85
180	65	70	75	80	85
190		70	75	80	85

A.3　儿童手套号型见表 A.3。

表 A.3　儿童手套号型　　　　　　　　　　　　单位为毫米

号	型				
130	55	60			
140	55	60	65		
150		60	65	70	
160		60	65	70	75
170		60	65	70	75	80

A.4　弹力手套号型按适戴的手长、手宽对应本附录标注。

ICS 59.080.30
W 63

中华人民共和国纺织行业标准

FZ/T 73048—2013

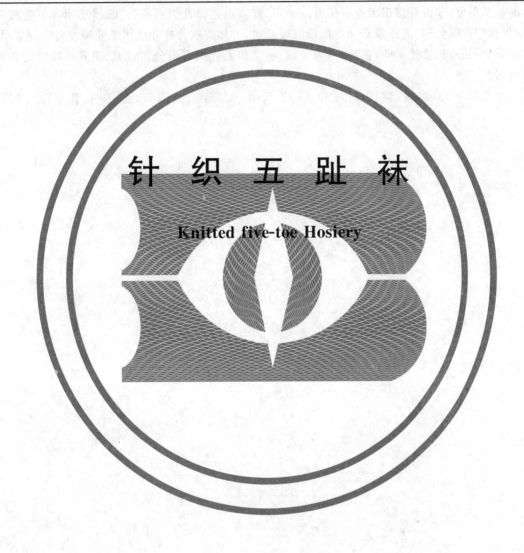

针 织 五 趾 袜

Knitted five-toe Hosiery

2013-10-17 发布
2014-03-01 实施

中华人民共和国工业和信息化部　发布

前　言

本标准按照 GB/T 1.1—2009 给出的规则起草。

本标准由中国纺织工业联合会提出。

本标准由全国纺织品标准化技术委员会针织品分技术委员会(SA/TC 209/SC 6)归口。

本标准起草单位:宁波百富田工业股份有限公司、宜兴市艺蝶针织有限公司、海宁耐尔袜业有限公司、中山丰华袜厂有限公司、浙江梦娜袜业股份有限公司、吉林省东北袜业纺织工业园发展有限公司、浙江嘉梦依袜业有限公司、浩沙实业(福建)有限公司、浙江步人针织有限公司、浙江康隆达特种防护科技股份有限公司。

本标准主要起草人:彭诚、储国平、史吉刚、丁汉林、王海燕、綦绍新、金建明、孔令豪、周秀美、张间芳。

针 织 五 趾 袜

1 范围

本标准规定了针织五趾袜的术语和定义、产品分类、要求、试验方法、判定规则、产品使用说明、包装、运输、贮存等。

本标准适用于鉴定各类纤维编织的经编、纬编五趾袜的品质,其他分趾袜和露趾袜可参照执行。

2 规范性引用文件

下列文件对于本文件的应用是必不可少的。凡是注日期的引用文件,仅注日期的版本适用于本文件。凡是不注日期的引用文件,其最新版本(包括所有的修改单)适用于本文件。

GB/T 250 纺织品 色牢度试验 评定变色用灰色样卡

GB/T 2910(所有部分) 纺织品 定量化学分析

GB/T 2912.1 纺织品 甲醛的测定 第1部分:游离和水解的甲醛(水萃取法)

GB/T 3920 纺织品 色牢度试验 耐摩擦色牢度

GB/T 3921—2008 纺织品 色牢度试验 耐皂洗色牢度

GB/T 3922 纺织品耐汗渍色牢度试验方法

GB/T 4856 针棉织品包装

GB 5296.4 消费品使用说明 第4部分:纺织品和服装

GB/T 5713 纺织品 色牢度试验 耐水色牢度

GB/T 6529 纺织品 调湿和试验用标准大气

GB/T 7573 纺织品 水萃取液 pH 值的测定

GB/T 8170 数值修约规则与极限数值的表示和判定

GB 9994 纺织材料公定回潮率

GB/T 17592 纺织品 禁用偶氮染料的测定

GB 18401 国家纺织产品基本安全技术规范

FZ/T 01053 纺织品 纤维含量的标识

FZ/T 01057(所有部分) 纺织纤维鉴别试验方法

FZ/T 01095 纺织品 氨纶产品纤维含量的试验方法

GSB 16-2159 针织产品标准深度样卡(1/12)

GSB 16-2610 袜子表面疵点彩色样照

3 术语和定义

下列术语和定义适用于本文件。

3.1

踝下五趾袜(五趾船袜) knitted five-toe footcover
袜口位于脚踝及以下的五趾袜。

3.2

短筒五趾袜 knitted five-toe ankle sock

袜口位于小腿下部、脚踝以上的五趾袜。

3.3

中筒五趾袜 knitted knee-high five-toe sock

袜口位于膝盖下、小腿上部的五趾袜。

3.4

长筒五趾袜 knitted five-toe stocking

袜口位于膝盖以上的五趾袜。

4 产品分类

4.1 产品按编织方法分为经编五趾袜和纬编五趾袜两类。

4.2 经编五趾袜按款式分为踝下五趾袜（五趾船袜）、短筒五趾袜、中筒五趾袜、长筒五趾袜、连裤五趾袜。

4.3 纬编五趾袜按款式分为短筒有跟五趾袜,无跟五趾袜（短筒五趾袜、中筒五趾袜和长筒五趾袜）。

5 要求

5.1 要求内容

要求分为外观质量和内在质量两个方面,外观质量包括规格尺寸、表面疵点、缝制要求。内在质量包括直向、横向延伸值,纤维含量、甲醛含量、pH值、异味、可分解致癌芳香胺染料、耐水色牢度、耐汗渍色牢度、耐摩擦色牢度、耐皂洗色牢度等项指标。

5.2 分等规定

5.2.1 针织五趾袜质量定等以双为单位,分为一等品、合格品。

5.2.2 针织五趾袜内在质量按批评等,外观质量按双评等,两者结合并按最低等级定等。

5.3 外观质量要求

5.3.1 外观质量分等规定

外观质量分等按规格尺寸、表面疵点、缝制要求执行。在同一双产品上发现属于不同品等的外观疵点时,按最低等疵点评定。

5.3.2 各部位名称和规格尺寸

5.3.2.1 五趾袜各部位名称规定

见图1~图3。

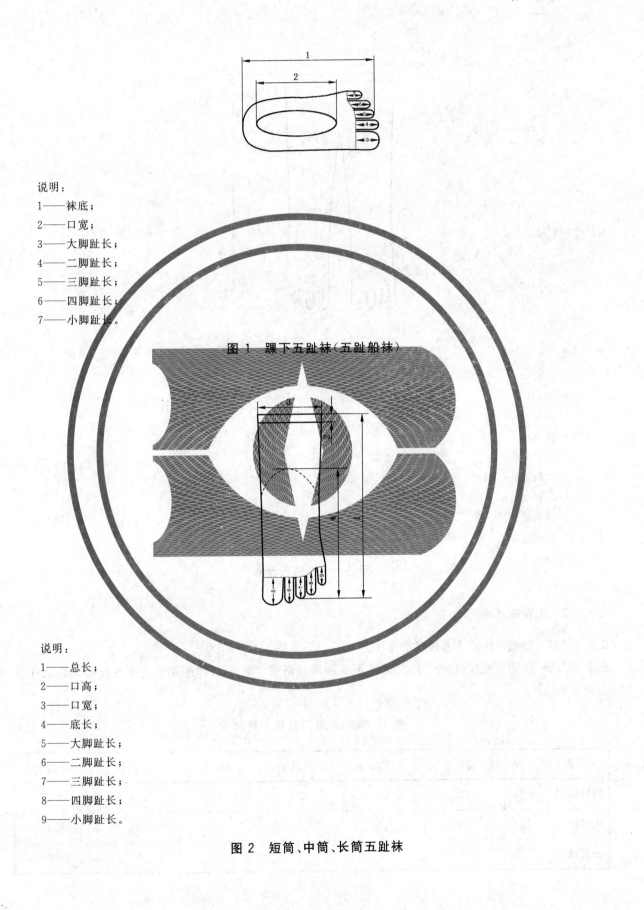

说明：
1——袜底；
2——口宽；
3——大脚趾长；
4——二脚趾长；
5——三脚趾长；
6——四脚趾长；
7——小脚趾长。

图 1　踝下五趾袜（五趾船袜）

说明：
1——总长；
2——口高；
3——口宽；
4——底长；
5——大脚趾长；
6——二脚趾长；
7——三脚趾长；
8——四脚趾长；
9——小脚趾长。

图 2　短筒、中筒、长筒五趾袜

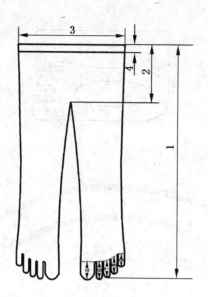

说明：

1——总长；

2——直裆；

3——腰宽；

4——腰高；

5——大脚趾长；

6——二脚趾长；

7——三脚趾长；

8——四脚趾长；

9——小脚趾长。

图 3   连裤五趾袜

5.3.2.2   五趾袜规格尺寸

5.3.2.2.1   经编五趾袜不考核规格尺寸。

5.3.2.2.2   纬编五趾袜规格尺寸：纬编无跟五趾袜规格尺寸见表 1，纬编短筒有跟五趾袜规格尺寸及公差见表 2。

表 1   纬编无跟五趾袜规格尺寸   单位为厘米

类别		总长	口宽	口高	大脚趾长	三脚趾长	小脚趾长
短筒袜	≥	22	6.5	2	2	1.6	1.3
中筒袜	≥	40	8.5	2	3	2	1.5
长筒袜	≥	60	11	3	3	2	1.5

表 2　纬编短筒有跟五趾袜规格尺寸及公差　　　　　　　单位为厘米

袜号	底长	底长公差	口宽 ≥	口高 ≥	大脚趾长 ≥	三脚趾长 ≥	小脚趾长 ≥
16～18	16	±1	5.5	1.5	2	1.6	1.3
18～20	18		5.5	1.5	2	1.6	1.3
20～22	20		6.5	1.5	2.5	2	1.6
22～24	22		6.5	1.5	2.5	2	1.6
24～26	24		7	1.5	3	2.5	2
26～28	26		7	1.5	3	2.5	2
28～30	28		7.5	1.5	3.5	3.0	2.5

5.3.3　规格尺寸分等规定

纬编五趾袜分等规定见表3。

表 3　纬编五趾袜分等规定　　　　　　　单位为厘米

项　目	一等品	合格品
总长	符合本标准规定	超出一等品标准－1.0以内
底长		超出一等品标准±1.0以内
口宽		超出一等品标准－0.5以内
口高		超出一等品标准－0.5以内
脚趾长		超出一等品标准－0.3以内

5.3.4　表面疵点

五趾袜表面疵点见表4。

表 4　五趾袜表面疵点

袜类	序号	疵点名称	一等品	合格品
经编五趾袜	1	腰口直向缝迹偏移	向左或向右偏移1.5 cm及以下允许	3 cm及以下允许
	2	腰口头打结	腰口头打结处散口不允许	
	3	花型变形	不影响美观允许	稍影响美观者一双相似
	4	错花纹	轻微的脚面部位限3处,其他部位轻微允许	允许
	5	脚趾头里层排须	排须余线长度0.2 cm～0.4 cm以内允许	
	6	缝纫打褶	袜口、腰口缝合处不允许,其他部位轻微允许	轻微允许
	7	松紧条、色条	轻微的脚面部位限3条,明显的袜口部位允许	明显的脚面部位限3条,其他部位允许

表 4（续）

袜类	序号	疵点名称	一等品	合格品
经编五趾袜	8	袜口不平整（起泡、起皱）	轻微的不影响美观允许	明显的允许
	9	断丝、断芯、破洞、修疤	不允许	
	10	色花、油渍、沾色	轻微的允许	明显的除脚面部位允许
	11	色差	同一双 4-5 级及以上允许	同一双 4 级及以上允许
	12	修痕	脚面部位不允许，其他部位轻微的 0.5 cm 1 处允许	轻微的 1 cm 2 处允许
	13	线头	0.5 cm~1.5 cm 以内允许	
纬编五趾袜	14	粗丝（线）	轻微的：脚面部位限 1 cm，其他部位累计限 0.5 转	明显的：脚面部位累计限 0.5 转，其他部位 0.5 转以内限 3 处
	15	细纱	袜口部位不限，着力点处不允许，其他部位限 0.5 转	轻微的：着力点处不允许，其他部位不限
	16	断纱	不允许	不允许
	17	稀路针	轻微的：脚面部位限 3 条，明显的：袜口部位允许	明显的：袜面部位限 3 条
	18	花针	不连续小花针限 6 个，锦纶丝袜、素色袜和绣花袜脚面部位不允许	不连续小花针限 10 个，锦纶丝袜脚面部位限 2 个，素色袜限 6 个
	19	花型变型	不影响美观者	稍影响美观者一双相似
	20	修痕	脚面部位不允许，轻微修痕允许 0.5 cm 1 处	轻微修痕允许 1 cm 2 处
	21	修疤	不允许	
	22	挂口疵点	罗口套歪不明显	罗口套歪较明显
	23	色花	轻微的脚面部位允许，其他部位明显的允许	明显的允许
	24	色差	一双两色 4 级，两节色 4 级，素色袜脚面不允许。花条 3 级，袜口、袜身、袜头、袜跟色差 3 级。双三系统不限	一双两色和两节色 3-4 级。袜口、袜身色差 2-3 级
	25	油污、色渍、沾色	轻微的允许，白袜脚面部位不允许	明显的允许，白袜脚面部位不允许
	26	长短不一	限 1 cm	
	27	宽紧口松紧不一、氨纶丝外露	轻微的允许	明显的允许

注 1：测量外观疵点长度，以疵点最长长度（直径）计量。

注 2：表面疵点外观形态按 GSB 16-2610 评定。

注 3：疵点程度描述：

——轻微：疵点在直观上不明显，通过仔细辨认才可看出。

——明显：不影响整体效果，但能感觉到疵点的存在。

——显著：疵点程度明显影响总体效果。

5.3.5 缝制规定

5.3.5.1 经编五趾袜：五趾裤袜用三线、四线包缝机缝制，缝边（刀门）宽度为0.3 cm～0.4 cm,针迹密度三线包缝不低于8针/cm,四线包缝不低于6针/cm,三针四线或三针五线绷缝不低于5针/cm,缝迹处横向拉伸不脱不散,腰口直向的缝迹位置在后腰口中部,用弹力缝纫线缝制。

5.3.5.2 纬编五趾袜缝迹处横向拉伸不脱不散。

5.4 内在质量要求和分等规定

5.4.1 经编五趾袜直、横向延伸值见表5、表6。

表 5 经编踝下五趾袜（五趾船袜）直、横向延伸值　　　　　　单位为厘米

类别	袜号	直向延伸值 ≥			横向延伸值 ≥
		袜底长	大、三脚趾长	小脚趾长	袜口
踝下五趾袜（五趾船袜）	20～22	24	5	4	16
	22～24	27			
	24～26	30	6	5	18
	26～28	33			

表 6 其他款式经编五趾袜直、横向延伸值　　　　　　单位为厘米

类别	直向延伸值							横向延伸值 ≥		
	20～24		24～28		直档	腿长	腰口	袜筒	臀宽	袜口
	大、三脚趾长	小脚趾长	大、三脚趾长	小脚趾长						
短筒五趾袜								—		20
中筒五趾袜	5	4	6	5	—	—	—	25		25
长筒五趾袜								28		28
连裤袜	5	4	6	5	50	135	50	35	60	—

5.4.2 纬编五趾袜横向延伸值见表7、表8。

表 7 纬编无跟五趾袜横向延伸值　　　　　　单位为厘米

袜口 ≥			袜筒 ≥		
短筒	中筒	长筒	短筒	中筒	长筒
17	22	25	17	22	25

表 8　纬编短筒有跟五趾袜横向延伸值　　　　　　　　　　　　单位为厘米

袜号	袜口 ≥	袜筒 ≥
16～18	14	15
18～20	15	15
20～22	16	16
22～24	16	17
24～26	17	18
26～28	18	19
28～30	19	20

5.4.3　内在质量的其他质量要求见表9。

表 9　五趾袜内在质量的其他质量要求

项　　　目		一等品	合格品
纤维含量/%		按 FZ/T 01053 规定执行	
甲醛含量/(mg/kg)		按 GB 18401 规定执行	
pH 值			
异味			
可分解致癌芳香胺染料/(mg/kg)			
耐水色牢度/级　≥	变色	3-4	3
	沾色	3-4	3
耐汗渍色牢度/级　≥	变色	3-4	3
	沾色	3-4	3
耐摩擦色牢度/级　≥	干摩	3-4	3
	湿摩	3(深色 2-3)	3(深色 2-3)
耐皂洗色牢度/级　≥	变色	3-4	3
	沾色		
经编五趾袜横向延伸值/cm	袜口、袜筒	符合本标准规定	
	腰口、臀宽		
经编五趾袜直向延伸值/cm	直档		
	腿长		
	底长		
	脚趾长		
纬编五趾袜横向延伸值/cm	袜口、袜筒		
注：色别分档：按 GSB 16-2159 标准执行，＞1/12 标准深度为深色，≤1/12 标准深度为浅色。			

5.4.4 内在质量各项指标,以试验结果最低一项作为该批产品的评等依据。

6 试验方法

6.1 抽样数量

6.1.1 外观质量按交货批,分品种、色别、规格随机抽样 2%～3%,但不少于 10 双(条)。

6.1.2 内在质量按交货批,分品种、色别、规格随机抽样不少于 6 双(条)。

6.2 外观质量检验条件

6.2.1 一般采用灯光照明检验。用 40 W 青光或白光日光灯一只,上面加灯罩,灯罩与检验台面中心垂直距离 50 cm±5 cm 或在 D65 光源下。

6.2.2 如采用室内自然光,应光线适当,光线射入方向为北向左(或右)上角,不能使阳光直射产品。

6.2.3 检验时产品平摊在检验台上,检验人员应正视产品表面,如遇可疑疵点涉及到内在质量时,可仔细检查或反面检查,但评等以平铺直视为准。

6.2.4 检验规格尺寸时,应在不受外界张力条件下测量。

6.3 试验准备与试验条件

6.3.1 内在质量试样不得有影响试验准确性的疵点。

6.3.2 实验室温湿度要求,试样按 GB/T 6529 的标准大气进行调湿,调湿符合要求后再进行试验。

6.4 试验项目

6.4.1 规格尺寸试验

6.4.1.1 试验工具:量尺,其长度应大于试验长度,分度值为毫米。

6.4.1.2 试验操作:将五趾袜平放在光滑平面上,用量尺按相应部位进行测量,详见图1～图3。

6.4.2 直向、横向延伸值试验

6.4.2.1 试验仪器

试验仪器包括:

a) 电动横拉仪:标准拉力 25 N±0.5 N,扩展标准拉力 33 N±0.65 N;移动杠杆行进速度为 40 mm/s±2 mm/s;

b) 多功能拉伸仪:拉力 0.1 N～100 N 范围内可调,长度测量范围(25±1)cm～(300±1) cm,移动杠杆行进速度为 40 mm/s±2 mm/s,标准拉力 25 N±0.5 N,扩展标准拉力 33 N±0.65 N。

6.4.2.2 试验部位

6.4.2.2.1 纬编五趾袜只考核横向延伸值,经编五趾袜直、横向延伸值均考核。

6.4.2.2.2 踝下五趾袜(五趾船袜)试验部位(经编五趾袜):
a) 袜口横向延伸部位:袜口两端;
b) 袜底直向延伸部位:距三脚趾尖 1.0 cm 至袜跟处;
c) 脚趾长直向延伸部位:距脚趾尖 0.5 cm 至脚趾分叉处横向的中心处。

6.4.2.2.3 短筒、中筒、长筒五趾袜试验部位(经、纬编五趾袜):
a) 袜口横向延伸部位:袜口中部。
b) 袜筒横向延伸部位:中筒袜在袜口下 5 cm。长筒袜在袜口下 10 cm。

  c) 脚趾长直向延伸部位:距脚趾尖0.5 cm至脚趾分叉处横向的中心处。只考核经编五趾袜类。

6.4.2.2.4 连裤五趾袜试验部位(经编五趾袜):

  a) 腰口横向延伸部位:腰口中部;

  b) 臀宽横向延伸部位:腰口下10 cm处;

  c) 袜筒横向延伸部位:直裆下10 cm处;

  d) 直裆直向延伸部位:腰口下至裆底延长线处;

  e) 腿长直向延伸部位:由裆底延长线至距三脚趾尖1.5 cm处;

  f) 脚趾长直向延伸部位:距脚趾尖0.5 cm至脚趾分叉处横向的中心处。

6.4.2.2.5 短筒有跟五趾袜试验部位(纬编五趾袜):

  a) 袜口横向延伸部位:袜口中部。

  b) 袜筒横向延伸部位:筒长中部。

6.4.2.3 试验操作

6.4.2.3.1 用扩展标准拉力测试棉、含棉50%及以上混纺、交织袜。用标准拉力测试化纤袜及其他混纺、交织袜。标准拉力25 N±0.5 N,扩展标准拉力33 N±0.65 N。

6.4.2.3.2 连裤五趾袜拉伸试验:先做横向部位拉伸,停放30 min后再做直向部位拉伸。

6.4.2.3.3 直裆的直向延伸试验将腰口至裆底左右相对折重合后再进行拉伸试验。

6.4.2.3.4 脚趾长的直向延伸采用手工进行拉伸试验,测量物与标尺要在同一高度下将测量物用力拉足并保持测量物在拉长状态下进行测定。

6.4.2.3.5 连裤五趾袜的两个腿长要分别进行试验,除腰口部位从里向外拉伸,其他部位采用夹持器距左右边缘1 cm以内夹紧后再进行拉伸。

6.4.2.3.6 试验时如遇到试样在拉钩上滑脱情况,应换样重做试验。

6.4.2.4 计算方法

  按式(1)计算合格率,结果按GB/T 8170修约至整数位。

$$A = \frac{n}{N} \times 100\% \qquad\qquad\qquad \cdots\cdots\cdots\cdots\cdots\cdots\cdots(1)$$

  式中:

  A ——合格率,%;

  n ——测试合格总处数;

  N ——测试总处数。

6.4.3 纤维含量试验

  按GB/T 2910、FZ/T 01057、FZ/T 01095规定执行。结合公定回潮率计算,公定回潮率按GB 9994执行。

  其中,试验部位:

  a) 踝下五趾袜(五趾船袜)不包括袜口部位;

  b) 其他五趾袜类通常剪取袜面部位。

6.4.4 甲醛含量试验

  按GB/T 2912.1规定执行。

6.4.5 pH值试验

  按GB/T 7573规定执行。

6.4.6 异味试验

按 GB 18401 规定执行。

6.4.7 可分解致癌芳香胺染料试验

按 GB/T 17592 规定执行。

6.4.8 耐水色牢度试验

按 GB/T 5713 规定执行。

6.4.9 耐汗渍色牢度试验

按 GB/T 3922 规定执行,剪取袜底部位。

6.4.10 耐摩擦色牢度试验

按 GB/T 3920 规定执行,只做直向(五趾船袜取袜底部位)。

6.4.11 耐皂洗色牢度试验

按 GB/T 3921—2008 试验方法 A(1)规定执行。

6.4.12 色差评级

按 GB/T 250 评定。

7 判定规则

7.1 外观质量

以双(条)为单位,凡不符品等率超过 5.0% 以上或破洞在 3.0% 以上者,判定该批为不合格。

7.2 内在质量

7.2.1 直、横向延伸值以测试 5 双(条)袜子的合格率达 80% 及以上为合格。在一般情况下可在常温下测试。如遇争议时,以恒温恒湿条件下测试数据为准。

7.2.2 纤维含量、甲醛含量、pH 值、异味、可分解致癌芳香胺染料检验结果均合格者,判定该批产品合格,否则,判定该批产品不合格。

7.2.3 耐水色牢度、耐汗渍色牢度、耐摩擦色牢度、耐皂洗色牢度检验结果均合格者,判定该批产品合格,不合格者分色别判定该批产品不合格。

7.3 复验

7.3.1 任何一方对检验结果有异议时,均可要求复验。

7.3.2 复验结果按本标准 7.1、7.2 规定执行,判定以复检结果为准。

8 产品使用说明、包装、运输、贮存

8.1 产品使用说明按 GB 5296.4 和 GB 18401 规定执行。

其中规格标注:

a) 有跟袜以厘米为单位标明袜号；

b) 无跟袜：短筒、中筒、长筒五趾袜以厘米为单位标明适穿的身高范围或袜号；

c) 连裤五趾袜以厘米为单位标明适穿的身高范围和臀围范围。

8.2 包装按 GB/T 4856 规定或协议规定执行。

8.3 产品装箱运输应防火、防潮、防污染。

8.4 产品应存放在阴凉、通风、干燥、清洁的库房内，并防霉、防蛀。

———————

ICS 59.080.30
W 63

中华人民共和国纺织行业标准

FZ/T 74001—2013

纺织品 针织运动护具

Textiles—Knitted sports protectors

2013-10-17 发布
2014-03-01 实施

中华人民共和国工业和信息化部 发布

前　言

本标准按照 GB/T 1.1—2009 给出的规则起草。

本标准由中国纺织工业联合会提出。

本标准由全国体育用品标准化技术委员会运动服装分技术委员会(SA/TC 291/SC 1)归口。

本标准起草单位：李宁(中国)体育用品有限公司、国家针织产品质量监督检验中心、浩沙实业(福建)有限公司、特步(中国)有限公司、国辉(中国)有限公司。

本标准主要起草人：徐明明、胡浩、孔令豪、张宝春、刘勇。

纺织品 针织运动护具

1 范围

本标准规定了针织运动护具的术语和定义、产品分类、要求、试验方法、判定规则以及标志、包装、运输和贮存。

本标准适用于以纺织纤维为主要原料采用针织工艺织造成型的或采用针织布与聚氨酯泡沫材料贴合制作的针织运动护具,包括护腕、护臂、护肘、护肩、护膝、护腿、护踝、护腰及头带等产品。

2 规范性引用文件

下列文件对于本文件的应用是必不可少的。凡是注日期的引用文件,仅注日期的版本适用于本文件。凡是不注日期的引用文件,其最新版本(包括所有的修改单)适用于本文件。

GB/T 250 纺织品 色牢度试验 评定变色用灰色样卡

GB/T 2910(所有部分) 纺织品 定量化学分析

GB/T 2912.1 纺织品 甲醛的测定 第1部分:游离和水解的甲醛(水萃取法)

GB/T 3920 纺织品 色牢度试验 耐摩擦色牢度

GB/T 3921—2008 纺织品 色牢度试验 耐皂洗色牢度

GB/T 3922 纺织品耐汗渍色牢度试验方法

GB/T 4856 针棉织品包装

GB 5296.4 消费品使用说明 第4部分:纺织品和服装

GB/T 5713 纺织品 色牢度试验 耐水色牢度

GB/T 7573 纺织品 水萃取液 pH 值的测定

GB/T 8427—2008 纺织品 色牢度试验 耐人造光色牢度:氙弧

GB/T 8629 纺织品 试验用家庭洗涤和干燥程序

GB 9994 纺织材料公定回潮率

GB/T 14576 纺织品 色牢度试验 耐光、汗复合色牢度

GB/T 17592 纺织品 禁用偶氮染料的测定

GB 18401 国家纺织产品基本安全技术规范

GB/T 23315 粘扣带

GB/T 24121 纺织制品 断针类残留物的检测方法

GB/T 24153 橡胶及弹性体材料 N-亚硝基胺的测定

FZ/T 01026 纺织品 定量化学分析 四组分纤维混合物

FZ/T 01053 纺织品 纤维含量的标识

FZ/T 01057(所有部分) 纺织纤维鉴别试验方法

FZ/T 01095 纺织品 氨纶产品纤维含量的试验方法

FZ/T 70006 针织物拉伸弹性回复率试验方法

GSB 16—2159 针织产品标准深度样卡(1/12)

3 术语和定义

下列术语和定义适用于本文件。

3.1

筒式护具　**cylindrical protectors**

由封闭的圆筒形状组成,尺寸不可调节的护具。

3.2

调节式护具　**adjustable protectors**

开放的、可根据人体部位调节尺寸的护具。

4　产品分类

4.1　按产品用途分为:护腕、护臂、护肘、护肩、护膝、护腿、护踝、护腰及头带等。

4.2　按产品形状分为:筒式护具和调节式护具。

5　要求

5.1　要求内容

要求分为内在质量和外观质量两个方面。内在质量包括耐皂洗色牢度,耐汗渍色牢度,耐水色牢度,耐摩擦色牢度,耐光色牢度,耐光、汗复合色牢度,拉伸弹性回复率,甲醛含量,pH 值,异味,可分解致癌芳香胺染料,N-亚硝基胺,金属危害物,水洗后外观,纤维含量;外观质量包括规格尺寸偏差、表面疵点等项指标。

5.2　分等规定

5.2.1　针织运动护具的质量等级分为优等品、一等品、合格品。

5.2.2　针织运动护具内在质量按批以最低一项评等,外观质量按件以最低一项评等,两者结合按最低品等定等。

5.3　规格

5.3.1　成品的规格:以厘米为单位标注其外形宽度和高度的最大尺寸(不包括粘扣带、橡筋绳等辅料外型)。

示例:7.0×7.5(护腕)、14.0×23.0(护膝)等。

5.3.2　成品的规格尺寸可根据用途及市场需求由企业自行设置。

5.4　内在质量

5.4.1　针织运动护具的内在质量要求见表1。

表 1　内在质量要求

检验项目		优等品	一等品	合格品
耐皂洗色牢度/级 ≥	变色	4	3-4	3
	沾色	4	3-4	3
耐汗渍色牢度/级 ≥	变色	4	3-4	3
	沾色	4	3-4	3
耐水色牢度/级 ≥	变色	4	3-4	3
	沾色	4	3-4	3

表 1（续）

检验项目		优等品	一等品	合格品
耐摩擦色牢度/级 ≥	干摩	4	3-4	3
	湿摩	3-4	3	3（深色 2-3）
耐光色牢度/级 ≥	深色	4	4	4
	浅色	4	3	3
耐光、汗复合色牢度/级 ≥	变色	3-4	3	3
拉伸弹性回复率/% ≥	横向	95	90	85
甲醛含量/(mg/kg)		按 GB 18401 规定		
pH 值				
异味				
可分解致癌芳香胺染料/(mg/kg)				
N-亚硝基胺		不可检出（限值≤0.5 mg/kg）		
金属危害物		不得有断针等金属危害物		
水洗后外观		变色≥4级，无起皮、起泡、开裂		
纤维含量/%		按 FZ/T 01053 规定		

注：色别分档按 GSB 16-2159，>1/12 标准深度为深色，≤1/12 标准深度为浅色。

5.4.2 N-亚硝基胺项目仅考核护具产品中所使用的橡筋材料。不得检出的 N-亚硝基胺清单见附录 A。

5.4.3 拉伸弹性回复率仅考核含橡筋、氨纶等弹性材料的产品，采用针织布与聚氨酯泡沫贴合的产品不考核。

5.4.4 水洗后外观仅考核针织布与聚氨酯泡沫材料贴合制作的针织运动护具。

5.4.5 采用粘扣带的运动护具，其粘扣带剪切强度、剥离强度、抗疲劳性能应符合 GB/T 23315 中加强型的要求。

5.5 外观质量

5.5.1 成品的规格尺寸偏差

见表 2。

表 2 规格尺寸偏差

单位为厘米

项目	优等品	一等品	合格品
标注规格 ≤10	±0.5		±1.0
标注规格 >10	±0.8		±1.5

5.5.2 成品的测量部位及规定

5.5.2.1 筒式护膝测量部位见图 1。

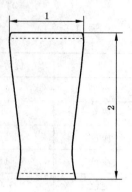

说明：
1——宽度（横向）；
2——高度（直向）。

图 1　筒式护膝测量部位

5.5.2.2　调节式护腕测量部位见图 2。

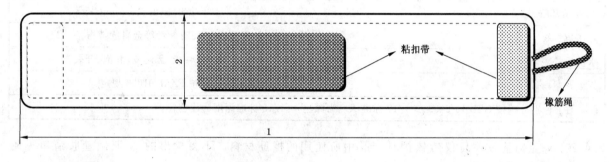

说明：
1——宽度（横向）；
2——高度（直向）。

图 2　调节式护腕测量部位

5.5.2.3　调节式护踝测量部位见图 3。

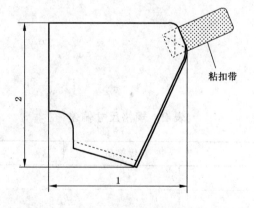

说明：
1——宽度（横向）；
2——高度（直向）。

图 3　调节式护踝测量部位

5.5.2.4 成品测量部位规定见表3。

表 3 成品测量部位规定

类别	序号	部位	测量规定
筒式护具	1	宽度	测量产品织物横向(筒宽)的最大值
	2	高度	测量产品织物直向(筒高)的最大值
调节式护具	1	宽度	测量产品织物横向(包覆防护部位的方向)的最大值(不包括粘扣带、橡筋绳等辅料)
	2	高度	测量产品织物直向(垂直于宽度的方向)的最大值(不包括粘扣带、橡筋绳等辅料)

5.5.3 表面疵点评等规定

见表4。

表 4 表面疵点评等规定

疵点名称	优等品	一等品	合格品
污迹	不允许	轻微的并且面积小于0.1 cm² 每只允许1处	轻微的并且面积小于0.1 cm² 每只允许2处,明显的不允许
修痕	不允许	轻微的痕迹小于0.5 cm 的每只允许1处	轻微的痕迹小于0.5 cm 的每只允许2处,明显的不允许
破洞	不允许		
缝口开线	不允许		
断橡筋	不允许		
色差	本身不允许,成双产品之间≥4-5级		本身不允许,成双产品之间≥4级
针迹歪斜	明显的不允许		显著的不允许
印(绣)标变形或歪斜	不允许		轻微的允许
丢工、错工或配件缺损	不允许		

注1:轻微——直观上不明显,通过仔细辨认才可看出。
注2:明显——不影响整体效果,但能感觉到疵点的存在。
注3:显著——明显影响整体效果的疵点。
注4:凡未列入本标准的外观疵点可参照本标准中的外观疵点类似项目评定。
注5:在同一个产品上只允许有2个同等级的极限疵点,超过者降一个等级。

6 试验方法

6.1 抽样数量

6.1.1 内在质量按批随机抽样4只,不足时可增加数量。

6.1.2 外观质量按批随机抽样1‰~2‰,但不得少于20只。

6.2 内在质量试验方法

6.2.1 耐皂洗色牢度试验

按 GB/T 3921—2008 方法 A(1)规定执行。

6.2.2 耐汗渍色牢度试验

按 GB/T 3922 规定执行。

6.2.3 耐水色牢度试验

按 GB/T 5713 规定执行。

6.2.4 耐摩擦色牢度试验

按 GB/T 3920 规定执行。

6.2.5 耐光色牢度试验

按 GB/T 8427—2008 方法 3 规定执行。

6.2.6 耐光、汗复合色牢度试验

按 GB/T 14576 规定执行。

6.2.7 拉伸弹性回复率试验

按 FZ/T 70006 规定执行。其中拉伸速率采用 300 mm/min,定伸长为 50%,反复拉伸次数为5次,预加张力为 1 N。根据试样的大小,试验仪的隔距长度可选择 50 mm 或 100 mm。如果产品的高度即夹住试样的宽度小于 50 mm,则按实际尺寸试验。

6.2.8 甲醛含量试验

按 GB/T 2912.1 规定执行。

6.2.9 pH 值试验

按 GB/T 7573 规定执行。

6.2.10 异味试验

按 GB 18401 规定执行。

6.2.11 可分解致癌芳香胺染料试验

按 GB/T 17592 规定执行。

6.2.12 N-亚硝基胺试验

按 GB/T 24153 规定执行。

6.2.13 金属危害物试验

按 GB/T 24121 规定执行,采用检测灵敏度(标准铁球测试卡):1.0 mm。

6.2.14 水洗后外观

按 GB/T 8629 规定执行,采用 5A 洗涤程序,连续洗涤 5 次后采用平摊晾干,评价产品表面变色及复合、印花、烫花部位的质量。

6.2.15 纤维含量试验

按 GB/T 2910、FZ/T 01026、FZ/T 01057、FZ/T 01095 规定执行,结合公定回潮率计算,公定回潮率按 GB 9994 执行。

6.2.16 剪切强度、剥离强度、抗疲劳性能

按 GB/T 23315 规定执行。

6.3 外观质量检验

6.3.1 外观疵点的检验应该在室内自然光或普通白光的日光灯下进行,不能在阳光直射产品的情况下进行检验。评定时以平铺、直视表面为准。

6.3.2 色差按 GB/T 250 规定执行。

6.3.3 成品规格测定采用米制钢卷尺。

7 判定规则

7.1 检验结果的处理方法

7.1.1 内在质量

7.1.1.1 耐皂洗色牢度,耐汗渍色牢度,耐水色牢度,耐摩擦色牢度,耐光色牢度,耐光、汗复合色牢度检验结果合格者,判定该批产品合格,不合格者分色别判定该批产品不合格。

7.1.1.2 拉伸弹性回复率、甲醛含量、pH 值、异味、可分解致癌芳香胺染料、N-亚硝基胺、金属危害物、水洗后外观、纤维含量检验结果合格者,判定该批产品合格,不合格者判定该批产品不合格。

7.1.2 外观质量

按品种、色别、规格计算不符品等率。凡是不符品等率在 5% 及以下者,判定该批产品合格。不符品等率在 5% 以上者,判定该批产品不合格。

7.2 复检

7.2.1 检验时任何一方对所检验的结果有异议时,均可要求复检。

7.2.2 复检结果按本标准 7.1 规定执行,判定以复检结果为准。

8 标志、包装、运输和贮存

8.1 标志按 GB 5296.4 和 GB 18401 规定执行。

8.2 包装按 GB/T 4856 规定或协议规定执行。

8.3 产品装箱运输应防潮、防火、防污染。

8.4 产品应存放在阴凉、通风、干燥和清洁的库房内,并防霉、防蛀。

附　录　A

（规范性附录）

不可检出 *N*-亚硝基胺的种类表

表 A.1　不可检出 *N*-亚硝基胺的种类

序号	名称	英文名称	化学文摘号（CAS 编号）
1	*N*-亚硝基二甲胺	*N*-Nitrosodimethylamine	62-75-9
2	*N*-亚硝基二乙胺	*N*-Nitrosodiethylamine	55-18-5
3	*N*-亚硝基二丙基胺	*N*-Nitrosodipropylamine	621-64-7
4	*N*-亚硝基二丁基胺	*N*-Nitrosodibutylamine	924-16-3
5	*N*-亚硝基哌啶	*N*-Nitrosopiperidine	100-75-4
6	*N*-亚硝基吡咯烷	*N*-Nitrosopyrrolidine	930-55-2
7	*N*-亚硝基吗啉	*N*-Nitrosomorpholine	59-89-2
8	*N*-亚硝基-*N*-甲基苯胺	*N*-Nitroso-N-methylaniline	614-00-6
9	*N*-亚硝基-*N*-乙基苯胺	*N*-Nitroso-N-ethylaniline	612-64-6